Les Fortifications de Paris

Collection « Histoire »
sous la direction de Hervé MARTIN et Jacqueline SAINCLIVIER

Dernières parutions

Claude NIÈRES
Les villes de Bretagne au XVIIIe siècle, 2004, 584 p.

Claude GUINTARD et de Christine MAZZOLI-GUINTARD (dir.)
Élevage d'hier, élevage d'aujourd'hui, 2004, 448 p.

Jean-Marie CONSTANT
La noblesse en liberté. XVIe-XVIIe siècles, 2004, 298 p.

Jean-Christophe CASSARD et Georges PROVOST
Saint Yves et les Bretons. Culte, images, mémoire. 1303-2003, 2004, 368 p.

Gérard BÉAUR, Christian DESSUREAULT et Joseph GOY (dir.)
Familles, Terre, Marchés. Logiques économiques et stratégies dans les milieux ruraux (XVIIe-XXe siècles), 2004, 282 p.

Marc RUSSON
Les côtes guerrières. Mer, guerre et pouvoir au Moyen Âge. France – Façade océanique (XIIIe-XVe siècle), 2004, 520 p.

Philippe GOUJARD
L'Europe catholique au XVIIIe siècle. Entre intégrisme et laïcisation, 2004, 282 p.

Gilles RICHARD, Jacqueline SAINCLIVIER (dir.)
La Recomposition des droites en France à la libération, 1944-1948, 2004, 396 p.

Benoît JEANJEAN, Bertrand LANÇON (traduction et commentaires)
Chronique de Saint Jérôme. Suivi de Chroniques et chronographies dans l'Antiquité tardive, 2004, 250 p.

Bernard MERDRIGNAC
Corona Monastica. Monachisme, religion, langue et littérature des pays celtiques, 2004, 450 p.

Hugues DE CHANGY
Le Mouvement légitimiste sous la monarchie de Juillet (1833-1848), 2004, 424 p.

Claudine AULIARD et Lydie BODIOU (dir.)
Au jardin des Hespérides. Histoire, société et épigraphie des mondes anciens, 2004, 416 p.

Arnaud BAUBÉROT
Histoire du naturisme. Le mythe du retour à la nature, 2004, 352 p.

Serge BIANCHI
Des révoltes aux révolutions, 1770-1802. Europe, Russie, Amérique, 2004, 304 p.

Mickaël AUGERON et Mathias TRANCHANT (dir.)
La violence et la mer dans l'espace atlantique (XIIe-XIXe siècle), 2004, 528 p.

Marie CHARVET

▲

Les Fortifications de Paris

De l'hygiénisme à l'urbanisme, 1880-1919

▼

Collection « Histoire »

PUR

Crédits illustrations

Couverture : Serge-Henri Moreau, *Les fortifications au canal Saint-Denis, porte de la Villette*, 1933, musée Carnavalet.

P. 56 : « Mouvement de la population de Paris du centre à la périphérie. D'après le dénombrement de 1881 », dans Y. Guyot, *Paris ouvert*, Ligue permanente pour la défense des intérêts des contribuables et des consommateurs, C. Marpon et E. Flammarion, Guillaumin et Cie, n. d., Archives de la Seine.

P. 78 : « Plans des parcs et squares de Paris en 1900, à l'intérieur des fortifications » et « Plan des parcs et squares de Berlin pour une portion de sa surface identique à celle de Paris », dans « Les espaces libres à Paris. Par M. Eugène Hénard », *Mémoires et documents du Musée social*, 1908, p. 186-196. Voir p. 189 et 191. Consultable à la bibliothèque du CEDIAS-Musée social.

P. 79 : « Plan des parcs et squares de Londres pour une portion de sa surface identique à celle de Paris », *ibid.*, p. 188.

P. 285 : plan de Paris d'après Fernand Bournon, *Paris Atlas* [1900], Paris, Librairie Larousse, 1989, p. XV et XVIII-XIX. Consultable à la bibliothèque administrative de la ville de Paris.

UHB Rennes 2 – Campus de La Harpe
2, rue du doyen Denis-Leroy
35044 Rennes Cedex

www.uhb.fr/pur

Imprimé en France

Dépôt légal : 1er semestre 2005
ISBN 2-86847-957-X
ISSN 1255-2364

Introduction générale

Les fortifications de Paris sont constituées d'une enceinte bastionnée, construite sous la monarchie de Juillet, qui ceint la capitale d'un anneau de 33 km de circonférence sur 142 m de large en moyenne. Au-delà s'étend une zone de servitude *non aedificandi* de 250 m de large, sur laquelle constructions et plantations sont interdites. Alors que l'ouvrage militaire proprement dit appartient à l'État, les terrains de la zone sont la propriété de particuliers. C'est du sort de cet ouvrage entre 1880 et 1919, abordé sous l'angle des débats qu'il suscite et des acteurs qui s'y engagent, dont il est question ici. Il ne s'agit pas de retracer les péripéties d'une histoire qui s'est conclue, provisoirement d'ailleurs, avec la loi du 30 avril 1919 prévoyant le lotissement des terrains de l'enceinte et l'aménagement de la zone en une ceinture de parcs [1]. L'analyse est centrée sur un certain nombre de « moments clés » qui jalonnent cette histoire. Par « moments clés », il faut entendre des épisodes au cours desquels le sort de l'enceinte a été constitué ou perçu comme un enjeu pertinent par certaines catégories d'acteurs. La démarche s'impose d'autant plus que l'histoire du processus qui a mené à la disparition de l'ouvrage de défense a déjà été écrite. Les ouvrages sur l'histoire de Paris consacrent souvent quelques pages à la question [2]. L'aménagement de l'enceinte suscite aussi l'intérêt des architectes retraçant l'histoire des formes urbaines comme Jean-Louis Cohen et André Lortie [3]. On peut également citer les travaux, plus anciens, de François Laisney, Jean-François Chiffard et Yves Roujon [4].

Par ailleurs, certains narrateurs ont entrepris de raconter l'histoire de l'enceinte, avant même sa disparition. Il s'agit la plupart du temps d'ac-

1. P. Brisset, *La Zone de Paris et la loi du 10 avril 1919*, thèse de doctorat de sciences politiques et économiques (soutenue en 1933), faculté de droit de l'université de Paris, Melun, Imprimerie administrative, 1932.
2. Voir entre autres N. Evenson, *Paris. Les héritiers d'Haussmann*, Paris et Grenoble, École nationale supérieure des beaux-arts et Presses universitaires de Grenoble, 1983, p. 284-288 et B. Marchand, *Paris, histoire d'une ville. XIXe-XXe siècle*, Paris, Seuil, 1993, p. 232-236.
3. A. Lortie, « Paris équipée : de l'enceinte militaire à l'enceinte automobile », *Annales de la recherche urbaine*, n° 50, 1991 et J.-L. Cohen et A. Lortie, *Des fortifs au périf*, Paris, Picard Éditeur, 1992.
4. F. Laisney, « Les dernières murailles de la ville » et J.-F. Chiffard et Y. Roujon, « Après les fortifs et la zone, la ceinture », *Architecture, mouvement, continuité*, 1977, n° 43, p. 5-7 et 9-25.

teurs directement impliqués dans le processus de déclassement puis d'aménagement de l'ouvrage.

C'est par exemple le cas de Paul Brousse, membre du conseil municipal de Paris et du conseil général de la Seine, qui s'est souvent retrouvé au premier rang des édiles pour réclamer la disparition de l'enceinte. L'élu consacre une série de rapports à la question. Ceux-ci comportent souvent une partie historique destinée à situer les positions qu'ils présentent dans la séquelle des discussions qui ont opposé les assemblées locales au Gouvernement ou aux autorités militaires au sujet des fortifications[5].

D'autres acteurs directement impliqués dans le règlement du sort de l'enceinte éprouvent aussi le besoin d'en retracer l'histoire. Il s'agit des militants de la cause des espaces libres, puis de l'urbanisme. En 1908, Robert de Souza livre, dans les *Mémoires et documents du Musée social*, un « résumé historique » sur les espaces libres[6]. Ce texte replace l'aménagement de l'enceinte dans l'histoire de la mobilisation en faveur des espaces libres. En 1938, l'architecte André Bricet soutient un mémoire intitulé *L'Enceinte et la zone de Paris*[7]. Ce travail est dirigé par Henri Sellier, en qualité de professeur à l'Institut d'urbanisme. Il s'agit aussi d'un texte de militant, de la cause de l'urbanisme ici[8].

Enfin, au cours de la première moitié de siècle, l'histoire du règlement, en cours ou achevé, du sort des fortifications intéresse aussi un juriste comme J. Flourens ou un économiste comme Pierre Brisset, qui consacrent leur thèse à la question, respectivement en 1908 et 1933[9]. L'intérêt d'un juriste n'a rien d'étonnant dans la mesure où la question soulève des problèmes d'ordre juridique : statut de la servitude *non aedificandi* ou encore droits de la ville de Paris sur les terrains retranchés du bois de Boulogne lors de la construction de l'enceinte… Flourens se prononce pour la disparition des fortifications et interprète la loi en un sens favorable aux intérêts municipaux. Bien qu'on ait affaire, avec le travail de Brisset, à une thèse d'économie et de sciences politiques, la perspective est avant tout celle du juriste : l'auteur décrit les mécanismes juridiques, administratifs et législatifs qui ont régi l'enceinte et la zone de servitude, de leur création à leur disparition.

---

5. *Rapports et documents du Conseil général*, 1893, 28 mars 1893 et 1902, n° 15. *Rapports et documents du Conseil municipal* (désormais *RDCM*), 1893, n° 22 ; 1898, n° 107 ; 1900, n° 134 et 1905, n° 4.
6. R. de Souza, « Les espaces libres. Résumé historique », *Mémoires et documents du Musée social* (désormais *MDMS*), 1908, p. 177-200.
7. A. Bricet, *L'Enceinte et la zone de Paris*, thèse de l'Institut d'urbanisme de l'université de Paris, 1938.
8. Maire de Suresnes, Sellier a fait de sa commune un laboratoire du socialisme municipal, en particulier en matière de logement social et d'urbanisme. K. Burlen, « Introduction », K. Burlen (dir.), *La Banlieue Oasis. Henri Sellier et les cités-jardins 1900-1940.* Saint-Denis, Presses universitaires de Vincennes, 1987, p. 6-13.
9. J. Flourens, *Les Fortifications de Paris. Leur histoire. Leur désaffectation future et ses conséquences*, thèse de droit, faculté de droit de l'université de Paris, Librairie de la Société du recueil J.-B. Sirey et du Journal du Palais, 1908 et P. Brisset, *La Zone de Paris et la loi du 10 avril 1919*, *op. cit.*

L'histoire que commence à raconter Brousse dès les années 1890 est à considérer à la lumière de la position de l'auteur, acteur impliqué dans le déclassement des fortifications. Il en est de même pour les autres récits mentionnés ici. Ces documents émanent d'observateurs de l'histoire en train de se faire, qui en sont aussi les acteurs. Il s'agit pour eux de mettre en forme le passé afin de donner un sens à leur action présente [10]. Ce genre de littérature est fréquent chez ceux qui sont engagés dans une démarche analogue à celle des « entrepreneurs de morale » qu'étudie Howard S. Becker [11]. La présentation de deux de ces histoires, celle de l'édile P. Brousse et celle de l'esthète et homme du monde R. de Souza, éclaire la façon dont un passé plus ou moins proche est raconté pour justifier l'action.

Brousse aborde avant tout l'histoire du déclassement de l'enceinte sous l'angle des relations entre élus locaux de Paris, fonctionnaires de la préfecture de la Seine et membres de l'exécutif central. L'histoire qu'écrit Brousse prend la forme de rapports au conseil municipal ou au conseil général : elle est destinée à ses collègues des assemblées locales parisiennes. Pour Brousse, tout commence en 1882, quand le conseiller municipal Yves Guyot dépose une proposition réclamant la désaffectation des fortifications, leur cession à la ville et la levée de la servitude *non aedificandi.* La proposition est adoptée par le conseil l'année suivante, à une écrasante majorité [12]. La décision des édiles relève, pour Brousse, d'un choix hygiéniste : l'enceinte entrave la croissance de la capitale, d'où un entassement de la population à l'origine de toutes sortes de pathologies [13]. Il faut donc la supprimer. Brousse ne fait d'ailleurs que reprendre, en les développant, les arguments avancés par Guyot [14].

Brousse retrace ensuite les négociations entre la Ville et l'État, censées aboutir à la cession des fortifications à la Ville. Les discussions s'engagent rapidement et le Service des promenades de la préfecture de la Seine élabore un projet d'aménagement dès le milieu des années 1880. Cependant les deux parties ne parviennent pas à s'accorder sur le prix des terrains. Les vingt dernières années du XIXe siècle voient donc s'affronter Ville et État, la Ville cherchant à obtenir le contrôle de l'opération d'aménagement. Les tractations se soldent par un échec pour la Ville avec le vote de la loi du

---

10. La remarque vaudrait-elle principalement pour Brousse, Souza et Bricet, et à un moindre titre pour Flourens et Brisset ? Il est impossible de se prononcer dans le cadre de ce travail, qui sélectionne un certain nombre d'approches singulières de la question de l'enceinte : les fortifications comme enjeu dans la lutte pour le partage du pouvoir entre Ville de Paris et État central, comme lieu d'affrontement entre la légitimité des urnes et celle que confère la compétence et surtout comme point d'observation du passage de l'hygiénisme à l'urbanisme. Ce choix n'est pas exhaustif et les juristes ont peut-être instrumentalisé l'enceinte dans le cadre d'enjeux qui leur sont propres.
11. H. S. Becker, *Outsiders*, Paris, Métailié, 1985, p. 171-187.
12. *RDCM*, 1905, n° 4.
13. *RDCM*, 1893, n° 22.
14. *RDCM*, 1882, n° 78.

19 février 1898 qui prévoit la vente des terrains des fortifications situés entre le Point-du-Jour et la porte de Pantin. Le contrôle de l'opération échappe à la Ville, sauf si cette dernière achète les terrains concernés. Les négociations engagées achoppent, les édiles jugeant le prix exigé par l'État trop élevé (ce dernier veut financer la construction d'une enceinte de remplacement grâce à la vente des terrains). L'échec n'empêche pas la signature en 1902 d'une convention entre la Ville et l'État : l'État s'engage à faire coïncider le lotissement des terrains avec le plan de viabilité établi par la Ville pour la portion d'enceinte longeant le bois de Boulogne. Cependant, pour que ce texte entre en vigueur, il faut une ratification parlementaire, qui ne risque guère d'intervenir tant que les militaires exigent une enceinte de remplacement : la couverture des frais nécessaires à la construction du nouvel ouvrage suppose que les terrains soient proposés à un prix tel que le marché ne pourrait les absorber. En 1904, les militaires renoncent au principe de l'enceinte continue. Sur proposition de Brousse le conseil municipal décide alors de reprendre les négociations avec l'État[15].

Là s'arrête l'histoire racontée par l'édile à ses collègues. Brousse, élu député en 1906, quitte le conseil municipal[16]. Chez Brousse, la lutte pour la suppression de l'enceinte est présentée comme un affrontement entre élus locaux, représentants légitimes des intérêts, hygiéniques entre autres, de la population parisienne, et État central, crispé sur des positions dictées par des considérations financières.

Tout autre est la perspective adoptée par R. de Souza. Pour ce dernier, l'aménagement de l'enceinte est censé constituer le couronnement de la lutte en faveur des espaces libres. « Espaces libres » : l'expression est un décalque de l'anglais *open spaces.* Le courant des espaces libres serait donc une importation étrangère ? Uniquement si l'on ne se réfère qu'au passé récent, répond Souza, qui entreprend de montrer ce que les réalisations étrangères en matière de parcs et jardins doivent à une tradition française remontant au XVIIIe siècle. Pourtant, les partisans des espaces libres ont besoin d'aller chercher l'inspiration à l'étranger. Pour Souza, cette situation paradoxale tient à ce que les Français n'ont pas pris la mesure du nouveau besoin d'espaces libres engendré par la croissance urbaine et se reposent sur leurs réalisations passées. Aux premiers rangs des responsables de cette incurie figurent d'ailleurs les édiles de la capitale. Heureusement, remarque Souza, des hommes de bonne volonté se mobilisent.

En 1902, le député Gabriel Bonvalot crée le Comité pour la conservation et la création des espaces libres, qui vise à obtenir une loi exigeant une proportion d'espaces libres déterminée dans toutes les villes de France. Souza voit dans le comité un « groupement des intérêts d'hygiène, de sport

15. *RDCM,* 1905, n° 4.

16. J. Jolly (dir.), *Dictionnaire des parlementaires français* (désormais *DPF*), Paris, PUF, 1960-1977 (8 tomes). Voir t. II, p. 784-785.

et d'art[17] » : l'initiative de Bonvalot se situe au point de convergence entre les efforts des esthètes, partisans de la préservation des sites, des hygiénistes et des sportifs. Ces acteurs partagent un même intérêt pour les espaces libres et c'est à ce titre qu'ils cherchent, et parviennent selon Souza, à éveiller l'intérêt pour l'enceinte, menacée de lotissement, au début du siècle. En particulier, on leur doit la mobilisation de la presse, en septembre 1905, contre un projet de lotissement des terrains des fortifications et de la zone longeant le bois de Boulogne.

La création de la Section d'hygiène urbaine et rurale du Musée social en 1908 apparaît alors comme l'aboutissement de l'action des hygiénistes, des esthètes et des sportifs, qui l'« ont [...] précédée dans son action énergique[18] ». La section est en effet créée sur l'initiative du député Jules Siegfried, alors qu'il s'apprête à déposer une proposition de loi « qui, empêchant l'État de trafiquer d'un domaine national, ne céderait les fortifications à la Ville qu'avec la garantie d'une création de parcs et de terrains de jeux sur les deux tiers de la surface donnée[19] ». Il s'agit alors pour la section, en rassemblant les bonnes volontés, « de faire triompher la cause si juste, trop longtemps méconnue par [les Français], des espaces libres[20] ». Pour Souza, l'esthète qui vient de rejoindre la section, raconter l'histoire de l'enceinte revient donc à la situer dans celle du combat pour les espaces libres.

Dans les histoires telles que les racontent les acteurs, on peut identifier trois « moments clés ». En 1893, Brousse revient sur la proposition Guyot et se fait l'écho des arguments, d'ordre hygiéniste, développés pour réclamer la suppression de l'enceinte[21]. La position du problème au début des années 1880 au sein des assemblées locales parisiennes est le premier de ces « moments clés ». Les deux autres consistent en la mobilisation, en septembre 1905, des « gens du monde » pour défendre le bois de Boulogne et en l'entrée en scène des réformateurs sociaux en 1908, avec la création de la Section d'hygiène du Musée social. Le premier de ces deux événements est identifiable dans le récit de R. de Souza, lequel nous laisse à l'aube du second : le « résumé historique » de l'esthète inaugure la longue série d'articles consacrés aux fortifications dans les publications du Musée social. L'enceinte occupe en effet une place centrale dans les préoccupations des réformateurs sociaux et des futurs urbanistes qui se retrouvent au sein de la section : l'aménagement des terrains libérés par la suppression de l'ouvrage de défense est censé poser le premier jalon de l'« aménagement rationnel des villes[22] ».

---

17. R. de Souza, « Les espaces libres. Résumé historique », *op. cit.*, p. 184.
18. *Ibid.*, p. 185.
19. *Idem.*
20. *Idem.*
21. *RDCM*, 1893, n° 22.
22. « Compte rendu de la réunion en faveur des espaces libres tenue dans le Grand Amphithéâtre de

Le terrain étant déjà largement défriché, en particulier par J.-L. Cohen et A. Lortie, il est à la fois inutile de se lancer dans une entreprise de reconstitution de l'histoire et possible de se concentrer sur ces « moments clés ». Si les trois événements cités plus haut constituent des « moments clés », c'est qu'à chaque fois le sort des fortifications fait l'objet d'une interprétation nouvelle, qui l'intègre dans un débat plus vaste, et que cette interprétation accompagne l'arrivée de nouveaux intervenants pour lesquels l'enceinte constitue un enjeu pertinent. Les « moments clés » sont donc des moments où les conditions sociales sont telles que les termes du problème posé par l'enceinte se modifient, en particulier avec l'intervention de nouveaux acteurs.

Dans ces conditions, repérage des « moments clés » et sélection du corpus participent de la même démarche. Les histoires écrites par les acteurs impliqués dans le règlement du sort de l'enceinte constituent une part non négligeable des documents disponibles. Or le souci de décrire le passé pour légitimer une intervention sur le présent caractérise particulièrement les nouveaux intervenants. Le « moment clé » se signale donc entre autres par l'abondance de documents. Le travail du sociologue consiste alors à utiliser les récits des acteurs qui se font historiens pour dégager les logiques et les intérêts qui sous-tendent leurs interventions. Raconter une histoire, c'est en effet sélectionner un chemin pour aller du passé vers le présent, et ce choix, avec les exclusions auxquelles il procède, est révélateur.

Le présent travail s'appuie particulièrement sur les documents émanant du conseil municipal et sur les publications du Musée social, auxquels il faut ajouter la presse quotidienne de septembre 1905 et le contenu des cartons « fortifications » des archives de la Seine, pour lesquels il a été procédé à un dépouillement exhaustif, la consultation ayant parfois suggéré des incursions dans d'autres domaines. En effet, ni le conseil municipal ni le Musée social ne fonctionnent en vase clos. Les discours tenus au sein de ces institutions et les projets qui y sont élaborés ne sont intelligibles qu'à condition de prendre en considération le terreau dont ils se nourrissent.

Néanmoins, le travail a commencé par un dépouillement du corpus principal, lequel a été à l'origine d'une constatation qui a largement orienté l'ensemble de la recherche. Tout comme les édiles des années 1880, les réformateurs sociaux s'emparent de la question des fortifications en invoquant les impératifs de l'hygiène. Cette inscription durable du sort de l'enceinte parmi les questions d'hygiène semble à première vue conférer une unité à l'objet, d'autant plus que les prises de position hygiénistes se teintent, chez les deux groupes d'acteurs, d'une forte dimension nationa-

la Sorbonne le 5 juillet 1908. Allocution de M. Jules Siegfried », *MDMS*, 1908, p. 201-203. Voir p. 203.

liste. Quelles que soient les solutions proposées, il s'agit de combler une série de « retards » propres à la France. L'inscription durable du débat dans les champs de l'hygiénisme et du nationalisme est à l'origine d'un certain nombre de questionnements et plus largement de l'orientation d'ensemble du présent travail. En effet, si pour les différents acteurs le traitement de l'enceinte relève de la mesure d'hygiène, il ne s'agit pas de combattre exactement les mêmes maux et les solutions proposées sont différentes.

Entre les deux dernières décennies du XIXe siècle et les années 1900-1910, le renouvellement des acteurs qui se proclament détenteurs des solutions légitimes en matière de traitement de l'enceinte s'accompagne d'une reformulation de la question. Alors que pour les édiles parisiens la disparition des fortifications est avant tout censée apporter de l'espace à une population qui étouffe dans une ville devenue trop étroite, les réformateurs sociaux voient dans la récupération des terrains de l'enceinte l'occasion de mettre en œuvre ce qu'on appelle alors l'« aménagement rationnel des villes ». Autrement dit, on passe de l'hygiénisme *stricto sensu* à l'urbanisme.

Cette constatation invite à voir dans le débat sur le sort de l'enceinte un lieu privilégié pour appréhender la transmutation de l'hygiénisme en urbanisme[23]. Une telle démarche passe par une recherche sur le discours auquel donnent lieu les fortifications. Ce discours peut être envisagé sous deux angles différents. Tout d'abord, l'analyse de sa logique interne permet d'apporter un éclairage sur la filiation entre hygiénisme et urbanisme. Cependant le discours sur l'enceinte n'est évidemment pas totalement autonome. Il est donc nécessaire de s'intéresser aussi à ses conditions de production. Cette double interrogation guide l'organisation de l'ouvrage.

La première partie s'attache à la logique interne du discours sur l'enceinte et aux savoirs mobilisés par les différents intervenants, ainsi qu'aux centres d'intérêt qui caractérisent les différents champs auxquels appartiennent ces derniers. Elle cherche aussi à mettre en évidence les conditions rendant possible la constitution du sort des fortifications en problème ainsi que les inflexions de problématique. Pour caractériser le contenu de cette première partie, on peut parler de recherche sur les « conditions intellectuelles » de production d'un discours. L'expression met l'accent sur les conditions qui rendent possible l'émergence d'une approche hygiénico-nationaliste du sort de l'enceinte. On peut aussi faire référence aux « conditions cognitives » de possibilité du discours sur les fortifications, ce qui revient à orienter quelque peu différemment le questionnement, en le faisant porter sur ce que les acteurs estiment devoir savoir du monde pour

23. J.-P. Gaudin souligne le rôle des enceintes fortifiées dans l'émergence de la réflexion urbaniste. *L'Avenir en plan. Technique et politique de la planification urbaine 1900-1930*, Seyssel, Champ Vallon, 1905, p. 31-36.

être à même d'exercer une action efficace sur lui. On peut enfin parler d'une histoire des « représentations », celles-ci constituant le moment cognitif de la pratique : sur quels fondements édiles et réformateurs sociaux font-ils reposer leur action sur l'espace urbain ? C'est à ces questions qu'est consacrée la première partie.

Les conditions intellectuelles ou cognitives de production du discours sur l'enceinte, ou encore l'origine des représentations des acteurs, sont à rechercher dans le contexte politique mais aussi dans les élaborations savantes, en particulier dans celles des géographes. La première partie cherche aussi à rendre intelligible la logique des articulations du discours : comment passe-t-on de la revendication d'une suppression hygiénique des fortifications à une volonté de procéder, à l'occasion du traitement de l'ex-ouvrage de défense, à une expérience d'« aménagement rationnel des villes » en grandeur réelle ? La réponse suppose de mettre en évidence la logique interne du discours sur l'enceinte, mais aussi de faire apparaître la façon dont les partisans de la suppression puis de l'aménagement des fortifications intègrent des éléments du discours savant.

En fin de compte, la première partie porte sur la fabrication des « sens communs ». Selon la définition qu'en donne Pierre Bourdieu,

> « Le sens commun est un fonds d'évidences partagées par tous qui assure, dans les limites d'un univers social, un consensus primordial sur le sens du monde, un ensemble de lieux communs (au sens large) tacitement acceptés, qui rendent possibles la confrontation, le dialogue, la concurrence, voire le conflit, et parmi lesquels il faut faire une place à part aux principes de classements, tels que les grandes oppositions structurant la perception du monde[24]. »

Il s'agit bien ici d'analyser la constitution de ces « fonds d'évidences partagées », conditions de possibilité de l'affrontement entre ces adversaires que sont, par exemple, les édiles et les réformateurs sociaux, ou encore les conseillers municipaux parisiens prônant la suppression de l'enceinte et leurs collègues opposés à ce principe.

« [Dans] les limites d'un univers social » : à un moment donné, ces sens communs ne sont pas universellement partagés, mais sont propres à un champ, ici le champ constitué par les acteurs qui ont la charge de l'hygiène et de l'espace parisiens, ou qui cherchent à s'en emparer. Il ne s'agit pas ici de faire l'histoire du peuple parisien et de l'hygiène, qui appellerait d'autres travaux. Et pourtant, les sens communs qui s'élaborent autour des discussions sur l'enceinte débordent le cadre des milieux édilitaires et réformateurs. En 1899, Alphonse Allais suggère une « modification à apporter dans le cours de la Seine[25] » :

---

24. P. Bourdieu, *Méditations pascaliennes*, Paris, Seuil, 1997, p. 118.
25. A. Allais, *Pour cause de fin de bail* [1899], reproduit dans A. Allais, *Œuvres Anthumes*, Paris, Robert Laffont, 1989, p. 933.

> « 1er. Établir à Charenton un barrage qui prohibe à la Seine son entrée dans Paris.
> 2e. Diviser le fleuve en deux courants qu'on canalisera dans les fossés des fortifications (élargis au besoin).
> 3e. Réunir au Point-du-Jour ces deux courants qui, à partir de ce moment, reprendront leur ancien cours[26]. »

Selon son habitude, Allais propose des solutions saugrenues à des questions que se posent sérieusement ses contemporains. Sa suggestion fait d'ailleurs écho à une proposition sans doute sérieuse : en 1891, le conseiller municipal Léonce Levraud transmet au conseil la pétition d'un certain Ernest Lamadelaine, qui soumet un projet « tendant à supprimer les fortifications parisiennes et à les remplacer par la canalisation de la Seine autour de Paris[27] ».

Les arguments qu'invoque Allais sont également intéressants :

> « Les avantages que présenterait la réalisation de ce projet sont innombrables, et, peut-être même, incalculables.
> D'abord, assainissement de Paris.
> Ensuite, importance énorme et plus-value données à toute cette zone inutile, ridicule et périphérique qui enserre les fortifs.
> Et puis [...], quel parc miraculeux, unique au monde, ce serait pour Paris que celui qu'on pourrait créer dans le lit abandonné de la Seine, depuis Charenton jusqu'à Auteuil !
> Sans compter qu'en cas de siège, ce parc servirait à la culture de mille céréales et autres légumes nutritifs, ainsi qu'à la pâture de toutes sortes de bestiaux alimentaires[28]. »

Allais s'intéresse même à la question des égouts parisiens se déversant dans la Seine. Il propose de filtrer les eaux usées afin de créer des jeux d'eaux qui serviraient à l'ornement du parc créé par le détournement du fleuve. Ses arguments répondent à ceux qui sont avancés, à divers moments, par les intervenants sérieux dans le débat. Ils constituent un indice du partage du sens commun hygiéniste par le lectorat de l'humoriste à la fin du XIXe siècle.

Au-delà de la constitution des sens communs, il est nécessaire de se pencher sur les conditions « sociales » de production du discours sur les fortifications. Quels intérêts les différents acteurs ont-ils à s'emparer de cette question ? À quelles stratégies ont-ils recours pour se faire entendre et de quels moyens disposent-ils pour les mettre en œuvre ? La seconde partie

---

26. *Ibid.*, p. 934.
27. Cette pétition est renvoyée pour étude à la 3e Commission municipale, qui se contente sans doute de l'enterrer (on n'en trouve pas trace dans les débats du conseil). *Procès-verbaux des séances du Conseil municipal* (désormais *PVCM*), 1891, 23 fév. Que Levraud soit un des adversaires les plus virulents de la proposition Guyot laisse cependant planer un doute sur le sérieux de la pétition. *PVCM*, 1883, 11 juin.
28. A. Allais, *Pour cause de fin de bail*, *op. cit.*, p. 934.

porte sur ces questions. C'est ici que sont présentés les projets d'aménagement défendus par les différents acteurs, bien que ces projets relèvent évidemment de l'ordre du discours. En effet, dans la mesure où les acteurs s'affrontent sur des projets, on peut considérer que ces derniers relèvent également de la stratégie. Par ailleurs, si la première partie porte sur la fabrication des sens communs et donc sur des consensus rendant possibles l'affrontement, la seconde s'attache aux oppositions pratiques, dont les projets en concurrence constituent l'expression.

Cette seconde partie met en scène des acteurs absents de la première, bien qu'évidemment porteurs d'un discours. Les fonctionnaires de la Seine apparaissent ici avant tout comme les alliés des édiles et c'est à ce titre qu'ils élaborent un projet d'aménagement au début des années 1880. De même, si la mobilisation d'une certaine fraction des élites en septembre 1905 pour défendre le bois de Boulogne est présentée ici, c'est parce qu'elle annonce l'intervention du Musée social en 1908 et qu'elle permet de rendre compte partiellement des modalités de l'action menée par les réformateurs sociaux.

Avec la recherche sur les acteurs et sur leurs stratégies, il s'agit encore d'éclairer la filiation entre hygiénisme et urbanisme. La mobilisation de septembre 1905 est à cet égard particulièrement intéressante. Partisans de la préservation des sites, sportifs et représentants des intérêts du tourisme se rencontrent dans une campagne pour défendre l'intégrité du Bois au nom des espaces libres. Quel est alors le rôle de ces « gens du monde » dans la conversion des réformateurs sociaux à l'urbanisme ?

La réflexion sur les acteurs amène à reposer la question du statut du débat sur les fortifications. Dans un premier temps, celui-ci est simplement apparu comme un angle d'approche commode pour étudier les liens entre hygiénisme et urbanisme. Est-il possible d'aller plus loin et d'y voir un des creusets dans lesquels s'élabore la transmutation de l'hygiénisme en urbanisme ?

Le choix d'utiliser le débat sur les fortifications pour rendre compte de la naissance de l'urbanisme sur le terreau de l'hygiénisme est à l'origine de la fixation des bornes de ce travail. Ce choix engage une délimitation de l'objet : le sort de l'enceinte n'est abordé que dans la mesure où il est constitué par les intervenants en question d'hygiène ou d'urbanisme.

L'enceinte marque depuis 1860 la limite administrative de Paris et donc de l'octroi. Par ailleurs, les édiles qui envisagent sa disparition mentionnent souvent la question de l'octroi, dont la suppression est souhaitée par la majorité du conseil municipal[29]. Pourtant, la question de l'impôt local n'est pas abordée ici. Ce choix est motivé par l'angle d'analyse retenu. Dans la

---

29. La question des octrois et de leur suppression est d'ailleurs posée depuis le milieu du XIXe siècle. J. Joana, « La Commune contre le municipalisme. Débat public et politiques municipales à Avignon sous la IIIe République (1841-1903) », *Genèses*, n° 43, juin 2001, p. 89-111. Voir. p. 94.

mesure où il s'agit d'étudier l'enceinte en tant qu'une des matrices de la transmutation de l'hygiénisme en urbanisme, cette question fiscale trop complexe pour être abordée au détour d'une recherche portant sur d'autres enjeux est laissée de côté.

Il est ici question des discours auxquels donnent lieu les fortifications. Leurs usagers restent largement dans l'ombre et n'apparaissent que dans les discours tenus sur eux. C'est en particulier le cas pour la population marginale ou criminelle qui fréquente les fortifications. Parmi ces figures de marginaux, l'une émerge avec une netteté particulière, celle de l'« apache » – le terme est apparu au tout début du XXe siècle –, jeune homme issu de la classe ouvrière, se livrant en bande à toutes sortes d'activités délinquantes et criminelles. L'enceinte et la zone sont l'un des espaces, et non le seul, investis par ces apaches[30], ainsi que par d'autres délinquants et par des prostituées. Madeleine Leveau-Fernandez signale d'ailleurs que seuls les plus démunis des apaches hantent les fortifications, qui sont rarement le théâtre d'agressions contre des passants innocents : les apaches « ne fréquentent la zone que pour y jouer ou pour y régler leurs comptes[31] ». Quant aux prostituées des fortifs, elles se répartissent en deux groupes. Une première catégorie est constituée d'hétaïres décaties, qui exercent leur commerce en plein air, contre quelques sous, de la nourriture ou de l'alcool. Ces femmes n'ont en général pas de souteneur. L'autre catégorie se compose de filles plus jeunes qui pratiquent l'« entôlage », dévalisant leurs clients, parfois avec l'aide de leur protecteur qui rôde à proximité. Apaches et prostituées ne représentent d'ailleurs qu'une infime proportion de la population des fortifications et de la zone. La population qui s'installe de façon permanente sur la zone à partir de la fin du XIXe siècle est surtout composée d'ouvriers parisiens chassés par l'haussmannisation : population certes pauvre, mais rarement marginale. Il n'empêche, l'enceinte et la zone sont perçues comme des espaces dangereux, la presse se faisant largement l'écho des activités de la faune qui les fréquente[32].

Le débat sur l'enceinte est largement contemporain d'une inflation des « récits de crime[33] » en tout genre, dans la presse et la littérature. Les apaches y occupent, à partir du début du XXe siècle, une place non négligeable[34]. Le thème de l'apache est d'autant plus prégnant que la question de l'insécurité publique est particulièrement virulente au début du XXe siècle : les

30. En 1907, *Le Matin* dresse une géographie des apaches dans Paris. Les fortifications n'y apparaissent que comme un des lieux de prédilection des apaches parmi d'autres. D. Kalifa, *L'Encre et le sang*, Paris, Fayard, 1995. Voir p. 114-115. Quelques décennies plus tôt, M. du Camp ne mentionne pas les fortifications parmi les « refuges » des « voleurs ». *Paris, ses organes, ses fonctions et sa vie jusqu'en 1870* [1869-1876], Monaco, Rondeau, 1993. Voir p. 245-249.

31. M. Leveau-Fernandez, « La zone et les fortifs », A. Fourcaut (dir.), *Banlieue rouge 1920-1960*, *Autrement*, série Mémoires, n° 18, 1992, p. 56-65. Citation p. 63.

32. *Ibid.*, p. 59-63.

33. D. Kalifa, *L'Encre et le sang*, *op. cit.*, p. 11.

34. Le mot « apache » est popularisé en 1902 par l'affaire Casque d'Or. *Ibid.*, p. 154.

apaches apparaissent alors comme les représentants par excellence de l'« armée du crime[35] ». Selon Dominique Kalifa, cette attention accrue à l'insécurité est inséparable « du fort sentiment de déclin national[36] » :

> « Comme l'alcoolisme, le péril vénérien ou celui du "déclin de la race" crime et délinquance, qui touchent surtout les jeunes, sont perçus comme un épouvantable signe de dégénérescence au moment même où s'exacerbent les tensions sociales et ou se ravivent les menaces de guerre[37]. »

Pourtant, paradoxalement, la faune qui hante les fortifications n'apparaît qu'épisodiquement dans les discours des promoteurs d'une suppression puis d'un aménagement de l'enceinte motivés par un souci hygiéniste fortement teinté de nationalisme. Dans ces discours, la référence à la faune des fortifications fonctionne surtout comme une déclinaison du thème de la peur des marges de la ville, mise en évidence pour le premier XIXe siècle par John Merriman[38]. C'est d'ailleurs en ces termes qu'Annie Fourcaut interprète cette « mythologie des fortifications[39] ».

La focalisation sur la transmutation de l'hygiénisme en urbanisme est aussi à l'origine des bornes chronologiques de la recherche : du début des années 1880 à la fin des années 1910. 1880 : la date s'imposait d'elle-même, puisque c'est à ce moment qu'est envisagée pour la première fois la suppression de l'enceinte, notamment au conseil municipal. En revanche, pourquoi s'arrêter à la loi de 1919, qui ne règle pas définitivement le sort des fortifications et de la zone ? Le choix est motivé par l'unité du discours sur l'enceinte caractéristique de la période 1880-1919. Au lendemain de la guerre, un processus est achevé : le traitement de l'enceinte est enfin devenu une question d'urbanisme à part entière. Certains des acteurs identifiés ici ne sont évidemment pas étrangers à cette mutation. C'est en effet au sein de la Section d'hygiène que se constitue en France l'urbanisme, comme corps de professionnels et comme mode spécifique d'intervention sur la ville.

---

35. La question de l'insécurité publique émerge au tout début du XXe siècle et culmine entre 1907 et 1912. *Ibid.*, p. 237-254.
36. *Ibid.*, p. 250.
37. *Idem.*
38. J. Merriman, *Aux marges de la ville. Faubourgs et banlieues en France, 1815-1870*, Paris, Seuil, 1994.
39. A. Fourcaut, « Banlieue rouge, au-delà du mythe politique », A. Fourcaut (dir.), *Banlieue rouge*, *op. cit.*, p. 12-37. Citation p. 29.

Première partie

SUPPRIMER PUIS AMÉNAGER LES FORTIFICATIONS : LA CONSTRUCTION DES SENS COMMUNS

Introduction

Au XIXe siècle, une fraction des élites développe une sensibilité aux questions d'hygiène, cette sensibilisation étant, entre autres, liée au développement des statistiques comme mode d'appréhension du réel[1]. Au cours du dernier quart du XIXe siècle, le mouvement hygiéniste se structure. Si l'organisation s'opère au niveau européen, l'hygiénisme se veut national : les militants mettent en œuvre « un programme national de santé[2] ». Une partie du travail des hygiénistes français consiste alors à mettre en évidence un certain « retard français ».

Si les statistiques, qui permettent la comparaison des performances en matière de mortalité et de morbidité, ne sont pas étrangères à cette perspective comparatiste, l'étude de l'hygiénisme français doit aussi tenir du contexte national du début de la IIIe République. La période, marquée par le souvenir récent de la chute du Second Empire, de la défaite devant la Prusse et de la Commune, incite à la remise en question : il s'agit de diagnostiquer les raisons ayant rendu possible la défaite et d'y remédier[3]. La remarque éclaire sous un autre jour le comparatisme des hygiénistes français : dans les années 1870-1880, hygiène et régénération nationale ont partie liée.

L'analyse du débat sur les fortifications de Paris peut éclairer la façon dont ces deux thématiques s'articulent. Ce débat est en effet un des lieux de jonction, au même titre que les discussions sur l'éducation physique par exemple[4], entre préoccupations hygiéniques et souci de régénération nationale. Tout d'abord, sa naissance, au début des années 1880, est à peu près contemporaine de l'organisation du mouvement hygiéniste et d'emblée, au conseil municipal de Paris, les partisans du démantèlement de l'enceinte se

1. R.-H. Guerrand, *Les Origines du logement social en France*, Paris, Les Éditions ouvrières, 1967, p. 202-221 et L. Murard et P. Zylberman, *L'Hygiène dans la République*, Paris, Fayard, 1996.
2. L. Murard et P. Zylberman, « La cité eugénique », L. Murard et P. Zylberman (dir.), *L'Haleine des faubourgs*, *Recherche* n° 29, Fontenay-sous-Bois, 1978, p. 423-453, citation p. 425-426. Voir aussi C. Charle, *Histoire sociale de la France*, Paris, Seuil, 1991, p. 294-295.
3. C. Digeon, *La Crise allemande de la pensée française (1870-1914)*, Paris, PUF, 1959, p. 72-112.
4. P. Arnaud, *Le Militaire, l'écolier, le gymnaste. Naissance de l'éducation physique en France (1869-1889)*, Lyon, Presses universitaires de Lyon, 1992, p. 122-127 et E. Weber, préface à P. Arnaud, *Les Athlètes de la République*, Toulouse, Privat, 1987, p. 13-17.

placent sur le terrain de l'hygiène[5]. Ensuite, ceux qui réclament la disparition d'un ouvrage militaire après une défaite s'exposent à l'accusation de faire peu de cas de la défense de la capitale. Leur force consiste alors à retourner l'accusation, en faisant de la suppression de l'enceinte un élément du dispositif de régénération nationale que le régime républicain entend mettre en place. C'est ici qu'intervient l'argumentation hygiéniste : la disparition des fortifications créera des conditions de vie hygiéniques, qui rendront possible la préparation des hommes à la guerre.

L'analyse peut aussi contribuer aux recherches sur l'émergence de l'urbanisme au sein du courant réformateur. En raison de la durée pendant laquelle le problème reste pendant (posé au début des années 1880, il n'est résolu, provisoirement d'ailleurs, qu'en 1919) et de sa nature (comment disposer d'un espace urbain à intégrer à la ville ?), le sort de l'enceinte fournit un poste d'observation privilégié pour observer la transmutation de l'hygiénisme en urbanisme. La démarche permettra, entre autres, de mettre en évidence ce qui dans l'urbanisme est redevable à la dimension nationale de la thématique hygiéniste.

Utiliser le sort des fortifications comme une lentille à travers laquelle observer le passage de l'hygiénisme à l'urbanisme passe par une analyse des discours. Sur la période 1880-1920, la question mobilise deux types d'acteurs : les édiles de Paris et les réformateurs sociaux rassemblés au sein de la Section d'hygiène urbaine et rurale du Musée social. Un dépouillement des *Rapports et documents* et *Procès-verbaux des séances* du conseil municipal de Paris, ainsi que des textes rédigés dans le cadre de la section a donc été entrepris. Ces documents ont ensuite été rapportés à trois types de discours : le discours d'un écrivain populaire, Jules Verne, qui synthétise sous forme romanesque certaines des préoccupations et même des obsessions de ses contemporains, en particulier en ce qui concerne la régénération nationale après la défaite, le discours savant des géographes et celui des hygiénistes[6].

Dans la mesure où il s'agit de mettre en évidence les inflexions d'un discours, le plan chronologique s'impose. Le premier chapitre présente les conditions intellectuelles dans lesquelles s'opère le « coup de force » des partisans de la suppression des fortifications, ainsi que leur argumentation. L'inscription du sort de l'enceinte dans le débat sur la régénération nationale illustre la façon dont l'hygiénisme s'insère dans la thématique du relèvement national.

Les deux chapitres suivants portent sur la façon dont, alors que s'éloigne le spectre de la défaite de 1870, la dimension nationale n'est pas évacuée.

---

5. *RDCM*, 1882, n° 78.
6. Le discours des hygiénistes ayant fait l'objet de nombreuses analyses (voir en particulier L. Murard et P. Zylberman, *L'Hygiène dans la République*, *op. cit.*), sont surtout utilisées ici des sources de seconde main.

Le chapitre II est consacré à la volonté, invoquée par tous les intervenants, d'offrir de l'espace aux Parisiens. Édiles et réformateurs sociaux partagent la même phobie de l'entassement et entendent, par la suppression puis par l'aménagement de l'enceinte, résorber un déficit d'espace. La permanence de ce souci confirme l'ancrage hygiénique de la question, l'entassement dans les grandes villes, avec ses conséquences sur la santé et sur la moralité, étant l'un des maux constamment dénoncés par les hygiénistes.

Au-delà du souci partagé de combler un manque d'espace, les solutions présentées diffèrent. À la Section d'hygiène, le déficit d'espace est interprété comme la conséquence de l'absence d'un « aménagement rationnel des villes ». Avec l'apparition de la thématique de l'« aménagement rationnel des villes » sur le terreau de l'hygiénisme, les fortifications sont investies d'une dimension nouvelle : leur aménagement constitue l'une des dimensions clés d'un plan concernant l'ensemble de l'agglomération parisienne. Le chapitre III montre comment le sort de l'enceinte s'intègre dans l'argumentation en faveur d'une législation sur les plans de ville développée par la section.

Cette première partie accorde une attention particulière aux références à l'étranger, très fréquentes à propos des fortifications. Dans ces références, l'Allemagne occupe une place de premier plan : le débat sur l'enceinte participe de la réévaluation des institutions françaises à l'aune allemande entreprise au lendemain de la défaite. Cependant, avec les réformateurs sociaux, les exemples se diversifient et leur utilisation se complexifie : on passe de l'invocation rituelle du déclassement des fortifications des villes allemandes à une analyse critique des réalisations étrangères en matière d'« aménagement rationnel des villes ». Si l'inscription de la question de l'enceinte dans les thématiques, liées, de l'hygiénisme et de la régénération nationale se perpétue pendant près de quatre décennies, c'est au prix d'une réinterprétation.

Chapitre I

Fortifions les hommes au lieu de fortifier les villes !

La question de la suppression des fortifications de Paris est soulevée pour la première fois à l'extrême fin des années 1870, une dizaine d'années après la défaite française devant la Prusse et l'effondrement du régime impérial qui en a été la conséquence. Les années suivant la défaite sont pour les Français une période de remise en question. Il s'agit de dégager les raisons qui ont rendu possible la défaite ou encore, question presque équivalente, de rendre compte de l'origine de la supériorité germanique. Les institutions françaises font l'objet d'une réévaluation systématique, considérée comme préalable indispensable à toute modernisation.

Il faut replacer les premiers plaidoyers pour la suppression de l'enceinte dans ce contexte. Pour ses partisans, le démantèlement des fortifications participe de cet exercice douloureux de remise en question et c'est à ce titre qu'ils le réclament. L'enceinte est présentée comme doublement nocive, pour son rôle passé et pour ce qu'elle engage pour l'avenir. Sur le plan stratégique et même moral, elle s'est substituée à une véritable préparation des hommes à la guerre et surtout, en bridant l'expansion de la capitale, elle contraint les Parisiens toujours plus nombreux à s'entasser dans une ville surpeuplée. Cette situation entraîne un étiolement physique et mental qui obère gravement les chances de Revanche. C'est donc au détour d'un plaidoyer nationaliste que le sort des fortifications est constitué en question d'hygiène, ce qu'il reste pendant les quarante années qui suivent.

Ces arguments, développés en particulier au conseil municipal de Paris, s'inscrivent dans les interrogations de la société française : dans la IIIe République commençante, thématiques nationaliste et hygiéniste sont étroitement liées[1]. C'est ce qui permet aux partisans de la suppression de l'enceinte de faire de leur revendication une question d'actualité, s'assurant ainsi, entre autres, le soutien d'une partie de la presse, sans parvenir cependant à mobiliser l'opinion publique parisienne.

---

1. P. Arnaud, *Le Militaire, l'écolier, le gymnaste*, *op. cit.*, p. 122-127.

La suppression de l'enceinte : au nom de la Revanche ou de l'hygiène ?

La question d'un éventuel démantèlement des fortifications est soulevée au tournant des années 1870-1880, au conseil municipal de Paris entre autres. Des circonstances particulières rendent possible cette revendication : les réformes engagées dans le système de défense de la capitale et les progrès de l'artillerie permettent d'envisager la disparition de l'enceinte continue, devenue obsolète. Les partisans du déclassement s'efforcent alors d'apporter la preuve de l'inutilité de l'enceinte, sur le strict plan militaire. Cependant, ils ne sont pas spécialistes en la matière et il leur faut s'appuyer sur l'autorité d'experts. Leurs adversaires pouvant invoquer des avis contraires émanant d'hommes aussi compétents, le combat doit être mené à un autre niveau. Au-delà d'une démonstration de l'inutilité de l'ouvrage de défense, il s'agit d'apporter la preuve de sa nocivité : responsable de l'impréparation de la France à la guerre, l'enceinte est à l'origine de la défaite. Pour ceux qui souhaitent sa disparition, elle en vient à symboliser toutes les tares du régime impérial.

Une idée dans l'air du temps

Au conseil municipal de Paris, la suppression des fortifications est envisagée pour la première fois le 22 novembre 1879, quand Deligny, Cernesson, Thulié et Bouteiller proposent « au Conseil d'inviter Monsieur le Préfet de la Seine à faire auprès de l'État les démarches nécessaires pour arriver au déclassement de la partie de l'enceinte fortifiée comprise entre la porte Maillot et la porte d'Auteuil[2] ». L'initiative est suivie par l'adoption, sans doute en 1880, d'un vœu « tendant à la désaffectation des fortifications depuis le Point du jour jusqu'à Levallois-Perret[3] ». C'est en 1882 que le débat s'engage vraiment, avec le dépôt par Martin Nadaud, député de la Creuse et ancien maçon[4], d'une proposition de loi « ayant pour objet la suppression du mur d'enceinte, la cession à la ville de Paris des terrains qui en dépendent et la suppression de la zone militaire[5] ». En novembre de la même année, Yves Guyot, économiste libéral et conseiller municipal radical[6], dépose une proposition visant à obtenir du Gouvernement « la désaf-

---

2. *PVCM*, 1879, 22 nov.
3. *PVCM*, 1882, 20 nov. Le texte et la date de ce vœu ne figurent ni dans les *RDCM*, ni dans les *PVCM*, ni dans les *Résolutions du Conseil municipal*.
4. A. Robert, E. Bourloton et G. Cougny (dir.), *Dictionnaire des parlementaires français* (désormais *DPF*), Paris, Bourloton éditeur, 1891. Voir t. 8, p. 666.
5. *Annales du Sénat et de la Chambre des députés, documents parlementaires*, 1882, annexe n° 1211. Cité par A. Lortie, « Paris équipée : de l'enceinte militaire à l'enceinte automobile », *op. cit.*, p. 74.
6. Y. Breton et M. Lutfalla (dir.), *L'Économie politique en France au XIXe siècle*, Paris, Economica, 1991, p. 11.

fectation du mur d'enceinte, la cession à la ville de Paris des terrains qui en dépendent et la suppression de la zone militaire[7] ». Si l'initiative de Nadaud reste sans suite, celle de Guyot est à l'origine d'une question des fortifications au conseil municipal de Paris et au conseil général de la Seine, ainsi que de l'ouverture de négociations avec le Gouvernement. En ce tout début des années 1880, rien au niveau national ne semble s'opposer à la suppression de l'enceinte.

Les lois qui consacrent la modernisation du système de fortifications sont votées en 1874. Cette entreprise de modernisation, achevée en 1884, est dictée à la fois par l'évolution de l'artillerie et par l'amputation d'une partie du territoire, qui rend nécessaire un nouveau système de défense sur le front est[8]. En ce qui concerne plus spécialement la défense de Paris, le contexte paraît particulièrement favorable à une suppression de l'enceinte, comme le fait remarquer Guyot à ses collègues : la question a selon lui été étudiée au ministère de la Guerre et on peut espérer qu'une commission municipale réclamant la disparition des parties de l'enceinte considérées comme non indispensables obtiendrait satisfaction. De son côté, l'élu du quartier Montparnasse[9], le colonel à la retraite Charles Louis Auguste Martin, qui défend la proposition Guyot, rappelle qu'en 1883 l'ordre du jour de l'Assemblée comporte deux propositions de loi susceptibles de créer un mouvement favorable à la désaffectation des fortifications. L'une, de Talandier-Delattre, porte sur l'abolition de la zone et des servitudes militaires appliquées à l'enceinte de Paris, l'autre, d'Escarguel, Viette et 154 autres députés, tous groupes confondus, concerne la législation de la zone frontière, le classement des places fortes et l'établissement des servitudes militaires. De même, Deligny, représentant républicain du quartier de la porte Dauphine[10], indique que, d'après les renseignements dont il dispose, la Direction des fortifications semble disposée à s'entendre avec la commission dont la proposition Guyot prévoit la désignation[11].

Au conseil, Guyot n'est pas isolé : sa proposition est signée par 55 de ses collègues[12]. Plus largement, la question du sort de l'enceinte est posée alors que le débat sur l'efficacité des institutions françaises bat son plein. Ceux qui réclament le démantèlement s'inscrivent donc inévitablement

---

7. *RDCM*, 1882, n° 78.
8. J.-J. Becker et S. Audoin-Rouzeau, *La France, la nation, la guerre : 1850-1920*, Paris, SEDES, 1995, p. 152.
9. Sous-commission de recherche d'histoire municipale contemporaine, *Notes biographiques sur les membres des Assemblées municipales parisiennes et des Conseils généraux de la Seine de 1800 à nos jours. 2ᵉ partie : conseillers municipaux et généraux 1871-1956*, Paris, Imprimerie municipale, 1957-1958. Voir p. 72.
10. A. Pétrot, *Les Conseillers municipaux de Paris et les conseillers généraux de la Seine. Biographies* (désormais *CMPCGS*), Paris, Librairie Frédéric Henri, 1876, p. 21.
11. *PVCM*, 1883, 11 juin.
12. *Ibid.*

dans ce débat, de même d'ailleurs que leurs adversaires. Cette inscription dans un débat d'ampleur nationale contribue à donner du poids aux arguments des uns et des autres.

L'inscription s'opère de plusieurs façons. L'enceinte est un ouvrage militaire. Or le contexte d'après-guerre confère à toute question touchant à la défense un caractère particulièrement sensible. Qu'on réclame la disparition des fortifications pour des raisons ne relevant pas immédiatement des impératifs militaires, et on risque de se heurter à une levée de boucliers. Il est en effet inadmissible de faire passer quelque considération que ce soit avant cette priorité des priorités qu'est la sécurité de Paris. Or les premiers partisans de la disparition de l'enceinte au conseil municipal mettent en avant les exigences de l'hygiène. Si l'argument ne peut manquer de faire mouche, il ne peut être pris en compte qu'à condition que l'impératif de défense soit satisfait. Lucien Delabrousse, édile du quartier Notre-Dame des Champs [13], l'un des deux adversaires de la proposition Guyot, reproche à son auteur de ne pas avoir suffisamment étudié la possibilité de la suppression des fortifications, alors qu'il est du devoir des élus parisiens de ne rien réclamer qui soit contraire aux intérêts de la défense nationale : « [La] sécurité de Paris est en jeu. Nous sommes éloignés de douze ans à peine d'un siège qui a compté dans l'histoire, et la leçon de ces événements terribles ne doit pas être perdue pour nous, représentants de la population assiégée [14]. » En ces années 1880, il est donc impératif, pour les partisans de la suppression des fortifications, d'apporter la preuve de l'inutilité de l'enceinte sur le plan militaire. Ils feront plus, en en prouvant la nocivité à plusieurs niveaux.

L'inutilité stratégique des fortifications

Dans sa proposition, Guyot passe en revue les éléments jouant pour et contre la disparition des fortifications, arguments repris quelques années plus tard dans une brochure intitulée *Paris ouvert* [15]. Face à tous les inconvénients que présente l'existence de l'enceinte, le seul élément pouvant plaider en faveur de son maintien est sa nécessité pour la défense de Paris, argument unique mais décisif. Guyot, ce conseiller municipal puis député radical [16], participe au consensus national sur l'intangibilité de l'impératif de défense. Reste alors à savoir si les fortifications sont nécessaires au respect de cet impératif.

---

13. C. de la Barrière et L. Mocquant, *Le Nouveau Conseil municipal de Paris. Biographies et programmes des candidats élus en 1884* (désormais *NCMP. 1884*), Paris, E. Dentu libraire-éditeur, 1884, p. 67-68.
14. *PVCM*, 1883, 11 juin.
15. Y. Guyot, *Paris ouvert. Ligue permanente pour la défense des intérêts des contribuables et des consommateurs*, Éditeurs C. Marpon et E. Flammarion, Guillaumin et Cie. Ouvrage non daté, postérieur à mars 1886 et antérieur à 1889.
16. J. Jolly (dir.), *DPF*, *op. cit.*, t. V, p. 1927.

Pour Guyot, il n'en est rien. Pour le prouver, l'édile s'appuie sur le travail d'un certain Boussard [17] communiqué à la Ligue des contribuables, avec laquelle il entretient lui aussi des liens, puisque la publication de *Paris ouvert* sera assurée par les soins de ce même groupe [18]. Ce texte, intitulé *De l'inutilité de l'enceinte fortifiée de Paris au point de vue stratégique* [19], examine la façon dont se dérouleraient les combats en cas de nouveau conflit avec l'Allemagne. Pour les contemporains, l'éventualité n'a rien d'une hypothèse d'école. L'inquiétude est d'ailleurs en partie justifiée. Les années 1870 et le début des années 1880 sont une période de tension diplomatique. Bismarck laisse entendre qu'il serait susceptible de reprendre les armes. La France, grâce à l'emprunt de Thiers, a pu libérer dès 1873 l'intégralité de son territoire, moins l'Alsace et la Lorraine annexées évidemment. Pourtant, même après le départ de l'occupant, les Français conservent le sentiment que Bismarck continue à exercer un droit de regard sur leur politique extérieure. Les divergences entre les politiques intérieures des deux pays accroissent encore la tension : alors qu'en France, après la démission de Thiers en mai 1873, l'arrivée au pouvoir des tenants de l'ordre moral se traduit par un renforcement de l'influence de l'Église, en Allemagne Bismarck s'engage dans le *Kulturkampf*, dirigé principalement contre les catholiques. Dès la fin 1873, des évêques français s'élèvent contre les mesures auxquelles sont en butte les catholiques allemands. Au début de l'année suivante, Bismarck rétorque par des menaces. Un an plus tard, c'est la réorganisation de l'armée française qui soulève les protestations du chancelier de Guillaume Ier. Dans les deux cas, Angleterre et Russie interviennent pour apaiser les tensions. Les années 1870 voient aussi l'Allemagne se constituer un réseau d'alliances, tandis que la France s'enlise dans ses querelles intérieures. En 1879, la tenue à Berlin du Congrès des puissances européennes témoigne de l'émergence de l'Allemagne sur le devant de la scène internationale : 23 ans auparavant, en 1856, le même congrès avait eu lieu à Paris. L'Allemagne, victorieuse dans la guerre, apparaît aussi victorieuse dans la paix, ce qui entretient, dans l'opinion française, l'animosité et la haine. Côté français, on a l'impression, dans les années 1870, de vivre dans une atmosphère de mobilisation, d'encasernement permanents [20].

La tension diplomatique se relâche quelque peu à partir de 1880, quand la France s'engage, à l'extérieur, dans une politique d'expansion coloniale

17. Aucun Boussard n'apparaît dans le fichier biographique de la Bibliothèque administrative de la ville de Paris.

18. La ligue assure aussi la publication d'un autre texte de Guyot, *La Suppression des octrois et la politique expérimentale : conférence avec graphiques faite à la Mairie de la rue Drouot, le 9 décembre 1885*, Paris, Plon, Nourrit et Guillaumin, Marpon et Flammarion, 1885.

19. *De l'inutilité de l'enceinte fortifiée de Paris au point de vue stratégique*, communiqué à la Ligue des contribuables et reproduit dans *RDCM*, 1882, n° 78.

20. C. Digeon, *La Crise allemande de la pensée française*, *op. cit.*, p. 324 et J.-M. Mayeur, *Les Débuts de la IIIe République, 1871-1898*, Paris, Seuil, 1973, p. 21-26.

que Bismarck considère d'un œil favorable et, à l'intérieur, dans une politique anticléricale qui prive la hiérarchie catholique de son influence. Cependant la haine de l'Allemagne et des Allemands perdure[21]. C'est même à ce moment que la thématique de la Revanche commence à se faire jour[22]. Jules Ferry est vivement critiqué pour sa politique coloniale : la gauche comme la droite l'accusent d'oublier l'Alsace et la Lorraine. De même, les tentatives de Gambetta pour s'entretenir avec Bismarck sont vigoureusement dénoncées[23]. La question de la sécurité de Paris n'est donc pas purement rhétorique, même si la tension franco-allemande s'est un peu relâchée quand Guyot dépose sa proposition.

Dans sa brochure, Boussard montre que le système de défense élaboré en 1874, dont la mise en place est bien avancée, rend impossible l'avance de l'ennemi jusqu'à Paris et que, de toute façon, si celui-ci parvenait aux portes de la capitale, l'enceinte serait totalement inutile, comme l'a d'ailleurs prouvé le dernier conflit. La puissance de plus en plus forte de l'artillerie, ainsi que la densification de la population, qui se traduit par un enclavement dans les constructions de certains bastions restreignant le champ de tir des défenseurs, rendent caduc le système de défense mis en place sous Louis-Philippe. Guyot fait siennes les thèses de Boussard et rappelle que les militaires eux-mêmes n'ont jamais été unanimes sur la nécessité d'une enceinte continue pour défendre Paris.

L'enceinte serait-elle donc inutile, comme semble l'avoir prouvé l'expérience récente et douloureuse du siège de Paris ? Les adversaires de Guyot peuvent répondre que, sans elle, Paris aurait capitulé plus vite. C'est ce que ne manque pas de signaler Delabrousse, celui des partisans du maintien de l'enceinte qui attaque plus particulièrement la proposition Guyot sur son aspect militaire. Comparant les sièges de Paris de 1814 et de 1870, il remarque que « la double enceinte de 1841 a empêché les Parisiens d'être conquis dès le premier jour et leur a permis de tenir cinq mois contre les armées de l'Allemagne[24] », pour ne capituler qu'avec la faim. Il existe une autre preuve de l'utilité de l'enceinte qui, elle, n'est jamais invoquée par les

21. J.-J. Becker et S. Audoin-Rouzeau, *La France, la nation, la guerre, op. cit.*, p. 144-147 et p. 154. Les auteurs mentionnent l'existence d'une littérature très homogène, figeant l'image d'un Prussien barbare, et l'hostilité envers l'Allemagne d'un périodique comme *La Revue des deux Mondes.*

22. « Si la République est proclamée le 4 septembre 1870, le thème de la Revanche ne s'impose que dix ans plus tard. » P. Arnaud, *Le Militaire, l'écolier, le gymnaste, op. cit.*, p. 46. J.-J. Becker et S. Audoin-Rouzeau, qui analysent l'évolution de la thématique de la Revanche, sont très réservés quant à son impact politique. L'idée de revanche militaire, née dans les camps de prisonniers français, n'a pas sa place chez les partisans de l'Ordre moral qui raisonnent en termes d'expiation. Les républicains eux-mêmes, une fois au pouvoir, sont beaucoup moins virulents que pendant la période précédente. Aucune politique de revanche n'a jamais été poursuivie (la modernisation de l'armée et du système de fortifications est à visées essentiellement défensives), la Revanche relevant avant tout de l'ordre du mythe. J.-J. Becker et S. Audoin-Rouzeau, *La France, la nation, la guerre, op. cit.*, p. 142-157.

23. C. Digeon, *La Crise allemande de la pensée française, op. cit.*, p. 325.

24. *PVCM,* 1883, 11 juin.

partisans de son maintien : elle a rendu possible la résistance de la Commune face à l'armée versaillaise. De son côté, l'édile du quartier Saint-Ambroise[25] Léonce Levraud, autre adversaire de la proposition Guyot, fait remarquer que pendant le siège l'enceinte a permis le maintien de la confiance et de la sécurité dans la mesure où « l'espionnage a été entravé[26] », les Français en contact avec l'ennemi n'ayant pas pu pénétrer dans Paris. La question de l'utilité militaire *stricto sensu* des fortifications ne saurait d'ailleurs être tranchée au sein du conseil municipal : ni Guyot ni ses adversaires ne disposent d'une compétence particulière en matière de stratégie. Aussi bien, lors de la discussion de la proposition Guyot, le 11 juin 1883, les intervenants s'appuient sur des travaux censés faire autorité.

Du côté de Guyot et des partisans du déclassement sont mobilisés Boussard et le général Cosseron de Villenoisy[27]. Officier du Génie né en 1821, ce dernier s'est illustré en 1870 dans l'armée du Nord et prendra sa retraite en 1884 comme général de brigade. Cet ancien élève de l'École polytechnique, qui préside la Société du souvenir français et qui collabore au *Journal des Débats* ainsi qu'à des revues spécialisées, s'intéresse aussi aux questions d'hygiène[28]. Guyot invoque également des entretiens avec des officiers de diverses armes et une correspondance privée, dont il ne peut pas donner connaissance à ses collègues du conseil, « mais dont il résulte qu'une partie au moins des fortifications peut être supprimée sans inconvénients[29] ». Il rappelle aussi que le maréchal Soult lui-même, qui occupait la présidence du Conseil quand a commencé la construction des fortifications, ne s'est rallié au principe d'une enceinte continue qu'à contrecœur. Guyot est d'ailleurs plus explicite sur cette dernière question dans *Paris ouvert.* Il y analyse les raisons, plus politiques que stratégiques, à l'origine de la construction des fortifications, afin d'« examiner si la genèse de l'enceinte a un caractère tellement sacré qu'y toucher serait commettre un sacrilège[30] » et conclut que le Gouvernement ne s'est décidé à construire une enceinte continue que pour faire accepter l'établissement de forts détachés autour de Paris. « La gauche[31] » se sentait en effet menacée par la présence de forts, susceptibles de prendre sous leurs feux l'Assemblée nationale, alors que par définition l'artillerie d'une enceinte continue tire vers l'extérieur. Ainsi « l'enceinte militaire est le produit de l'enceinte parlementaire[32] ».

De son côté, Delabrousse commence par réfuter les autorités invoquées par Guyot :

---

25. C. de la Barrière et L. Mocquant, *NCMP. 1884, op. cit.*, p. 114-116.
26. *PVCM,* 1883, 11 juin.
27. *RDCM,* 1882, n° 78.
28. *Revue universelle, chronologie universelle,* 1903, p. 101.
29. *PVCM,* 1883, 11 juin.
30. Y. Guyot, *Paris ouvert, op. cit.*, p. 8.
31. L'expression se trouve chez Guyot. *Ibid.*, p. 11.
32. *Ibid.*, p. 13.

> « Notre collègue s'appuie sur les arguments émis lors de la discussion de 1841 et sur une consultation, datant de l'année dernière, et émanée de la Ligue des contribuables. Je veux bien croire que ce dernier document, qui est très intéressant à lire, a aussi une valeur technique; je n'ai pas la compétence nécessaire pour mettre en doute les affirmations qui y sont contenues, mais est-il bien concluant? Pour moi, j'eusse préféré aux avis anonymes d'officiers de l'armée, l'avis motivé d'une Commission composée d'officiers du Génie[33]. »

L'édile affirme aussi s'appuyer sur l'autorité d'« un homme de guerre qui n'appartient pas à l'armée française, mais qui est connu de tous, l'illustre vainqueur de Sébastopol[34] », dont il croit que l'« opinion serait absolument contraire à celle des officiers dont M. Yves Guyot invoque le témoignage[35] ». De même, il réfute l'affirmation de Guyot selon laquelle Soult aurait accepté sans enthousiasme l'enceinte continue. Et Delabrousse de citer les partisans de l'enceinte qui se sont exprimés lors du débat de 1841 sur la défense de Paris : Chasseloup-Laubat, « qui fut un remarquable ministre civil de la Marine sous le Second Empire, et qui, en 1872, a contribué, dans l'Assemblée nationale, à la rédaction [des] lois militaires[36] », les généraux Pauxhans et Castellane, le maréchal Soult lui-même, ainsi que le duc de Broglie, qui insistait sur l'isolement diplomatique de la France. Pour Delabrousse, rien n'a changé en ce domaine et la France est toujours menacée. Il n'est que de comparer les chants de guerre allemands entre 1814 et 1870 et ceux enseignés aujourd'hui dans les écoles allemandes : « Il n'y est plus question, il est vrai, de réclamer Strasbourg, l'Alsace et la Lorraine. Hélas! […] Mais c'est Nancy, c'est la Champagne qu'ils convoitent et dont ils veulent s'emparer[37]. »

Se retrancher derrière des autorités compétentes n'empêche pas de faire assaut de patriotisme. Si Delabrousse s'interdit de mettre en question le patriotisme de Guyot, il n'hésite pas à faire appel aux sentiments de ses collègues, auxquels il signale qu'en tant que « témoignage vivant du démantèlement de la France[38] » – il est originaire de Benfeld, dans le Bas-Rhin[39] – il a refusé de signer la proposition Guyot. De son côté, Guyot se défend de manquer de patriotisme :

> « Je sais bien que certains journaux ont essayé de faire considérer la motion que je présente comme antipatriotique. Nous ne demandons pas le désarmement de Paris; nous avons plus intérêt que personne à ce que Paris soit une ville sûre[40]. »

33. *PVCM*, 1883, 11 juin.
34. *Ibid.*
35. *Ibid.*
36. *Ibid.*
37. *Ibid.*
38. *Ibid.*
39. C. de la Barrière et L. Mocquant, *NCMP. 1884*, *op. cit.*, p. 67-68.
40. *PVCM*, 1883, 11 juin.

Les partisans du déclassement de l'enceinte rendent d'ailleurs hommage à leurs adversaires Delabrousse et Levraud. Selon le colonel Martin, leurs considérations sont tout à fait respectables, puisqu'elles sont dictées par un patriotisme, louable certes, mais « qui aveugle peut-être un peu ceux qui le possèdent[41] ».

Les dangers de l'enceinte

Les édiles peuvent difficilement trancher la question de l'utilité des fortifications : ni ceux qui en réclament le démantèlement ni leurs adversaires ne font figure d'autorités en matière militaire. Il est de toute façon vain de tenter de démontrer l'efficacité ou l'inefficacité de l'enceinte en cherchant à reconstituer l'histoire du siège d'un Paris dépourvu de fortifications. Il reste donc, pour les partisans de la suppression, à s'attaquer à l'esprit même de l'ouvrage de défense.

Pour Guyot, l'enceinte est néfaste car elle confère un sentiment de fausse sécurité. Paris confiant derrière sa muraille est comparable au Second Empire qui ne pouvait imaginer le coup qui allait le frapper. L'enceinte, création de la monarchie de Juillet, est transformée en un symbole des tares de l'Empire. Les fortifications ne présentent pas seulement un danger psychologique pour le moral des défenseurs de la capitale et des assiégés potentiels ; leur présence même rend très difficile, sinon impossible, la préparation physique des hommes à la guerre. C'est ce que s'attachent à démontrer les partisans du démantèlement, en s'appuyant sur l'exemple allemand.

Selon Guyot, « l'enceinte n'a pas sauvé Paris. Elle a contribué à sa capitulation[42] », en entretenant population et autorités dans un sentiment de sécurité trompeur : « Dans cette grande cuve de pierre la défense mijotait tout doucement et un jour, nous nous sommes réveillés, cuits à point et servis aux Prussiens[43]. » Plus encore, les fortifications ont été à l'origine du découragement des Gardes nationaux, dont certains « las de leur inutilité se demandaient si la meilleure manière de repousser les Prussiens n'était pas de commencer par faire un peu de guerre civile dans Paris[44] ». On peut donc attribuer à leur existence non seulement la défaite mais aussi la Commune. Enceinte pernicieuse donc, d'autant plus inutile que depuis 1874 l'Assemblée nationale a choisi d'assurer la défense de la capitale par un système de forts.

Les critiques de Guyot dépassent d'ailleurs cette cible immédiate qu'est l'enceinte de Paris. À travers elle, c'est un principe de défense qui est mis en cause : le système de forts détachés de 1874 lui-même ne trouve pas grâce

41. *Ibid.*
42. Y. Guyot, *Paris ouvert, op. cit.*, p. 16.
43. *Ibid.*, p. 17.
44. *Ibid.*, p. 16.

à ses yeux. Guyot en dénonce le coût et plus profondément critique cette « manie de Bas-Empire[45] » que constitue la construction de fortifications :

> « [Les] murailles offrent-elles cette sécurité et ne contribuent-elles pas plutôt à l'affaiblissement de la nation ? Elles forment en somme une véritable ratière dans laquelle les armées se réfugient sans en pouvoir jamais sortir. Tout le monde sait, du reste, qu'une ville assiégée est forcée de se rendre, si elle n'est pas secourue par une armée venant du dehors[46]. »

Et Guyot de citer plusieurs grandes villes dont le Génie a démantelé les fortifications, et suprême argument, il rappelle que les Allemands ont démantelé les enceintes de Thionville et de Strasbourg, ainsi que celle de Cologne[47]...

Les reproches qu'adresse Guyot au système de défense français d'avant et même d'après 1870 s'inscrivent dans la remise en cause des institutions françaises propres aux lendemains de la défaite. Comme beaucoup d'hommes politiques, Guyot oppose une France arriérée et même décadente, puisqu'elle opte pour une stratégie défensive, « de Bas-Empire », et « compte sur les pierres au lieu de compter sur les hommes [alors que] ce sont les hommes qui remportent les victoires[48] », à une Allemagne moderne et conquérante, à prendre en exemple. Le démantèlement de l'enceinte participe de cette modernisation nécessaire, non seulement de la défense, mais de la société française dans son ensemble.

En invoquant le « Bas-Empire » et les fortifications qui « contribuent [...] à l'affaiblissement de la nation », l'édile fait apparaître « le spectre de la dégénérescence[49] ». Celui-ci hante les consciences françaises depuis le milieu des années 1850 et plus encore depuis 1870[50]. Faire de l'enceinte un facteur d'une « dégénérescence » dont la défaite de 1870 est la conséquence fournit un argument puissant pour réclamer sa suppression.

Cette lecture du rôle de l'enceinte de Paris et de l'ensemble du système de fortifications français ne s'explique pas exclusivement par la condamnation du Second Empire. Le rejet du régime impérial n'implique pas nécessairement celui du mode de défense de la capitale, d'ailleurs mis en place sous la monarchie de Juillet. La condamnation d'un régime présenté comme immoral est sans appel dès Sedan, avant même que la défaite soit consommée et que l'efficacité de l'enceinte ait pu être mise en cause, comme en

45. *Ibid.*, p. 20.
46. *PVCM*, 1883, 11 juin.
47. Y. Guyot, *Paris ouvert*, *op. cit.*, p. 20.
48. *Idem.*
49. A. Carol, *Histoire de l'eugénisme en France*, Paris, Seuil, 1995, p. 90.
50. *Ibid.*, p. 93. Il ne faut toutefois pas exagérer le rôle des événements de 1870. Le thème de la dégénérescence n'est pas exclusivement français. G. S. Jones, « Le Londres des réprouvés : de la "démoralisation" à la "dégénérescence" », L. Murard et P. Zylberman (dir.), *L'Haleine des faubourgs*, *op. cit.*, p. 37-77.

témoigne un article de Georges Picot, historien, juriste[51] et philanthrope[52], paru en octobre 1870 dans *La Revue des deux Mondes* :

> « [Dans] cette enceinte fortifiée, au milieu d'un calme plus funeste aux mœurs que toutes les agitations se sont développés les molles jouissances et ce besoin de luxe qui marque le déclin des sociétés. De toutes les parties du monde, la foule est accourue vers Paris pour y boire à la coupe des plaisirs, et il s'est trouvé des hommes pour s'applaudir d'un si honteux hommage[53]. »

Pour Picot, l'Empire a précipité la « dégénérescence » nationale, perçue comme la conséquence d'une « sélection à rebours[54] » exercée entre autres par « les molles jouissances et ce besoin de luxe qui marque le déclin des sociétés ».

Si Picot condamne fermement l'Empire, sa confiance dans l'enceinte de Paris est inébranlable : c'est d'elle que viendra le salut du pays envahi. Picot rend hommage aux hommes à l'origine de sa construction et en particulier à Thiers, ainsi qu'au régime qui a vu cette édification. Il oppose la sage politique extérieure de la monarchie de Juillet à la politique aventureuse et brouillonne du Second Empire. L'assimilation entre une enceinte puérile et inefficace et un régime volage et immoral ne se produit qu'après la défaite. Les édiles qui réclament le déclassement des fortifications procèdent à une reconstruction historique. L'enceinte est présentée comme le symbole des tares d'un régime qui n'est pour rien dans sa présence. L'enceinte, objet militaire, est également un « objet idéologique[55] ».

On retrouve la référence au modèle allemand en matière de traitement hygiéniste des fortifications chez un autre édile, Ernest Hamel. Cet avocat de formation, né en 1826, abandonne rapidement le barreau pour se consacrer à la littérature et aux recherches historiques ; il s'intéresse en particulier à la Révolution et à l'histoire contemporaine. Son œuvre très abondante lui vaut d'être désigné à la présidence de la Société des gens de lettres. Comme Guyot, Hamel est un ancien opposant au régime impérial. Il entre en politique par le biais du journalisme et sous le Second Empire se présente sans succès à un certain nombre d'élections. En 1878, après avoir siégé pendant

51. C. Augé (dir.), *Larousse mensuel illustré. Revue encyclopédique universelle*, Paris, Imprimerie Larousse, n° 32, oct. 1909, p. 656.
52. Avec Jules Siegfried et Emile Cheysson, il est entre autres à l'origine de la première législation sur les habitations à bon marché. M.-J. Dumont, « L'invention d'un programme : le logement populaire », J. Lucan (dir.), *Paris, 100 ans de logement*, Paris, Picard, 1992, p. 48-75. Voir p. 54.
53. G. Picot, « Les fortifications de Paris. Essai d'histoire contemporaine », *La Revue des deux Mondes*, 15 oct. 1870, p. 623-648. Citation p. 648. De même, en 1868, M. du Camp rend hommage à Louis-Philippe qui « eut le bon esprit de faire fortifier notre capitale ». M. du Camp, *Paris, ses organes ses fonctions et sa vie*, *op. cit.*, p. 9.
54. A. Carol, *Histoire de l'eugénisme en France*, *op. cit.*, p. 97-102.
55. Expression suggérée par Hervé Robert. H. Robert, « Paris et la guerre au XIXe siècle », cycle de conférences *La Guerre et la ville à travers les âges*, organisé par le Centre d'études d'histoire de la défense, 27 av. 1998.

quelques années au conseil général de la Somme, il entre au conseil municipal de Paris, comme représentant du quartier des Quinze-Vingts[56].

Hamel se dit partisan de la suppression des fortifications, même s'il s'est abstenu lors du vote de la proposition Guyot[57]. Il ne croit cependant plus, en juin 1885, à un démantèlement prochain et constate que de toute façon celui-ci ne pourra être que partiel. Il propose donc une solution alternative à la suppression :

> « [Il] y aurait un moyen bien simple [...] de transformer en oasis ce désert continu de plusieurs kilomètres ; ce serait de planter et de dessiner en jardins les talus [des] fortifications.
>
> Nous donnerions ainsi à la ville de Paris des abords dignes d'elle. Il y a là non seulement une question d'embellissement mais encore une question d'hygiène ; et la santé publique, aussi bien que la beauté de la capitale, aurait tout à gagner à cette ceinture verdoyante[58]. »

Hamel explique qu'il ne s'agit que de suivre l'exemple de l'étranger et invite l'administration de la ville de Paris à « faire observer à l'autorité militaire que, dans les villes les plus fortifiées de l'Allemagne, les fortifications sont plantées[59] ».

Conférant un sentiment de fausse sécurité, les fortifications ont une responsabilité indirecte dans la défaite : à cause d'elles, on a négligé de préparer les hommes à la guerre et le Prussien vigoureux a vaincu le Français étiolé. Et c'est là, en particulier avec le thème de la « dégénérescence », que s'opère la jonction avec l'argument hygiéniste, prioritaire chez les partisans du déclassement. Non seulement on a oublié de préparer, physiquement et moralement, les hommes à la guerre, mais l'existence même de l'enceinte rendait cette préparation impossible l'aurait-on voulue, du moins pour les Parisiens.

L'enceinte empêche la capitale de croître : la population s'entasse dans des logements étroits et insalubres et ne dispose pas de l'espace nécessaire pour s'ébattre. Les fortifications font donc obstacle à la production de soldats. En ce début des années 1880 l'argument ne peut manquer de faire mouche. Pour ceux qui réclament sa disparition, l'enceinte, responsable de la défaite, hypothèque les chances de la Revanche.

Au contraire, les Allemands, sûrs de leur force, n'hésitent pas à déclasser leurs places fortes. Le recours à l'exemple allemand ne s'arrête pas là ; chez Hamel, il se prolonge au sujet du traitement à apporter aux fortifications déclassées. Les Allemands les transforment en promenades et en jardins car ils ont compris le rôle que jouent ces derniers dans la santé des populations. Il convient d'ailleurs de nuancer cette affirmation : une partie de l'indemnité de guerre versée par la France a été consacrée à la

56. J. Jolly (dir.), *DPF*, *op. cit.*, t. VI, p. 1936.
57. *PVCM*, 1883, 11 juin.
58. *PVCM*, 1885, 12 juin.
59. *Ibid.*

construction de fortifications, en particulier en Alsace-Lorraine[60]. Le recours à l'exemple allemand, chez les édiles, relève avant tout de la rhétorique.

Hygiénisme nationaliste et nationalisme hygiéniste

Présenter la suppression de l'enceinte comme satisfaisant à la fois à l'impératif national et à celui de l'hygiène contribue à en faire une question d'actualité. En effet, dans les années qui suivent la défaite, hygiénisme et nationalisme s'interpénètrent. L'enchevêtrement tient en partie à la remise en cause d'ensemble des réalités françaises et à leur réévaluation systématique à l'aune allemande, décrites par C. Digeon[61]. Les contemporains cherchent à découvrir ce qui a rendu possible l'effondrement devant la puissance prussienne afin de remédier aux causes de l'infériorité nationale. L'examen critique atteint tous les secteurs de la société, y compris les domaines de l'hygiène et de la santé.

La réévaluation des institutions françaises

La remise en question des institutions françaises est une attitude très répandue dans la France des années 1870 et 1880. Conservateurs et républicains partagent le même souci de redressement national et s'attachent à dégager les raisons de la défaite. Les tares du régime précédent, voluptueux, futile, en un mot décadent, que par un jeu de mot facile on assimile au Bas-Empire romain, fournissent une première grille de lecture. Quel est alors le modèle de vertu et d'efficacité proposé? Pour les républicains, la réponse est claire : le modèle est celui des vainqueurs, qui a fait ses preuves aux dépens de la France[62].

Si la remise en question des institutions françaises, évaluées à l'aune allemande, prend un caractère systématique au lendemain de la défaite, elle perpétue un questionnement qui remonte à l'émergence de la Prusse sur le devant de la scène internationale. Le facteur déclenchant était déjà un événement militaire : pour l'opinion et les élites françaises, la défaite autrichienne à Sadowa en 1866 agit comme le révélateur de la puissance prussienne[63]. La remise en question atteint tous les secteurs de la société.

Le cas le plus connu est celui de l'enseignement : à partir de la fin des années 1870, le système d'enseignement français est refondu de fond en comble. Le mouvement est initié par l'arrivée de J. Ferry au ministère de l'Instruction publique en février 1879. Ferry inaugure son ministère en fai-

60. P.-P. Sagave, *1871. Berlin-Paris*, Paris, Albin Michel, 1995, p. 127.

61. C. Digeon, *La Crise allemande de la pensée française, op. cit.*, p. 72-112.

62. V. Berdoulay, *La Formation de l'école française de géographie (1870-1914)*, Paris, Bibliothèque nationale, 1981, p. 18-21. Les conservateurs, eux, prôneraient plutôt un retour au génie français.

63. P. Arnaud, *Le Militaire, l'écolier, le gymnaste, op. cit.*, p. 27.

sant voter la loi du 27 janvier 1880 qui rend obligatoire l'enseignement de la gymnastique dans les établissements scolaires de garçons, avant même l'adoption des lois sur l'école primaire, laïque et obligatoire. La gymnastique scolaire, relayée par les bataillons scolaires et les sociétés conscriptives, est censée, pour les républicains, participer à l'œuvre de redressement national[64].

La nécessité des réformes est à peu près unanimement ressentie, même s'il existe des divergences sur les mesures à mettre en œuvre. L'attribution de la victoire allemande à l'instituteur prussien relève d'un sens commun largement partagé au début des années 1880. La conscience d'une supériorité allemande en matière d'instruction et de la nécessité de pallier les carences françaises dans ce domaine avait d'ailleurs commencé à se faire jour sous l'Empire libéral qui, avec Victor Duruy, s'était engagé dans un programme de réforme de l'enseignement. La défaite, la Commune et les hésitations de la République naissante auraient alors plutôt retardé l'instauration d'une école gratuite et obligatoire. Il n'empêche, au début des années 1880, la refonte du système scolaire engagée par les républicains participe d'un projet de régénération nationale et c'est à ce moment que les mesures prises en la matière sont véritablement appliquées[65].

Il n'est donc pas indifférent que les édiles parisiens, dont ceux qui se préoccupent des fortifications, s'intéressent aux questions scolaires. En particulier, ils sont engagés dans un combat pour la création de lycées de jeunes filles ainsi que pour la laïcisation de l'enseignement dispensé à leurs jeunes administrés : en mars 1882, le conseil municipal décide de se doter d'une commission afin de négocier avec le ministère de l'Instruction publique la création de lycées de jeunes filles[66].

L'Armée n'échappe pas à la remise en cause, bien que, assez curieusement, celle-ci ne semble pas y avoir pris un tour vraiment passionnel[67], à la différence de ce qu'on observe pour d'autres institutions comme l'Université. La défaite entraîne des changements dans l'organisation de la défense. Une réforme du système de fortifications est entreprise, ainsi qu'une rénovation du matériel et de l'artillerie. La loi du 24 juillet 1873 sur la réorganisation générale de l'armée porte, elle, sur les réserves et les conditions de la mobilisation. Enfin, avec la création en 1875 de l'École de guerre, la formation des cadres est remaniée[68].

La réforme la plus importante concerne la conscription. Sadowa puis la défaite sont interprétés comme des preuves de la supériorité de l'armée

---

64. *Ibid.*, p. 115-206.
65. *Ibid.*, p. 28-84 et 121-172.
66. *PVCM*, 1882, 22 mars.
67. C. Digeon, *La Crise allemande de la pensée française*, *op. cit.*, p. 363.
68. J.-M. Mayeur, *Les Débuts de la IIIe République*, *op. cit.*, p. 22.

de conscription telle qu'elle existe en Prusse sur l'armée de métier[69]. Le consensus est presque universel : Freycinet, proche des radicaux, voit dans le service militaire « la meilleure école sociale[70] », tandis que pour le duc d'Audiffret-Pasquier, un des chefs de file des orléanistes de centre-droit, la conscription constitue « la grande école des générations futures[71] ». L'armée de conscription est acquise par la loi du 27 juillet 1872 qui instaure le service militaire de cinq ans pour la partie du contingent tirée au sort, les autres conscrits n'effectuant qu'un service de six mois. Des exemptions sont d'ailleurs prévues pour les ecclésiastiques, les fonctionnaires et les étudiants. Les jeunes gens issus de la bourgeoisie ont la possibilité d'effectuer un service d'une durée réduite à un an à condition de devancer l'appel, d'être bacheliers et de payer leur équipement, cette disposition étant d'ailleurs calquée sur l'exemple prussien. La dissolution progressive de la Garde nationale est, elle, décidée dès 1871[72]. L'adoption d'un service militaire universel, même si l'universalité s'accommode de nombreuses exceptions, a d'ailleurs entre autres pour conséquence une attention accrue portée à l'état sanitaire de la population.

La proposition Guyot arrive donc à un moment favorable. Ceux qui réclament la suppression de l'enceinte afin de donner de l'espace à une population parisienne qui s'étiole sont sûrs d'être écoutés à l'époque des bataillons scolaires et du service militaire universel. Dans leur ensemble, les républicains adhèrent à un projet d'unification et de régénération nationale passant entre autres par la gymnastique[73]. L'argument de Guyot ne peut donc manquer de faire mouche, même auprès de ses adversaires les plus acharnés, Delabrousse et Levraud. Ces derniers partagent en effet les convictions républicaines de Guyot et, pour Delabrousse au moins, le souci de préparer la jeunesse française à la guerre. Ce dernier, qui au conseil municipal s'occupe principalement de questions d'enseignement[74], est l'auteur d'un rapport sur une subvention à accorder à la Ligue française de l'enseignement, dont l'objet est de fonder dans chaque chef-lieu de canton des sociétés d'éducation militaire[75].

La proposition Guyot, à son niveau, participe au mouvement de réévaluation des institutions françaises. En mettant en cause l'efficacité militaire

---

69. Napoléon III avait tenté une réforme de la conscription après 1866 : la loi Niel de 1868 reprend pour l'essentiel les dispositions de la loi de 1832, avec quelques modifications dans le sens d'une généralisation du service militaire. J.-J. Becker et S. Audoin-Rouzeau, *La France, la nation, la guerre*, *op. cit.*, p. 41-51.
70. Cité par J.-M. Mayeur, *Les Débuts de la IIIe République*, *op. cit.*, p. 21.
71. *Idem.*
72. *Idem.*
73. P. Arnaud, *Le Militaire, l'écolier, le gymnaste*, *op. cit.*, p. 104. P. Arnaud parle à ce sujet de « nationalisation » des masses, empruntant l'expression à G. L. Mosse.
74. C. de la Barrière et L. Mocquant, *NCMP. 1884*, *op. cit.*, p. 67-68.
75. *PVCM*, 1883, 11 juin.

de l'enceinte et, plus encore, en faisant de celle-ci un véritable danger pour la sécurité de la France, les partisans de la suppression se mettent en situation d'être écoutés, d'autant plus qu'ils font intervenir des arguments d'ordre hygiéniste pour dénoncer le danger que présentent les fortifications.

La défaite sanitaire

La défaite est attribuée, au moins partiellement, à la supériorité de l'instituteur prussien et de l'armée de conscription. Cette interprétation fait de la victoire allemande le résultat d'une préparation à long terme. Un autre élément a pesé d'un poids non négligeable dans la déroute des armées françaises et a frappé spectateurs et participants au conflit : la variole aurait fait 23 400 victimes sur les 600 000 hommes engagés dans le conflit du côté français, tandis qu'elle n'aurait tué que quelques centaines de militaires allemands[76]. Pour les contemporains, cet écart énorme est une des causes de la défaite, laquelle est donc pour une part une défaite sanitaire. Contrairement aux soldats français, les troupes allemandes font l'objet d'une vaccination systématique et l'hécatombe qui frappe les Français est la sanction de l'incurie française, qu'on oppose à la prévoyance et à la discipline prussienne.

L'épidémie de variole n'est d'ailleurs pas, et de loin, circonscrite à l'armée française, ni à la France. Au cours de la première moitié des années 1870, toute l'Europe est touchée par ce qui s'avère une des épidémies les plus meurtrières du siècle. Si les soldats allemands sont épargnés, il n'en va pas de même de leurs compatriotes civils qui paient à la maladie un tribut d'un ordre de grandeur comparable à celui dont s'acquittent les Français[77]. Il n'empêche, la défaite est perçue comme une défaite sanitaire. Cette interprétation oriente durablement l'hygiénisme français : dans les années 1880 et 1890, la protection du contingent contre la variole et la typhoïde constitue l'une des tâches prioritaires de l'administration en charge de l'hygiène au niveau national[78].

La protection de la troupe contre les maladies infectieuses n'a pas de lien direct avec le fait d'assurer à la population urbaine des conditions de vie lui permettant de se préparer physiquement à la guerre, ce qu'est censée permettre la suppression de l'enceinte. Dans les deux cas cependant, l'hygiène est mobilisée au service de la nation, au niveau de la politique sanitaire avec la lutte contre la variole et la typhoïde et au niveau du discours pour les arguments des partisans du démantèlement des fortifications. Constituant la suppression de l'enceinte en mesure d'hygiène, les édiles en font une solu-

---

76. L. Murard et P. Zylberman, *L'Hygiène dans la République*, *op. cit.*, p. 41.
77. P. Zylberman, *L'Hygiène dans la République 1877-1916*, thèse pour le doctorat ès lettres et sciences humaines, université Paris VII Denis Diderot, p. 583.
78. *Ibid.*, p. 566.

tion à des problèmes que se posent les militaires et les responsables politiques, qui seraient leurs interlocuteurs en cas de négociations.

La Revanche hygiénique ?

L'argument hygiéniste est puissant : si la défaite est imputée, entre autres, à un déficit français en matière d'hygiène, réciproquement la Revanche passe par la résorption de ce déficit. L'idée que le nouvel affrontement franco-prussien se jouera sur le terrain de l'hygiène, ou autrement dit que la France ne peut l'emporter qu'à condition de se donner les moyens d'une régénération hygiénique de sa population, est dans l'air du temps aux débuts de la IIIe République, comme en témoigne sa place dans la littérature.

La France-Ville de Jules Verne ou la Revanche fantasmatique

Les Cinq cents millions de la Bégum[79], roman de Jules Verne paru en 1879 et relevant de ce qu'on peut appeler la « littérature de compensation » propre aux lendemains de défaite, constitue une illustration exemplaire du mariage entre thématiques hygiéniste et nationaliste. L'intrigue est simple. Deux parents éloignés, un médecin français, le docteur Sarrasin, et un savant allemand, le professeur Schultze, se partagent un héritage de 500 millions. Tandis que le Français consacre sa part à l'édification en Californie d'une ville conçue selon les préceptes de l'hygiène et baptisée France-Ville, son cohéritier fonde Stahlstadt, un complexe industriel au sein duquel il élabore une arme chimique ainsi qu'un canon surpuissant afin de détruire France-Ville. Les plans du professeur Schultze sont dévoilés grâce au courage d'un jeune Alsacien, Marcel Bruckmann, qui s'est fait embaucher comme ouvrier à Stahlhalt et a réussi à gagner la confiance de son patron. Mais plus que de l'intervention courageuse de Bruckmann, le salut viendra de l'*ubris* du savant allemand : son canon, surpuissant, envoie son projectile hors de l'attraction terrestre et Schultze finit victime de sa propre arme chimique, son décès entraînant la faillite définitive de Stahlstadt. L'allusion est transparente : derrière Stahlstadt, la Cité de l'acier, se profilent évidemment les usines Krupp à Essen[80], comme l'ont mis en évidence Lion Murard et Patrick Zylberman[81].

---

79. J. Verne, *Les Cinq cents millions de la Bégum* [1879], Paris, Flammarion, 1994.
80. Le thème de l'espion s'introduisant au cœur de la puissance militaro-industrielle allemande pour y détruire une arme diabolique a de beaux jours devant lui. Il est par exemple repris en 1917 par G. Leroux. G. Leroux, *Rouletabille chez Krupp* [1917] dans *Les Aventures extraordinaires de Rouletabille*, t. 2, Paris, Robert Laffont, 1988, p. 3-120.
81. L. Murard et P. Zylberman, *Le Petit Travailleur infatigable*, Paris, La Découverte, 1980. Les auteurs mobilisent le roman de J. Verne dans le cadre d'une analyse du contrôle des ouvriers de l'industrie par la cité hygiénique ou autrement dit de l'élaboration d'une « eugénique de la force de travail ». Voir p. 105.

Comme Guyot, Verne reprend à son compte, pour les diffuser auprès de ses jeunes lecteurs, les inquiétudes d'une partie au moins de ses contemporains au sujet des conditions de vie urbaine et de leurs effets sur l'état physique et moral de la population. Le docteur Sarrasin s'adresse à ses collègues médecins dans les termes suivants :

> « Messieurs, parmi les causes de maladie, de misère et de mort qui nous entourent, il faut en compter une à laquelle je crois rationnel d'attacher une grande importance : ce sont les conditions hygiéniques déplorables dans lesquelles la plupart des hommes sont placés. Ils s'entassent dans des villes, dans des demeures souvent privées d'air et de lumière, ces deux agents indispensables à la vie. Ces agglomérations humaines deviennent parfois de véritables foyers d'infection[82]. »

La parenté est nette avec les arguments invoqués par Guyot et quelques années plus tard par Brousse pour réclamer la suppression de l'enceinte.

Le mal identifié, Sarrasin propose la création *ex nihilo* d'une ville hygiénique qui aurait valeur d'exemple :

> « Pourquoi ne réunirions-nous pas toutes les forces de notre imagination pour tracer le plan d'une cité modèle sur des données rigoureusement scientifiques ? [...] Pourquoi ne consacrerions-nous pas le capital dont nous disposons à édifier cette ville et à la présenter au monde comme un enseignement pratique [...][83]. »

Dans une telle ville pourraient s'élever les nouvelles générations susceptibles de laver le déshonneur de la défaite[84] :

> « Cette [...] ville de la santé et du bien-être, nous inviterions tous les peuples de la terre à venir la visiter, nous en répandrions dans toutes les langues le plan et la description, nous y appellerions les familles honnêtes que la pauvreté et le manque de travail auraient chassées des pays encombrés. Celles aussi [...] à qui la conquête étrangère a fait une cruelle nécessité de l'exil, trouveraient chez nous l'emploi de leur activité, l'application de leur intelligence, et nous apporteraient de ces richesses morales, plus précieuses mille fois que les mines d'or et de diamant. Nous aurions là de vastes collèges où la jeunesse, élevée d'après des principes sages, propres à développer et à équilibrer toutes les facultés morales, physiques et intellectuelles, nous préparerait des générations fortes pour l'avenir[85]. »

Si le fait de placer les espoirs d'une régénération nationale dans les progrès de l'hygiène est intimement lié à l'explication de la défaite par l'étiolement physique et moral des Français, l'idée est incompatible avec une lec-

---

82. J. Verne, *Les Cinq cents millions de la Bégum*, *op. cit.*, p. 31-32.
83. *Ibid.*, p. 32.
84. Cet honneur ne se regagnera d'ailleurs pas dans l'aventurisme militaire mais dans le travail : pour Bruckmann, « C'est l'affaire de la jeunesse française [...] de réparer les fautes de ses pères, et c'est par le travail seul qu'elle peut y arriver. » *Ibid.*, p. 20. Sur ce point, Verne est d'accord avec les représentants de l'Ordre moral. P.-P. Sagave, *1871. Berlin-Paris*, *op. cit.*, p. 32.
85. J. Verne, *Les Cinq cents millions de la Bégum*, *op. cit.*, p. 32.

ture du conflit de 1870 en termes de guerre d'une race contre une autre. Si le salut peut venir de l'hygiène, c'est que l'infériorité militaire française relève de causes acquises et non innées. Verne refuse catégoriquement toute lecture racialiste de l'histoire. Si l'affrontement entre Stahlstadt et France-Ville est parfois interprété comme un conflit entre « Latins » et « Saxons[86] », l'interprétation est présentée comme relevant des obsessions du professeur Schultze dont le lecteur fait la connaissance alors qu'il travaille à un mémoire doctement intitulé « Pourquoi tous les Français sont-ils atteints à des degrés divers de dégénérescence héréditaire[87] ? » Le racialisme constitue pour Verne une doctrine spécifiquement allemande, que son attribution à un personnage grotesque, qui « [se] demande même comment les peuples qui n'ont ni saucisses, ni choucroute, ni bière, peuvent tolérer l'existence[88] », permet de présenter sous un jour ridicule.

Ce que Verne récuse n'est d'ailleurs pas tant l'idée que chaque « race » possède des qualités propres qu'une lecture déterministe de l'histoire en termes de montée inéluctable de la race saxonne vers l'hégémonie. Sur cette question, sa position est en fait très ambiguë : le roman relève de la « littérature de compensation » mais n'est pas exempt d'une certaine haine de soi en tant que Français. Si le docteur Sarrasin est un personnage éminemment positif, le véritable héros est Marcel Bruckmann, français certes, mais alsacien, et donc le Français le moins « latin » et le plus « saxon » qui soit. S'il ne s'agissait que de décerner un brevet de patriotisme aux habitants des provinces perdues, il n'y aurait là rien de remarquable. Cependant, l'auteur va plus loin : les qualités de Bruckmann semblent tenir justement à sa nature alsacienne et donc « saxonne ». En témoigne le contraste entre son comportement et celui d'Octave, le fils du docteur Sarrasin resté à Paris. Privé de l'influence de son ami Marcel, Octave échoue dans ses études et s'adonne à une vie de plaisirs faciles, ce que le lecteur ne peut manquer d'interpréter comme l'indice d'une certaine faiblesse constitutive de la race « latine ». Plus révélateur encore, Octave ne brille dans sa nouvelle vie qu'en raison de son argent et surtout de la nature des compagnons auxquels il s'associe :

> « Chose particulière, la liste [des membres du cercle que fréquente Octave] ne portait guère que des noms étrangers. Les titres foisonnaient, et l'on aurait pu se croire, en les énumérant, dans l'antichambre d'un collège héraldique. Mais si l'on pénétrait plus avant, on pensait plutôt se trouver dans une exposition vivante d'ethnologie. Tous les gros nez et tous les teints bilieux des deux mondes semblaient s'être donné rendez-vous là [...].
>
> Octave Sarrasin paraissait un jeune dieu au milieu de ces bimanes[89]. »

86. *Ibid.*, p. 40.
87. *Ibid.*, p. 35.
88. *Ibid.*, p. 78.
89. *Ibid.*, p. 109-110.

J. Verne adhère bien au principe d'une hiérarchie entre « races », même s'il ne s'agit pas d'une hiérarchie entre les « races » européennes. On note cependant que ses héros les plus positifs sont rarement des Français.

L'ambiguïté n'est pas propre au romancier. L'idée d'une hiérarchie entre les races et la lecture racialiste de l'histoire ne sont évidemment pas des productions intellectuelles exclusivement allemandes. La logique racialiste s'implante cependant difficilement en France. Anne Carol attribue ces réticences à la prégnance en France du discours sur l'unité nationale et « [au] fait que la terminologie anthropologique soit [...] liée à l'idée de la supériorité de la nation allemande[90] ». De son côté, André Béjin attribue la faible implantation du darwinisme social en France à « l'hésitation à soutenir une doctrine qui éclairait si crûment et semblait conduire à tenir pour irrémédiables les carences nationales[91] », à savoir la faiblesse de la natalité et du dynamisme économique, ainsi qu'à la prédominance en France du rationalisme cartésien et au refus de l'utilitarisme.

De toute façon, hygiénisme et nationalisme ne peuvent être liés qu'au prix du refus d'une lecture strictement racialiste de l'histoire, ou au moins d'une interprétation particulière de la notion de « race ». Une définition de la « race » fondée sur des caractéristiques zoologiques, au sens ou l'entend par exemple Georges Vacher de Lapouge[92], implique qu'en ce qui concerne la vigueur d'une nation tout est joué d'avance. Cependant cette conception n'est pas celle qui domine en France : on assiste plutôt à une assimilation entre « race » et « nation », fondée sur la prise en compte, dans une perspective lamarckienne, de l'influence du milieu[93].

L'affirmation de l'existence d'une dégénérescence causée par l'environnement urbain n'a alors rien d'étonnant. L'idée fait partie d'un sens commun partagé par les savants au XIXe siècle. Le géographe Désiré Pasquet voit ce phénomène à l'œuvre dans la capitale britannique. En sont victimes les rejetons des provinciaux émigrés à Londres :

> « Au bout de deux ou trois générations, le provincial est devenu cockney à son tour; le sang s'est appauvri, la race s'est étiolée; l'intelligence et l'activité ont diminué. Sans l'afflux de sang nouveau qui se produit sans cesse, la population londonienne finirait par dégénérer, usée physiquement et moralement[94]. »

90. A. Carol, *Histoire de l'eugénisme en France, op. cit.*, p. 141-142.
91. A. Béjin, « Le sang, le sens et le travail : Georges Vacher de Lapouge darwiniste social fondateur de l'anthropologie », *Cahiers internationaux de sociologie*, vol. LXXIII, 1982, p. 323-343. Citation p. 327.
92. Vacher de Lapouge, lui, distingue nettement « race » et communauté nationale. *Ibid.*, p. 329.
93. A. Carol, *Histoire de l'eugénisme en France, op. cit.*, p. 142-145. Voir aussi J. Léonard, « Eugénisme et darwinisme. Espoirs et perplexité chez les médecins français au XIXe siècle et au début du XXe siècle », Y. Conry (dir.), *De Darwin au darwinisme, science et idéologie*, Paris, Vrin, 1983, p. 187-208. J. Léonard souligne que les médecins et hygiénistes français sont très réservés quant aux théories évolutionnistes d'inspiration darwinienne.
94. D. Pasquet, « Le développement de Londres. (Second article) », *Annales de géographie*, vol. 8, 1899, p. 22-48. Citation p. 47.

A contrario, s'il existe une dégénérescence urbaine, l'action des hygiénistes qui se préoccupent d'amender les conditions de la vie en ville est susceptible d'efficacité.

La réticence à raisonner en termes purement racialistes, alliée à la volonté de combattre la dégénérescence, se vérifie lorsqu'il s'agit du sort de l'enceinte. Au début des années 1890, Brousse, élu du quartier des Épinettes dans le 17e arrondissement, par ailleurs médecin [95], réclame la suppression des fortifications pour des raisons hygiéniques, tout en refusant catégoriquement une interprétation racialiste de l'affrontement franco-allemand. Pour Brousse, la spécificité française qu'il convient de défendre relève non de l'ordre racial mais de l'ordre politique :

> « Elle importerait bien peu la conquête du mieux-être social, dans la France républicaine, si le lendemain de sa réalisation, elle nous était ravie par quelque terrible invasion, venant d'une monarchie voisine, encore féodale ! [...] Il nous faut protéger cette terre de France, non parce qu'elle est habitée et appropriée par des hommes d'une race particulière que notre modestie nous fait appeler la première du monde, mais pour la raison que ce sol est fertile en aspirations généreuses, et qu'ils y viennent facilement les arbres de la Liberté, de l'Égalité, de la Fraternité [96]. »

Le refus du raisonnement racialiste ne tient pas l'appartenance de Brousse au courant socialiste. À la fin du XIXe siècle, « racialisme » et socialisme ne s'excluent pas : Vacher de Lapouge, le chef de file des darwinistes sociaux français, est engagé politiquement du côté socialiste [97]. Il ne s'agit pas d'une position aberrante, le racialisme n'étant pas connoté politiquement : le *Grand Dictionnaire* du républicain Pierre Larousse présente Gobineau comme un « ethnologiste distingué [98] ». Pour qui adhère à l'idée de progrès, qu'on puisse classer les races humaines selon leur degré de développement va alors de soi.

L'hygiène allemande : « un outil de lutte idéologique [99] »

Rencontrer l'idée que le salut après la défaite doit passer par l'hygiène chez Verne, un des porte-parole des républicains auprès de la jeunesse [100], n'est pas innocent. Les hommes au pouvoir entendent acclimater cette idée dans l'opinion publique. La thématique est d'ailleurs promise à un bel ave-

95. J. Jolly (dir.), *DPF*, t. II, *op. cit.*, p. 784-785.
96. *RDCM*, 1893, n° 22.
97. A. Béjin, « Le sang, le sens et le travail », *op. cit.*, p. 325.
98. P. Ory, « Le *Grand Dictionnaire* de Pierre Larousse », P. Nora (dir.), *Les Lieux de mémoire*, t. I : *La République*, Paris, 1984, p. 229-146. Voir p. 246.
99. V. Berdoulay, *La Formation de l'école française de géographie*, *op. cit.*, p. 22.
100. Avec Jean Macé, le fondateur de la Ligue de l'enseignement, Jules Verne est l'un des collaborateurs du *Magasin d'éducation et de récréation, journal de toute la famille*, lancé dans les années 1860 par l'éditeur Hetzel afin de répandre l'intérêt pour la science, en particulier chez les jeunes, grâce à des récits populaires de science fiction. *Ibid.*, p. 78.

nir : on la retrouve chez les réformateurs sociaux de la Section d'hygiène urbaine et rurale du Musée social qui s'emparent de la question de l'enceinte à la fin des années 1900. En 1909, Georges Risler donne une conférence consacrée aux « espaces libres dans les grandes villes [101] ». Il y affirme la nécessité de mettre des parcs et des jardins à la disposition de la population urbaine, et en premier lieu des Parisiens, et indique que l'enceinte se prête parfaitement à ce projet. Pour Risler, une telle mesure relève du nationalisme, puisqu'elle induira l'augmentation du « patrimoine des forces morales et physiques qui doivent rendre notre chère patrie toujours meilleure, toujours plus belle, toujours plus admirée, toujours plus aimée[102] ». De même, quelques années auparavant, Charles Gide, saluant l'œuvre pionnière des Britanniques en matière de cités-jardins, écrivait :

> « Quelques esprits généreux [...] se sont donné pour tâche de marier désormais le travail à la beauté. Et c'est précisément en Angleterre que cette idée a germé, sous l'inspiration de quelques fabricants, semi-philanthropes, semi-esthètes [...]. [Ils] se sont efforcés d'installer leurs fabriques et les ouvriers de ces fabriques [...] dans des cités qu'ils se sont efforcés de faire belles, aimables, et il semble qu'ils ont réussi non seulement à sauvegarder et à accroître la beauté pittoresque du milieu [...] mais encore à former *une génération saine et joyeuse*, entraînée à tous les sports et où déjà le taux de la mortalité est très inférieur à celui des grandes cités industrielles, leurs voisines [103]. »

L'affirmation d'un lien entre carence hygiénique et défaite est d'ailleurs liée au contexte international : elle est réactivée au début des années 1910, quand la perspective d'une guerre prochaine s'impose [104]. En 1912, Risler, stigmatisant l'incurie française en matière d'hygiène publique et de législation d'urbanisme, se demande si cette imprévoyance ne tiendrait pas à l'histoire nationale, fertile en rebondissements de dernière minute, et émet un constat amer : « Nous avons cru qu'il en serait toujours ainsi, et la cruelle leçon de 1870, elle-même, ne paraît pas nous avoir guéris de nos illusions [105]. »

Il ne faut toutefois pas prendre pour argent comptant les affirmations d'une carence hygiénique spécifiquement française. Dans un ouvrage consacré à Paris et Berlin dans les années 1870, Pierre-Paul Sagave note que les conditions hygiéniques sont encore moins bonnes à Berlin qu'à Paris. L'insuffisance des égouts berlinois est à l'origine de fréquentes épidémies de choléra, alors qu'à Paris « on disposait depuis le Second Empire d'un

101. « Les espaces libres dans les grandes villes. Conférence faite au Musée social en février 1909 par Georges Risler », *MDMS*, 1910, p. 353-372.
102. *Ibid.*, p. 372.
103. C. Gide, préface à G. Benoit-Lévy, *La Cité-Jardin*, Paris, Henri Jouve éditeur, 1904, p. III. C'est moi qui souligne.
104. J.-J. Becker et S. Audoin-Rouzeau, *La France, la nation, la guerre*, *op. cit.*, p. 237-242.
105. G. Risler, « Les plans d'aménagement et d'extension des villes », *MDMS*, 1912, p. 301-351. Citation p. 302.

système de canalisations exemplaire [106] » et reconnu comme tel par les visiteurs allemands. À Berlin, comme à Paris, les conditions de logement sont déplorables : insalubrité et exiguïté, loyers exorbitants, sont le lot des Berlinois. Selon P.-P. Sagave, dans le second XIXe siècle, les conditions de la vie urbaine sont encore plus rudes à Berlin qu'à Paris. L'affirmation d'une pénurie hygiénique nationale, à laquelle on oppose la prévoyance allemande, relève sans doute de la même logique que la dénonciation par Guyot de la construction de fortifications comme une manie française. Comme le remarque Vincent Berdoulay au sujet de la géographie et de son enseignement en France, la référence à l'Allemagne est un « outil de lutte idéologique [107] » mobilisé pour obtenir crédits et moyens. Il en va certainement de même dans le domaine de l'hygiène.

Quoi qu'il en soit, l'argumentation de Guyot et de ses alliés est en phase, et pour longtemps, avec les préoccupations des hommes au pouvoir. Les édiles qui réclament la disparition des fortifications ont fait preuve d'habileté dans le choix de l'angle d'attaque : constituer la suppression de l'enceinte en mesure d'hygiène était certainement un moyen d'être entendu. Reste que, pour que le sort des fortifications devienne une question d'actualité, il faut aussi se rallier l'opinion publique ou tout au moins les électeurs parisiens.

Le démantèlement de l'enceinte, les élections et la presse

Si la proposition Guyot est commentée par la presse, l'enjeu ne semble pas avoir véritablement mobilisé l'opinion. Dans les années 1880, le déclassement de l'enceinte n'est pas un thème de campagne pour les candidats qui sollicitent les suffrages des électeurs de la capitale.

L'enceinte dans les programmes électoraux

Les édiles ne semblent pas convaincus que leurs électeurs s'intéressent à l'ouvrage de défense. En témoignent les programmes des candidats au conseil municipal [108]. Lors des élections de 1884, les premières après le dépôt de la proposition Guyot, parmi les 80 candidats élus seuls Gustave-Adolphe Hubbard et Léon Delhomme mentionnent les fortifications dans leur programme, pour se prononcer en faveur de leur disparition. Même en tenant compte de la profession électorale de Léon Donnat, élu lors d'une consultation partielle en 1886 [109], on peut affirmer que se présenter comme

106. P.-P. Sagave, *1871. Berlin-Paris*, *op. cit.*, p. 120.
107. V. Berdoulay, *La Formation de l'école française de géographie*, *op. cit.*, p. 22.
108. C. de la Barrière et L. Mocquant, *NCMP. 1884*, *op. cit.*
109. C. de la Barrière et L. Mocquant, *Le Nouveau Conseil municipal de Paris. Biographies et programmes. Élections partielles de 1886* (désormais *NCMP. 1886*), Paris, E. Dentu libraire-éditeur, 1886, p. 48-52.

favorable à la suppression de l'enceinte est loin d'être vu comme absolument nécessaire pour recueillir les suffrages des électeurs parisiens.

Si Delhomme, candidat dans le quartier Saint-Lambert, se contente de réclamer la « suppression des murs d'enceinte [110] », Hubbard et Donnat se montrent plus diserts. Les raisons qu'ils invoquent pour réclamer la disparition des fortifications sont dans la droite ligne des arguments développés par les premiers défenseurs du projet au conseil. Au sujet de l'enceinte, le programme de Hubbard, candidats radical dans le quartier Montparnasse se décline de la façon suivante :

> « [L]'enceinte des fortifications a fait son temps. Elle n'est plus appropriée aux besoins actuels de la défense d'une place de guerre dont les forts détachés sont en avant de Saint-Cyr, de Montmorency et de Palaiseau. Il conviendrait d'utiliser les terrains de la zone et des fortifications pour construire de véritables logements à bon marché, bien aérés et hygiéniques, en prenant toutes les précautions nécessaires pour que la spéculation et les grandes compagnies n'accaparent pas tous les profits de cette mesure [111]. »

En 1886, Donnat, candidat radical pour le quartier de la Muette, avance des arguments presque identiques :

> « La nécessité stratégique de l'enceinte fortifiée est niée par les hommes les plus compétents. Cette enceinte, avec la zone de servitude militaire, occupe environ le quart de la surface livrée aux particuliers pour la construction. Si elle était désaffectée, on disposerait d'une vaste étendue pour des logements à bon marché, en même temps qu'on ferait acquérir aux quartiers voisins des fortifications une plus-value considérable [112]. »

Même si la référence à l'Allemagne est absente de ces professions de foi, la parenté avec le discours de Guyot est nette. Le premier argument avancé pour réclamer la disparition de l'enceinte est l'inutilité militaire de l'ouvrage. Dans ces conditions, le démantèlement s'impose pour des raisons d'hygiène. La prise en compte des impératifs hygiéniques s'inscrit, bien que de manière relativement indirecte, dans le thème du relèvement national. L'argumentation de Guyot semble donc s'imposer à ceux, peu nombreux, qui parlent des fortifications à l'opinion parisienne. On peut donc qualifier de canonique l'argumentation de Hubbard et de Donnat.

La quasi-absence de références à l'enceinte dans les programmes des candidats laisse supposer que la question relève plus pour les édiles du débat interne au champ politique municipal que de l'enjeu électoral. En 1885 et 1886, on relève cependant dans les *Procès-verbaux des séances du Conseil municipal* sept pétitions réclamant, sous une forme ou une autre, la suppression de l'enceinte ou de la zone de servitude [113].

---

110. C. de la Barrière et L. Mocquant, *NCMP. 1884*, *op. cit.*, p. 147.
111. *Ibid.*, p. 137.
112. C. de la Barrière et L. Mocquant, *NCMP. 1886*, *op. cit.*, p. 52.
113. *PVCM* : 1885, 28 et 30 janv. ; 1886, 7 et 28 juil., 22 oct., 15 nov. et 23 déc.

Les réactions de la presse

L'éventualité d'une disparition de l'enceinte semble avoir divisé la presse. Guyot lui-même mentionne les réactions de certains journaux qui « ont essayé de présenter la motion [qu'il] présente comme antipatriotique[114] ». Cependant, globalement, la presse réagit plutôt favorablement à sa proposition. Dans sa thèse de droit[115], Flourens relève des articles favorables à la disparition de l'enceinte dans *La République française*, *La Lanterne*, *Le Figaro*, *Le Parisien*, *La Justice*, *L'Intransigeant* et *Le Matin*. D'après Flourens, la campagne de presse suit une chronologie bien précise. Elle commence avec le début des négociations entre la ville de Paris et l'État, qui s'engagent dès 1883. Elle est particulièrement vive en février 1885, quand on apprend que le Comité supérieur de défense a repoussé les propositions de la Ville, et s'arrête quand il s'avère qu'il est trop tard pour que les travaux soient achevés pour l'Exposition universelle de 1889. Elle reprend après l'Exposition et se réveille chaque fois que la question des fortifications est soulevée au conseil municipal ou au Parlement.

Certaines de ces prises de positions en faveur de la disparition de l'enceinte semblent tenir à des proximités politiques ou (et) de personnes. En 1878, Guyot a publié, anonymement, une série d'articles dans *La Lanterne*, dénonçant l'action de la police des mœurs. Ces articles sont d'ailleurs en 1879 à l'origine de la démission du préfet de police Gigot et de celle du ministre de l'Intérieur Marcère, ainsi que de la révocation ou de la démission de nombreux hauts fonctionnaires préfectoraux[116]. En 1885, Guyot est élu député de la Seine sur une liste radicale patronnée par Clemenceau[117] ; or *La Justice* est le journal de Clemenceau.

Les articulations du discours canonique sur les fortifications, tel qu'il s'est développé au conseil dès le début des années 1880, ne se sont cependant pas imposées à la presse, même si on y rencontre parfois des fragments de ce discours.

La République française mentionne par exemple l'inutilité militaire de l'enceinte[118]. Il en va de même dans *La Lanterne* :

> « Deux systèmes de défense sont en présence sur la question : la défense passive [...]. La défense active [...].
>
> Les partisans de l'enceinte continue sont pour la défense passive ; les partisans des ouvrages de fortifications, faits au moment même, en cas de siège, sont des partisans de la défense active.

114. *PVCM*, 1883, 11 juin.
115. J. Flourens, *Les Fortifications de Paris*, *op. cit.*
116. C.-E. Curinier, *Dictionnaire national des contemporains* (désormais *DNC*), t. IV, Paris, Office général d'édition, 1898-1905, p. 223-224.
117. A. Robert, E. Bourloton et G. Cougny (dir.), *DPF*, *op. cit.*, t. 3, p. 300.
118. « Paris 12 novembre », *La République française*, 13 nov. 1883.

Il suffit de poser la question de cette manière pour que la solution n'en soit pas douteuse, auprès de tous les hommes qui considèrent que le but d'une armée n'est pas de s'enfermer dans une place et d'y cuire dans son jus, mais de détruire sur le champ de bataille les forces de l'ennemi[119]. »

Le ton et le vocabulaire du journaliste, anonyme, de *La Lanterne* sont proches de ceux de Guyot, ce qui n'a rien d'étonnant étant donnés les liens entre l'édile et le quotidien.

La presse mentionne aussi un usage hygiénique des terrains libérés par la suppression de l'enceinte. En février 1885, *La Justice* informe ses lecteurs des *desiderata* des édiles et du projet élaboré par les fonctionnaires de la préfecture de la Seine :

« La Ville demandait à l'État de lui céder, moyennant une somme de 86 millions environ, la zone des fortifications[120], entre le canal Saint-Denis et la porte de Saint-Cloud. Ces fortifications auraient été démolies et les terrains auraient été vendus, sauf une largeur continue de 75 mètres qui aurait servi à l'établissement d'un grand boulevard jugé très utile au point de vue de l'assainissement de Paris[121]. »

L'Intransigeant, de son côté, présente la disparition de l'enceinte comme un moyen de résoudre ce qu'on appelle alors la « question des loyers[122] » et d'offrir du travail aux ouvriers parisiens :

« Il s'agissait [...] de démolir le front ouest de cette enceinte [...]. La démolition de cette partie de l'enceinte était vivement réclamée par le Conseil municipal, qui comptait faire établir sur ces terrains des constructions qui eussent certainement fait baisser le prix des logements, et auraient permis d'employer à ce vaste travail plus de dix mille ouvriers[123]. »

L'article du *Matin* est plus proche du discours canonique sur les fortifications, puisqu'il lie inutilité de l'enceinte et étouffement de la capitale :

« Beaucoup de bons esprits se demandent dans quel but on a consacré plus de cent millions pour établir le nouveau système de défense à grandes distances, alors que l'on trouve nécessaire de conserver l'ancienne enceinte, qui n'a même pas reçu un seul coup de canon, pendant les deux sièges de 1870-1871 ?

Puisque, dès cette époque, celle-ci était à peu près inutile, à quoi pourrait-elle dorénavant servir, sinon à étouffer le développement de Paris, et à priver les nombreux ouvriers actuellement sur le pavé, des travaux qu'auraient nécessité d'abord la démolition des anciens remparts, puis le terrassement et le nivellement des terrains, et enfin la construction de maisons nouvelles

119. « Les fortifications de Paris », *La Lanterne*, 21 av. 1884.

120. Il ne s'agit pas de la zone de servitude, propriété de particuliers, mais de l'espace occupé par l'enceinte, qui appartient à l'État.

121. P. D., « Les fortifications de Paris et la question du Champ de Mars », *La Justice*, 21 fév. 1885.

122. M.-J. Dumont, *Le Logement social à Paris. 1850-1930*, Liège, Margada, 1991, p. 18.

123. « Informations », *L'Intransigeant*, 22 fév. 1885. Les édiles partisans de la suppression de l'enceinte voient aussi dans cette mesure un moyen de résoudre la « question des loyers » (voir chapitre II).

et de logements à bon marché ; le tout sans frais pour les différents budgets, puisque le prix de la zone réservée [124] eut payé toutes les dépenses [125]. »

Dans le cas de *La Lanterne*, la proximité du vocabulaire et du ton avec le discours édilitaire pouvait s'expliquer par les liens politiques entre le journal et Guyot. En revanche *Le Matin*, même s'il se présente comme « absolument indépendant [126] », est un journal conservateur [127].

Les propos de la presse et le discours des édiles partisans de déclassement présentent bien quelque parenté. Cependant il ne s'agit que de notations fragmentaires, dans des articles se focalisant sur les péripéties des négociations entre la Ville et l'État. Les textes retenus par Flourens ne sont certainement pas représentatifs de l'ensemble de la presse. Cependant, dans la mesure où celui-ci milite pour le déclassement des fortifications, on peut supposer que les articles qu'il cite sont parmi les plus favorables aux revendications du conseil municipal. Le fait de ne pas y retrouver les articulations du discours sur l'enceinte tel qu'il s'est fixé chez les édiles dès le début des années 1880 témoigne donc d'une diffusion limitée de ce discours.

L'idée de Guyot ne rencontre qu'un écho relativement faible dans la presse. Elle ne constitue pas non plus un thème électoral mobilisateur. L'absence de référence à l'enceinte dans les programmes électoraux est peut-être l'indice d'un désintérêt de l'opinion, qui tient sans doute à une certaine indifférence de la population urbaine aux conditions hygiéniques. Alors que, sous les débuts de la IIIe République, la demande sociale en matière d'instruction publique est très forte [128], cette demande, selon L. Murard et P. Zylberman, n'existe pas pour l'hygiène. Cette indifférence est une des raisons de la lenteur de la mise en place d'une véritable politique hygiéniste [129]. La revanche sanitaire reste de l'ordre du fantasme et se satisfait entre autres dans la littérature. France-Ville est d'ailleurs exemplaire pour une autre raison : on ne réforme pas une cité existante mais on en crée une nouvelle de toutes pièces, comme si toute intervention sur le réel était inimaginable, même dans l'ordre littéraire. Il convient toutefois de relativiser l'indifférence de la population parisienne aux conditions de la vie urbaine. Elsbeth Kalff note, dans les années 1880, une sensibilisation des représentants des classes populaires à l'insalubrité des logements. Pour les classes moyennes, la « médicalisation de la vie quotidienne [130] » se serait même produite plus tôt, entre 1850 et 1860 [131].

124. Il s'agit là encore de l'espace occupé par l'enceinte et non de la zone.
125. *Le Matin*, 24 fév. 1885, p. 3, sans titre.
126. Notation figurant sur chaque numéro.
127. Voir l'éditorial du 24 février 1885.
128. J. Ozouf, « Les statistiques de l'enseignement primaire au XIXe siècle », *Pour une histoire de la statistique*, Paris, INSEE/Economica, 1987, p. 139-154. Voir p. 145-146.
129. L. Murard et P. Zylberman, *L'Hygiène dans la République*, *op. cit.*
130. E. Kalff, « Logements insalubres et sensibilisation à l'hygiène. Paris 1850-1880 », *Annales de la recherche urbaine*, n° 33, 1987, p. 97-104. Citation p. 100.
131. *Idem.*

Les premiers partisans de la suppression des fortifications au conseil municipal de Paris réussissent à constituer la mesure qu'ils proposent en mesure d'actualité : le déclassement de l'enceinte est présenté comme un moment nécessaire du processus de modernisation de la société française, dont la défaite a révélé la nécessité. L'inscription dans un débat national contribue à conférer un tour passionné aux discussions sur le sort de l'ouvrage de défense au sein du conseil. Cependant la question ne semble pas mobiliser l'opinion parisienne.

Les partisans du déclassement des fortifications font de celui-ci un élément du dispositif de régénération nationale en le présentant comme conforme aux impératifs de l'hygiène. Dès les années 1880, le sort de l'enceinte est donc constitué en question d'hygiène, ce qu'il restera pendant quarante ans, même si les enjeux liés à aux fortifications connaissent une évolution. Cette dimension hygiénique contribue en retour à pérenniser l'inscription de la réflexion sur l'enceinte dans le thème de la régénération nationale, alors même que s'efface progressivement du débat la référence à la dimension proprement militaire de l'ouvrage.

Le débat sur le déclassement et l'aménagement des fortifications est contemporain du diagnostic d'une série de déficits d'ordre urbain, perçus comme spécifiquement français. Schématiquement, on peut ranger ces déficits sous deux rubriques. Le premier type de carence relève plutôt du « quantitatif » : sont concernées les médiocres performances, mesurables, des villes françaises dans le domaine de l'hygiène urbaine (taux de mortalité et de morbidité pour les différentes maladies contagieuses, surfaces des parcs et promenades). L'autre type de carence est d'ordre « qualitatif » : en France, les dispositions législatives permettant d'intervenir sur le devenir des villes seraient moins développées qu'ailleurs.

Le premier de ces déficits est déjà perçu par les édiles réclamant la suppression de l'enceinte dans les années 1880. La prise de conscience d'un « retard » français en matière d'hygiène a sans doute été préparée par le développement, à partir du milieu du XIXe siècle, des statistiques comme mode d'appréhension de la réalité urbaine. Cet outil permet en effet la comparaison internationale, pour les taux de mortalité ou de morbidité notamment. Il devient ainsi possible d'établir des corrélations entre différentes grandeurs, dont l'espace disponible sous toutes ses formes. Le déficit français, ou plus spécifiquement parisien, apparaît alors comme un déficit d'espace. Une bonne vingtaine d'années plus tard, les spécialistes de l'hygiénisme et de l'urbanisme, cette profession en devenir, s'emparent des fortifications avec la création de la Section d'hygiène urbaine et rurale du Musée social. Le diagnostic du déficit quantitatif se double alors de la perception d'un autre déficit, qualitatif, en matière de législation d'urbanisme : en France, l'exécutif, local ou national, ne dispose pas des moyens nécessaires pour faire prévaloir l'intérêt général sur les intérêts particuliers des propriétaires.

La disparition de l'enceinte et l'aménagement des terrains ainsi récupérés apparaissent comme une occasion unique de combler ces lacunes. Tout d'abord, ils offriront de l'espace à la population parisienne, l'apport pouvant prendre deux formes non exclusives : récupération des terrains inutilisés mais aussi « dédensification » du tissu urbain par effacement de la coupure Paris/banlieue que matérialise l'enceinte. L'aménagement des terrains libérés par le déclassement des fortifications et la levée de la servitude apparaît ensuite comme l'occasion d'innover en matière de législation d'urbanisme. Le modèle allemand, très fréquemment invoqué dans les années 1880, ne constitue plus alors l'unique référence à l'étranger. Ceux qui proposent des solutions pour l'aménagement des fortifications s'appuient largement sur une analyse des mesures mises en œuvre à l'étranger.

Chapitre II

Combler le déficit d'espace : logement populaire et « espaces libres[1] »

À la fin des années 1900, le Musée social s'empare de la question de l'enceinte. Comme les édiles qui réclamaient la suppression de l'enceinte dans les années 1880, les réformateurs sociaux affirment défendre l'hygiène urbaine. Dans les deux cas, les solutions avancées sont présentées comme propres à donner de l'espace aux Parisiens, qui en manquent cruellement. La naissance du débat sur les fortifications est contemporaine du diagnostic d'une pénurie d'espace. Or cette pénurie est perçue comme spécifiquement française et dès les années 1880 sa mise en évidence s'enracine dans une comparaison internationale fondée entre autres sur les statistiques. Le traitement de l'enceinte continue donc de participer de l'entreprise de régénération nationale : il s'agit de combler un déficit proprement français, déficit « quantitatif » relevant d'une appréhension statistique.

Au-delà de la volonté commune de régénérer la population parisienne en lui donnant de l'espace, ni les solutions proposées ni même les problèmes qu'est censée résoudre la disparition de l'enceinte ne sont les mêmes. Les édiles de la fin du XIXe siècle entendent avant tout obtenir la disparition du mur. Les espaces libérés, quelle que soit leur affectation, seront autant de gagné. Par ailleurs la levée de la coupure physique entre Paris et les communes suburbaines permettra une extension sans douleur de l'agglomération. À la fin des années 1900, la disparition de l'ouvrage semble acquise à brève échéance. Pour les réformateurs sociaux, il s'agit alors d'obtenir un aménagement laissant assez de place aux espaces libres, présentés comme un élément du dispositif de lutte contre la tuberculose. Cette nouvelle approche renforce l'ancrage de la question de l'enceinte dans les thématiques hygiénique et nationale. Au début du XXe siècle, la lutte contre la tuberculose, perçue comme un fléau qui ronge les forces vives du pays, est en effet érigée en cause nationale[2].

---

1. Même si l'expression « espaces libres » ne fait pas partie du vocabulaire des édiles à la fin du XIXe siècle, elle est particulièrement commode pour désigner les espaces non construits en dehors de toute précision sur leur destination et leur étendue. Aussi est elle est retenue ici, en gardant toutefois les guillemets pour la période antérieure aux années 1900.
2. L. Murard et P. Zylberman, *L'Hygiène dans la République*, *op. cit.*, p. 477-536.

L'enceinte au conseil municipal : une question d'hygiène

Après l'adoption en juin 1883 de la proposition Guyot, des négociations s'engagent, la Ville cherchant à obtenir de l'État la cession des terrains de l'enceinte. Les tractations s'étirent sur les deux dernières décennies du XIXe siècle, sans résultat tangible. Elles sont cependant à l'origine de la rédaction d'un projet d'aménagement par le Service des promenades de la Direction des travaux de la préfecture de la Seine dès le milieu des années 1880[3]. Le débat sur l'enceinte est lancé à un moment qui correspond, avec le renforcement du courant hygiéniste, à un accroissement de la sensibilité aux conditions de la vie urbaine chez une fraction des couches dominantes. Au conseil municipal, les partisans de la suppression des fortifications profitent de ce contexte. Ils font de la mesure qu'ils réclament la solution à des

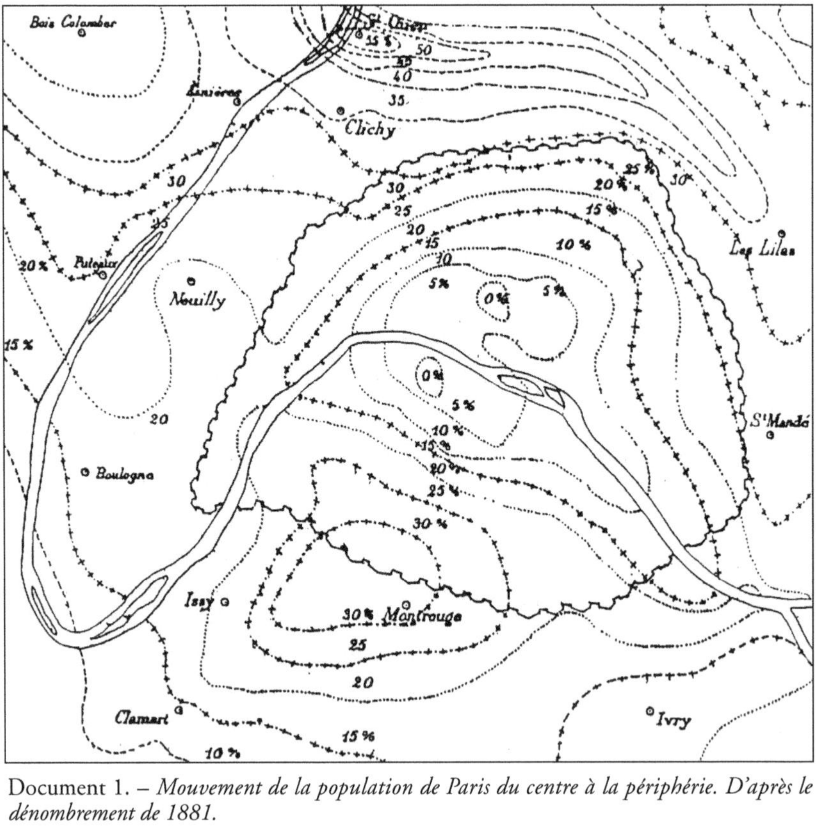

Document 1. – *Mouvement de la population de Paris du centre à la périphérie. D'après le dénombrement de 1881.*

3. Note de Bartet, 2 av. 1884 et *Note sur les bases d'une convention entre l'État et la ville de Paris pour la démolition des fortifications et l'aliénation des terrains militaires désaffectés*, 6 janv. 1885, Archives de la Seine, Carton VM 17 2.

problèmes identifiés par certains de leurs contemporains : entassement urbain sous toutes ses formes, exiguïté des logements, difficultés de la circulation ou pénurie d'espaces non bâtis.

L'organisation du mouvement hygiéniste

Guyot s'intéresse à l'évolution de la répartition de la population dans et autour de Paris : dans sa proposition de 1882, il cite une carte de Durand-Claye, qu'il reproduit dans *Paris ouvert* (voir document 1).

D'après cette carte, c'est dans les arrondissements périphériques que l'accroissement démographique est le plus fort. L'évolution, dont Guyot repère l'équivalent à Londres, s'explique par un changement d'habitudes :

> « Plus les moyens de transports deviennent faciles, plus les centres des villes deviennent des centres d'affaires, des bureaux, des magasins ; les maisons d'habitation s'en éloignent. Il y a là double profit : bon marché des logements d'un côté ; hygiène de l'autre. Les dernières discussions à l'Académie de médecine ont montré que les maladies infectieuses, loin de diminuer à Paris, avaient une tendance à augmenter. Parmi les mesures les plus importantes à prendre pour combattre cette progression, se trouve la mise à la disposition de la population de nouveaux terrains où elle puisse s'étendre[4]. »

Qu'en 1882 Guyot manipule les chiffres, reproduise une carte de Durand-Claye représentant « le mouvement de la population de Paris du centre à la périphérie d'après le dénombrement de 1881[5] », fasse référence à Londres et mentionne les travaux de l'Académie de médecine n'est pas indifférent. L'édile inscrit ainsi le débat sur le sort de l'enceinte dans un courant d'opinion et dans les préoccupations des contemporains.

Le dernier quart du XIXe siècle est le moment où s'opère en France la structuration d'un mouvement hygiéniste. Si les conseils d'hygiène siégeant aux chefs-lieux d'arrondissement et de département sont instaurés dès 1848, leur influence est très limitée : totalement dépendants des conseils généraux, ils sont en outre le plus souvent composés de médecins briguant avant tout des postes officiels et peu enclins à l'action. Il faut attendre les années 1870 pour que se mobilise « une petite phalange d'experts[6] » désireux de faire prévaloir, sur le modèle des lois scolaires, une législation hygiéniste. Avec la création de la Société de médecine publique et d'hygiène professionnelle en 1877, ces experts se dotent d'une instance de représentation. Se retrouvent en effet au sein de la société « médecins-majors, inspecteurs des armées, des asiles ou des prisons, d'une part ; grands et moins grands prélats de la science, professeurs agrégés, chefs de clinique et médecins des hôpitaux de l'autre[7] ».

---

4. *RDCM*, 1882, n° 78.
5. Y Guyot, *Paris ouvert*, *op. cit.* et *RDCM*, 1882, n° 78.
6. L. Murard et P. Zylberman, *L'Hygiène dans la République*, *op. cit.*, p. 36.
7. *Ibid.*, p. 44.

Pour L. Murard et P. Zylberman, ce mouvement participe de la réévaluation des institutions françaises au lendemain de la défaite. La présence de statisticiens (Jacques Bertillon, chef des travaux de la Statistique municipale de la ville de Paris, appartient à la Société de médecine publique dès la fondation de cette dernière) rend possible l'inscription de l'hygiénisme dans une perspective comparatiste. Les débuts de la IIIe République sont d'ailleurs le moment où « les procédés quantitatifs commencent à s'imposer dans l'analyse des faits sociaux[8] » : Jacques Ozouf parle d'« installation triomphante[9] » de la statistique scolaire par exemple. Par ailleurs les congrès internationaux d'hygiène se multiplient dans les années 1870 : Bruxelles (1876), Paris (1878), Turin (1880)[10]. La présence du docteur Sarrasin à un « Grand Congrès international d'hygiène[11] » fait effet de réel.

Les travaux des statisticiens et des spécialistes de l'hygiène, ceux de la Commission d'hygiène du département de la Seine, ainsi que ceux de l'Assistance publique sur la population indigente de la capitale, sont à l'origine d'un intérêt accru pour les conditions de vie dans les taudis parisiens. Cet intérêt s'accompagne d'inquiétude, dans les milieux dirigeants au moins. La situation apparaît d'ailleurs d'autant plus critique au début des années 1880 que c'est dans l'intervalle intercensitaire 1876-1881 que Paris a connu son plus fort accroissement démographique, avec 218 000 habitants supplémentaires[12]. La croissance s'est traduite par une surpopulation des logements accrue, la construction d'habitations de fortune et de fréquentes épidémies. Le développement anarchique de l'habitat concerne tout particulièrement la zone de servitude des fortifications. Les constructions illégales commencent à s'y multiplier dans les années 1880. Elles accueillent en particulier des Parisiens chassés par l'haussmannisation[13]. Si on ne peut faire du plaidoyer pour la disparition de l'enceinte le simple reflet de la croissance démographique et de ses conséquences morphologiques, ces faits méritent toutefois d'être rappelés.

Guyot n'est pas le premier à parler du déclassement des fortifications au conseil municipal; pourtant c'est lui que Brousse considère comme l'initiateur du débat[14]. En effet, sa proposition passe à la postérité. Ce succès tient partiellement au fait que Guyot a fait du déclassement de l'enceinte un lieu privilégié pour poser certains problèmes cruciaux : « retard » français face à l'Allemagne mais surtout conséquences de la surpopulation de la capitale. Le développement du courant hygiéniste rend l'opinion, dans sa fraction « éclairée » au moins, très sensible à ce dernier problème.

---

8. R.-H. Guerrand, *Les Origines du logement social en France*, *op. cit.*, p. 202.
9. J. Ozouf, « Les statistiques de l'enseignement primaire au XIXe siècle », *op. cit.*, p. 143.
10. L. Murard et P. Zylberman, *L'Hygiène dans la République*, *op. cit.*, p. 18-44.
11. J. Verne, *Les Cinq cents millions de la Bégum*, *op. cit.*, p. 9.
12. R.-H. Guerrand, *Les Origines du logement social en France*, *op. cit.*, p. 202-221.
13. M. Leveau-Fernandez, « La zone et les fortifs », *op. cit.*, p. 57-58.
14. *RDCM*, 1893, n° 22 et 1905, n° 4.

La référence à Durand-Claye est à cet égard particulièrement intéressante. Né au début des années 1840, cet ingénieur de la ville de Paris, ancien élève de l'École polytechnique puis des Ponts et Chaussées, consacre toute son énergie à défendre les principes du tout-à-l'égout et de l'épuration des eaux d'égout par le sol. Au cours de sa brève carrière (il meurt en 1888), Durand-Claye multiplie les voyages d'études, à Dantzig, Berlin, Breslau et Londres. Pour cet « ingénieur sanitaire », comme le décrit une notice biographique de 1891 [15], la France a donc à apprendre de l'étranger en matière d'hygiène et d'assainissement. La relation n'est toutefois pas à sens unique : le mérite de Durand-Claye était reconnu au-delà des frontières, de nombreuses villes étrangères lui ayant commandé des plans d'assainissement. Cependant, même si cette exportation des compétences est présentée comme flatteuse pour l'orgueil national, elle est aussi perçue comme l'indice d'un certain « retard » français touchant aux institutions ou aux mentalités. La France dispose de spécialistes compétents mais ne sait pas les utiliser, et ceux-ci en sont réduits à offrir leurs services à l'étranger [16]. Au début des années 1880, Durand-Claye dispose en matière d'hygiène d'une notoriété qui semble dépasser le milieu des fonctionnaires municipaux. Invoquer, même indirectement, son autorité pour réclamer la disparition des fortifications contribue sans doute à faire de la question un problème d'ordre hygiénique.

La localisation de l'ouvrage facilite d'ailleurs cette interprétation. D'après Elsbeth Kalff, les arrondissements centraux de Paris ont connu un « embourgeoisement [17] » après l'annexion de 1860, suite au départ des classes populaires vers les arrondissements périphériques. Si le changement est d'abord perçu comme positif par les responsables de l'hygiène de la capitale, qui considèrent que les nouveaux habitants des quartiers annexés ont gagné au change, l'optimisme disparaît au début des années 1880 : on s'inquiète désormais des conditions sanitaires du Paris agrandi [18]. Le contexte est donc favorable à la constitution de la suppression de l'enceinte en solution aux problèmes d'hygiène de la capitale, puisque les contemporains situent maintenant ces problèmes sur le pourtour de la ville.

L'inscription du sort de l'enceinte dans la thématique hygiéniste est d'ailleurs renforcée par les successeurs de Guyot, et en particulier par Brousse, qui se fait le champion de la suppression des fortifications au conseil municipal. Brousse s'appuie sur l'autorité des hygiénistes et des statisticiens [19]. Comme Guyot, il fait référence à Cosseron de Villenoisy et aux

15. E. O. Lami, *Dictionnaire encyclopédique et biographique de l'industrie et des arts industriels*, Paris, Librairie des dictionnaires, 1881-1891, supplément, p. 712-713.
16. Un phénomène analogue de circulation des compétences est observable chez les urbanistes français du premier XXe siècle, qui d'un côté multiplient les voyages d'études à l'étranger et de l'autre s'exportent en participant aux nombreux concours internationaux (voir chapitre III).
17. E. Kalff, « Logements insalubres et sensibilisation à l'hygiène », *op. cit.*, p. 102.
18. *Ibid.*, p. 103.
19. *RDCM*, 1893, n° 22, 1898, n° 107, 1900, n° 134, 1902, n° 1 et 1905, n° 4.

données des recensements, mais aussi à Stéphane Leduc ou à Bertillon[20]. Pour ses partisans, la suppression de l'enceinte constitue une solution, sinon *la* solution, au problème principal diagnostiqué par les hygiénistes : la pénurie d'espace, qui affecte le logement des classes populaires mais aussi la ville dans son ensemble.

Offrir de l'espace aux Parisiens

La disparition de l'enceinte est censée résoudre deux problèmes liés à la pénurie d'espace : l'insalubrité des logements et l'insuffisance des espaces non bâtis, parcs, jardins ou promenades. Dans sa proposition et dans *Paris ouvert*, Guyot se livre à une série de calculs au sujet de l'espace stérilisé par l'existence de l'enceinte (terrains occupés par l'ouvrage militaire ou soustraits à la construction par la servitude). Cet espace représenterait, dans l'hypothèse la plus basse, 24 % de la surface totale des terrains livrés *intra muros* aux particuliers pour la construction[21]. Autre avantage, la suppression de l'enceinte permettrait aussi de dédensifier le tissu urbain, par la levée de la frontière physique entre Paris et sa banlieue.

Récupérer les terrains de l'enceinte et de la zone

Il s'agit tout d'abord d'apporter une solution aux problèmes de logement des classes populaires. Une proposition subsidiaire adjointe à la proposition Guyot « invit[e] le préfet de la Seine à négocier avec l'État la suppression des fortifications situées entre le Point-du-Jour (à Auteuil) et Clichy [...] afin que les terrains ainsi obtenus soient surbâtis autant que possible par des immeubles accessibles aux ouvriers[22] ». De même, Guyot présente comme un argument en faveur de l'abandon de l'enceinte le fait que, dans Paris *intra-muros*, « les terrains libres susceptibles de recevoir des logements à bon marché ne représentent plus [...] que 291 hectares[23] ». C'est aussi au détour d'une proposition énumérant une série de mesures destinées à lutter contre la cherté des loyers que Fiaux (cosignataire de la proposition Guyot) propose, en novembre 1882, d'inviter l'État « à entrer en négociation avec la Ville pour traiter avec elle de la cession amiable de toute la zone militaire, fortifications de l'enceinte comprises[24] ». La suppression de l'enceinte est donc présentée par ses partisans comme une solution à la « question des loyers ». Selon Marie-Jeanne Dumont, la première moitié de la décennie 1880-1890 correspond d'ailleurs à une période d'intérêt pour les

20. *RDCM*, 1893, n° 22.
21. *RDCM*, 1882, n° 78.
22. *Ibid.*
23. Y. Guyot, *Paris ouvert*, *op. cit.*, p. 21.
24. *RDCM*, 1893, n° 22.

habitations à bon marché au conseil municipal et dans l'administration préfectorale, l'activité se relâchant après 1885. Cet intérêt tient à la conjoncture politique locale, les pics d'activités correspondant « aux poussées de la gauche lors des élections municipales[25] ».

Les hygiénistes de la fin du XIXe siècle ne dénoncent pas seulement l'insalubrité et la surpopulation des logements, mais aussi l'insuffisance des espaces non bâtis, plantés si possible, au sein des villes. Ces espaces, qu'on n'appelle pas encore des « espaces libres », sont nécessaires à la santé de tous. Comme l'affirme l'hygiéniste Stéphane Leduc, « les plantes et les arbres sont les grands purificateurs de l'air[26] ». De plus, les espaces plantés rendent possible l'exercice de plein air, à un moment où il apparaît qu'« il est vivement à désirer que les jeux en plein air pour les enfants et les adultes entrent dans [les] mœurs[27] », comme dérivatif à l'alcoolisme entre autres. La référence à l'alcoolisme n'est pas innocente. Depuis la fin des années 1880, les publications dénonçant l'alcool et ses dangers se multiplient[28]. Selon un procédé déjà mis en évidence pour le tout début des années 1880, les partisans du déclassement des fortifications présentent la mesure qu'ils réclament comme une solution aux problèmes qui préoccupent leurs contemporains.

La création de parcs et de jardins peut alors s'inscrire dans l'effort républicain de régénération nationale. La croisade contre l'alcoolisme relève de cet effort : « [L'alcool] désorganise la famille, compromet l'avenir de la race, est un ferment de discorde sociale et attente à la grandeur de la patrie[29] » écrit Jacqueline Lalouette, qui cite un médecin, le docteur Richard. Selon ce dernier :

> « Le nombre des cirrhotiques, épileptiques, tuberculeux, suicidés, aliénés, etc., qui ont contracté leur maladie par l'abus de boissons alcooliques est considérable : bon nombre de ces victimes sont encore liées à l'armée par le service obligatoire. Ces non-valeurs feront défaut en masse le jour de la mobilisation, ce sont des déserteurs. Il en est d'autres que l'alcool a rendus obèses, qu'on habille difficilement ; [...] que d'hommes resteront ainsi en arrière, dès les premiers jours de la concentration, et feront défaut le jour du combat[30] ! »

25. M.-J. Dumont, *Le Logement social à Paris*, *op. cit.*, p. 160.
26. *RDCM*, 1893, n° 22.
27. S. Leduc au cours d'une conférence à Nantes, reproduite dans *La Revue scientifique*, 20 fév. 1890. Cité dans *RDCM*, 1893, n° 22.
28. M. H. Marrus, « L'alcoolisme social à la Belle Époque », L. Murard et P. Zylberman (dir.), *L'Haleine des faubourgs*, *op. cit.*, p. 285-314.
29. J. Lalouette, « Le discours bourgeois sur les débits de boisson aux alentours de 1900 », *op. cit.*, p. 315-347.
30. Docteur Richard, « Des mesures prises en France par l'armée pour lutter contre l'alcoolisme », intervention au 8e Congrès international contre l'alcoolisme, tenu à Vienne en 1901. Cité par J. Lalouette, *ibid.*, p. 323.

Plus encore que le problème du logement, la nécessité des « espaces libres » contribue à faire du sort des fortifications une question d'hygiène. Chez les hygiénistes et les professionnels de l'urbanisme des années 1900 et 1910, la réflexion sur l'aménagement de l'enceinte se centrera d'ailleurs sur les « espaces libres », le logement populaire étant évacué, jusqu'à la fin des années 1910 au moins.

Au cours des vingt dernières années du XIXe siècle, Les édiles partisans du déclassement des fortifications voient dans cette mesure deux moyens de remédier à la pénurie d'« espaces libres ». Le premier est la récupération des terrains militaires. Le démantèlement de l'enceinte libérera des terrains pouvant être transformés en promenades, parcs ou jardins. Il ne s'agit pas d'une utilisation alternative au lotissement, mais d'une utilisation complémentaire : le projet de la Direction des travaux, qui prévoit la création d'un boulevard de 64 ou de 70 m de large et le lotissement du reste des terrains, fait l'unanimité. Pour Brousse, il s'agit d'un projet « entourant Paris d'air et de lumière[31] », tandis que pour Guyot le boulevard projeté « entourer[ait] Paris d'une ceinture d'air[32] ». Cependant, si les partisans du déclassement invoquent les espaces libres, leurs adversaires sont fondés à en faire autant, fortifications et zone pouvant apparaître comme les derniers espaces non construits de Paris. La seconde solution au déficit d'espace réside dans le desserrement du tissu urbain rendu possible par la disparition du mur qui bride l'expansion de la capitale.

« Dédensifier » le tissu urbain

La récupération des terrains de l'enceinte n'est que le premier type de solution invoqué pour résoudre la pénurie d'espace. Le second procède d'une vision plus globale : il s'agit de lever la frontière entre Paris et sa banlieue. Le déclassement permettra un desserrement du tissu urbain par la fusion entre la capitale et les communes suburbaines.

La densité du tissu urbain *intra-muros*, avec tous ses inconvénients, est parfois attribuée aux fortifications. Le général Cosseron de Villenoisy, adversaire résolu de l'enceinte qu'il considère comme inutile sur le plan militaire[33], se livre à une étude sur la densité de la population de Paris d'après le recensement de 1881 et conclut que « dans aucune ville on n'est soumis à des conditions aussi dures[34] ». C'est aussi l'avis de Brousse qui en 1893

31. *RDCM,* 1893, n° 22. L'association de l'air et de la lumière constitue un lieu commun dès les années 1860. « Les nouveaux boulevards ont introduit l'air et la lumière dans les quartiers insalubres mais en supprimant presque partout sur leur passage les cours et les jardins [...] » écrit en 1868 V. Fournel au sujet des réalisations d'Haussmann. V. Fournel, *Paris nouveau et Paris futur,* cité dans W. Benjamin, *Paris, capitale du XIXe siècle,* Paris, Cerf, 1989. Citation p. 168.
32. Y. Guyot, *Paris ouvert, op. cit.*, p. 28.
33. J. Flourens, *Les Fortifications de Paris, op. cit.*
34. Cité dans *RDCM,* 1893, n° 22.

cite Cosseron de Villenoisy et qui, après celui-ci, met en évidence une corrélation entre densité et taux de mortalité par arrondissement. Pour étayer ses affirmations, l'édile invoque un tableau dressé à sa demande par le Service de statistique municipale de la ville de Paris.

Autre inconvénient, l'enceinte empêche ou du moins ralentit le mouvement de fusion entre Paris et la banlieue. L'idée d'une région parisienne, formant un ensemble débordant les limites communales, sera développée par la Section d'hygiène du Musée social à propos des plans d'aménagement et d'extension des villes. Elle est déjà présente chez les édiles des années 1880-1890. Guyot voit dans la suppression des fortifications une mesure d'accompagnement de l'évolution « naturelle » qu'est la tendance de Paris et des communes de banlieue à se fondre en une seule agglomération :

> « Les communes qui entourent Paris sont isolées par le rayon de 400 mètres qu'occupent les fortifications et la zone militaire. Leur suppression rapprocherait ces communes de Paris et ne ferait plus considérer leur résidence comme hors de la ville[35]. »

Les communes de banlieue sont concernées, au même titre que Paris, par la disparition de l'enceinte :

> « Les habitants, par pétition, et les Conseils municipaux des communes suburbaines, par délibération, [...] se sont associés à la délibération du Conseil municipal de Paris et ont fait des vœux à plusieurs reprises pour la suppression du mur d'enceinte[36]. »

La perception du décalage entre limites administratives, inscrites dans l'espace par les fortifications, et réalité géographique et humaine de l'agglomération parisienne se retrouve chez Brousse : « Tandis que derrière son enceinte, Paris grandit en densité et en hauteur, de véritables villes se forment autour de son fossé[37]. » Ces villes se relient entre elles :

> « Partout bastions et courtines s'enclavent dans les habitations et disparaissent à la vue. Les relations entre ces deux Paris, le Paris "extérieur" et le Paris "ancien" s'établissent difficilement, des portes s'ouvrent dans le mur malgré les résistances du Génie et les communications, quoique insuffisantes, s'établissent nombreuses. Nous en trouvons la preuve dans le nombre de voyageurs transportés par les tramways Nord et Sud, et par les lignes de banlieue de nos chemins de fer [...] La réalité est que tramways et chemins de fer relient non pas des localités différentes, mais différents groupes d'un même centre de population et faisant abstraction par l'esprit de l'existence de l'enceinte, divers quartiers d'une même cité colossale[38]. »

L'achat des fortifications par la Ville permettrait alors de « diriger l'œuvre de jonction au mieux des intérêts parisiens[39] ».

35. Y. Guyot, *Paris ouvert*, *op. cit.*, p. 21.
36. *Ibid.*, p. 22.
37. *RDCM*, 1893, n° 22.
38. *Ibid.*
39. *PVCM*, 1901, 18 janv.

Cette évolution attire également l'attention des géographes. En 1900, Paul Dupuy remarque que la « ceinture rigide des fortifications[40] » n'a pas freiné la croissance de la capitale :

> « [Paris] a submergé, pour ainsi dire, l'enceinte fortifiée [...] et il a essaimé plus de 300 000 habitants dans sept villes qui se confondent ensemble, et se confondent avec lui ; le voici maintenant qui, de Boulogne à Saint-Denis, sur plus de 20 km de rives bat le fleuve dans le tournant qui succède à celui dont il est parti. Bien plus, il le traverse déjà : les anciens villages qui lui servent désormais de tête de pont vers l'ouest, Sèvres, Meudon, Saint-Cloud, Suresnes, Puteaux, Courbevoie, Asnières, lui font un faubourg de deuxième ligne peuplé de plus de 120 000 habitants [...][41]. »

De fait, le développement de la banlieue rend de plus en plus artificielles les limites administratives de la capitale. Pour Susanna Magri, à la fin du XIXe siècle, « [le] quartier parisien et son faubourg forment [...] une même zone industrielle, où les types d'emploi ne diffèrent guère – c'est bien un marché du travail unifié – et où les déplacements quotidiens sont aisés[42] ».

Les nombreuses demandes de percement de portes nouvelles dans l'enceinte ou d'élargissement de portes existantes, émanant du conseil municipal depuis la fin des années 1870 et surtout au cours de la seconde moitié des années 1880, témoignent de la tendance à l'unification du territoire parisien[43]. Les édiles ne font d'ailleurs que traduire les aspirations de leurs mandants, comme le montre les pétitions d'habitants des arrondissements périphériques, réclamant des ouvertures supplémentaires dans la fortification pour faciliter les communications avec l'extérieur[44]. De leur côté, les élus de banlieue communiquent parfois à leurs homologues parisiens des vœux allant dans le même sens[45]. Brousse lui-même, en tant qu'élu du 17e arrondissement, prend part à ce mouvement de revendication[46].

Pour accompagner la fusion inéluctable entre Paris et la banlieue, la suppression de l'enceinte s'avère indispensable, sous peine de courir à la catastrophe urbaine et sociale. Après avoir mis en évidence la force particulière de la croissance démographique dans les arrondissements périphé-

40. P. Dupuy, « Le sol et la croissance de Paris », *Annales de géographie*, vol. 9, 1900, p. 340-358. Citation p. 357.
41. *Ibid.*, p. 357.
42. S. Magri, « Le logement et l'habitat populaire de la fin du XIXe siècle à la seconde guerre mondiale », A. Fourcaut (dir.), *Un siècle de banlieue parisienne (1859-1946)*, Paris, L'Harmattan, 1988, p. 106-126. Citation p. 108.
43. *PVCM* : 1879, 5 août ; 1886, 26 juil. ; 1890, 17 mars et 14 av. ; 1891, 18 juin, 4 nov. et 23 nov. ; 1892, 4, 11 et 13 av., 1er et 22 juin, 19 oct. ; 1893, 24 fév., 8 mars, 1er av. et 12 juin ; 1894, 12, 16 et 21 mars, 11 juin et 11 juil. ; 1895, 19 juin et 16 oct. ; 1896, 24 juin et 10 juil. ; 1898, 4 mars ; 1908, 14 fév. ; 1910, 15 fév., 9 et 16 mars, 25 juin et 25 nov., 22 et 31 déc. et 1911, 30 déc.
44. *PVCM* : 1886, 13 déc. ; 1888, 11 juin ; 1890, 12 mars ; 1893, 24 déc. et 1910, 19 et 29 déc.
45. *PVCM* : 1886, 18 déc. ; 1891, 16 mars et 11 mai et 1897, 11 oct.
46. *PVCM*, 1888, 11 juin.

riques et les communes limitrophes, Brousse prophétise une rupture totale de l'unité sociale et urbaine de la capitale en cas de maintien de l'ouvrage de défense :

> « [Si] par l'effet de ce double courant [l'enceinte] ne s'effondrait pas, il arriverait bientôt ceci : les monuments de Paris, ses bureaux, ses banques, ses magasins, garantis, enfermés dans l'espèce de réduit militaire formé par l'enceinte, et toute une population de travailleurs campés, sans défense, en dehors des murs, autour des anciens forts[47]. »

Brousse voit dans la suppression de l'enceinte le seul moyen d'intégrer à la civilisation urbaine une population toujours croissante. Sans cette mesure, les travailleurs resteront « campés » aux portes de la ville.

Pour Brousse, la population rassemblée autour de la capitale est une population « sans défense », qu'il s'agit d'aider en levant l'obstacle que constitue l'enceinte. Son argumentation rejoint cependant la thématique conservatrice des « barbares » encerclant les villes dans les centres desquelles ils menacent de déferler : la suppression du mur serait une solution aux problèmes que pose cette population. L'argument ne peut manquer d'être entendu : la crainte des « barbares » de la périphérie urbaine, très présente en France, a été portée à son paroxysme par les événements encore très proches de la Commune[48].

Dès la proposition Guyot, le déclassement des fortifications se donne comme une solution aux problèmes qui préoccupent les contemporains : pénurie d'espace ou encore, autre face du même problème, insalubrité et surpopulation, mais aussi plus largement problèmes posés par l'intégration à la ville des classes laborieuses. Ce dernier thème contribue à ancrer le sort de l'enceinte parmi les questions d'hygiène. Comme l'ont montré L. Murard et P. Zylberman, l'hygiénisme consiste pour une bonne part en une tentative de domestication des « classes dangereuses[49] ». On retrouve d'ailleurs la même orientation chez les réformateurs sociaux qui s'emparent des fortifications dans les années 1900 au nom de la vertu civilisatrice des espaces libres.

Dans ces conditions, la position des partisans du déclassement est claire : il leur faut d'abord faire la preuve que l'enceinte est inutile, ou mieux encore nocive, sur le plan militaire, pour être fondés ensuite à en réclamer la suppression au nom de l'hygiène. Ils imposent ainsi à leurs adversaires le terrain sur lequel mener le combat : nul ne nie la nécessité d'un assainissement de la capitale, pas plus qu'il n'est possible de laisser de côté l'impératif de défense.

---

47. *RDCM,* 1893, n° 22.
48. J. Merriman, « Banlieues comparées », A. Fourcaut (dir.), *Banlieue rouge, op. cit.*, p. 266-274.
49. L. Murard et P. Zylberman, *Le Petit Travailleur infatigable, op. cit.*, p. 35.

Une problématique qui s'impose aux adversaires de la disparition

Les partisans du maintien des fortifications n'ont pas le choix : il leur faut proposer des solutions alternatives au déclassement en matière de logement populaire et d'« espaces libres » ou démontrer que la disparition de l'enceinte ne résoudra pas les problèmes qu'elle est censée régler.

Des solutions alternatives en matière de logement populaire

Certains adversaires du déclassement intègrent le logement populaire dans leurs projets pour l'avenir de l'enceinte. En 1890, la Société de la zone militaire de Paris publie une brochure intitulée *Transformation de la zone militaire de Paris*, qui se propose d'examiner la question au triple point de vue de « la défense militaire de Paris, des voies de communications suburbaines et de la création de logements et habitations salubres et à bon marché [50] ».

L'auteur de ce texte qui par certains points semble une réponse au *Paris ouvert* de Guyot est, selon Brousse, un « officier supérieur en exercice [51] ». Il recommande la modernisation des fortifications par la création, hors de la ville, d'un boulevard permettant la circulation de l'artillerie sur des voies ferrées. Les projets de logements à bon marché concernent alors, non plus l'espace que libérerait la disparition de l'enceinte, mais la zone de servitude. Le rachat de l'ensemble de la zone par une société unique permettrait la construction de maisons basses, sur les 50 m les plus éloignés de Paris. Ces maisons seraient destinées aux classes laborieuses. La solution présenterait un double avantage : « fixer hors de la place tous les éléments turbulents [...] précaution indispensable pour éviter sûrement les désordres qui sont trop facilement produits dans les villes assiégées [52] » et procurer à une population pauvre des logements situés à 200 m de Paris, « au bon air [53] » par conséquent, et « représent[ant], par leur valeur peu considérable, les meilleures conditions de logements salubres et à bon marché [54] ». C'est qu'« ouvriers et petits employés [55] » désirent maintenant (l'analyse est très proche de celle de Guyot) posséder leur chez-soi pour « s'y reposer en respirant le bon air [56] ».

50. *Transformation de la zone militaire de Paris au point de vue : 1. de la défense militaire de Paris*; *2. des voies de communication suburbaines*; *3. de la création de logements et habitations salubres et à bon marché*, Société de la zone militaire de Paris, H. Du Mont, directeur, 1890.
51. *RDCM*, 1893, n° 22.
52. *Transformation de la zone militaire de Paris*, *op. cit.*
53. *Ibid.*
54. *Ibid.*
55. *Ibid.*
56. *Ibid.*

Un risque d'aggravation des problèmes

La discussion de la proposition Guyot constitue un autre exemple de cette imposition de problématique. Levraud est l'adversaire de Guyot qui se consacre à l'« aspect social et économique[57] » de la proposition (qui va des questions financières aux problèmes d'hygiène publique). Il s'attache à montrer que le déclassement de l'enceinte ne remédiera ni à l'insalubrité des logements ni à la pénurie d'« espaces libres ». La mesure risque même d'aggraver la situation ou d'engendrer de nouveaux problèmes.

Pour Levraud, on ne peut espérer construire des logements à bon marché sur l'enceinte. Levraud, comme Delabrousse, s'oppose au déclassement des fortifications pour des raisons militaires, mais il s'intéresse surtout au versant financier de la question, « à peine effleuré par M. Yves Guyot[58] ». Lui-même a recueilli « des renseignements [...] auprès d'hommes compétents [desquels] il résulte que la démolition des fortifications ne coûterait pas moins de 26 000 000 de francs[59] ». Un autre obstacle rend difficile la réalisation de l'opération : « [L']État n'abandonnera pas les terrains des fortifications sans en faire payer la valeur qui est considérable[60]. » Enfin, la mise en vente massive des terrains militaires ne peut que susciter la spéculation. Ces derniers seront donc cédés à un prix rendant impossible la construction de logements accessibles aux petits revenus. Il est d'ailleurs d'autant plus vain de vouloir résoudre la crise du logement par la désaffectation de l'enceinte que celle-ci risque de s'accompagner d'un recul des limites de l'octroi, auquel les populations s'installant hors de Paris cherchent justement à échapper. Par conséquent, « à ce point de vue, le Métropolitain, les tramways, les omnibus, serviront mieux l'intérêt de la population[61] ».

Les partisans du maintien sont aussi fondés que leurs adversaires à invoquer l'hygiène et les « espaces libres » : les fortifications et la zone sont les derniers espaces non construits de Paris, à améliorer peut-être, mais à préserver. Telle est l'opinion de Levraud : « Les fortifications et leur zone constituent autour de Paris un espace considérable où l'air circule librement; cette situation est très favorable à l'assainissement de la capitale[62]. » L'enceinte est donc indispensable, d'autant plus qu'à Paris les maisons atteignent une grande hauteur.

Pour ses partisans, la disparition des fortifications est nécessaire pour que s'opèrent dans les meilleures conditions possibles la fusion entre Paris et la banlieue et l'extension illimitée de la capitale, inéluctables. En

57. *PVCM*, 1883, 11 juin.
58. *Ibid.*
59. *Ibid.*
60. *Ibid.*
61. *Ibid.*
62. *Ibid.*

revanche, Levraud déplore l'extension de Paris et voit dans l'enceinte qui l'entrave une protection à conserver à tout prix :

> « Bien qu'un grand centre comme Paris soit un foyer d'intelligence, j'estime qu'il faut une limite à son développement. [...] Les 9/10 des ouvriers qui viennent à Paris sont destinés à vivre misérablement et tombent tôt ou tard à la charge de l'Assistance publique. [...] Plus une ville est grande, plus elle attire ; et le résultat de cette attraction, c'est la misère, l'insalubrité, la corruption des mœurs[63]. »

L'extension de Paris risque aussi de transformer la tendance au rejet de la population ouvrière sur les franges de la capitale en exclusion définitive. S'il est impossible d'enrayer l'affluence vers Paris, on peut ne pas l'encourager, en évitant de faciliter l'installation dans et autour de la capitale. Il faut aussi se dispenser d'attirer par de grands travaux, comme la destruction des fortifications, une main-d'œuvre abondante. Et Levraud de dénoncer « la tendance déplorable qui semble se manifester depuis quelque temps ici, au retour vers la tradition funeste des grands travaux menés rapidement, qui attirent à Paris une multitude d'ouvriers de province et de l'étranger au détriment des travailleurs parisiens[64] ». Ces inquiétudes sont caractéristiques de la méfiance envers la main-d'œuvre nomade drainée par les grands travaux, méfiance apparue, d'ailleurs plutôt dans les petites bourgades ou dans les campagnes, avec la construction du premier réseau de chemin de fer sous la monarchie de Juillet[65].

L'argumentation de Levraud présente donc une nette gradation : elle va des simples considérations financières à un choix en matière d'urbanisme et de rapports sociaux. La position de Levraud traduit un rejet de la politique urbaine menée à Paris sous le Second Empire. L'urbanisation des terrains de l'enceinte s'inscrit pour lui dans la logique haussmannienne et ne peut qu'en accentuer les conséquences néfastes :

> « L'extension de Paris en a changé le caractère. Ce n'est plus aujourd'hui le Paris de la première Révolution, ce n'est même plus le Paris de 1848 ; je parle bien entendu au point de vue de l'esprit qui l'anime. Et ce qui l'a aussi profondément changé, c'est l'"haussmannisme", qui, par ses grandes percées au centre de Paris, a rejeté au loin la population ouvrière, afin, semblerait-il, que rien ne pût la distraire de sa misère[66]. »

De fait, comme le signale J. Merriman, les grands travaux haussmanniens ont eu pour conséquence, voulue, « de chasser du centre de Paris vers les faubourgs, surtout nord et est, quelque 350 000 Parisiens de condition modeste[67] ». Levraud ne fait que reprendre à son compte une réprobation

---

63. *Ibid.*
64. *Ibid.*
65. J. Merriman, *Aux marges de la ville, op. cit.*, p. 104.
66. *PVCM*, 1883, 11 juin.
67. J. Merriman, *Aux marges de la ville, op. cit.*, p. 104.

qu'exprimait déjà l'opposition sous le Second Empire. Louis Lazare, rédacteur en chef de *La Revue municipale*, affirmait en 1870 :

> « Il est dangereux de créer dans une capitale deux cités différentes, et par cela même hostiles, le Paris des grandes existences d'un côté et le Paris des misères déguenillées de l'autre [...] Autour de la Cité-Reine se dresse une formidable cité ouvrière[68]. »

De même, la concentration de main-d'œuvre causée par les grands travaux ne laissait pas d'inquiéter les contemporains d'Haussmann. Georges Laronze mentionne ainsi le scepticisme d'un député, le comte de Dufort-Civrac, devant l'œuvre d'Haussmann : les percées haussmanniennes, censées permettre la répression des émeutes, en créent les conditions de possibilité par la concentration des ouvriers dans Paris[69].

Levraud voit dans l'« haussmannisme » et l'extension illimitée de la Ville des causes de misère. Dix ans plus tard, ces critiques reçoivent une réponse indirecte de Brousse, qui n'envisage qu'une solution pour mettre fin aux maux que dénonce Levraud :

> « Nous ne voyons qu'un remède à cette séparation [de la classe ouvrière du centre de la Ville], c'est de supprimer ou de reporter plus loin en avant cette muraille de Chine qui nous sépare d'elle, car le mouvement d'accroissement qui l'éloigne de nous ne peut être arrêté[70]. »

Brousse et Guyot partagent avec Levraud la phobie de la densité urbaine caractéristique des hommes du XIXe siècle[71]. Ils prennent cependant acte de la croissance urbaine, qu'ils entendent accompagner et non combattre. En cela ils se situent dans la ligne d'Haussmann, dont l'action passe « par la reconnaissance implicite de la grande métropole comme composante normale de la civilisation moderne[72] ». Certains contemporains du préfet de la Seine partagent d'ailleurs ces conceptions : en 1868, Maxime du Camp, qui considère d'ailleurs que « Paris est bien forcé de s'agrandir[73] », rend hommage à l'action d'Haussmann : « La transformation de Paris était devenue indispensable; cette mesure devait nécessairement concorder avec l'établissement de chemins de fer qui versent chaque jour dans les gares urbaines des milliers de voyageurs[74]. »

L'acceptation de la croissance urbaine ne se généralisera cependant que dans les années 1910, avec la réflexion sur les plans d'aménagement et d'extension des villes[75]. L'enceinte n'est d'ailleurs pas le seul enjeu au sujet

68. L. Lazare, *Les Quartiers pauvres de Paris : le 19e arrondissement*, Paris, 1870, cité dans *ibid.*, p. 293.
69. G. Laronze, *Le Baron Haussmann*, Paris, 1932, p. 133, cité dans W. Benjamin, *Paris, capitale du XIXe siècle*, *op. cit.*, p. 153.
70. *RDCM*, 1893, n° 22.
71. L. Murard et P. Zylberman, *Le Petit Travailleur infatigable*, *op. cit.*, p. 63-72.
72. N. Evenson, *Paris. Les héritiers d'Haussmann*, *op. cit.*, p. 32.
73. M. du Camp, *Paris, ses organes, ses fonctions et sa vie*, *op. cit.*, p. 9.
74. *Ibid.*, p. 12.
75. S. Magri et C. Topalov, « De la cité-jardin à la ville rationalisée. Un tournant du projet

duquel s'opposent les deux conceptions de l'évolution des villes identifiées ici. Les arguments relevés par N. Evenson dans le débat sur la création du chemin de fer métropolitain ressemblent à ceux qui divisent partisans et adversaires du déclassement des fortifications. Pour les uns, l'amélioration des transports est bénéfique : en rendant la banlieue facilement accessible, elle permettra aux travailleurs parisiens d'accéder à des logements plus sains et moins onéreux. D'autres craignent un dépeuplement de la ville et la ruine du commerce du centre[76].

La mobilisation de l'exemple londonien

Si dans les années 1880 et 1890, les édiles qui s'intéressent aux fortifications invoquent l'exemple allemand[77], il ne s'agit que d'une des références étrangères mobilisées dans le débat. La discussion sur l'opportunité d'une urbanisation de l'espace occupé par l'enceinte fait aussi intervenir, chez les partisans comme chez les adversaires de sa disparition, une comparaison entre Paris et Londres.

Pour Guyot, le déclassement est rendu souhaitable par une évolution urbaine qu'on observe dans toutes les grandes villes et en particulier à Londres. À Paris comme ailleurs, on assiste à un déplacement de la poussée démographique du centre vers la périphérie[78] : « Ce mouvement périphérique se produit dans tous les grands centres. Tandis que la population de Londres a presque doublé depuis trente ans, la population de la Cité ne cesse de diminuer [...][79]. » Dix ans plus tard, on retrouve le diagnostic d'une évolution parallèle des deux métropoles chez Brousse :

> « [La] population s'accumule inégalement dans Paris, elle augmente partout, oui, sauf dans le premier arrondissement, où elle diminue, mais elle s'accroît inégalement, elle s'accumule vers la périphérie, contre le mur d'enceinte. Il se passe à Paris un phénomène approchant de celui qui, à Londres, est si visible : l'homme, locataire encombrant et peu commode, cédant la place, au centre de la cité, à des locataires plus accommodants et capables de payer de plus chers loyers, la marchandise fine et le bureau[80]. »

L'analyse des édiles rejoint ici le discours savant des géographes. Au sujet de Londres, Pasquet parle des « "villes champignons" qui sont nées et qui naissent à tout instant sur la frontière de la grande ville, tandis que le centre se dépeuple de jour en jour[81] ». Comme Guyot, il décrit la transformation

---

réformateur, 1905-1925 », *Revue française de sociologie*, 1987, n° XXVIII, Paris, p. 417-751. Voir p. 425.

76. N. Evenson, *Paris. Les héritiers d'Haussmann*, *op. cit.*, p. 104.
77. Y. Guyot, *Paris ouvert*, *op. cit.*, p. 20 et *PVCM*, 1885, 12 juin.
78. Y. Guyot, *Paris ouvert*, *op. cit.*, p. 22-23 et *RDCM*, 1882, n° 78.
79. Y. Guyot, *Paris ouvert*, *op. cit.*, p. 23.
80. *RDCM*, 1893, n° 22.
81. D. Pasquet, « Le développement de Londres. (Premier article) », *Annales de géographie*, vol. 87, 1899, p. 22-48. Citation p. 332.

de la Cité en centre des affaires : « [La] partie la plus peuplée de Londres au commencement du siècle n'a plus maintenant qu'une population sédentaire insignifiante ; le commerce de détail a fait place au commerce en gros et aux "affaires" [82]. »

De même, pour les géographes comme pour les édiles, la croissance de la métropole londonienne annonce l'évolution de toutes les grandes villes. Pasquet remarque la tendance récente à l'émigration d'une partie de la population de Londres, qu'il interprète de la façon suivante :

> « Faut-il voir là un commencement de décadence, ou tout au moins un des signes précurseurs de vieillesse ? [...] Ces cent mille Londoniens sont loin d'être perdus pour Londres ; ils sont simplement passés de l'autre côté de la frontière administrative du comté, qu'ils franchissent très probablement tous les matins pour se rendre à leur travail accoutumé [83]. »

Ce mouvement de population n'est pas propre à la capitale anglaise : « Ils ont obéi à l'action d'une sorte de force centrifuge qui n'est point particulière à Londres, mais qui s'exerce dans cette ville avec encore plus d'intensité que partout ailleurs [84]. » Pasquet établit un parallèle avec d'autres grandes villes :

> « Au recensement de 1896, on a pu constater à Paris les premiers symptômes de ce dépeuplement des centres qui est une des caractéristiques de la vie moderne. Les dix arrondissements intérieurs ont perdu 10 000 habitants, tandis que les dix arrondissements extérieurs en gagnaient 97 000. Vienne et Berlin sont dans le même cas. Dans les villes d'affaires comme Manchester, le même fait se produit avec plus de netteté et d'ampleur encore [85]. »

Pasquet explique ce phénomène de la même façon que Brousse. Même son vocabulaire présente des similitudes avec celui de l'édile :

> « [Dans] la partie centrale des grandes villes, le terrain acquiert une valeur telle que les maisons d'habitation n'y donnent plus qu'un revenu insuffisant. Les bureaux, les magasins, les entrepôts de toute sorte y prennent peu à peu toute la place disponible et en expulsent les habitants [86]. »

La « force centrifuge » que mentionne Pasquet accède rapidement au statut de loi de l'évolution urbaine, que doit intégrer le géographe débutant. L'article « Villes » du *Dictionnaire manuel illustré de géographie* d'Albert Demangeon indique :

> « L'accroissement de la population urbaine [...] a été l'un des phénomènes les plus caractéristiques du XIXe siècle. Il est moins marqué en France qu'en Angleterre ou aux États-Unis. Pourtant, de 1846 à 1896, la population des

82. D. Pasquet, « Le développement de Londres. (Second article) », *op. cit.*, p. 36.
83. *Ibid.*, p. 39-40.
84. *Ibid.*, p. 41.
85. *Ibid.*, p. 42.
86. *Idem.*

communes de plus de 20 000 habitants a augmenté de 42,7 %. Paris, qui n'avait que 548 756 habitants en 1801, en comptait 2 660 550 en 1901. Depuis quelques années, un phénomène inverse se produit là où le réseau des voies ferrées et les tarifs ouvriers facilitent les déplacements : le centre se dépeuple au profit de la périphérie. À Londres, la Cité, le centre des affaires, voit partir le soir tous les hommes d'affaires vers de lointains cottages[87]. »

Toutefois, pour les géographes, le mouvement est plus complexe que celui que décrivent les édiles. Pasquet mentionne la tendance au dépeuplement du centre, mais ajoute cependant :

> « L'émigration suit une progression régulière : dès qu'un quartier devient trop central, les riches l'abandonnent pour aller s'établir plus loin, sur la lisière de la campagne. Les pauvres demeurent plus longtemps, car il leur faut rester à proximité de leur travail : aussi est-ce dans la partie centrale de Londres, tout près des banques de la Cité, derrière les brillants magasins du West End, que la pauvreté est la plus intense. Enfin, les bureaux, les magasins et les inspecteurs sanitaires chassent les pauvres eux-mêmes et les forcent d'aller transporter plus loin leurs misérables pénates[88]. »

Là encore d'ailleurs, la comparaison avec Paris s'impose. Rendant compte du travail de Pasquet, Paul Vidal de la Blache mentionne « l'extension progressive de la périphérie n'exclu[ant] pas l'engorgement du centre[89] » et ajoute :

> « Et ce phénomène n'est pas particulier à Londres : on le constate aussi bien à Paris, dans les 3e et 4e arrondissements, qu'à New York dans la South Street près du centre des affaires, et à Chicago à quelques pas de la grande Poste, etc. Ce sont les aspects disparates, et comme les verrues de ces grands corps[90]. »

Tous ces textes sont postérieurs aux affirmations de Guyot et Brousse[91]. Il ne s'agit pas ici de dresser une généalogie des arguments avancés par les édiles réclamant la suppression de l'enceinte, mais de noter que leurs propos sont en phase avec le discours savant.

La référence à Londres joue à plusieurs niveaux chez les partisans de la suppression des fortifications. Tout d'abord, il s'agit de montrer que l'évolution repérée est inéluctable, puisque universelle. Ensuite, l'exemple londonien est censé prouver que cette évolution est bénéfique. Non seulement

---

87. A. Demangeon (dir.), article « Villes », *Dictionnaire manuel illustré de géographie*, Paris, A. Colin, p. 833.
88. D. Pasquet, « Le développement de Londres. (Second article) », *op. cit.*, p. 45.
89. P. Vidal de la Blache, « Londres et les ouvriers de Londres d'après M. D. Pasquet », *Annales de géographie*, vol. 23-24, 1914-1915, p. 430-433. Citation p. 433.
90. *Idem.*
91. Qui eux-mêmes ne sont pas des précurseurs. Dès 1868, A. Granveau mentionne l'existence de migrations pendulaires : « [On] voit le matin le peuple descendre dans Paris, et le soir le même flot populaire remonte. » A. Granveau, *L'Ouvrier devant la société*, Paris, 1868. Cité dans W. Benjamin, *Paris, capitale du XIXe siècle*, *op. cit.*, p. 160.

le déplacement de la pression démographique vers les franges des villes se traduit par une amélioration hygiénique, mais il n'y a pas lieu d'en craindre les conséquences sociales et économiques :

> « Au fur et à mesure que le nombre des habitants diminue, le nombre des freemen, des membres de la corporation de la Cité, qui y prennent leur domicile électoral augmente. Nous n'avions pas besoin, du reste, de cette preuve pour savoir que cette diminution d'habitants était un témoignage, non de décadence, mais de changement d'habitudes. Doit-elle inquiéter les propriétaires du centre de Paris ? Pas le moins du monde. Le métropolitain de Londres n'a pas fait diminuer la valeur des terrains de la Cité. C'est le coin du globe où ils atteignent le plus haut prix[92]. »

L'exemple londonien permet aussi de réfuter certains arguments des partisans du maintien de l'enceinte. Pour Levraud, une croissance urbaine illimitée est néfaste et l'enceinte constitue un rempart, au sens propre, capable de contenir cette extension. Or, comme le note Guyot, l'extension de Paris n'a rien d'effrayant : avec 2 260 000 habitants contre 3 800 000 pour Londres, les édiles « [ont] de la marge[93] ».

Cependant, la référence à Londres est à double tranchant. Elle est aussi invoquée par les adversaires de Guyot. Levraud attribue la carence parisienne en matière d'hygiène non à l'enceinte, mais à la densité du bâti :

> « [Si] nos maisons n'atteignaient pas jusqu'à une hauteur de 20 mètres, Paris serait beaucoup plus sain. Si Londres était construit dans les mêmes conditions, il constituerait un foyer d'infection[94]. »

L'argument est cependant difficilement opposable au projet de suppression des fortifications. La densité supérieure du bâti parisien tient en partie à l'existence de l'ouvrage de défense : « Londres n'a pas de mur d'enceinte[95] » répond Guyot.

Les arguments échangés le 11 juin 1883 et développés dans *Paris ouvert* montrent que, dès le début des années 1880, le recours aux exemples étrangers ne se limite pas au sempiternel rappel du traitement de ses villes fortifiées par le vainqueur de 1870. Chez Guyot, le plaidoyer pour la suppression de l'enceinte s'appuie sur une comparaison, fondée sur les statistiques, entre des agglomérations d'importance comparable. Ce type d'argumentation sera repris, développé et perfectionné par la suite.

Avec la proposition Guyot, le sort de l'enceinte s'inscrit dans le champ de l'hygiénisme : non seulement ceux qui réclament la suppression des fortifications le font au nom de l'hygiène, mais leurs adversaires sont amenés à se placer sur le même plan. Ces derniers se sentent tenus de proposer des

---

92. Y. Guyot, *Paris ouvert*, *op. cit.*, p. 23.
93. *PVCM*, 1883, 11 juin.
94. *Ibid.*
95. *Ibid.*

solutions alternatives (transformation de la zone militaire de Paris) ou de nier que le démantèlement puisse résoudre les problèmes. « On prétend que l'emplacement du mur d'enceinte, mis à la disposition des constructeurs, facilitera la solution de la question des logements à bon marché. Je ne le pense pas, pour ma part[96] » affirme Levraud.

L'inscription du sort de l'enceinte parmi les questions d'hygiène, alliée aux conséquences du traumatisme de la défaite qui lui-même joue un rôle dans l'émergence de préoccupations hygiénistes, contribue à faire du déclassement une question d'actualité au début des années 1880. La dimension passionnelle attachée à la remise en cause d'un ouvrage militaire au lendemain d'une défaite s'estompe peu à peu, un consensus semblant se dessiner sur l'inutilité des fortifications. En revanche l'inscription hygiéniste s'avère définitive, survivant au renouvellement des intervenants et même à celui des solutions proposées. Le fait que la référence à l'étranger ne se limite pas à l'invocation rituelle du déclassement des places fortes allemandes contribue certainement à cette pérennisation.

Quand le Musée social s'empare du sort de l'enceinte dans les années 1900, il le trouve déjà constitué en question d'hygiène et il ne reste qu'à en effectuer une réinterprétation. Non seulement Paris souffre d'un déficit « quantitatif » d'« espaces libres », mais ce déficit s'accompagne d'un retard français en matière législative et administrative : rien n'existe en France pour planifier le développement des villes. L'aménagement des fortifications permettra de combler le déficit d'espace parisien et sera aussi l'occasion d'expérimenter un dispositif général qu'il s'agit de mettre en place.

Le Musée social et les fortifications : tuberculose et espaces libres

À la fin des années 1900, la Section d'hygiène urbaine et rurale du Musée social s'empare du sort de l'enceinte. Elle a d'ailleurs été créée spécialement pour soutenir une proposition de loi sur l'aménagement des fortifications déposée par Jules Siegfried en janvier 1908. Cette proposition, qui traite de la portion de l'ouvrage concernée par la loi de 1898, prévoit la remise gracieuse des terrains militaires à la Ville, la permission pour cette dernière d'en aliéner un tiers et la création de quatre grands parcs et d'un boulevard circulaire. Elle prévoit aussi la nomination d'une commission chargée d'étudier le plan d'extension de Paris[97].

La section, présidée par Siegfried, inaugure son action par deux coups d'éclat. Elle commence par intervenir dans la campagne pour les élections municipales de mai 1908. Une affiche est proposée aux candidats parisiens,

96. *Ibid.*

97. « Travaux des sections. Section d'hygiène urbaine et rurale du Musée social [désormais SHUR] : séance du 11 novembre 1909 », *Annales du Musée social* (désormais *AMS*), déc. 1909, p. 388-397.

qui reproduit un projet d'aménagement de l'enceinte et de la zone prévoyant neuf grands parcs reliés par un boulevard circulaire [98]. Ce projet s'inspire des travaux d'Eugène Hénard, architecte de la ville de Paris, membre la section et auteur d'une série d'études sur les transformations de Paris [99]. La section organise aussi, en juin 1908, une « réunion en faveur des espaces libres » à la Sorbonne afin de promouvoir la création de parcs et de jardins sur les fortifications [100]. Par la suite, ses réflexions portent principalement sur l'enceinte et sur les plans d'aménagement et d'extension des villes. Pour les réformateurs sociaux, ces deux thèmes sont liés, comme en témoigne la proposition de loi Siegfried.

La mobilisation du Musée social répond à un sentiment d'urgence : la disparition des fortifications semble imminente. L'urgence est d'ailleurs toute relative, puisque l'intérêt de l'opinion pour l'enceinte a été éveillé près de trois ans auparavant, quand *Le Figaro* a lancé une campagne contre le lotissement projeté des terrains de la zone de servitude intégrés au bois de Boulogne [101].

D'une certaine manière, le Musée social reprend la question telle qu'il la trouve : c'est une question d'hygiène et l'aménagement de l'enceinte, dont la disparition est acquise par la loi du 19 février 1898, est le moyen de combler une série de déficits spécifiquement français. Le premier de ces déficits est d'ordre « quantitatif ». Comme les édiles avant eux, les réformateurs sociaux constatent la pénurie d'espaces libres dont souffre la capitale. Espaces libres : on peut maintenant abandonner les guillemets. Depuis la fondation en 1902 du Comité pour la préservation et la création des espaces libres par G. Bonvalot [102], l'expression s'est imposée. L'aménagement en parcs et jardins d'une partie des fortifications et de la zone permettra alors de résorber cette pénurie identifiée comme spécifiquement française.

Les réformateurs sociaux renouvellent cependant les arguments invoqués par les édiles depuis deux décennies : ils font des espaces libres, sur l'enceinte ou ailleurs, des éléments du dispositif de lutte contre la tuberculose. L'argumentation se nourrit de la comparaison internationale : le caractère mortifère de la situation parisienne est mis en évidence par un rapprochement, pour différentes capitales européennes, entre les statistiques

---

98. R. de Clermont et F. Cros-Mayrevieille, « La campagne électorale municipale de 1908 », *MDMS*, 1908, p. 197-200.
99. E. Hénard, *Études sur les transformations de Paris*, 8 fascicules parus entre 1903 et 1909, Paris, Librairies-Imprimeries réunies Motteroz pour les 7 premiers et Imprimerie Motteroz et Martinet pour le dernier.
100. « Compte rendu de la réunion en faveur des espaces libres, tenue dans le Grand Amphithéâtre de la Sorbonne le 5 juillet 1908 », *MDMS*, 1908, p. 201-231. La mention « 5 juillet » est une coquille : il est fait référence à la réunion au conseil municipal le 29 juin 1908. *PVCM*, 1908, 29 juin.
101. M. Charvet, « La question des fortifications dans les années 1900. Esthètes, sportifs, réformateurs sociaux, élus locaux », *Genèses*, n° 16, juin 1994, p. 23-44.
102. R. de Souza, « Les espaces libres. Résumé historique », *op. cit.*, p. 177.

de la mortalité tuberculeuse et la superficie des espaces libres. L'intervention du Musée social renforce ainsi la dimension nationale de l'enjeu que constitue l'aménagement hygiénique de l'enceinte.

Une pénurie spécifiquement française

Comme les édiles des années 1880-1900, les réformateurs sociaux voient dans le manque d'espaces libres dont souffre Paris l'expression d'une déficience spécifiquement française. Hénard ouvre la présentation de son projet d'aménagement de l'enceinte et de la zone par les propos suivants :

> « Les larges surfaces plantées d'arbres et d'arbustes au milieu des agglomérations urbaines sont indispensables à l'hygiène publique, au même titre que l'air et la lumière. [...] Or, à ce point de vue [...] Paris est dans un état d'infériorité flagrante par rapport à bon nombre de grandes villes étrangères[103]. »

L'évidence d'une pénurie nationale, constamment martelée, est un des éléments de la propagande pour un aménagement de l'enceinte et de la zone inspiré des travaux de Hénard. Sur l'affiche élaborée pour les élections municipales de 1908, l'aménagement de l'enceinte et de la zone, ultimes réserves d'espaces libres de l'agglomération parisienne, est présenté comme la dernière chance de résorber la pénurie dont souffre Paris :

> « DE L'AIR, DES PARCS, DES SPORTS !
>
> Sauvons nos espaces libres
> Sauvons nos fortifications
>
> Pourquoi ?
>
> Parce que vous ne pouvez pas vivre dans des prisons de pierre.
> Parce qu'à vos enfants il faut autre chose que la rue.
> Parce qu'il nous faut à tous de la lumière, de l'espace et des terrains de sport.
> Parce que depuis un demi-siècle, Paris s'accroît formidablement et que ses jardins disparaissent.
> Parce que Londres, Berlin, Vienne, toutes les capitales, ont plus d'espaces libres que Paris.
>
> Comment ?
>
> En défendant notre réserve de terrains publics non bâtis.
> En arrachant à la convoitise des spéculateurs nos fortifications.
> En exigeant de l'État leur abandon gratuit au peuple de Paris.
> En exigeant de la Ville une ceinture de neuf grands parcs et des espaces réservés au sport.
>
> Électeurs parisiens, ne votez que pour les candidats acceptant ce programme[104]. »

---

103. « Les espaces libres à Paris. Par M. Eugène Hénard », *MDMS*, 1908, p. 186-196. Citation p. 186.
104. R. de Clermont et F. Cros-Mayrevieille, « La campagne électorale municipale de 1908 », *op. cit.*, p. 189-190.

La dénonciation de la situation française ne relève pas seulement du procédé rhétorique. Elle s'appuie sur des données chiffrées. En 1908 Hénard procède à une comparaison entre Paris, Londres et Berlin [105]. Pour chacune des villes, il additionne la superficie des différents parcs intérieurs et aboutit aux résultats suivants : 1 168 hectares pour Londres, 411 hectares pour Berlin et seulement 214 hectares pour Paris. L'architecte ne se contente pas de cette comparaison et pousse plus loin l'analyse. Les dotations en espaces libres des différentes villes ne sont pas comparables d'emblée :

> « Pour comparer Paris à Londres, une difficulté se présente : les deux villes sont tellement différentes par leurs formes, par leurs étendues, par la densité des maisons, que la comparaison dans leur ensemble ne donnerait aucun chiffre probant [106]. »

La supériorité londonienne en matière d'espaces libres ne serait-elle pas simplement due à la plus grande étendue de la capitale britannique ? Pour raisonner sur des situations comparables, Hénard retravaille les données :

> « Pour tourner cette difficulté, nous allons découper, dans la partie la plus centrale de Londres, c'est-à-dire celle qui est la plus comparable à Paris, une surface égale et de forme identique à la surface de Paris, et nous n'y laisserons subsister que les parcs et jardins [107]. »

Il s'agit de délimiter, au cœur de Londres, une aire de superficie et de forme semblable à celle de Paris. Seuls les espaces libres inclus dans cette surface seront retenus pour la comparaison. Hénard procède ensuite à la même opération pour Berlin (voir documents 2 et 3).

Malgré la correction, la supériorité allemande, et surtout anglaise, se maintient :

« Pour une même surface de 7 800 hectares

Londres	possède	290	parcs ou squares	d'une	contenance de	752 hectares
Berlin	–	20	–	–	–	554
Paris	–	46	–	–	–	263 [108]. »

L'infériorité française est encore aggravée par la différence entre les densités de population :

> « Ainsi Paris ne possède que la moitié des espaces libres de Berlin et que le tiers de la surface des espaces libres de Londres. Mais comme la population de Paris est deux fois plus dense que celle de Londres, il en résulte qu'un petit Parisien ne jouit que de la sixième partie des jardins dont peut jouir un petit Londonien [109]. »

105. « Les espaces libres à Paris. [...] Hénard », *op. cit.*, p. 186-191.
106. *Ibid.*, p. 189.
107. *Idem.*
108. *Ibid.*, p. 190.
109. *Ibid.*, p. 190-191.

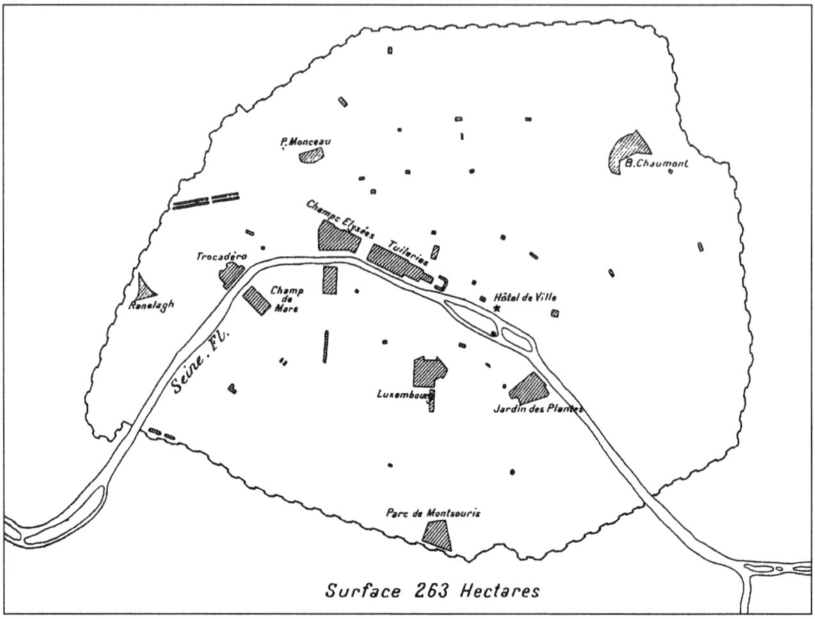

Document 2. – *Plan des parcs et squares de Paris en 1900, à l'intérieur des fortifications.*

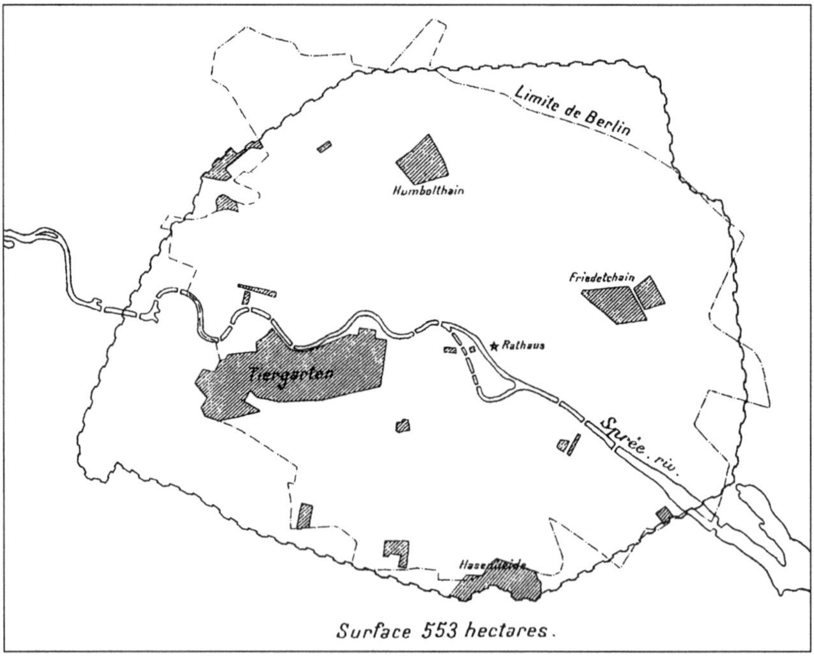

Document 3A. – *Plan des parcs et squares de Berlin pour une portion de sa surface identique à celle de Paris.*

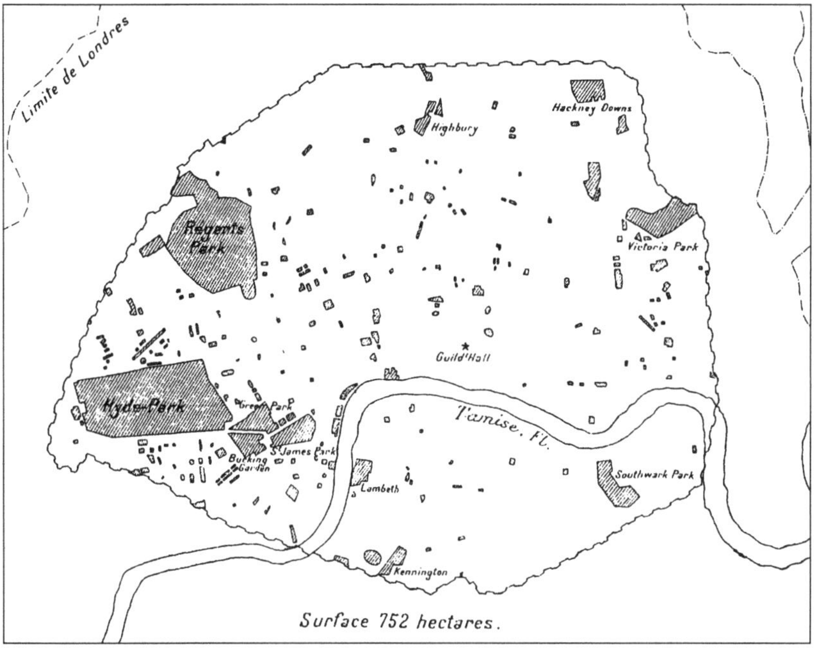

Document 3B. – *Plan des parcs et squares de Londres pour une portion de sa surface identique à celle de Paris.*

La solution consiste alors à utiliser, entre autres, l'enceinte et la zone pour y aménager des parcs et des jardins. Hénard invoque d'ailleurs des précédents étrangers :

> « L'idée de profiter de la suppression d'un mur d'enceinte pour créer des promenades et des jardins n'est pas nouvelle. Nombre de villes étrangères l'ont appliquée depuis longtemps. Les deux plus remarquables exemples ont été donnés par Hambourg et Vienne [110]. »

L'aménagement de l'enceinte contre la tuberculose

Au tournant du siècle, le combat contre la phtisie est érigé en cause nationale par les milieux hygiénistes [111] et l'État : depuis la régression de la mortalité due aux maladies contagieuses comme le choléra ou la typhoïde, la tuberculose est passée au premier plan des préoccupations des responsables de la santé publique [112]. Que le Musée social se réclame de ce com-

110. *Ibid.*, p. 195.

111. L. Murard et P. Zylberman, *L'Hygiène dans la République*, *op. cit.*, p. 477-536.

112. G. Jacquemet, « Médecine et "maladies populaires" dans le Paris de la fin du XIXe siècle », L. Murard et P. Zylberman (dir.), *L'Haleine des faubourgs*, *op. cit.*, p. 349-367 et S. Magri, *Les Laboratoires de la réforme de l'habitation populaire en France. De la Société française des habitations à bon marché à la Section d'hygiène urbaine et rurale du Musée social 1889-1909*, Paris, ministère de l'Équipe-

bat n'a rien d'étonnant : la tuberculose, qui s'attaque de façon préférentielle aux classes populaires, est une « maladie sociale [113] » dont le traitement relève de l'hygiène publique. Selon le docteur Landouzy, un des spécialistes français de la phtisie [114], « c'est aux ingénieurs sanitaires, c'est aux édiles qu'il appartient de nous garder contre la tuberculose [115] ». La lutte contre ce fléau relève donc des compétences du Musée social, dont l'objectif est d'« aider au développement de toutes les œuvres susceptibles d'améliorer la situation matérielle et morale des travailleurs [116] ». Dans les années 1900, les réformateurs sociaux mobilisent cette priorité nationale dans leur propagande pour les espaces libres. Ils ne font d'ailleurs que reproduire une stratégie mise en œuvre dans les deux dernières décennies du XIXe siècle à l'occasion de leur combat pour l'habitation à bon marché, réalisant à l'époque, selon M.-J. Dumont, « un coup de génie [117] ».

Le 5 juin 1908, l'aménagement de l'enceinte est explicitement présenté comme participant de la lutte contre la tuberculose. La présence de Landouzy à la réunion contribue d'ailleurs à inscrire la campagne pour un aménagement de l'enceinte en espaces libres dans la mobilisation contre la maladie. Cette cause est aussi invoquée par un autre intervenant, Alexandre Ribot, qui invite les participants à se mobiliser contre la tuberculose et contre l'alcoolisme :

> « La […] France a des ennemis ; je ne veux pas parler des ennemis du dehors, ceux-là nous pouvons ne pas les craindre. […] [Je] parle – écartant la politique – de ces fléaux dont on vous entretenait tout à l'heure, de l'alcoolisme, qui menace de tarir les sources de la vie de notre race, et de la tuberculose qui n'est que le résultat de la misère physiologique, surtout dans les grandes villes. Il faut faire reculer ces ennemis. L'Angleterre y a réussi, pourquoi ne réussirions-nous pas ? […]
>
> Nous devons, en présence de ces grands dangers, […] nous donner la main, comme il convient à de bons Français, pour faire de cette œuvre entre toutes nécessaire, entre toutes féconde, une œuvre véritablement patriotique et surtout nationale [118]. »

Le traitement de l'enceinte participe donc bien des dispositifs de lutte contre la « dégénérescence » qui menace le pays.

ment, du Logement, des Transports et du Tourisme, 1995, p. 68. G. Jacquemet, qui se fonde sur les sujets des thèses de médecine soutenues à Paris entre 1860 et 1913, date la rupture de 1890.

113. V.-P. Comiti, *Histoire du droit sanitaire en France*, Paris, PUF, 1994, p. 76.
114. C. E. Curinier, *DNC*, *op. cit.*, p. 225.
115. « Compte rendu de la réunion en faveur des espaces libres […]. Discours de M. le Docteur Landouzy », *MDMS*, 1908, p. 210-215, citation p. 214.
116. « Compte rendu de la réunion en faveur des espaces libres […] Siegfried », *op. cit.*, p. 202.
117. M.-J. Dumont, *Le Logement social à Paris*, *op. cit.*, p. 146.
118. « Compte rendu de la réunion en faveur des espaces libres […]. Discours de M. Ribot », *MDMS*, 1908, p. 224-231. Citation p. 231.

Les espaces libres contre la tuberculose ?

Si les spécialistes restent divisés sur l'origine et sur le traitement de la tuberculose au début du XXe siècle [119], un principe, énoncé par Koch [120], a fini par se dégager : l'air pur et la lumière sont des armes efficaces contre la maladie. L'idée est devenue partie intégrante du sens commun hygiéniste [121] : on la rencontre chez des professionnels de la tuberculose comme chez des réformateurs sociaux dépourvus de compétences médicales particulières.

Le 5 juin 1908, Landouzy déclare :

> « [Si] la contagion est une cause vraie de la tuberculose, les causes occasionnelles si nombreuses ne se trouvent jamais autant réunies, autant génératrices de contagion, que dans les milieux entassés, que dans les milieux surpeuplés. C'est là où la contagion est surtout préparée, entretenue, dans les quartiers, dans les maisons sans air, sans lumière, et où le soleil ne pénètre jamais [122]. »

Selon Landouzy, les chiffres prouvent que la tuberculose frappe en priorité « dans les quartiers maudits, dans les maisons maudites et jamais ensoleillées [123] ». La mortalité tuberculeuse à Paris est en moyenne de 50 pour 10 000. Or, pour les quartiers des Épinettes, de Plaisance, de Javel et de Grenelle, elle atteint 104 pour 10 000. En revanche, dans des quartiers fortunés comme la Madeleine, elle tombe à 20 pour 10 000, et même à 11 pour 10 000 « pour des espaces plus libres encore [124] » comme les Champs-Élysées [125]. La démarche consistant à rapprocher taux de mortalité pour une maladie donnée et conditions locales est ancienne. Dès les années 1830, les tenants du diffusionnisme, qui considèrent que l'épidémie de choléra de 1832 a été favorisée par l'insalubrité des logements, invoquent les statistiques des taux de mortalité selon les rues de Paris et le niveau économique de leurs habitants [126].

Au grand médecin qu'est Landouzy fait écho le spécialiste de la réforme sociale qu'est Risler [127], qui voit dans le soleil le « grand destructeur des microbes nocifs [128] ». Comme Landouzy, Risler signale des variations importantes du taux de mortalité tuberculeuse selon les quartiers. Il fait référence aux travaux de Paul Juillerat, chef du bureau administratif des services d'hy-

---

119. L. Murard et P. Zylberman, *L'Hygiène dans la République*, *op. cit.*, p. 477-504.
120. S. Magri, *Les Laboratoires de la réforme de l'habitation populaire en France*, *op. cit.*, p. 68.
121. M.-J. Dumont, « L'invention d'un programme : le logement populaire », *op. cit.*, p. 56-58.
122. « Compte rendu de la réunion en faveur des espaces libres [...] Landouzy », *op. cit.*, p. 211.
123. *Ibid.*, p. 212.
124. *Idem.*
125. *Idem.*
126. A. Desrosières, *La Politique des grands nombres*, Paris, La Découverte, 1993, p. 105-108 et R.-H. Guerrand, « Aux origines du confort moderne », J. Lucan (dir.), *Paris. 100 ans de logement*, *op. cit.*, p. 16-29. Voir p. 16.
127. S. Magri, *Les Laboratoires de la réforme de l'habitation populaire*, *op. cit.*, p. 47.
128. « Les espaces libres dans les grandes villes. [...] Risler », *op. cit.*, p. 354.

giène de la ville de Paris et membre actif de la Section d'hygiène [129]. Fonctionnaire de la préfecture de la Seine, Juillerat est un acteur de premier plan dans la lutte contre la tuberculose. Il est responsable du Casier sanitaire des maisons de Paris. Créé en 1893, ce service municipal a pour mission de recenser, immeuble par immeuble, les cas de maladies contagieuses à déclaration obligatoire [130]. La confiance dans le rôle salutaire du soleil est partagée par Ambroise Rendu, conseiller municipal de Paris et membre de la section. En 1908, Rendu est l'auteur d'une « proposition relative aux fortifications de Paris [131] », dans laquelle il défend devant les édiles le projet du Musée social : « L'objectif, c'est l'établissement de grands espaces plantés qui purifient l'air et constituent le meilleur préservatif connu contre les ravages de la tuberculose [132]. »

Au début du XIXe siècle, l'efficacité de l'air pur et du soleil contre la phtisie relève donc de la vérité scientifique passée dans le sens commun. Le passage a dû se produire d'autant plus facilement que, depuis le milieu du XIXe siècle au moins, entassement et obscurité sont désignés comme les responsables de toutes les pathologies, morales et physiques, qui s'attaquent aux habitants des villes [133]. Cependant, la mobilisation de ce savoir, à la faveur duquel l'espace libre est constitué en élément central du dispositif antituberculeux, pour réclamer un aménagement de l'enceinte en parcs et jardins, passe par une simplification. Si l'air pur et le soleil permettent de combattre la tuberculose, les parcs et jardins ne constituent pas nécessairement pour autant un dispositif prophylactique efficace. Comme Landouzy, Siegfried et Rendu, Juillerat est persuadé que « la tuberculose est avant tout la maladie de l'obscurité [134] » et que « la plupart des microbes pathogènes sont tués rapidement par la lumière solaire [135] ». Cependant il est loin de partager la foi de non-spécialistes comme Siegfried et Rendu dans l'efficacité prophylactique des grands espaces libres :

> « [Si] nous examinons l'influence de ce qu'on a appelé les réservoirs d'air sur la mortalité tuberculeuse des rues avoisinantes, nous sommes forcés de reconnaître qu'elle est complètement nulle [...].
>
> C'est que le réservoir d'air et surtout de lumière solaire n'agit que sur les maisons qui le bordent immédiatement. Il faut, en somme, non pas des réservoirs d'air séparés par des blocs compacts de maisons obscures, mais un réservoir d'air et de lumière pour chaque maison [136]. »

---

129. A. Cormier, *Extension, limites, espaces libres. Les travaux de la Section d'hygiène urbaine et rurale du Musée social*, Paris, mémoire de l'École d'architecture Paris-Villemin, 1987. Voir p. 141.
130. P. Juillerat, *Une institution nécessaire. Le Casier sanitaire des maisons*, Paris, Librairie médicale et scientifique Jules Rousset, 1906. Voir p. 26-27 et p. 33.
131. *RDCM*, 1908, n° 46.
132. *Ibid.*
133. L. Murard et P. Zylberman, *Le Petit Travailleur infatigable*, *op. cit.*, p. 56-59.
134. P. Juillerat, *Une institution nécessaire*, *op. cit.*, p. 61.
135. P. Juillerat, *L'Hygiène du logement*, Paris, Librairie Ch. Delagrave, 1905, p. 4.
136. P. Juillerat, *Une institution nécessaire*, *op. cit.*, p. 56-57.

Pour le responsable du Casier sanitaire des maisons, on luttera donc contre la tuberculose non en créant des espaces libres mais en assurant à la population des logements salubres « d'où la propreté, l'air et le soleil chasseront le bacille meurtrier[137] ».

En bon hygiéniste, Juillerat se défend d'être hostile aux espaces libres[138]. Il considère seulement que ceux-ci ne sont pas efficaces contre la tuberculose : « [Ces] parcs et ces jardins, si utiles pour l'hygiène générale de la Ville et en particulier pour le développement et les jeux des enfants, n'ont qu'une efficacité illusoire sur la marche de la tuberculose[139]. » Pour Juillerat, l'implantation d'espaces libres n'est pas une priorité. Cette position est logique chez un spécialiste de l'assainissement des îlots insalubres qui défend son domaine d'intervention et aussi sans doute ses crédits :

> « Au lieu de consacrer des centaines de millions à la création de réservoirs d'air dont nous avons démontré le peu d'efficacité, ne vaudrait-il pas mieux procéder à l'expropriation systématique de ces maisons funèbres, de ces îlots meurtriers[140] ? »

L'opinion de Juillerat invite à ne pas négliger la dimension rhétorique des références à la tuberculose dans l'argumentation en faveur d'un aménagement de l'enceinte en espaces libres. Landouzy lui-même, qui comme Risler[141] fait référence aux travaux de Juillerat, n'explique pas comment les grands parcs créés sur l'enceinte assainiront les « quartiers maudits [et les] maisons maudites ».

Même si invoquer la tuberculose pour revendiquer l'aménagement en espaces libres d'une part importante des fortifications et de la zone relève largement du procédé rhétorique, la Section d'hygiène s'inscrit dans ce qui, depuis plus de vingt ans, constitue une tradition : le sort de l'enceinte relève de l'hygiène. La mobilisation des fortifications dans la campagne contre la tuberculose, cause nationale au tournant du siècle[142], renouvelle cependant la problématique. Elle confère aussi une force particulière à l'intervention relativement tardive du Musée social. Celui-ci y gagne le soutien des participants au combat contre la phtisie : Fédération des ligues contre la tuberculose, Société de médecine publique et Alliance d'hygiène sociale[143], laquelle s'est donnée pour mission de coordonner les initiatives en matière d'hygiène sociale et est devenue en 1907 l'initiatrice d'un programme de santé publique pour la tuberculose[144]. La présence de Landouzy, qui s'ex-

137. *Ibid.*, p. 24.
138. *Ibid.*, p. 63-64.
139. *Ibid.*, p. 64.
140. *Ibid.*, p. 62-63. La priorité accordée par Juillerat au logement avait déjà été relevée par J. Lucan. J. Lucan, « Les points noirs des îlots insalubres », J. Lucan (dir.), *Paris. 100 ans de logement*, *op. cit.*, p. 76-91. Voir p. 78.
141. « Les espaces libres dans les grandes villes. […] Risler », *op. cit.*, p. 358.
142. L. Murard et P. Zylberman, *L'Hygiène dans la République*, *op. cit.*, p. 477-536.
143. « Les espaces libres dans les grandes villes. […] Risler », *op. cit.*, p. 363-364.
144. L. Murard et P. Zylberman, *L'Hygiène dans la République*, *op. cit.*, p. 477-536.

prime au nom de l'Association centrale française contre la tuberculose[145], à la réunion du 5 juin 1908 est en elle-même révélatrice du succès du Musée social.

La Section d'hygiène reçoit aussi le soutien de la Ligue antialcoolique[146]. L'aménagement de l'enceinte en espaces libres est en effet présenté comme le moyen de combattre l'alcoolisme. Le 5 juin, l'avocat Henri Robert présente l'exiguïté et l'inconfort des logements populaires comme la cause principale de l'alcoolisme :

> « [L']ouvrier est fort à plaindre, la plupart du temps il est mal logé, et quand il rentre le soir fatigué, harassé, il préfère sans doute aller au cabaret, chez le marchand de vin. C'est son salon à lui, il n'en a pas d'autre. Il aime mieux aller chez le marchand de vin que de rentrer dans un logis malsain, où il ne peut trouver aucune satisfaction[147]. »

Les parcs et les jardins des fortifications contribueraient à détourner du café sa clientèle potentielle[148]. Robert est rejoint par Ribot et Risler, ce dernier associant d'ailleurs tuberculose et alcoolisme, deux pathologies liées à l'entassement dans les grandes villes[149]. De même, pour Cros-Mayrevieille, l'alcool est « un des grands pourvoyeurs de la tuberculose » et « [pour] combattre la tuberculose, [il est] nécessaire de lutter contre l'alcoolisme[150] ».

Ces assertions relèvent typiquement du « discours bourgeois[151] » sur le débit de boisson, en particulier lorsqu'il s'agit d'identifier les causes de « l'alcoolisme social[152] » des classes populaires, c'est-à-dire la consommation d'alcool hors du domicile. À la Belle Époque, les bourgeois « s'accordent à reconnaître que le cabaret est, pour l'homme des classes populaires, un club, un salon, le seul endroit où lui soient prodigués réconfort, compagnie, distraction, chaleur, lumière[153] ». Des médecins, dont Landouzy, s'attachent à démontrer les liens entre tuberculose et alcoolisme[154]. Chez les réformateurs sociaux qui s'emparent de l'enceinte à la fin des années 1900, les espaces libres en viennent à assumer un statut de quasi-panacée, puisqu'ils sont constitués en élément du dispositif de lutte contre deux des trois fléaux qui « désolent la race[155] », le troisième étant la syphilis[156].

---

145. « Compte rendu de la réunion en faveur des espaces libres [...] Landouzy », *op. cit.*, p. 210-211.
146. R. de Souza, « Les espaces libres. Résumé historique », *op. cit.*, p. 184.
147. « Compte rendu de la réunion en faveur des espaces libres [...]. Conférence de Maître Henri Robert », *MDMS*, 1908, p. 215-224, citation p. 221.
148. *Ibid.*, p. 222.
149. « Les espaces libres dans les grandes villes. [...] Risler », *op. cit.*, p. 356.
150. F. Cros-Mayrevieille, *La Démolition des fortifications et les espaces libres de Paris*, Archives du CEDIAS, Carton urbanisme : Plans et Lotissements.
151. J. Lalouette, « Le discours bourgeois sur les débits de boisson », *op. cit.*
152. M. H. Marrus, « L'alcoolisme social à la Belle Époque », *op. cit.*
153. J. Lalouette, « Le discours bourgeois sur les débits de boisson », *op. cit.*, p. 318.
154. *Ibid.*, p. 319.
155. A. Carol, *Histoire de l'eugénisme en France*, *op. cit.*, p. 107.
156. Les partisans des espaces libres invoquent les exigences de la pratique sportive et se recrutent entre autres chez les sportifs. Or, à la même époque, le sport est préconisé contre les relations sexuelles

Espaces libres et maladie : les contre-performances françaises

L'intervention des réformateurs sociaux dans le débat sur l'aménagement des fortifications au nom de la lutte contre la tuberculose passe par la dénonciation d'une insuffisance nationale. Une fois la pénurie d'espaces libres, ces « véritables sanatoriums[157] », mise en évidence, le rapprochement avec la mortalité tuberculeuse à Paris s'impose. Pour cette comparaison, Risler mobilise les données élaborées par Hénard :

> « Comment ne pas être frappé de la concordance absolue de ces chiffres avec le développement des espaces libres dans tous ces différents pays ? En effet, Londres a 14 % d'espaces libres, Berlin en a 10 %, Paris 4,5 % seulement. Londres a trois fois et demie moins d'espaces libres que Paris, il a 3 fois moins de décès par tuberculose. Berlin a près de 2 fois et demie plus d'espaces libres que Paris ; il a 2 fois et demie moins de décès tuberculeux ; la proportion se renverse exactement[158]. »

Il s'agit alors de relever le défi que constituent ces contre-performances françaises. Assez paradoxalement d'ailleurs, ce souci se fait jour alors que la mortalité tuberculeuse a commencé à décroître en France dès les années 1880, la décrue n'étant cependant pas perçue par les contemporains[159].

Les réalisations étrangères invitent les Français à se mobiliser pour un aménagement de l'enceinte en espaces libres. Landouzy, par-delà son auditoire, s'adresse aux élus de la capitale :

> « [Que] n'imitez-vous pas les édiles de Londres, et que ne profitez-vous pas de la bonne aubaine des fortifications qui vont tomber, pour faire à la ville de Paris une superbe ceinture de jardins, de parcs, de stands et de terrains fleuris ! Pourquoi n'en faites-vous pas des terrains de manœuvre, de santé, [...] dans lesquels nos enfants, nos adolescents conquerront la vigueur, la santé comme leurs pères conquerraient l'adresse et le courage au Champ de Mars ! Que ne donnez-vous pas à la ville de Paris la couronne et l'enceinte de parcs fleuris semblables à celles dont sont si fiers les habitants de Londres ! Vous savez [...] comment ils appellent leurs promenades : ils les appellent les poumons de Londres. Eh bien, Messieurs, ce sont ces poumons que nous vous demandons pour les Parisiens et pour les quartiers ouvriers surtout, pour lesquels nous voulons de l'air, de la lumière et du soleil[160]. »

---

précoces et donc comme un moyen de préserver les jeunes gens des maladies vénériennes. A. Corbin, « Le péril vénérien », L. Murard et P. Zylberman (dir.), *L'Haleine des faubourgs*, *op. cit.*, p. 245-283.

157. « Les espaces libres à Paris. [...] Hénard », *op. cit.*, p. 5.

158. « Les espaces libres dans les grandes villes. [...] Risler », *op. cit.*, p. 359. Risler reprend d'ailleurs cet argument en 1912 dans l'exposé des motifs de la proposition de loi sur les plans d'aménagement et d'extension. « Travaux des Sections. SHUR : séance du 27 juin 1912. Projet de loi relatif aux plans d'aménagement et d'extension des villes. Exposé des motifs par M. Georges Risler », *AMS*, déc. 1912, p. 420-433. Voir p. 423-424.

159. L. Murard et P. Zylberman, *L'Hygiène dans la République*, *op. cit.*, p. 480-482.

160. « Compte rendu de la réunion en faveur des espaces libres [...] Landouzy », *op. cit.*, p. 213.

L'exhortation reprend tous les thèmes introduits ou repris par le Section d'hygiène à propos de l'enceinte. L'invocation d'un exemple étranger, la thématique nationaliste déjà présente chez les édiles, la métaphore organiciste, parcs et jardins jouant le rôle de « poumons » urbains[161], et l'enceinte comme ultime chance de combler le déficit d'espaces libres dont souffre Paris relèvent des lieux communs développés par la section. Même le rappel de leurs responsabilités aux élus locaux est un des thèmes favoris des réformateurs sociaux, qui stigmatisent l'absence de volonté et de compétence des édiles et opposent à la légitimité électorale celle que confère la compétence.

La constitution de l'aménagement de l'enceinte en élément du dispositif antituberculeux a d'ailleurs une conséquence paradoxale. Alors que l'insalubrité des habitations est désignée comme une des causes de la maladie, la question des logements salubres accessibles aux ouvriers est totalement laissée de côté dans les solutions proposées, alors même que certains membres de la section, à commencer par Siegfried, ont été les promoteurs de la loi sur les habitations à bon marché du 30 novembre 1894[162]. En effet, l'édification d'hbm sur les terrains de l'enceinte est incompatible avec un aménagement hygiénique au sens où l'entend la section, lequel implique non seulement la création d'espaces libres mais aussi l'instauration de servitudes limitant la hauteur des bâtiments et la proportion de surfaces bâties sur les parcelles destinées à la construction. Ces servitudes renchérissent le coût de la construction, et donc les loyers, rendant impossible l'édification d'hbm.

La mise à l'écart de la question du logement populaire ne pose d'ailleurs pas de problème aux membres de la Section d'hygiène. Le traitement de l'enceinte n'est en effet qu'un élément s'inscrivant dans un enjeu plus vaste : l'aménagement rationnel de l'agglomération parisienne et, au-delà, des grandes villes françaises. Seule cette solution d'ensemble garantira à la population, avec les espaces libres dont elle a besoin, des conditions d'hygiène satisfaisantes pour l'avenir. Comme l'affirme Risler, l'habitation salubre à bon marché n'est qu'une solution incomplète :

> « Sans doute, c'est un progrès énorme que de pouvoir obtenir pour l'enfant, avec ses parents, un logement sain et digne; il lui faut plus encore : le grand air, le jeu, l'espace, l'exercice physique profondément moralisateur, l'espace libre où il pourra respirer jusqu'au fond de ses poumons et faire agir ses muscles, en un mot : vivre [...][163]. »

---

161. La métaphore organiciste n'est pas novatrice et n'a pas forcément de lien avec l'intérêt pour les espaces libres. Elle est présente chez M. du Camp qui, dans *Paris, ses organes, ses fonctions et sa vie*, ne s'intéresse absolument pas aux parcs et jardins. M. du Camp, *Paris, ses organes, ses fonctions et sa vie*, *op. cit.*

162. R.-H. Guerrand, « La construction du cadre législatif », R. Quillot et R.-H. Guerrand (dir.), *Cent ans d'habitat social*, Paris, Albin Michel, 1989, p. 62-71.

163. « Travaux des Sections. SHUR : séance du 27 juin 1912. Projet de loi relatif aux plans d'aménagement et d'extension des villes », *op. cit.*, p. 423.

Dans ces conditions, les réformateurs sociaux peuvent évacuer l'enjeu du logement populaire quand ils traitent du sort de l'enceinte. D'ailleurs, dès 1904, Charles Gide affirmait : « [Les] sociétés philanthropiques ou coopératives de maisons ouvrières ne réussiront pas à modifier définitivement les conditions de l'habitation humaine. C'est la ville qu'il faut bâtir avant de bâtir la maison [164]. »

Les fortifications constituent l'ultime réserve d'air de la capitale et leur sort semble devoir se régler rapidement à la fin des années 1900. Leur aménagement apparaît alors comme une occasion privilégiée, sinon la seule, à la fois de faire adopter le principe législatif d'un aménagement programmé des villes et d'en démontrer concrètement le caractère applicable. C'est à cette tâche que se consacre la Section d'hygiène dès sa fondation en 1908. Là encore, l'enjeu a une dimension nationale : il s'agit de combler un « déficit » français en matière de législation d'urbanisme. Par rapport au déficit « quantitatif » d'espace, ce déficit relève de l'ordre du « qualitatif » : la France marque le pas pour ce qui est des moyens d'intervention sur la croissance urbaine.

Le déficit d'espace, invoqué dès les années 1880 par les édiles réclamant la suppression de l'enceinte, reçoit une nouvelle interprétation de la part de la section, qui l'attribue à l'absence d'un « aménagement rationnel des villes [165] ». Les réformateurs sociaux constatent une aggravation de la carence française en espaces libres : l'écart entre Paris et les capitales étrangères tend à se creuser. Or, contrairement aux Français, les étrangers se soucient de diriger le développement de leurs grandes villes. Les diagnostics de ces deux carences nationales, « quantitative » et « qualitative », sont donc simultanés et s'appuient tous deux sur une comparaison internationale. L'article de Hénard sur les espaces libres, paru en 1908 dans les *Mémoires et documents du Musée social*, fournit une illustration de cette démarche [166].

164. C. Gide, préface à G. Benoit-Lévy, *La Cité-Jardin*, *op. cit.*, p. VI.
165. « Compte rendu de la réunion en faveur des espaces libres [...] Siegfried », *op. cit.*, p. 203.
166. « Les espaces libres à Paris. [...] Hénard », *op. cit.*

Chapitre III

Un déficit « qualitatif » : le « retard » français en matière d'urbanisme

En 1908, Hénard constate que non seulement Paris est moins doté en espaces libres que les autres capitales européennes mais que l'écart tend à s'accentuer. Là encore, il fournit données chiffrées, cartes et graphiques :

> « La surface de Paris en 1789 [...] était de 3 390 hectares. Les espaces plantés en occupaient 391 hectares, soit un peu plus d'un dixième. Aujourd'hui, la surface correspondante n'en possède plus que 137. Paris, depuis cent ans, a donc perdu les deux tiers de ses jardins[1]. »

Raoul de Clermont[2], Jules Siegfried[3] et Georges Risler développent la même idée. Comme Hénard, Risler souligne les divergences dans l'évolution de la proportion d'espaces libres à Paris et dans les grandes villes étrangères :

> « Alors que toutes les grandes villes à l'étranger ont augmenté leurs espaces libres, depuis 50 ans, proportionnellement à leur population, Paris, qui a vu passer, pendant le même laps de temps, le nombre de ses habitants de 1 100 000 à près de 3 millions, a fait le contraire. [...] Cette situation est encore aggravée par ce fait que notre capitale croît par casernes tandis que Londres croît par cottages[4]. »

Pour Hénard, l'aggravation tient largement à « un état d'esprit très curieux, mais aussi très inquiétant[5] », de certains édiles, qui n'hésitent pas à sacrifier les derniers espaces libres de la capitale. Mais Hénard ne se contente pas de stigmatiser les élus parisiens. C'est la nécessité d'une gestion rationnelle du développement urbain qui est en jeu :

> « Avant qu'il ne soit trop tard, en ce qui concerne Paris, il serait urgent de prendre des mesures énergiques pour compenser les dangers de la construction et de l'obstruction à outrance.

1. « Les espaces libres à Paris. [...] Hénard », *op. cit.*, p. 191.
2. R. de Souza, « Les espaces libres. Résumé historique », *op. cit.*, p. 180-182.
3. J. Siegfried, « Les espaces libres à Paris. Les fortifications remplacées par une ceinture de parcs. I Exposé », *MDMS*, 1909, p. 73-77. Voir p. 73.
4. « Les espaces libres dans les grandes villes. [...] Risler », *op. cit.*, p. 359-360. Voir aussi « Compte rendu de la réunion en faveur des espaces libres [...]. Rapport au nom de la Section d'hygiène urbaine et rurale présenté par M. Georges Risler », *MDMS*, 1908, p. 203-210, voir p. 23.
5. « Les espaces libres à Paris. [...] Hénard », *op. cit.*, p. 193.

> Nous avons étudié un plan général de Paris avec l'indication sommaire des parcs et jardins qu'on pourrait créer [...][6]. »

Au-delà de la création d'espaces libres sur l'enceinte, la section vise l'adoption d'une législation rendant obligatoires les plans d'aménagement et d'extension pour les grandes villes, selon un principe qui existe déjà à l'étranger. L'argumentation lie indéfectiblement espaces libres et plans, la démonstration de la nécessité de ces derniers reposant sur la mise en évidence de l'aggravation de la pénurie d'espaces libres.

Dans la réflexion sur l'« aménagement rationnel des villes[7] », l'enceinte occupe une place centrale. Sa disparition imminente apparaît comme l'occasion d'expérimenter les techniques d'aménagement. Le présent chapitre commence par mettre en évidence la façon dont ce rôle pédagogique a été attribué aux fortifications. Il s'attache ensuite à la manière dont les exemples étrangers sont mobilisés pour faire prévaloir le principe des plans de ville pour Paris et pour les autres villes françaises, qui selon Risler souffrent elles aussi d'une pénurie croissante d'espaces libres : « Presque partout, comme à Paris, nous avons diminué nos espaces libres malgré l'accroissement de la population de nos villes [...][8]. » C'est à ce niveau que se situe le second déficit français, « qualitatif », diagnostiqué par les réformateurs sociaux : contrairement aux autres nations, la France ne se donne pas les moyens de prévoir et de diriger l'évolution de ses cités, ce que révèle la pénurie croissante d'espaces libres.

Dans la mesure où il s'agit d'analyser la façon dont les réformateurs sociaux utilisent la question de l'enceinte pour faire prévaloir le principe des plans de ville, une présentation des travaux de la Section d'hygiène ainsi que des réactions qu'ils suscitent chez les édiles parisiens s'impose.

Dès sa création, la section s'est dotée de deux sous-commissions. La première est chargée d'étudier le cadre législatif qui permettrait aux grandes villes d'établir des plans d'aménagement et d'extension. La présidence en est confiée à l'ingénieur Georges Bechmann, ancien directeur du service des eaux de la ville de Paris. La seconde sous-commission, présidée par Eugène Hénard, a pour mission de s'occuper de la création de nouveaux espaces libres dans la capitale et de la préservation de ceux qui existent dans sa périphérie d'extension future[9]. Début 1908, la perspective d'un règlement du sort de l'enceinte se précise : le gouvernement est prêt à céder la partie nord-ouest des fortifications à la Ville contre 64 millions. Aussi, en mars 1908, Siegfried obtient-il que la section reporte ses autres travaux pour concentrer son action sur la question de l'enceinte. C'est dans cet esprit

6. *Idem.*
7. « Compte rendu de la réunion en faveur des espaces libres [...] Siegfried », *op. cit.*, p. 203.
8. « Les espaces libres dans les grandes villes. [...] Risler », *op. cit.*, p. 362.
9. « Compte rendu de la réunion en faveur des espaces libres [...] Risler », *op. cit.*, p. 205-207.

que, le 2 avril 1908, la section décide de participer à la campagne pour les élections municipales et d'organiser une réunion sur les espaces libres [10]. Le même jour, les deux sous-commissions, qui ont axé leurs réflexions sur les fortifications, remettent leurs conclusions, qui sont adoptées.

La sous-commission Bechmann réclame un inventaire, pour toutes les agglomérations de plus de 20 000 habitants, de tous les espaces libres, qu'ils appartiennent à la ville, au département ou à l'État. Ces espaces devront rester libres de toute construction et ne pourront être vendus qu'après le vote d'une loi. Quant aux terrains occupés par des bâtiments publics, ils ne seront aliénables qu'à condition que le produit de la vente soit utilisé à l'achat d'immeubles affectés à des usages publics, le bénéfice éventuel devant servir à créer des espaces libres. Pour Paris, la sous-commission réclame la constitution d'une instance supérieure chargée d'examiner les problèmes soulevés par l'expansion de l'agglomération et par son nécessaire aménagement. La sous-commission Hénard, elle, demande la cession de l'enceinte à la Ville, à charge pour celle-ci d'y créer neuf parcs d'environ 15 hectares et d'aménager dans l'intervalle des terrains de jeux reliés par un large boulevard. Sur les terrains qu'elle sera autorisée à vendre, la Ville devra établir des servitudes limitant la surface et la hauteur des constructions [11].

De leur côté, les édiles ne sont pas inactifs. Après avoir refusé, en juillet 1908, d'acheter la partie nord-ouest des fortifications [12], le conseil municipal se voit proposer par un de ses membres une solution inédite concernant l'ensemble de l'enceinte. En novembre 1908, Louis Dausset propose que la Ville achète l'intégralité des terrains de l'enceinte, qui seraient entièrement lotis. En revanche, la zone de servitude serait expropriée et transformée en une ceinture d'espaces libres [13]. Ce projet entre en concurrence avec la proposition de loi Siegfried de janvier 1908, qui inspire les travaux de la section.

La proposition Siegfried concernait la seule portion nord-ouest des fortifications. Pour contrer efficacement Dausset, la sous-commission Bechmann rédige un projet d'ensemble [14], présenté à la section le 9 mars 1909, qui étend à toute l'enceinte les dispositions de la proposition Siegfried [15]. La tentative de conciliation entre les deux projets qui s'ensuit aboutit à une synthèse maximisant la quantité d'espaces libres : comme dans le projet Dausset la zone serait expropriée et la bande d'espaces libres

10. « Les espaces libres dans les grandes villes. [...] Risler », *op. cit.*, p. 365.
11. « Compte rendu de la réunion en faveur des espaces libres [...] Risler », *op. cit.*, p. 205-210.
12. *RDCM*, 1908, n° 73.
13. *PVCM*, 1908, 4 nov.
14. La tâche devrait revenir à Hénard mais il semble que des problèmes de santé empêchent ce dernier de continuer ses travaux. De toute façon, les missions des deux sous-commissions sont largement confondues par la décision de concentrer l'effort de la section sur la question de l'enceinte.
15. Création de 9 parcs de 15 à 20 hectares, mi partie sur l'enceinte, mi partie sur la zone, et de 13 terrains de sport sur les seules fortifications. « Travaux des sections. SHUR : séance du 11 novembre 1909 », *op. cit.*, p. 390.

ainsi créée serait élargie au niveau des emplacements des parcs prévus dans le projet du Musée social. La section est divisée entre ceux qui maintiennent leur soutien au projet du Musée social au nom du réalisme financier et ceux qui se rallient à la synthèse[16]. Le dernier mot revient toutefois aux édiles qui adoptent la solution proposée par Dausset : en 1912, un projet de convention Ville-État est rédigé en ce sens[17].

Pour la section, le sort de l'enceinte s'inscrit dans un enjeu plus vaste : faire prévaloir le principe des plans de ville. Rédaction de propositions de loi et examens d'expériences étrangères remplacent au fil des réunions les discussions sur les fortifications, à mesure que se confirme la perspective d'un aménagement conforme aux idées de Dausset. La question n'est plus abordée que dans le souci de limiter les effets, considérés comme néfastes, du projet Dausset. Il est donc nécessaire de présenter l'action du Musée social en faveur de l'adoption d'une législation sur les plans de ville.

En janvier 1909, Charles Beauquier, député du Doubs[18], dépose une proposition de loi visant à imposer aux municipalités l'obligation de dresser « des plans d'extension et d'embellissement[19] ». Dès juillet 1909, Siegfried développe devant la section la nécessité d'étudier une proposition de loi obligeant les villes à adopter un plan d'extension. L'étude est confiée à la sous-commission Bechmann[20] qui remet rapidement première ébauche de ses travaux, très proche de la proposition Beauquier[21]. Par la suite, la section, que cette première version ne satisfait pas entièrement, confie l'examen de la question à ses deux sous-commissions réunies pour l'occasion[22]. Ces dernières présentent le résultat de leurs travaux en 1912[23].

La version de 1912 innove sur deux points principaux. Tout d'abord, elle ne se contente pas de déclarer obligatoire les plans d'aménagement et d'extension pour les grandes villes. Elle cherche aussi à donner à ces dernières les moyens techniques et financiers de dresser leur plan. Les villes « pourront obtenir du Gouvernement, pour l'établissement de ces plans, la collaboration effective des fonctionnaires dépendants des départements ministériels compétents, et pour leur réalisation, des subventions ou fonds de concours sur les crédits inscrits à cet effet au budget annuel[24] ». Cette volonté d'apporter une assistance technique aux édiles est typique du pro-

16. *Ibid.*, p. 394 et « Travaux des sections. SHUR : séance du 10 juillet 1909 », *AMS*, août 1909, p. 246-252. Voir p. 251-252.
17. *RDCM*, 1912, n° 130.
18. J. Jolly (dir.), *DPF*, *op. cit.*, t. II, p. 511.
19. « Travaux des sections. SHUR : séance du 11 novembre 1909 », *op. cit.*, p. 394.
20. « Travaux des sections. SHUR : séance du 10 juillet 1909 », *op. cit.*, p. 252.
21. « Travaux des sections. SHUR : séance du 11 novembre 1909 », *op. cit.*, p. 394.
22. « Travaux des sections. SHUR : séance du 16 novembre 1911 », *AMS*, janv. 1912, p. 32-36. Voir p. 34-36.
23. « Travaux des sections. SHUR : séance du 12 juin 1912 », *AMS*, juil. 1912, p. 262-268 et « Travaux des sections. SHUR : séance du 27 juin 1912 », *op. cit.*, p. 428-430.
24. « Travaux des sections. SHUR : séance du 12 juin 1912 », *op. cit.*, p. 264.

jet du Musée social : les réformateurs sociaux partent du principe d'une certaine incompétence des élus locaux, qu'ils entendent aider. Mais l'assistance prévue est aussi financière et vise à éviter que l'obligation de dresser un plan reste formelle, faute de moyens.

La nouvelle rédaction précise aussi les contraintes que fera peser le plan sur les propriétaires :

> « À dater de la [...] déclaration d'utilité publique d'un plan d'extension et d'aménagement, il ne pourra plus être établi de constructions nouvelles que suivant les alignements fixés ; et les propriétés bâties ou non, englobées dans les périmètres des voies et des espaces libres projetés, pourront être expropriées à toute époque, moyennant une indemnité calculée, d'après leur valeur vénale réelle au moment de la publication susmentionnée, par une commission composée d'experts désignés, en nombre égal, par la partie expropriante et par les expropriés, et présidée par un magistrat désigné par le président du tribunal civil[25]. »

La complexité et le coût des procédures d'expropriation sont les principaux obstacles rencontrés par les autorités locales qui tentent d'exercer une action sur le développement urbain[26]. Comme la précédente, cette modification vise donc à éviter que les plans restent lettre morte. Cependant le texte ne mentionne pas la récupération par les municipalités d'une partie de la plus-value générée par les travaux d'aménagement. Cette récupération, dans le cas d'une expropriation pour cause d'utilité publique, fait pourtant l'objet de dispositions législatives. Mais l'application en est si difficile que celles-ci sont presque tombées en désuétude.

Les fortifications : lieu d'expérimentation de l'« aménagement rationnel des villes »

Le 5 juin 1908, Siegfried conclut son allocution par ces mots :

> « Travaillons au progrès de la salubrité publique, à l'aménagement rationnel des villes, à la lutte contre la maladie, la laideur, la misère. Et pour commencer, puisse notre propagande amener le Conseil municipal et les autorités compétentes à résoudre largement et sainement cette question des espaces libres qui se pose tout naturellement à propos de cette suppression des fortifications[27]. »

« Pour commencer » : le traitement de l'enceinte constitue un premier pas indispensable vers un aménagement d'ensemble de la région parisienne et plus généralement des villes françaises. Tout d'abord, les membres de la section sont convaincus que le sort de l'enceinte et de la zone engagera définitivement l'avenir. Manquer cette occasion unique de résoudre une par-

25. *Ibid.*, p. 265.
26. J.-P. Gaudin, *L'Avenir en plan*, *op. cit.*, p. 109-137.
27. « Compte rendu de la réunion en faveur des espaces libres [...] Siegfried », *op. cit.*, p. 203.

tie des problèmes de l'agglomération parisienne reviendrait à se rendre incapable de présenter des solutions dans l'avenir. En ce sens, il s'agit de gérer une situation d'urgence. Ensuite, la disparition des fortifications apparaît comme une occasion particulièrement favorable de mise en œuvre de l'« aménagement rationnel des villes » et les réalisations auront valeur d'exemple.

Gérer l'urgence

Une situation de crise

Lors de la réunion sur les espaces libres, le Musée social se réclame de l'urgence. Après avoir signalé qu'au cours des dernières années Paris a vu disparaître une partie de ses espaces libres, Risler fait remarquer qu'« [un] fait plus grave encore peut se produire : la vente et le lotissement des terrains laissés libres par le déclassement des fortifications de Paris[28] ». Le lotissement imminent de l'enceinte s'inscrit en effet dans un mouvement progressif de disparition des espaces libres de la capitale. Risler vise en particulier la vente de la moitié du Champ de Mars et des terrains laissés libres par la suppression du marché du Temple, qui auraient pu être consacrés à l'agrandissement du square du même nom. Ces opérations, qui ont l'aval du conseil municipal, sont à maintes reprises dénoncées par les membres de la section[29]. Hénard recense ainsi les réductions dont sont l'objet les espaces libres parisiens, déjà insuffisants :

> « Nous n'avions qu'un seul espace qui pût entrer en comparaison avec les parcs de Londres, le Champ de Mars, on va la réduire de moitié; s'agit-il de construire de nouveaux hôpitaux? on prend les terrains nécessaires aux dépens des jardins de la Salpetrière; cherche-t-on un emplacement pour construire la mairie du 7e arrondissement? on propose de prendre le square de la Borde; le marché du Temple devenu inutile est démoli, va-t-on profiter de cette occasion merveilleuse pour doubler le square voisin, trop petit pour le quartier populeux dont il est l'unique promenade? Pas le moins du monde : on va revendre les terrains disponibles pour y entasser des masses de pierres. Enfin vous trouverez des gens qui, avec une parfaite inconscience, vous disent qu'on pourrait édifier de beaux immeubles de rapport, en bordure des Tuileries ou de l'Esplanade des Invalides dont on a déjà cédé le tiers à une compagnie de chemin de fer[30]. »

C'est dans ce contexte qu'intervient la question des fortifications. Dans la mesure où on a supprimé tant de parcs et de jardins *intra muros*, l'aménagement de l'enceinte en espaces libres revêt une importance cruciale.

---

28. « Compte rendu de la réunion en faveur des espaces libres [...] Risler », *op. cit.*, p. 204.
29. *Ibid.*, p. 203-204. Voir aussi « Les espaces libres dans les grandes villes. [...] Risler », *op. cit.*, p. 364; G. Risler, « Les plans d'aménagement et d'extension des villes », *op. cit.*, p. 307-308 et J. Siegfried, « Les espaces libres à Paris », *op. cit.*, p. 74.
30. « Les espaces libres à Paris. [...] Hénard », *op. cit.*, p. 192-196.

Telle est en tout cas l'opinion de Ribot : « Nous sommes en retard par rapport aux autres pays qui s'évertuent à augmenter ces espaces libres. Nous, au contraire, nous sommes occupés à les réduire sans cesse, et c'est ainsi qu'est née cette question des fortifications [...] [31]. » L'aménagement en parcs et jardins d'une partie au moins de l'enceinte est ainsi censé porter un coup d'arrêt à la série de coupes sombres dans les espaces libres parisiens.

L'urgence intervient aussi à un autre niveau : la suppression des fortifications elle-même rend nécessaire un plan d'aménagement et d'extension de l'agglomération parisienne. La levée de la coupure entre Paris et sa banlieue risque en effet d'être suivie d'une croissance anarchique de la ville trop longtemps contenue dans ses murs :

> « Tout le monde prévoit pour Paris, dès qu'il sera débarrassé de sa muraille de pierre, une extension considérable. Où seront les parcs et les jardins indispensables aux habitants des nouveaux quartiers de la ville future si des réserves n'ont pas été prévues et préservées dans le périmètre de la cité agrandie [32] ? »

Du traitement de l'urgence au plan d'aménagement et d'extension de la région parisienne

Pour le Musée social, le traitement des fortifications bientôt désaffectées relève de l'urgence. Mais si un aménagement respectueux des besoins en espaces libres de la capitale participe d'une gestion urbaine rationnelle, il ne constitue pas une panacée. La pénurie d'espaces libres est attribuée à l'imprévoyance des pouvoirs publics, maintes fois stigmatisée [33]. Il convient donc de réparer dans la mesure du possible les erreurs du passé et surtout d'éviter de les répéter. C'est à ce niveau que s'opère le lien entre traitement de l'enceinte et élaboration d'un plan d'aménagement et d'extension pour la région parisienne. Seul un tel plan peut garantir qu'on ne se retrouvera un jour pas dans une situation de crise analogue à celle que diagnostique la section en cette fin des années 1900. Comme l'affirme Risler, pour qui en matière d'administration des villes « gouverner, c'est prévoir [34] », il n'est pas bon d'avoir à prendre des décisions de dernière minute : « Pas plus en fait d'aménagement et d'extension des villes qu'en tout autre chose, rien ne se fait de vraiment beau et de grand que par un travail sérieux et de longue haleine [35]. »

L'aménagement en espaces libres de l'enceinte n'est conçu que comme le premier élément d'un dispositif engageant l'ensemble de la capitale,

31. « Compte rendu de la réunion en faveur des espaces libres [...] Ribot », *op. cit.*, p. 229.
32. G. Risler, « Les plans d'aménagement et d'extension des villes », *op. cit.*, p. 309.
33. Voir par exemple « Compte rendu de la réunion en faveur des espaces libres [...] Risler », *op. cit.*, p. 203.
34. « Les espaces libres dans les grandes villes. [...] Risler », *op. cit.*, p. 370.
35. G. Risler, « Les plans d'aménagement et d'extension des villes », *op. cit.*, p. 302.

comme en témoigne le rapport de Risler sur la nécessité de créer une commission chargée de dresser le plan d'aménagement de la ville de Paris. Risler constate que, grâce en partie à la campagne menée par la section, « [personne], aujourd'hui, n'oserait plus demander que l'emplacement des fortifications soit couvert de maisons, et [que] l'on peut maintenant considérer comme certain que ce magnifique espace libre sera réservé[36] ». Il demande cependant à ses collègues de poursuivre leur effort. La section doit « voir surtout, dans ce succès, l'indication de nouveaux devoirs et y puiser la force de les remplir, en cherchant [...] à obtenir l'amélioration des conditions d'existence de l'agglomération parisienne[37] ». Il lui faut donc porter maintenant son regard ailleurs que sur l'enceinte et rechercher les moyens d'augmenter les espaces libres *intra-muros* et de préserver ceux qui formeront « les réserves d'air, les parcs et les terrains de jeux de la cité agrandie[38] ». C'est entre autres pour préserver ces derniers de la construction que Risler réclame un plan d'aménagement et d'extension.

De même, la sous-commission Bechmann émet dans ses conclusions le vœu suivant, adopté à l'unanimité :

> « Considérant que la désaffectation des fortifications et la vente projetée des anciens terrains militaires sont des mesures d'une gravité incontestable, susceptibles d'engager dans une voie grosse de périls l'aménagement futur de l'agglomération parisienne et de compromettre, de façon irrémédiable peut-être, l'avenir de la cité ;
>
> La sous-commission émet le vœu qu'avant de statuer sur les mesures à prendre concernant les terrains des fortifications et de la zone de servitude, il soit constitué une commission supérieure en vue d'examiner dans leur ensemble les questions que soulèvent l'expansion progressive, et l'aménagement nécessaire, de l'agglomération parisienne ;
>
> Et que cette commission soit chargée de déterminer les conditions légales, administratives et financières auxquelles il conviendrait de subordonner l'opération, afin de sauvegarder les intérêts primordiaux de l'hygiène, de la voirie et de l'esthétique urbaines[39]. »

Pour la section, une décision sur le sort de l'enceinte, censée préserver les espaces libres, ne se conçoit pas sans un plan concernant l'ensemble de l'agglomération. En effet, un tel plan vise entre autres à réserver les espaces libres que rendra nécessaires la croissance de la ville.

Les projets de la Section d'hygiène pour les fortifications ne se contentent d'ailleurs pas de statuer du sort des terrains militaires. Ils prévoient explicitement l'élaboration d'un plan pour l'agglomération parisienne. La proposition de loi Siegfried comporte l'article suivant :

---

36. « Travaux des sections. SHUR : séance du 14 janvier 1909 », *AMS*, fév. 1909, p. 54-60. Citation p. 55.
37. *Idem.*
38. *Ibid.*, p. 55-56.
39. « Compte rendu de la réunion en faveur des espaces libres [...] Risler », *op. cit.*, p. 206-207.

« Il est institué, sous la présidence du Ministre de l'intérieur, une Commission supérieure d'aménagement de l'agglomération parisienne.

Cette commission sera chargée d'établir, d'accord avec la ville de Paris et les municipalités suburbaines, un plan d'extension de la ville, comprenant les voies à créer ou à élargir, les espaces libres à réserver ; elle se préoccupera également de la conservation et de l'aménagement des forêts domaniales et des servitudes d'hygiène publique dont pourront être frappées les propriétés particulières. Sa compétence s'exercera sur une zone de 10 kilomètres autour des fortifications actuelles[40]. »

Comme la proposition Siegfried et en des termes presque semblables, l'article 7 de la proposition de loi préparée par la sous-commission Bechmann pour contrer le projet Dausset prévoit la création d'une commission chargée de dresser un plan d'aménagement et d'extension pour l'agglomération parisienne[41]. Bechmann et ses collègues ne font d'ailleurs que rester fidèles à leur vœu, exprimé un an plus tôt, de voir subordonner toute décision concernant l'enceinte à l'autorité d'une commission chargée d'examiner l'ensemble des problèmes liés à l'expansion de l'agglomération parisienne et à son aménagement. Pour la section, cette disposition, loin d'être accessoire, est peut-être encore plus importante que les modalités précises du traitement des fortifications et de la zone, comme le laissent supposer les réactions à la tentative de conciliation entre les propositions de Dausset et du Musée social. Risler, par exemple, est plutôt bien disposé à l'égard du projet qui en résulte mais insiste pour qu'y soit ajouté l'article 7 du projet Bechmann[42].

La section, qui voit dans le traitement de l'enceinte le premier pas vers un plan garantissant l'existence des espaces libres nécessaires à l'agglomération étendue, est d'ailleurs entendue. Le projet du préfet de la Seine relatif au plan d'extension de Paris de 1913, dont le jeune architecte[43] Victor Schlœsing se fait le rapporteur devant la section[44], en apporte la preuve. Ce document constitue en lui-même un indice de l'efficacité de l'action du Musée social. Le préfet y reconnaît l'insuffisance des espaces libres dans l'agglomération et prévoit d'en créer en grand nombre, répartis sur tout le territoire de Paris, ce qui passera entre autres par la désaffectation prochaine de l'enceinte. Il prévoit aussi de rechercher tous les lieux qui, aux environs de la capitale, pourraient être transformés en grandes promenades extérieures ou en grands jardins dans les faubourgs, pour le Paris futur.

---

40. J. Siegfried, « Les espaces libres à Paris », *op. cit.*, p. 77.
41. « Travaux des sections. SHUR : séance du 10 juillet 1909 », *op. cit.*, p. 249.
42. « Travaux des sections. SHUR : séance du 11 novembre 1909 », *op. cit.*, p. 394.
43. « Section d'hygiène urbaine et rurale et de prévoyance sociale [désormais SHURPS] : réunion du 16 décembre 1915. Ordre du jour : décès de M. Victor Schlœsing, membre de la Section », *MDMS*, juil.-août 1921, p. 214-234. Voir p. 215.
44. « Travaux des sections. SHUR : séance du 22 décembre 1913 », *AMS*, juil. 1914, p. 251-257.

La nécessité de lier toute décision concernant les fortifications à l'élaboration d'une législation sur les plans de ville apparaît encore plus nettement une fois rédigée la convention Ville-État de 1912. Si ce texte entérine l'échec du Musée social sur l'enjeu local qu'est le sort de l'enceinte, la section ne se désintéresse pas pour autant de l'ex-ouvrage de défense. La convention doit être ratifiée par une loi pour entrer en application. La section milite alors pour que la loi à venir comprenne des dispositions limitant la hauteur et la densité du bâti sur les terrains militaires ainsi que des modifications permettant de rompre la monotonie induite par l'aspect systématique du projet (lotissement intégral des fortifications et maintien de toute la zone en espaces libres).

Risler, par exemple, rédige un amendement au projet de loi gouvernemental sur le déclassement de l'enceinte, que la section adopte à l'unanimité en février 1913 :

> « La ville de Paris ne pourra vendre, en vue de la construction, les terrains militaires des fortifications désaffectées que dans la proportion des deux tiers des surfaces actuellement disponibles et suivant une répartition à peu près égale dans les divers arrondissements de la périphérie.
>
> Les acquéreurs de ces terrains ne seront admis à y édifier que des bâtiments de 12 mètres au plus de hauteur et couvrant au maximum le tiers de leur superficie[45]. »

En 1914, les parlementaires sont invités à débattre d'un projet de loi sur l'aménagement de l'enceinte. Selon Risler, dans ce projet, « aucune condition n'est imposée à la Ville pour la construction sur les terrains des fortifications[46] ». Afin d'éviter que ne soit élevée autour de Paris « une vraie fortification antihygiénique[47] », la section amende, en le précisant, son vœu de février 1913. Mais surtout, Bechmann suggère de réclamer une modification au projet. Il propose la rédaction suivante :

> « Aucune portion en pourra être distraite desdits terrains [de la zone] destinés aux espaces libres en vue d'y élever des constructions, si ce n'est :
>
> [...]
>
> 2°. Pour l'édification d'habitations à bon marché, ou autres, en bordure des principales voies de pénétration dans Paris, mais sous la condition que toutes les surfaces occupées par des bâtiments sur lesdits espaces libres soient compensées par des surfaces réservées équivalentes sur les anciens terrains militaires[48]. »

Cette disposition vise à casser le double anneau continu d'immeubles et d'espaces libres prévu par le projet Dausset, qui « permet à la ville de

45. « Travaux des sections. SHUR : séance du 13 février 1913 », *AMS*, av. 1913, p. 115-119. Citation p. 118.
46. « Travaux des sections. SHUR : séance du 2 février 1914 », *AMS*, av. 1914, p. 146-154. Citation p. 147.
47. *Idem.*
48. *Ibid.*, p. 150.

construire sur le terrain des fortifications, à toute hauteur et sans limite de proportion, une ceinture de pierres[49] ». La section voit dans cette solution une aberration urbanistique : selon Bechmann, l'anneau d'espaces libres sera un « espace désertique, difficile à surveiller et à éclairer, monotone et inutile pour faciliter une circulation qui est rayonnante bien plus que circulaire[50] ». La nécessité de la ratification parlementaire offre au Musée social l'occasion de sauver ce qui peut l'être. Cependant une ratification trop rapide, anticipant sur l'adoption d'une loi générale sur les plans de ville, présente un danger. Elle permettrait à la municipalité parisienne de lotir l'enceinte sans respecter aucune des règles d'urbanisme que la législation à venir est censée faire prévaloir[51].

Opérer la suture entre Paris et la banlieue

La localisation même de l'enceinte, lieu de passage obligé entre Paris et sa banlieue, contribue aussi à faire de son aménagement un élément d'un dispositif plus vaste de planification du développement de l'agglomération.

Les spécialistes qui se retrouvent à la section affirment en effet la nécessité de raisonner non plus à l'échelle municipale, mais en termes d'agglomération.

> « L'erreur est venue en partie de ce qu'on s'est arrêté à ne considérer que ce Paris arbitrairement déterminé par des limites artificielles, les fortifications. L'histoire de Paris, pourtant, comme celle de bien d'autres villes, démontre combien comptent peu ces barrières temporaires ; le flot montant de la population a tôt fait de déborder des limites qui lui sont assignées. Aujourd'hui il est donc manifeste que la plupart des communes attachées étroitement à la grande ville, font partie d'une même et indissoluble agglomération. Qu'elles soient ou restent ou non distinctes administrativement, cela n'empêche qu'elles forment avec Paris un entassement unique d'habitations humaines toutes solidaires, profitant des mêmes avantages et sujettes aux mêmes inconvénients, participant aux mêmes conditions d'hygiène et de salubrité générale, aux mêmes dangers de contagion morale et physique. En un mot, le développement actuel de Paris, c'est le développement de sa banlieue, le développement de l'agglomération parisienne, de cet énorme groupement large de plus de 25 kilomètres[52]. »

49. « SHURPS du Musée social [désormais SHURPS MS] : séance du 7 février 1919 », *MDMS*, sept. 1921, p. 267-270. Citation p. 269.
50. *Ibid.*, p. 270.
51. C'est aussi ce que craint le député Cornudet. *Journal officiel* du 14 mars 1919, cité dans « Travaux des Sections. SHUR MS : séance du 28 novembre 1926 », *Revue mensuelle du Musée social* (désormais *RMMS*), sept. 1927, p. 269-276, voir p. 273-274. Dans les années 1910, Cornudet rapporte différentes propositions de loi sur les plans d'aménagement et d'extension. J. Jolly (dir.), *DPF*, t. III, p. 1139-1140.
52. J.-C. N. Forestier, *Grandes villes et système de parcs*, Paris, Hachette et Cie, 1906, p. 5-6.

Ainsi s'exprimait en 1906 J.-C. N. Forestier, inspecteur des Eaux et Forêts et conservateur des promenades de Paris, qui a d'ailleurs rejoint la Section d'hygiène[53].

En février 1909, dans une conférence au Musée social, Risler résume les travaux de la sous-commission Bechmann. Celle-ci a émis une série de résolutions parmi lesquelles on relève le point suivant : « Qu'il soit créé un réseau de grandes voies rayonnantes constituant les sorties de Paris et des voies concentriques les reliant entre elles, et que ces voies soient classées comme routes nationales[54]. » Le plan d'aménagement et d'extension que souhaite la section est censé être étudié « au triple point de l'hygiène, de l'esthétique et des besoins croissants de la circulation générale[55] ». Tout traitement des fortifications et la zone doit alors nécessairement s'inscrire dans un tel dispositif. Dans l'exposé des motifs de sa proposition de loi de 1908, Siegfried recense parmi les tâches à accomplir l'amélioration des entrées et sorties de Paris, pour la plupart « pitoyables[56] ». Cette carence est d'ailleurs rendue plus sensible « au moment où le développement des transports en commun, l'automobilisme, le cyclisme, diminuent les distances et permettent à une grande partie de la population d'habiter en dehors de la cité[57] ». Ce diagnostic est assez semblable à celui de Guyot et de Brousse.

La volonté d'assurer, par le déclassement et l'aménagement des fortifications, une suture harmonieuse entre Paris et sa banlieue, destinés par une évolution inéluctable à ne former qu'une seule agglomération, est ancienne et durable. Plus de 50 ans après la proposition Guyot, on la retrouve sous une forme un peu différente chez Brisset, qui consacre sa thèse aux dispositions législatives concernant l'aménagement de l'enceinte et de la zone. Même si les propos de Brisset concernent la zone et non plus les fortifications proprement dites et s'il ne s'agit pas de ménager les intérêts de la circulation mais de rendre à la civilisation urbaine des espaces déshérités, l'aménagement est censé trouver sa place dans un traitement d'ensemble d'une agglomération renouvelée :

> « Tous ceux qu'intéressent le bon renom, l'hygiène et la beauté de Paris voudraient voir disparaître cette ceinture lamentable qu'est la zone. Lorsqu'on entre à Paris, les yeux se portent fatalement sur ce coin déshérité entre tous, laissant à beaucoup une impression ineffaçable[58]. »

53. A. Cormier, *Extensions, limites, espaces libres*, *op. cit.*
54. « Les espaces libres dans les grandes villes. [...] Risler », *op. cit.*, p. 369.
55. *Idem.*
56. J. Siegfried, « Les espaces libres à Paris », *op. cit.*, p. 76.
57. *Idem.*
58. P. Brisset, *La Zone de Paris et la loi du 19 avril 1930*, *op. cit.*, p. 3.

Servir d'exemple

Pour toutes ces raisons, le sort de l'enceinte s'inscrit dans une perspective plus large. Selon Risler, les « grands projets de transformation » liés au déclassement des fortifications « pourraient être le point de départ de très importantes améliorations pour l'agglomération parisienne[59] ». C'est ce qui justifie la décision de la Section d'hygiène de se consacrer à l'étude d'un projet d'aménagement de l'enceinte. Par ailleurs, le traitement des fortifications revêt une dimension démonstrative et pédagogique. Les solutions expérimentées sur cet espace, qu'elles relèvent de la technique de l'urbaniste ou du législateur, serviront d'exemple aux autres villes françaises, touchées elles aussi par le déficit croissant d'espaces libres. Tel est l'autre moyen par lequel l'intérêt pour l'enceinte s'inscrit dans la mobilisation en faveur d'une loi sur les plans d'aménagement et d'extension.

L'enceinte comme laboratoire

Espaces vierges, les fortifications et la zone constituent un lieu privilégié d'expérimentation où il n'est pas nécessaire de tenir compte de l'héritage du passé. En 1903 déjà, Hénard voyait dans la partie nord-ouest de l'enceinte, dont la désaffectation est décidée depuis 1898, l'endroit idéal pour tester son principe du boulevard à redans, « consist[ant] en constructions dont les façades ne sont pas continues, mais séparées par des jardins[60] » :

> « Il nous reste à montrer dans quel endroit de Paris l'essai d'un tel système pourrait être tenté. Cet endroit est tout indiqué ; c'est la zone désaffectée des fortifications déjà désignée par le gouvernement militaire dans la partie bordant le bois de Boulogne[61]. »

De même, c'est à l'enceinte qu'on pense quand il s'agit d'innover en matière de morphologie des îlots. Lors de la discussion du rapport de Schlœsing sur le mémoire du préfet de la Seine relatif à l'extension de Paris, plusieurs membres de la section se prononcent en faveur d'une vaste cour au cœur de l'îlot[62]. Pour Parenty, si le prix des terrains rend la mesure inapplicable dans Paris *intra-muros*, il est un endroit où il n'est pas nécessaire de tenir compte des contraintes économiques : « Au contraire, sur les fortifications, dont disposera la ville, celle-ci pourra introduire valablement un règlement prévoyant cette cour[63]. »

59. « Les espaces libres dans les grandes villes. […] Risler », *op. cit.*, p. 365.
60. « Les espaces libres à Paris. […] Hénard », *op. cit.*, p. 196.
61. E. Hénard, *Études sur les transformations de Paris*, fascicule 2, « Les alignements brisés. La question des Fortifications et le boulevard de Grande-Ceinture », Paris, Librairies-Imprimeries réunies Dr Motteroz, 1903. Voir p. 45.
62. Il s'agit de la solution adoptée par les participants au concours de la fondation Rothschild pour la construction d'HBM en 1904. M.-J. Dumont, *Le Logement social à Paris*, *op. cit.*, p. 31-58.
63. « Travaux des sections. SHUR : séance du 2 avril 1914 », *AMS*, juin 1914, p. 209-973. Citation p. 211.

Les réglementations fixant la forme des îlots relèvent du domaine de compétence des plans d'aménagement et d'extension. Il est donc significatif de retrouver l'espace bientôt libéré par la disparition de l'enceinte comme un lieu privilégié d'application d'un tel dispositif. Ce repli sur les fortifications a d'ailleurs une dimension stratégique. Les réalisations que rend possibles l'absence d'une urbanisation ancienne ont une vocation pédagogique : « En améliorant ainsi le périmètre, nous arriverons à démontrer ce que l'on pourrait faire ensuite à l'intérieur[64] » affirme Bechmann.

Dès 1914, la section se mobilise pour obtenir l'élaboration de plans pour les villes détruites par les combats. Comme l'intérêt pour l'enceinte, cette démarche s'explique par une prédilection pour les espaces sur lesquels il n'est pas nécessaire de tenir compte d'un passé urbain contraignant. Comme l'affirme Risler, il faut saisir l'occasion qu'offrent les destructions pour construire en conformité avec les règles de l'hygiène et de l'urbanisme[65]. Par ailleurs, comme l'aménagement des fortifications, l'intervention dans les villes détruites relève de l'urgence : les plans doivent être élaborés rapidement, sous peine d'assister à une reconstruction à l'identique[66]. Là encore, il s'agit d'une occasion à ne pas laisser échapper, qui offre d'ailleurs par rapport à l'enceinte l'avantage de permettre une action au niveau de la ville tout entière. Mais le traitement des fortifications a lui aussi une dimension globale, dans la mesure où il n'est envisageable que dans le cadre d'un plan d'ensemble, dont il constitue les prémisses. Il sera donc possible d'en tirer des leçons valables pour l'agglomération parisienne, mais aussi pour les autres villes françaises.

Une démonstration d'« aménagement rationnel des villes »

L'aménagement de l'enceinte n'offre pas seulement la possibilité d'expérimenter ponctuellement des techniques urbaines novatrices. S'inscrivant dans un plan d'ensemble concernant l'agglomération parisienne, il est censé apporter la preuve de la faisabilité et de l'efficacité des plans d'aménagement et d'extension : selon son auteur, sa proposition de loi Siegfried de janvier 1908 « devra être le germe de beaucoup d'autres progrès dans l'aménagement des grandes agglomérations[67] ». Il ne s'agit donc plus seulement d'inaugurer une dynamique concernant la capitale, mais aussi de donner l'exemple au pays.

La création simultanée des sous-commissions Bechmann et Hénard témoigne aussi de cette volonté de faire de l'aménagement des fortifications

---

64. *Ibid.*, p. 212.
65. « SHURPS MS : réunion du 10 décembre 1914 », *MDMS*, juil.-août 1921, p. 179-191. Voir p. 184.
66. « SHURPS MS : réunion du 29 avril 1915 », *ibid.*, p. 200-214. Voir p. 201.
67. J. Siegfried, « Les espaces libres à Paris », *op. cit.*, p. 76.

un banc d'essai pour les plans de ville. Pour les réformateurs sociaux, la gestion rationnelle de l'extension urbaine est un problème national, même si la capitale est redevable d'un traitement immédiat en raison de la gravité des conditions auxquelles elle est soumise. Telle est en tout cas l'opinion de Risler, qui en 1909 rappelle que la section a adopté un vœu réclamant la création d'une commission chargée de dresser un plan d'aménagement et d'extension pour la région parisienne et précise que ce vœu « ne s'applique pas seulement à Paris, [mais] s'applique à toutes les villes de France[68] ».

En 1912 encore, Siegfried, mentionnant la nécessité de sensibiliser l'opinion à la nécessité des plans d'aménagement et d'extension pour Paris et les grandes villes, propose que les deux sous-commissions étudient ensemble la question et commencent par présenter une proposition complète pour Paris[69]. D'une façon assez proche, Georges Roux voit dans l'organisation d'un concours pour le plan d'extension de Paris une « mise en train pratique[70] ». Pour la section, une planification réussie de l'extension parisienne, qui passe en premier lieu par l'aménagement de l'enceinte et de la zone, serait de nature à convaincre l'opinion. Pourtant, au début des années 1910, cette stratégie est remise en question. Risler, par exemple, se demande s'il n'est pas vain de dresser un plan d'aménagement pour Paris avant la mise en place d'un cadre législatif approprié, ce plan risquant de s'avérer inapplicable, faute de moyens de contrainte[71]. L'autre danger, déjà mentionné, apparaît après la rédaction de la convention Ville-État reprenant les termes du projet Dausset : une ratification trop rapide, anticipant l'adoption de la loi sur les plans d'aménagement et d'extension, laisserait la Ville libre d'aménager l'enceinte au mépris des règles élémentaires de l'hygiène et de l'urbanisme.

Pourtant la foi en l'exemplarité des réalisations concernant Paris ne disparaît pas avec le triomphe du projet Dausset. Le 27 novembre 1913, l'avant-projet du plan du préfet de la Seine pour l'extension de Paris est accueilli avec force louanges par la section. Il faut dire que l'un de ses membres, l'architecte Louis Bonnier, a participé de très près à l'élaboration de ce document en tant que directeur général des travaux de la ville de Paris[72]. Il a donc pu mettre à exécution ses idées qui, selon Risler, sont « en harmonie d'une manière générale avec celles de la section[73] ». Parmi les voix chantant les mérites de l'avant-projet, on distingue celle de Bechmann, qui estime que l'exemple de Paris sera suivi par d'autres grandes villes[74].

68. « Les espaces libres dans les grandes villes. [...] Risler », *op. cit.*, p. 369-370.
69. « Travaux des sections. SHUR : séance du 16 novembre 1911 », *op. cit.*, p. 34.
70. *Ibid.*, p. 35.
71. *Ibid.*, p. 34-35.
72. « SHURPS MS : réunion du 10 décembre 1914 », *op. cit.*, p. 80.
73. « Travaux des sections. SHUR : séance du 27 novembre 1913 », *AMS*, janv. 1914, p. 43-50. Citation p. 44.
74. *Idem.*

L'aménagement de l'enceinte, enjeu local, est donc un élément central de la mobilisation de la Section d'hygiène en faveur d'une législation sur les plans de ville. Là encore, les décisions concernant les fortifications sont investies d'une dimension nationale : c'est d'elles que dépend la possibilité pour la France de combler son « retard » en matière d'urbanisme. Pour la section, l'absence de législation d'urbanisme relève d'une carence spécifiquement française. Les fréquentes références à l'étranger n'ont alors rien d'étonnant : les insuffisances françaises s'apprécient à l'aune des réalisations étrangères.

Dans les années 1880, les édiles réclamaient le déclassement des fortifications au nom de la régénération nationale en invoquant l'exemple allemand. De même, c'est au nom de l'intérêt national que les réformateurs sociaux réclament un traitement de l'enceinte conforme aux impératifs de l'hygiène et une législation sur les plans de ville. Avec l'argument de la lutte contre la tuberculose, l'aménagement de l'enceinte est censé servir une cause nationale et les solutions proposées s'inspirent largement de l'étranger. Avec les plans d'urbanisme, il est encore largement question d'hygiène et de santé. La législation sur les plans de ville relève donc pour ses partisans d'une entreprise de régénération nationale et on retrouve chez eux un recours permanent à l'exemple étranger. Cependant, même si la thématique de la régénération nationale persiste à s'inscrire dans une perspective comparatiste presque trente ans après la défaite, ce recours s'est complexifié.

Le rôle mobilisateur des réalisations étrangères

En 1912, Risler consacre un long article aux « plans d'aménagement et d'extension des villes[75] » dans les *Mémoires et documents du Musée social*. Il y dresse un tableau contrasté des politiques urbaines en France et à l'étranger. Du côté français règne une improvisation qui n'a rien de joyeuse :

> « Aucun plan établi à la suite de réflexions et d'un sérieux et consciencieux examen, pour fixer la nature des travaux nécessaires à l'aménagement intérieur, et pour établir, d'après leur urgence relative, l'ordre dans lequel ils seront exécutés.
>
> Aucune prévision au point de vue de l'extension, alors qu'il est impossible de ne pas être frappé de la rapidité inouïe avec laquelle s'accroissent nos énormes villes "tentaculaires", comme les a nommées Verhaeren. Quelles seront les grandes voies de circulation ? Où seront les réserves d'air pur, les parcs et les terrains de jeux indispensables à la vie de la cité future ? Y aura-t-il des terrains réservés pour la construction de cités-jardins ou au moins de maisons saines pour les travailleurs[76] ? »

75. G. Risler, « Les plans d'aménagement et d'extension des villes », *op. cit.*
76. *Ibid.*, p. 302.

L'étranger, au contraire, met en œuvre une véritable gestion rationnelle des villes :

> « Pendant ces dernières années, toutes les capitales et la plupart des grandes villes d'Europe, d'Amérique et d'Australie se sont attachées, avec plus ou moins d'énergie, de suite et de succès, à sauvegarder leur beauté, à conserver les plantations existantes, à les développer et à améliorer l'hygiène publique[77]. »

Les membres de la Section d'hygiène ne se contentent cependant pas d'opposer rituellement la prévoyance étrangère à l'incurie française dans leur argumentation en faveur des plans de ville, à la manière des édiles qui invoquaient le déclassement des places fortes allemandes pour obtenir la suppression de l'enceinte. Les mobilisations de l'exemple étranger ont évolué et se sont complexifiées depuis les années 1880. On assiste également à une codification du recours à l'expérience étrangère. En 1912, Risler commence par passer en revue différentes réalisations étrangères pour ensuite dresser l'état de la situation française. Il s'agit d'un plan canonique chez les réformateurs sociaux qui s'intéressent aux questions d'urbanisme : *La Cité-Jardin* de Benoit-Lévy (1904) et *Grandes villes et systèmes de parcs* de Forestier (1906) s'organisent selon une logique assez similaire[78].

Fortifications et plans d'aménagement et d'extension

Les membres de la section s'intéressent au traitement des fortifications désaffectées à l'étranger. Est ainsi mentionné l'aménagement en espaces libres, total ou partiel, des anciennes enceintes d'Ulm[79], de Hambourg[80] et de Cologne[81], qui a d'ailleurs selon Risler « profité de la démolition de ses fortifications pour créer de superbes parcs et terrains de jeux[82] », ou encore de Francfort, Munich, Düsseldorf, Darmstadt et Altona. Les villes allemandes ne sont pas les seules à être citées en exemple : sont aussi mobilisées Vienne, avec le Ring[83], et Anvers[84]. En cela, les membres de la section n'innovent pas. En 1906, Forestier faisait déjà référence à Vienne :

---

77. *Ibid.*, p. 314.
78. G. Benoit-Lévy, *La Cité-Jardin, op. cit.* et J.-C. N. Forestier, *Grandes villes et systèmes de parcs, op. cit.*
79. « Travaux des sections. SHUR : séance du 16 novembre 1911 », *op. cit.*, p. 34 ; G. Risler, « Les plans d'aménagement et d'extension des villes », *op. cit.*, p. 328-329 et « Travaux des sections. SHURPS : séance du 18 février 1921 », *RMMS*, fév. 1922, p. 65-67, voir p. 66.
80. « Les espaces libres à Paris. [...] Hénard », *op. cit.*, p. 195.
81. G. Risler, « Les plans d'aménagement et d'extension des villes », *op. cit.*, p. 323-327 ; « Les espaces libres dans les grandes villes. [...] Risler », *op. cit.*, p. 361-362 et F. Cros-Mayrevieille, *La Démolition des fortifications et les espaces libres à Paris, op. cit.*
82. « Les espaces libres dans les grandes villes. [...] Risler », *op. cit.*, p. 361.
83. « Les espaces libres à Paris. [...] Hénard », *op. cit.*, p. 195 ; J. Siegfried, « Les espaces libres à Paris », *op. cit.*, p. 74 et F. Cros-Mayrevieille, *La Démolition des fortifications et les espaces libres à Paris, op. cit.*
84. J. Siegfried, « Les espaces libres à Paris », *op. cit.*, p. 74 ; « Travaux des sections. SHUR : séance du 2 février 1914 », *op. cit.*, p. 151 et F. Cros-Mayrevieille, *La Démolition des fortifications et les espaces libres à Paris, op. cit.*

« Vienne a sa “Ringstrasse” dont l’affectation en ceintures de parcs, de places publiques, de monuments fut autrefois la cause d’un conflit entre la Ville et le Royaume. La ville put alors sauver les terrains de ces anciennes fortifications. Combien en aurait-il coûté à la municipalité actuelle pour exécuter ce plan qu’on estime aujourd’hui indispensable à la beauté de Vienne[85] ? »

Les références sont nombreuses et éclectiques. Les membres de la section rappellent que le cas de Paris n’est pas unique et incitent les pouvoirs publics à suivre l’exemple que leur donnent de nombreuses villes étrangères :

« Mais dans des cas semblables à celui qui se présente aujourd’hui pour Paris, de nombreuses cités n’ont point hésité, et c’est ainsi qu’à la démolition de leurs remparts nous avons vu des villes telles que Cologne, Vienne, Francfort... transformer les terrains rasés en vastes promenades qui constituent actuellement pour elles une véritable richesse, une cause d’attraction pour le touriste et leur donnent une universelle réputation de beauté[86]. »

Pourtant il ne s’agit pas seulement d’accumuler des exemples d’aménagement heureux, en parcs et promenades, de fortifications désaffectées. Les références sont souvent choisies dans un but précis.

Les réalisations étrangères sont parfois mobilisées pour démontrer la possibilité financière d’un aménagement de l’enceinte laissant une large part aux espaces libres. C’est ainsi qu’est utilisé l’exemple d’Ulm. Siegfried signale que la municipalité allemande a réussi à concilier réalisme financier et espaces libres : « Cette ville a racheté 1 000 hectares de ses fortifications, en a gardé 375, et a revendu le reste avec un beau bénéfice[87]. » La remarque n’a rien d’étonnant : dans sa proposition de loi de 1908[88] comme lors de ses interventions à la section, Siegfried se préoccupe de l’équilibre financier de l’opération d’aménagement. Après 1912, il se montre par exemple réticent envers les propositions visant à imposer des servitudes hygiéniques aux futurs acheteurs des terrains militaires. S’il n’est pas opposé au principe d’une limitation de la densité et de la hauteur du bâti, il souligne la nécessité de modérer la rigueur des servitudes :

« La proposition de la Section réduirait à néant les ressources de la Ville. [...] [Siegfried] est d’avis sans doute de réduire la partie à vendre et surtout la hauteur des maisons. Celles-ci se vendront d’autant plus cher qu’étant moins hautes, elles représentent l’habitation de gens plus riches et qu’ainsi la Ville pourra se rattraper sur un prix de vente plus élevé, la part faite au surplus des habitations à bon marché. C’est une question de mesure. Jusqu’où pouvons-nous aller[89] ? »

85. J.-C. N. Forestier, *Grandes villes et systèmes de parcs*, *op. cit.*, p. 10. Dans le même ouvrage, Forestier mentionne aussi l’aménagement des fortifications de Cologne (voir p. 24).
86. F. Cros-Mayrevieille, *La Démolition des fortifications et les espaces libres à Paris*, *op. cit.*
87. « Travaux des sections. SHUR : séance du 16 novembre 1911 », *op. cit.*, p. 34.
88. J. Siegfried, « Les espaces libres à Paris », *op. cit.*, p. 76-77.
89. « Travaux des sections. SHUR : séance du 2 février 1914 », *op. cit.*, p. 147-148.

Le rachat de ses fortifications par la municipalité d'Ulm laisse une impression durable. En 1921 encore, dans une discussion sur les modalités d'application de la législation d'urbanisme dont s'est dotée la France au sortir du conflit, Risler rappelle cette opération « merveilleuse tant au point de vue financier qu'au point de vue hygiénique[90] ».

Certaines références visent à démontrer qu'il est judicieux et même nécessaire de lier traitement de l'enceinte et élaboration d'un plan d'aménagement et d'extension pour la région parisienne. L'exemple anversois est ainsi cité plusieurs reprises : quand il s'est agi de démolir les fortifications d'Anvers, le roi a nommé une « commission chargée d'utiliser ces terrains pour l'assainissement et l'embellissement de la ville et de dresser le plan d'aménagement complet de la cité future[91] ». La suppression de son enceinte a donc été pour Anvers le « point de départ de l'établissement d'un plan d'aménagement dressé en vue des grands espaces libres et de larges dégagements[92] ». L'exemple, moins récent, de Cologne est aussi invoqué : cette ville a saisi l'occasion que constituait, en 1881, la démolition de ses fortifications pour dresser un plan d'urbanisme « qui passe, à juste titre, pour un des modèles du genre[93] ».

L'expérience étrangère en matière d'utilisation d'enceintes désaffectées est aussi invoquée pour résoudre certains des problèmes ponctuels posés par la solution choisie par les édiles en 1912. Pour casser l'effet systématique de l'aménagement proposé par Dausset, il faut limiter la hauteur des constructions et la densité du bâti sur les terrains militaires, et introduire la possibilité de construire sur la zone à condition de laisser en espaces libres des surfaces équivalentes sur les anciennes fortifications. L'architecte Auburtin rappelle que le même problème s'est posé à Anvers et qu'on a autorisé la construction en bordure des voies rayonnantes, entre lesquelles on a créé des parcs[94].

L'exemple d'Anvers est aussi invoqué pour une autre raison : la ville a ouvert un concours pour l'établissement de son plan d'aménagement et d'extension. L'idée d'un concours, pour le traitement de l'enceinte ou pour le plan d'aménagement et d'extension de l'agglomération parisienne, est en particulier soutenue par les architectes de la section. Ces derniers invoquent l'exemple des villes étrangères, dont les concours leur offrent l'occasion de mettre en œuvre leur savoir-faire d'urbaniste, ce qu'ils ont rarement l'occasion de faire en France. Prost rappelle ainsi qu'Anvers avait lancé un concours d'idées pour son plan d'extension[95], négligeant modestement

90. « Travaux des sections. SHURPS : séance du 18 février 1921 », *op. cit.*, p. 66.
91. J. Siegfried, « Les espaces libres à Paris », *op. cit.*, p. 74.
92. « Les espaces libres dans les grandes villes. [...] Risler », *op. cit.*, p. 361.
93. G. Risler, « Les plans d'aménagement et d'extension des villes », *op. cit.*, p. 324.
94. « SHURPS MS : séance du 7 février 1919 », *op. cit.*, p 270.
95. *Idem.*

de rappeler qu'il en a été le lauréat[96]. L'organisation d'un concours pour l'aménagement de l'enceinte et de la zone permettrait d'ailleurs aussi de pallier les défauts du projet Dausset[97].

Les plans de ville : incurie française et prévoyance étrangère

Au-delà de l'aménagement de fortifications désaffectées, l'exemple étranger est mobilisé pour démontrer l'existence d'un retard français dans le domaine des plans de ville.

Il est impossible dans le cadre de ce travail de déterminer si ce retard est réel où si l'affirmation relève uniquement de l'effet rhétorique. En matière d'urbanisme comme ailleurs, la référence à l'Allemagne fonctionne comme un « outil de lutte idéologique[98] ». Dans un domaine assez proche, S. Magri souligne l'utilisation par les partisans des habitations à bon marché de « l'aiguillon de la compétition internationale pour faire prévaloir leurs positions sur la scène politique nationale[99] » : le Congrès international des habitations à bon marché, organisé à l'occasion de l'Exposition universelle de 1889, avait une vocation essentiellement nationale[100].

Par ailleurs, certains discours quasi-contemporains incitent à la prudence. L'administration londonienne, par exemple, ne fait pas l'unanimité. Le géographe D. Pasquet souligne la fantaisie du découpage des différents ressorts administratifs, juridiques, scolaires... entre lesquels se partage la capitale britannique. En matière de rationalité administrative, l'avantage irait plutôt à la France[101]. D'ailleurs, pendant le second XIXe siècle tout au moins, Paris est considéré comme la référence internationale en matière d'urbanisme[102]. N. Evenson cite un voyageur italien qui en 1878 décrivait le boulevard Beaumarchais dans les termes suivants :

> « Entre deux rangées d'arbres, il y a une cohue de voitures, de camions, d'omnibus traînés par des machines à vapeur, d'autres omnibus très hauts, chargés de voyageurs, qui roulent en cahotant sur le sol inégal avec un fracas assourdissant. Mais c'est un mouvement différent de celui de Londres. *L'espace ouvert et verdoyant*, les visages, les voix, les couleurs, donnent à cette confusion l'aspect d'un divertissement plus que d'un travail[103]. »

96. « Travaux des sections. SHUR : séance du 13 février 1913 », *op. cit.*, p. 116.
97. « Travaux des sections. SHUR : séance du 2 février 1914 », *op. cit.*, p. 151.
98. V. Berdoulay, *La Naissance de l'école française de géographie*, *op. cit.*, p. 22.
99. S. Magri, *Les Laboratoires de la réforme de l'habitation populaire en France*, *op. cit.*, p. 10.
100. *Ibid.*, p. 9-10.
101. D. Pasquet, « Le développement de Londres (premier article) », *op. cit.*, p. 330-331.
102. A. Lewis, *An Early Encounter with Tomorrow*, Urbana and Chicago, University of Illinois Press, 1997, p. 42.
103. Elmondo de Amicis, *Souvenirs de Paris et de Londres*, Paris. Cité dans N. Evenson, *Paris. Les héritiers d'Haussmann*, *op. cit.*, p. 12. C'est moi qui souligne.

La réflexion a de quoi surprendre qui se penche sur la littérature émanant de la Section d'hygiène.

Jean-Pierre Gaudin note toutefois que la mise en place de dispositifs d'urbanisme rencontre en France des obstacles spécifiques, liées au compromis sur lequel repose la IIIe République. Cette dernière, fondée sur « une alliance politique dominante qui valoris[e] d'autant plus la propriété foncière qu'elle [peut] ainsi s'appuyer tant sur les voix paysannes que sur celles des commerçants, artisans et entrepreneurs, qui plac[ent] leur argent dans l'immobilier[104] », peut difficilement s'attaquer à la rente foncière. Dans un registre un peu différent, Viviane Claude note le contraste, à la fin du XIXe siècle, entre la rareté de la littérature en langue française consacrée aux techniques urbaines et l'abondance de la production en anglais et en allemand. De même, en la matière, l'enseignement et les associations professionnelles apparaissent dès les années 1850-1860 en Allemagne et en Angleterre, alors qu'en France il faut attendre les années 1890 pour observer les premières tentatives de regroupement des professionnels[105]. De toute façon, il s'agit surtout ici d'analyser les modalités, complexes, de la mobilisation des exemples étrangers.

Trois rôles distincts sont assignés à la référence aux réalisations étrangères en matière de plans de ville. La section cherche tout d'abord à mobiliser les volontés en faisant toucher du doigt aux détenteurs du pouvoir et à l'opinion la réalité du « retard » français. Ensuite, il s'agit de tirer les leçons d'une analyse des expériences étrangères qui n'exclut pas la critique. Enfin, le rappel des succès remportés par les urbanistes français dans les concours internationaux suggère que le pays dispose des talents nécessaires pour mettre en œuvre un « aménagement rationnel des villes ». Dans le même ordre d'idées, on affirme que certaines initiatives étrangères sont redevables pour une part à des idées nées en France afin de prouver que le principe même d'une action sur le développement des villes n'est pas incompatible avec le génie national.

Réveiller l'orgueil national : démontrer le « retard » français

Une première utilisation des réalisations étrangères met l'accent sur le contraste entre les performances étrangères et l'incurie française. Les membres de la section ne manquent pas une occasion d'invoquer l'exemple étranger pour souligner le « retard » pris par la France en matière de législation ou de réalisations urbaines proprement dites.

L'exposé des motifs de la proposition de loi sur les plans de villes présentée à la section en juin 1912 est particulièrement intéressant. On y

104. J.-P. Gaudin, « La cité reconstituée », *Revue française de science politique*, vol. 35, n° 1, p. 91-110. Citation p. 11.
105. V. Claude, « Technique sanitaire et réforme urbaine : l'Association générale des hygiénistes et techniciens municipaux », C. Topalov (dir.), *Laboratoires du nouveau siècle*, Paris, EHESS, 1999, p. 269-298. Voir p. 271-273.

retrouve le sempiternel rappel du contraste entre la grande misère des villes françaises et la qualité des réalisations étrangères en matière d'hygiène et d'esthétique. Ce contraste a pour origine l'absence en France de législation sur les plans de ville :

> « Sans plan d'ensemble, sans plan d'aménagement et d'extension mûrement réfléchi, établi d'une manière prévoyante pour une longue période, avec de larges vues d'avenir, il n'y a pas de gestion économique, pas de confort, et pas suffisamment de beauté pour nos grandes villes[106]. »

À la défaillance française est opposée la prévoyance des nations étrangères qui se dotent des moyens nécessaires au contrôle du développement urbain. Et l'exposé des motifs de citer la Grande-Bretagne, la Belgique, l'Allemagne, la Suisse, les États-Unis, l'Australie, la Norvège, la Suède et le Danemark. Ces pays montrent la voie à suivre, qu'ils aient adopté un cadre législatif fixant les règles de la planification urbaine ou que leurs plus grandes villes se soient dotées de plans d'urbanisme. Le texte se livre à une revue rapide, sans s'attarder sur le détail des mesures prises dans les différents pays. Sont ainsi mis sur le même plan l'obligation faite depuis 1836 aux grandes villes belges de se doter de plans d'extension, le fait que toutes les villes américaines possèdent de tels plans, « souvent dressés et même quelquefois exécutés par des Associations privées auxquelles les municipalités confient cette charge[107] », et la mise au concours par l'Australie du plan de sa nouvelle capitale. L'accumulation de références est censée souligner l'isolement de la France, seule parmi les nations à ne pas se soucier de diriger la croissance de ses villes : l'exposé des motifs s'adresse à l'orgueil national et au sens de l'émulation des élus du peuple.

Une telle utilisation des références étrangères est assez fréquente. Dès la réunion de la Sorbonne, Risler multiplie les références aux performances étrangères en matière d'espaces libres et de plans de villes, afin de mettre en évidence le retard français et d'inciter les pouvoirs publics à l'action[108]. Ce recours à un exemple étranger censé réveiller l'orgueil national de l'opinion et des dirigeants se rencontre aussi chez Ribot, qui se demande s'il ne serait pas nécessaire de dresser un plan d'avenir pour Paris, à l'exemple de ce qui a été fait pour Londres, Vienne et les villes américaines, et qui conclut son discours par un appel à la mobilisation pour que la France « garde [...] sa place dans le monde[109] ».

On pourrait multiplier les exemples de cette mobilisation des réalisations étrangères[110]. Cependant le recours à l'exemple étranger ne se limite

106. « Travaux des sections. SHUR : séance du 27 juin 1912 », *op. cit.*, p. 425.
107. *Ibid.*, p. 426.
108. « Compte rendu de la réunion en faveur des espaces libres [...] Risler », *op. cit.*, p. 205.
109. « Compte rendu de la réunion en faveur des espaces libres [...] Ribot », *op. cit.*, p. 131.
110. « Travaux des sections. SHUR : séance du 14 janvier 1909. Rapport de Risler », *op. cit.*, p. 56 ; J. Siegfried, « Les espaces libres à Paris », *op. cit.*, p. 74-75 ; « Les espaces libres dans les grandes

pas à une accumulation, relevant largement de la rhétorique, de références censées souligner le retard pris par la France.

Tirer les leçons des réalisations étrangères

La section ne se contente pas de réclamer une législation sur les plans de ville. Elle entend aussi être partie prenante dans son élaboration. Ses membres se livrent donc à une analyse des dispositifs adoptés à l'étranger, afin d'en tirer des enseignements valables pour la France.

Qu'il s'agisse de réalisations ponctuelles ou d'un cadre législatif d'ensemble, les expériences étrangères sont instructives et la section se donne pour tâche de les faire connaître. Elle s'intéresse d'ailleurs aussi aux initiatives isolées prises en France par des villes aux édiles particulièrement sensibles aux questions d'urbanisme.

Dès février 1909, la section envoie deux circulaires, l'une à certaines municipalités étrangères, l'autre aux principales villes françaises, pour leur demander communication des plans d'aménagement et d'extension dont elles auraient pu se doter, ainsi que des renseignements sur la superficie, la mortalité et les initiatives privées en faveur des habitations à bon marché. La circulaire adressée aux villes étrangères réclame aussi des informations sur les lois et règlements relatifs à l'expropriation, à l'achat de terrains, aux servitudes architecturales ou d'hygiène, aux interdictions de vente et au classement des forêts voisines. Quelques mois plus tard, le Musée social envoie une lettre à un certain nombre de correspondants pour se documenter sur les cités-jardins à l'étranger [111]. De même, les membres de la section s'intéressent à l'Exposition internationale d'hygiène qui se tient à Dresde en 1911 : l'un d'eux, Édouard Fuster, en est le commissaire pour la France [112] et certains de ses collègues font le déplacement en Allemagne [113].

Ces initiatives visent à constituer un fonds documentaire où pourraient puiser tous ceux qui se préoccupent d'« aménagement rationnel des villes ». À cette fin, Fuster souhaiterait recueillir une partie des plans exposés à Dresde. Siegfried, qui se fait l'écho de ce projet auprès de la section, signale qu'il faudrait pour le mener à bien créer à Paris un Institut international d'hygiène, « le pendant en cette matière de ce qu'est le Musée social en économie sociale [114] ». Fuster lui-même obtient de la section un vœu tendant à obtenir du Parlement un crédit destiné à l'impression des documents pro-

villes. [...] Risler », *op. cit.*, p. 359-363 et p. 370-371 et G. Risler, « Les plans d'aménagement et d'extension des villes », *op. cit.*, p. 313-334. Les réalisations étrangères font cependant l'objet d'une analyse plus approfondie dans ce dernier texte.

111. « Travaux des sections. SHUR : séance du 10 juillet 1909 », *op. cit.*, p. 246.

112. « Travaux des sections. SHUR : séance du 27 juin 1912 », *op. cit.*, p. 432-433.

113. « Travaux des sections. SHUR : séance du 16 novembre 1911 », *op. cit.*, p. 32-34.

114. *Ibid.*, p. 36.

venant de l'exposition de Dresde[115]. Les membres de la section contribuent à ce fonds documentaire en communiquant les documents qui leur parviennent. Benoit-Lévy par exemple soumet à la section les plans d'extension d'Amsterdam, de Providence et d'Adelaïde-City[116]. La constitution d'un tel fonds s'inscrit dans la logique de la mission que s'est assignée le Musée social, « organe d'étude et d'information qui met ses renseignements à la disposition de tous[117] ». La démarche est très fréquente dans les milieux réformateurs, comme le note M.-J. Dumont au sujet du mouvement en faveur des habitations à bon marché au début du XXe siècle : « Construisant peu, on publia beaucoup : brochures, expositions, concours, tout cela promettait des collections et des archives nombreuses[118]. »

L'article de Risler sur « les plans d'aménagement et d'extension des villes » comporte une section spécialement consacrée aux réalisations étrangères[119]. Si l'Allemagne y occupe la plus grande place, on repère également des « spécialités nationales » : chacun des pays cités mérite d'être pris pour exemple dans un ou plusieurs domaines particuliers. Cette utilisation sélective se retrouve d'ailleurs dans des termes assez semblables chez les collègues de Risler.

Risler fait brièvement référence à l'Australie, pour signaler que la capitale de ce pays a été construite suivant un plan dressé à l'avance. Cette utilisation de l'exemple australien est assez fréquente. La procédure du concours, à laquelle ont souvent recours les autorités australiennes pour dresser les plans de leurs villes, séduit la section. L'exposé des motifs de la proposition de loi de 1912 sur les plans d'aménagement et d'extension rappelle que l'Australie a mis au concours le plan d'une nouvelle capitale[120]. De même, l'architecte Donnat-Alfred Agache réclame un concours pour l'éventuel plan d'extension de Paris en invoquant l'exemple australien[121]. En 1913, Agache est d'ailleurs lauréat d'un autre concours australien, celui de Yass-Camberra[122]. Pour les architectes de la section, qui brillent dans les compétitions internationales, le concours constitue le meilleur moyen de ne pas abandonner le sort de Paris aux vues étriquées des non-spécialistes que sont les édiles et les députés, ainsi que d'acquérir la légitimité professionnelle qui leur manque au plan national. La présence même des architectes urbanistes au sein la section participe de ce souci de faire reconnaître en France la profession d'urbaniste.

115. « Travaux des sections. SHUR : séance du 27 juin 1912 », *op. cit.*, p. 432-433.
116. « Travaux des sections. SHUR : séance du 10 juillet 1909 », *op. cit.*, p. 252.
117. « Compte rendu de la réunion en faveur des espaces libres [...] Siegfried », *op. cit.*, p. 202.
118. M.-J. Dumont, *Le Logement social à Paris*, *op. cit.*, p. 6.
119. G. Risler, « Les plans d'aménagement et d'extension des villes », *op. cit.*, p. 313-334 (section IV).
120. « Travaux des sections. SHUR : séance du 27 juin 1912 », *op. cit.*, p. 426.
121. « Travaux des sections. SHUR : séance du 16 novembre 1911 », *op. cit.*, p. 34.
122. « Travaux des sections. SHUR : séance du 13 février 1913 », *op. cit.*, p. 117.

Risler insiste aussi sur le rôle pionnier de la Belgique en matière de plans d'urbanisme : « Il y a 75 ans que l'établissement de plans d'ensemble pour les villes avait été officiellement préconisé en Belgique, et que des règlements avaient été promulgués à cet effet [123]. » Il rend aussi hommage à l'opportunisme des pouvoirs publics belges, qui profitent d'occasions comme l'Exposition universelle de Bruxelles pour accroître les espaces libres dans les villes et mettre en œuvre une planification urbaine [124]. Dans le même ordre d'idées, Siegfried insiste sur le lien opéré en Belgique entre aménagement de fortifications déclassées et élaboration de plans d'urbanisme [125].

Si les Belges sont souvent mentionnés pour la création d'espaces libres, les Britanniques sont considérés comme les champions en la matière. En 1912, Risler consacre un long développement à l'exemple britannique. Celui-ci revient souvent chez les membres de la section, frappés par les sacrifices financiers auxquels consentent les pouvoirs publics anglais pour ménager des espaces libres dans les villes. Comme Risler, on oppose les politiques menées à Londres et à Paris : « À Londres on doublait les espaces libres ; à Paris, on les diminuait de moitié [126]. »

L'exemple britannique incite par ailleurs à l'optimisme. Pour Hénard, Londres apporte la preuve qu'une immense agglomération urbaine peut rester viable :

> « L'étude du plan de la plus grande ville d'Europe nous donnera de précieuses indications pour l'avenir. Nous verrons comment une aire immense, couverte d'habitations, peut arriver à prendre une extension prodigieuse sans que l'agglomération humaine en souffre [127]. »

Il n'est donc pas question de s'élever contre la croissance urbaine, mais de l'accompagner et de la diriger, le plan constituant le dispositif le plus approprié. Cette utilisation de l'exemple londonien est assez proche de celle de Guyot, pour qui l'existence d'une agglomération comme Londres prouvait qu'il n'y avait pas lieu de s'inquiéter de l'extension de Paris [128]. La parenté avec le discours des édiles des années 1880, comme avec celui des géographes, ne s'arrête d'ailleurs pas là. « Les villes anglaises s'accroissent par cottages tandis que les nôtres s'accroissent par casernes [129] » constate Risler. Près de 30 ans auparavant, Guyot insistait déjà sur les différences de den-

123. G. Risler, « Les plans d'aménagement et d'extension des villes », *op. cit.*, p. 317.
124. *Ibid.*, p. 316-317.
125. J. Siegfried, « Les espaces libres à Paris », *op. cit.*, p. 78.
126. « Les espaces libres dans les grandes villes. [...] Risler », *op. cit.*, p. 360. Voir aussi « Compte rendu de la réunion en faveur des espaces libres [...] Risler », *op. cit.*, p. 203-204.
127. E. Hénard, *Études sur les transformations de Paris*, fascicule 3, « Les grands espaces libres – Les parcs et jardins de Paris et de Londres », Paris, Librairies-Imprimeries réunies Dr Motteroz, 1903. Voir p. 63.
128. *PVCM*, 11 juin 1883.
129. G. Risler, « Les plans d'aménagement et d'extension des villes », *op. cit.*, p. 314.

sité entre Paris et Londres[130]. La même constatation se retrouvait en 1899 chez Pasquet[131].

Risler met l'abondance d'espaces libres Outre-Manche au compte de spécificités nationales, dont la sensibilité à la nature et l'amour de l'exercice :

> « Jamais les Anglais ne consentiraient à vivre dans un milieu où rien ne leur rappellerait la campagne, et sans des espaces leur permettant de se livrer, en plein air, à ces exercices violents et agréables, qui entretiennent d'une manière si efficace la vigueur de leur race[132]. »

L'analyse se retrouve chez Souza : « Les habitudes spéciales de la vie domestique et le goût des sports [...] entretinrent et développèrent, particulièrement à Londres, de larges morceaux de campagne[133]. »

Affirmer l'existence, chez les Anglais, d'« habitudes spéciales de la vie domestique » à l'origine d'une morphologie urbaine particulière n'est ni original ni novateur. En 1899 déjà, Pasquet, s'intéressant au dépeuplement du centre de Londres qu'il attribuait au renchérissement des valeurs foncières, écrivait :

> « Ajoutez à cette cause générale celles qui sont spéciales à Londres et au caractère anglais. Les petites casernes que nous habitons à Paris n'inspirent à l'Anglais moyen que peu de sympathie. "[...] Bon pour vous autres, Français, qui comme chacun sait, n'avez point le sentiment de la famille et qui passez votre vie au café !" Un véritable Anglais [...] ne s'accommode de ce régime qu'à contrecœur, et avec l'intention bien arrêtée d'avoir, lui aussi, lorsque la fortune lui sourira, sa maison à lui, bien à lui, sa villa indépendante [...], ou simplement son cottage d'ouvrier, avec ses vingt-cinq mètres carrés de jardin derrière[134]. »

Certains membres de la section sont cependant plus réservés au sujet du développement réel de la pratique sportive Outre-Manche. « Les jeux sportifs semblent négligeables en France; en Grande-Bretagne ils ne sont à la portée que de la population aisée[135] » écrit Benoit-Lévy qui a d'ailleurs voyagé en Angleterre[136]. Il n'empêche, l'utilisation par la section de l'exemple britannique est en accord avec le sens commun.

L'invocation des performances anglaises s'inscrit aussi dans une autre tradition. Le mouvement pour les espaces libres qui a précédé la mobilisa-

---

130. *RDCM*, 1882, n° 78.
131. D. Pasquet, « Le développement de Londres (second article) », *op. cit.*, p. 43.
132. G. Risler, « Les plans d'aménagement et d'extension des villes », *op. cit.*, p. 314.
133. R. de Souza, « Les espaces libres. Résumé historique », *op. cit.*, p. 178.
134. D. Pasquet, « Le développement de Londres (second article) », *op. cit.*, p. 42-43.
135. G. Benoit-Lévy, *La Cité-Jardin*, *op. cit.*, p. 74.
136. En 1904, il est envoyé en mission en Angleterre par le Musée social pour y étudier les cités-jardins. « Travaux des sections. Section des missions : séance du 19 janvier 1904 », *AMS*, fév. 1904, p. 67. Les voyages d'études sont d'ailleurs fréquents chez les réformateurs sociaux. Siegfried a fait de nombreux voyages aux États-Unis. J. Horne, « Le libéralisme à l'épreuve de l'industrialisation : la réponse du Musée social », C. Chambelland (dir.), *Le Musée social en son temps*, Paris, Presses de l'ENS, 1998, p. 13-27. Voir p. 19-20.

tion du Musée social sur la question de l'enceinte recelait une part d'anglomanie. L'expression « espaces libres » est un décalque, d'après Souza, de l'anglais « open spaces » [137]. Selon Risler, La Société pour la protection des paysages de France de Beauquier a été conçue sur le modèle de la Commons and Footh-paths Preservation Society britannique [138]. De même, la campagne contre la mutilation du bois de Boulogne est initiée par des représentants du monde sportif, au sein duquel prévaut une anglomanie certaine [139].

Pour la section, la France a d'ailleurs de moins en moins de leçons à recevoir de l'Angleterre en matière d'intérêt pour l'exercice physique. Telle est en tout cas l'opinion de Siegfried :

> « Dans le magnifique développement donné à l'instruction publique par le Gouvernement de la République depuis 1877, les Jules Ferry, les Paul Bert n'ont eu garde d'oublier les exercices physiques. Nos enfants ont pris, comme les jeunes Anglais, le goût bienfaisant des jeux en plein air en même temps qu'ils apprenaient de leurs maîtres des notions d'hygiène [140]. »

Pour Risler, cette évolution est très positive : il est bon de donner le goût du jeu à la jeunesse, dans la mesure où il s'agit d'une « arme pour la lutte pour la vie [141] ». Cependant un problème persiste : « Mais, où joueront ces jeunes gens et ces enfants s'ils n'ont pas de terrains de jeux à leur disposition ? Dans la rue [142]. » Risler demande donc la création de terrains de sports afin que le goût nouveau pour l'exercice physique puisse s'épanouir.

Si Risler évoque avec intérêt l'Angleterre, c'est à l'Allemagne qu'il consacre le plus long développement. On entre ici dans le cœur de l'article : « [Nous] trouvons là les exemples les plus nombreux et les plus complets en matière de Town-planning [143]. » Risler loue le soin dont sont l'objet les plans d'urbanisme en Allemagne :

> « En ce qui concerne l'établissement des plans, les Allemands tracent de larges rues, ménagent de grands espaces libres, et lorsqu'on arrive à l'exécution, après avoir établi la viabilité, amené l'eau, l'électricité, le gaz et construit les égouts, emploient au point de vue du pavage les procédés les meilleurs quelque prix qu'ils puissent coûter. Nous estimons, de notre part, que comme ensemble ils obtiennent des résultats remarquables, tant au point de vue hygiénique et économique, qu'à celui de la décoration sylvestre et florale [144]. »

---

137. R. de Souza, « Les espaces libres. Résumé historique », *op. cit.*, p. 177.
138. « Les espaces libres dans les grandes villes. [...] Risler », *op. cit.*, p. 360-631.
139. P. Arnaud, *Le Militaire, l'écolier, le gymnaste*, *op. cit.*, p. 99.
140. J. Siegfried, « Les espaces libres à Paris », *op. cit.*, p. 74.
141. « Les espaces libres dans les grandes villes. [...] Risler », *op. cit.*, p. 354.
142. *Ibid.*, p. 357.
143. G. Risler, « Les plans d'aménagement et d'extension des villes », *op. cit.*, p. 318.
144. *Ibid.*, p. 320.

Au-delà de cet effort, l'urbanisme à l'allemande se caractérise par la pratique systématique du zonage :

> « Dans leurs plans d'extension, [les Allemands] divisent les terrains qui seront employés à la création de la ville nouvelle en quartiers industriels, ouvriers, administratifs, riches, etc. Tout cela est fait d'une manière très rationnelle ; aussi, avant de fixer l'emplacement assigné aux fabriques, on étudie le régime des vents [...] ; pour le quartier riche, on tient compte de la nature du terrain qui devra fournir rapidement une belle végétation [145]. »

Et Risler de citer des exemples remarquables comme Ulm, Wiesbaden ou Cologne. Dans cette ville, « [chaque] propriétaire sait exactement, au moment où il achète son terrain dans une partie quelconque de la Ville, quelle superficie il peut couvrir de constructions, et de quel genre celles-ci devront être [146] ». L'insistance sur la spécificité des plans mis en œuvre Outre-Rhin se rencontre aussi chez Fuster [147]. L'Allemagne n'est toutefois pas l'unique référence invoquée en matière de zonage. A. de Villemereuil signale que la ville de Zurich a aussi eu recours à cette technique [148].

L'Allemagne est aussi remarquable par le traitement des risques de spéculation, « seul inconvénient [149] » des plans de ville. Les Allemands cherchent par tous les moyens à empêcher l'augmentation du prix des terrains visés par le plan. Une des mesures auxquelles ils ont recours paraît spécialement efficace à Risler : l'achat de terrains et leur revente par les municipalités. Et Risler rappelle lui aussi l'opération réalisée par la ville d'Ulm lors du déclassement de ses fortifications [150]. Cette utilisation de l'exemple allemand n'est pas novatrice. En 1906, Forestier faisait déjà l'éloge de la prévoyance germanique : « Depuis longtemps les villes allemandes ont compris l'intérêt qu'il y a à acheter les terrains qui les avoisinent pour former un fonds municipal, et permettre ensuite, sans entassement, leur propre développement [151]. »

En ce qui concerne les moyens de la politique d'urbanisme, l'attention est aussi attirée, Outre-Rhin, par les procédures d'expropriation. En 1912, Risler analyse certains dispositifs utilisés à l'étranger : en Autriche et en Allemagne, les terrains voués l'expropriation sont frappés de servitude dès la promulgation du plan et leur prix peut être fixé immédiatement même si l'expropriation ne doit intervenir que plus tard. Risler, qui réclame un remaniement d'ensemble de la législation sur les expropriations, propose l'adoption d'une disposition semblable quand la France se dotera d'une loi sur les plans d'aménagement et d'extension. La proposition de loi

145. *Ibid.*, p. 320-321.
146. *Ibid.*, p. 327.
147. « Travaux des sections. SHUR : séance du 27 juin 1912 » ; *op. cit.*, p. 431-432.
148. « Travaux des sections. SHUR : séance du 27 novembre 1913 », *op. cit.*, p. 47.
149. G. Risler, « Les plans d'aménagement et d'extension des villes », *op. cit.*, p. 322.
150. *Ibid.*, p. 328-329.
151. J.-C. N. Forestier, *Grandes villes et systèmes de parcs*, *op. cit.*, p. 15.

Beauquier, remaniée une première fois en 1909, ne lui paraît pas suffisante[152]. Risler indique en outre que, en Allemagne et en Autriche, le partage des plus-values entre riverains bénéficiant des améliorations et responsables du financement de ces dernières est la règle en cas de travaux d'utilité publique[153]. La mobilisation de l'exemple allemand lui permet de réclamer l'application systématique de la loi de 1807 qui rend possible un tel partage. Toutefois, lorsque Risler réclame une modification de la législation sur l'expropriation pour cause d'insalubrité, il invoque l'exemple de l'Angleterre[154].

En résumé, dans l'exemple offert par l'Allemagne, c'est la fermeté des pouvoirs publics qui suscite l'approbation. Fermeté à l'égard des intérêts des particuliers, avec les procédures d'expropriation, mais aussi envers les intérêts purement locaux. Risler repère ainsi des ressemblances entre les situations de Cologne et de Paris. Comme Paris, Cologne était une ville fortifiée, avec une zone de servitude *non aedificandi* au-delà de laquelle de véritables agglomérations s'étaient développées. Mais, devant la croissance anarchique des faubourgs, les pouvoirs publics réagissent différemment en France et en Allemagne : dès 1888, la municipalité de Cologne, qui « n'eut pas la longanimité de Paris », a décidé que ce « développement sans ordre ne pouvait continuer[155] » et a obtenu l'incorporation des communes suburbaines.

Même s'il n'est pas question ici de juger de la qualité des performances allemandes, on peut nuancer les affirmations des membres de la section, en particulier au sujet de la fermeté des pouvoirs publics à l'égard des intérêts privés. En 1862, la ville de Berlin s'est dotée d'un plan d'aménagement sur le modèle de celui d'Haussmann. Que les Prussiens se soient inspirés de l'œuvre du préfet de la Seine n'a rien pour étonner les membres de la section, qui rappellent l'existence en France de précurseurs dont les contemporains ne se montrent pas dignes. En revanche, les critiques dont fait l'objet du côté allemand la mise en œuvre du plan étonneraient sans doute les réformateurs sociaux : on reproche en effet aux autorités la trop grande latitude laissée aux sociétés immobilières[156]. Même s'il ne s'agit que de la seule ville de Berlin, ces critiques invitent à nuancer les appréciations portées sur l'efficacité de l'urbanisme à l'allemande. La référence à l'Allemagne vaut certainement avant tout comme « outil de lutte idéologique ».

---

152. « Travaux des sections. SHUR : séance du 16 novembre 1911 », *op. cit.*, p. 34. On retrouve la même critique et la même utilisation de l'exemple allemand chez Siegfried. « Travaux des sections. SHUR : séance du 11 novembre 1909 », *op. cit.*, p. 395. La version de 1912 de la proposition de loi donne d'ailleurs satisfaction à Siegfried et Risler. « Travaux des sections. SHUR : séance du 27 juin 1912 », *op. cit.*, p. 430.
153. « Travaux des sections. SHUR : séance du 16 novembre 1911 », *op. cit.*, p. 34.
154. G. Risler, « Les plans d'aménagement et d'extension des villes », *op. cit.*, p. 324.
155. *Idem.*
156. P.-P. Sagave, *1871. Paris-Berlin*, *op. cit.*, p. 66-69.

L'utilisation de l'exemple étranger s'articule autour de deux pôles principaux : performances britanniques en matière d'espaces libres d'un côté, rigueur et discipline germaniques de l'autre. Le repérage de domaines d'excellence propres à ces deux nations, ainsi qu'aux autres, s'accompagne de celui de domaines de moindre performance. La dimension critique est présente dans l'analyse des réalisations étrangères : il ne s'agit pas de transposer tels quels à la France les dispositifs repérés ailleurs. Les réserves ont une double origine : la nécessité de tenir compte des spécificités françaises et les imperfections repérables à l'étranger.

La section a pour objectif l'adoption rapide d'un plan pour la région parisienne et d'une législation sur les plans d'aménagement et d'extension. Les solutions proposées doivent donc faire preuve de réalisme et tenir compte des spécificités nationales. Pour Bechmann, par exemple, l'idée parfois avancée d'une interdiction de la construction dans la périphérie des villes est inapplicable en France, et en particulier à Paris. Elle n'est envisageable que lorsqu'« on crée une ville de toutes pièces sur un espace complètement libre[157] », comme dans le cas de Bucarest. Ce qui fonctionne en Roumanie et dans d'autres pays aux traditions urbaines moins affirmées n'est pas valable en France. La nécessité de tenir compte d'un tissu urbain préexistant se double d'ailleurs selon Bechmann d'un autre obstacle : en France, la jurisprudence est très favorable au propriétaire, circonstance regrettable mais dont il faut tenir compte[158].

Les réticences à s'inspirer servilement de l'étranger reposent aussi sur une analyse critique des dispositions adoptées au-delà des frontières. Si Risler rend hommage à l'efficacité et à la prévoyance germanique, l'éloge s'accompagne de certaines réserves : « [Si] au point de vue de l'hygiène, confort, économie, les meilleures solutions pratiques y sont réalisées, il en est rarement de même au point de vue artistique[159]. » La réticence est partagée par Benoit-Lévy[160].

En cela nos voisins d'Outre-Rhin ont les défauts de leurs qualités et sont victimes de leur esprit de système. Le principe du zonage, qui serait systématiquement appliqué dans les villes allemandes, suscite d'ailleurs aussi des réactions très nuancées. Pour Bonnier, sa mise en œuvre pose des problèmes. Si, pour un nouveau lotissement, on peut distinguer le quartier commerçant du quartier d'habitation, dans le centre des villes, et tout particulièrement à Paris, il est presque impossible de répondre à la question suivante : « Où commence [...] le beau quartier et où finit le vilain quartier[161] ? »

157. « Travaux des sections. SHUR : séance du 27 novembre 1913 », *op. cit.*, p. 47. Voir aussi « Travaux des sections. SHUR : séance du 2 avril 1914 », *op. cit.*, p. 211-212.
158. « Travaux des sections. SHUR : séance du 2 avril 1914 », *op. cit.*, p. 212.
159. G. Risler, « Les plans d'aménagement et d'extension des villes », *op. cit.*, p. 313-314.
160. « Travaux des sections. SHUR : séance du 11 novembre 1909 », *op. cit.*, p. 394.
161. « Travaux des sections. SHUR : séance du 27 novembre 1913 », *op. cit.*, p. 48.

Risler, lui, se méfie d'une technique qui, poussée à l'extrême, menace la paix sociale : « [Nous] n'aimons pas beaucoup non plus voir les riches parqués dans un quartier, les pauvres dans un autre ; il nous semble préférable qu'il y ait entre eux des contacts aussi fréquents que possible[162]. » Le zonage serait donc à la fois difficile à mettre en œuvre et dangereux, en raison de la ségrégation sociale qu'il porte en germe. Risler se prononce finalement pour un zonage limité, dicté par des raisons d'ordre géographique, et refusant la ségrégation :

> « Sans doute, il est logique de concentrer l'industrie près des gares et des canaux, et dans un endroit choisi de manière à ce que le régime des vents dominants ne chasse pas les fumées et les odeurs désagréables sur la ville. Il paraît naturel de créer les cités-jardins destinées au logement des travailleurs, non pas tout près, mais à des distances peu considérables des usines ; mais autrement, il ne nous semble pas bon d'exagérer le système et de parquer les citoyens par catégories[163]. »

L'attachement à la mixité sociale est une constante à la section. En 1904 déjà, Benoit-Lévy faisait l'éloge de Port Sunlight, la Cité-Jardin qui accueille employés et ouvriers des usines Lever :

> « Nous voyons le contremaître [...] loger sous le toit voisin du manœuvre [...].
>
> Là, l'amitié ne s'établit pas seulement entre hommes de la même condition, mais aussi entre individus de classes différentes. Par l'égalité des conditions de la vie, la lutte des classes n'a plus de raisons d'être[164]. »

Les règlements municipaux en vigueur dans les villes allemandes sont aussi l'objet de critiques. Si Risler salue le soin avec lequel sont édictés et appliqués Outre-Rhin les règlements d'hygiène, il condamne l'inutile minutie des règlements de construction et leur application tatillonne[165]. Là encore, c'est avant tout l'esprit de système germanique qui est mis en cause :

> « [Le] principe est juste, mais on l'exagère, et l'application en est défectueuse. Il n'y a, sauf les grandes lignes directrices relatives à l'hygiène, rien d'absolu en matière de construction des villes[166]... »

Tous les membres de la section ne sont d'ailleurs pas aussi critiques. Fuster exprime son admiration pour les règlements de construction en vigueur Outre-Rhin et pour le principe du zonage :

> « La législation allemande, principalement la loi saxonne, a soin, non seulement de régler l'extension de la cité, mais la construction de cette cité elle-même, les espaces réservés aux fabriques, au quartier du commerce, aux maisons à nombreux étages, aux villas ; cette législation détermine aussi

162. G. Risler, « Les plans d'aménagement et d'extension des villes », *op. cit.*, p. 321.
163. *Ibid.*, p. 339.
164. G. Benoit-Lévy, *La Cité-Jardin*, *op. cit.*, p. 64.
165. G. Risler, « Les plans d'aménagement et d'extension des villes », *op. cit.*, p. 321-322.
166. *Ibid.*, p. 322.

> la direction des voies. Il en résulte la conséquence naturelle que les lotissements privés rentrent d'eux-mêmes dans ce plan de construction, de même que les voies privées qui sont la conséquence de ces lotissements et aussi, toute construction, éloignée même des voies d'accès, doit être l'objet d'une autorisation administrative conforme au plan général. En France, l'obligation d'un plan de construction n'existant pas pour une ville, les lotissements échappent à la réglementation [167]. »

Cependant, l'admiration pour l'urbanisme à l'allemande s'accompagne de doutes sur ses chances d'acclimatation en France. Fuster, bien qu'appelant de ses vœux un « plan d'aménagement et d'extension [qui] devrait être la conséquence d'un plan de construction [168] », ne croit pas vraiment qu'une telle mesure soit envisageable. Pour lui, l'absence de coordination entre les dispositions législatives est un trait national, observable ailleurs qu'en matière d'urbanisme : « Malheureusement nos lois françaises ne forment jamais un ensemble coordonné. On remarque cet inconvénient dans d'autres domaines que l'hygiène : ainsi dans l'assurance et la prévoyance [169]. »

Nécessité de tenir compte des spécificités françaises et conscience des imperfections des solutions expérimentées au-delà des frontières font qu'il n'est pas question de suivre servilement l'exemple donné par l'Allemagne en particulier et par l'étranger en général, mais seulement de s'en inspirer. Risler conclut par ces mots son analyse de la planification urbaine allemande :

> « Nous résumerons cette étude des conditions du "Town-planning" en Allemagne, en souhaitant de voir nos concitoyens s'inspirer des exemples qui nous sont offerts, s'approprier l'esprit de prévoyance qui y règne, édicter des règlements analogues dans ce qu'ils ont de bon et de pas trop... prussien [170]. »

Nul n'est prophète en son pays

Tout en mettant sous les yeux des dirigeants des exemples réussis de maîtrise du développement des villes à l'étranger pour tenter de réveiller leur fierté nationale, les membres de la section ne manquent pas de rappeler les apports français à l'urbanisme. Par ailleurs, ils soulignent les contributions d'architectes français à l'élaboration des plans de villes étrangères.

L'intérêt pour les espaces libres et l'idée même de plan de ville plongeraient leurs racines dans d'anciennes traditions françaises, tombées dans

167. « Travaux des sections. SHUR : séance du 27 juin 1912 », *op. cit.*, p. 431-432.
168. *Ibid.*, p. 432.
169. *Idem.*
170. G. Risler, « Les plans d'aménagement et d'extension des villes », *op. cit.*, p. 323.

l'oubli chez nous, et dont les villes étrangères s'inspirent avec plus ou moins de talent. Pour R. de Souza, la France a joué un rôle pionnier dans la création d'espaces libres :

> « La question des "espaces libres" à conserver dans les agglomérations urbaines est plus ancienne qu'on ne l'imagine communément. [...] Nos ancêtres, par les quinconces, les cours, les mails, ne nous avaient pas attendus pour en connaître l'importance et pour la résoudre [171]. »

De même, selon Risler les villes étrangères qui accroissent leurs espaces libres ne font que suivre un mouvement né en France [172], nation qui peut se targuer d'un passé glorieux. La création d'espaces libres y est particulièrement dynamique au XVIIIe siècle : « Les plus belles promenades de nos villes datent encore de cette époque. C'est une erreur de croire qu'excepté à Paris nous y avons beaucoup apporté. Tout au contraire nous n'avons cessé de rogner les espaces que nos pères ménageaient [173]. » Le souci des espaces libres perdure sous le Premier Empire. D'après Souza, la rupture avec la tradition d'aménagement de parcs et de promenades intervient sous la Restauration :

> « La naissance de l'industrialisme (et l'esprit utilitaire qu'il fit peu à peu prévaloir) substitua à l'architecte l'ingénieur, longtemps insensible à ce qui n'était pas utilisé pour une production immédiate. [...] On ne parlait pas encore d'hygiène et l'art était considéré comme un luxe [174]. »

Le Second Empire témoigne cependant d'un souci renouvelé pour les espaces libres. « Il faut excepter de cette période les quinze années de l'administration d'Haussmann, qui, lui du moins, fit des créations nouvelles pour compenser nos pertes [175] » affirme Hénard. Souza attribue cependant à l'influence étrangère l'intérêt de l'Empereur et de son préfet pour les espaces libres, envisagés dorénavant dans une perspective hygiénique et non plus seulement esthétique. Cet intérêt se manifeste en particulier en 1852 et en 1860 avec le don des bois de Boulogne et de Vincennes à la ville de Paris.

Ces opérations s'inscrivent d'ailleurs dans une tradition qui a présidé au don de l'Étoile de Chaillot à la ville de Paris par Louis XVI et à celui des Champs-Élysées et de la place de la Concorde par Charles X. Le rappel de ces libéralités est censé inciter l'État à la générosité dans les négociations engagées avec la municipalité parisienne au sujet de l'enceinte [176] :

171. R. de Souza, « Les espaces libres. Résumé historique », *op. cit.*, p. 178.
172. « Les espaces libres dans les grandes villes. [...] Risler », *op. cit.*, p. 353.
173. R. de Souza, « Les espaces libres. Résumé historique », *op. cit.*, p. 177.
174. *Idem.*
175. E. Hénard, *Études sur les transformations de Paris*, fascicule 3, *op. cit.*, p. 63.
176. « Compte rendu de la réunion en faveur des espaces libres [...] Risler », *op. cit.*, p. 207-208 ; J. Siegfried, « Les espaces libres à Paris », *op. cit.*, p. 75 et « Les espaces libres dans les grandes villes. [...] Risler », *op. cit.*, p. 367.

pour Siegfried, « la République ne peut faire moins que les monarchies qui l'ont précédée [177] ». Tout se passe donc comme s'il n'y avait pas tant un « retard français » qu'un décalage de calendrier. Les magnifiques espaces libres qu'on admire dans les villes étrangères, en particulier allemandes, s'inspirent des réalisations françaises : « Les parcs et perspectives ouverts au XVIIe siècle à l'imitation du style français furent multipliés et conservés en souvenir de Versailles. [...] Le culte naturel des Allemands pour les arbres soutint cette conservation [178]. »

De même que la France a montré le chemin pour la création d'« espaces libres » qui ne portaient pas encore ce nom, elle est à l'origine de l'idée même de plan. Pour Risler, les plans d'aménagement et d'extension s'inscrivent dans une tradition ancienne : « [Sous] Henri IV, sous Louis XIV, sous la Convention, il avait été établi des plans d'extension [179]. » Risler fait même remonter, en France, l'idée de plan au Moyen Âge. Sans aller aussi loin, ses collègues ne manquent pas de mentionner le plan de 1793, établi par une « Commission des artistes » sur l'ordre de la Convention. Pour Risler, ce plan, « qui en somme n'était autre chose qu'un plan d'aménagement et d'extension, sans que ce nom lui ait été donné [180] », contient l'indication de presque tous les grands travaux exécutés sous le Premier Empire, mais aussi sous tous les régimes qui l'ont suivi, y compris le Second Empire [181]. Là encore, on aurait affaire à un décalage de calendrier. Le plan d'urbanisme, né en France pendant la Révolution ou même avant, a rapidement sombré dans l'oubli, tandis qu'à l'étranger « on a compris, un peu plus tard que chez nous l'utilité pour les villes des plans d'aménagement et d'extension, mais [...] l'usage en a été généralisé dès que leurs avantages ont été appréciés [182] ». On fait donc référence à un passé glorieux mais relativement reculé pour mieux souligner l'incurie qui caractérise le passé récent et le présent.

L'idée était déjà présente en 1906 chez Forestier :

> « Dans différentes parties du monde, un enseignement nouveau nous est apporté, dont les villes jeunes, dont les villes en formation, comme les vieilles cités peuvent tirer profit. Londres et Paris se sont les premières occupées de leur desserrement et de leur embellissement, chacune dans un esprit un peu différent. Londres a cherché le plus d'espace possible, Paris s'est attaché à l'esthétique et à l'élégance.
>
> Toutes deux ont eu l'avantage de trouver, chez elles et autour d'elles, des réserves royales qui leur ont permis de réaliser de vastes et heureux programmes, qu'il est nécessaire de compléter aujourd'hui. Elles ont jeté les

---

177. J. Siegfried, « Les espaces libres à Paris », *op. cit.*, p. 75.
178. R. de Souza, « Les espaces libres. Résumé historique », *op. cit.*, p. 178.
179. « Travaux des sections. SHUR : séance du 27 juin 1912. Projet de loi relatif aux plans d'aménagement et d'extension des villes. Exposé des motifs de M. Georges Risler », *op. cit.*, p. 425.
180. G. Risler, « Les plans d'aménagement et d'extension des villes », *op. cit.*, p. 331.
181. « Les espaces libres dans les grandes villes. [...] Risler », *op. cit.*, p. 370.
182. G. Risler, « Les plans d'aménagement et d'extension des villes », *op. cit.*, p. 313.

premières graines : la semence répandue dans le monde a été merveilleusement féconde et le fruit, perfectionné, amélioré, nous surprend à notre tour.

Endormis après l'effort admirable d'Haussmann et d'Alphand, qui nous faisait croire à la réalisation de la cité parfaite, nous nous apercevons aujourd'hui, que Paris a eu tort de s'arrêter en si beau chemin et de ne pas poursuivre plus avant son système d'embellissement, d'aération, de ne pas prévoir que son développement continuel exigeait un développement parallèle de ses espaces libres, de ses parcs et de ses promenades[183]. »

De manière un peu semblable, les membres de la section rappellent que les talents n'ont jamais manqué en France, même s'ils ne sont pas utilisés au plan national. Ils mentionnent l'existence de visionnaires qui, dans un passé récent, se sont heurtés à l'inertie ou à la mauvaise volonté des pouvoirs publics. Souza rend ainsi hommage à Laborde. Ce dernier est l'auteur, suite à l'Exposition universelle de 1851, d'« une véritable somme de plus de mille pages très concrètes, sur le rôle de l'art dans les sociétés, [où] tout est préconisé des diverses formes de la question qui nous occupe : terrains de jeux, vastes jardins, sorties de Paris, environs à sauvegarder[184] ». Malheureusement, Laborde n'est pas parvenu à se faire entendre.

Il s'agit aussi de montrer que la France dispose actuellement de spécialistes capables de mettre en œuvre une planification urbaine. Les succès internationaux des architectes français sont ainsi fréquemment mentionnés. Risler, par exemple, rappelle que deux Français, Prost et Auburtin, ont remporté respectivement les premier et deuxième prix du concours international pour l'élaboration du plan d'aménagement et d'extension d'Anvers. La présence de Hénard dans le jury constitue d'ailleurs, d'après Risler, une preuve supplémentaire du rayonnement de l'urbanisme national[185]. De même, en 1914, Siegfried rend hommage aux architectes urbanistes français tout en regrettant que les villes françaises aient si peu recours à leurs lumières, contrairement aux villes étrangères[186].

On assiste donc à une véritable exportation des compétences urbanistiques françaises, qui relève d'ailleurs d'une tradition ancienne. Risler signale par exemple qu'au XVIIIe siècle un Français, Nicolas Jardin, a été chargé des transformations de Copenhague et qu'il travaillait sous le contrôle de l'Académie d'architecture de Paris[187]. Pour Risler, l'incurie française n'en est que plus regrettable :

« Ne sommes-nous pas véritablement coupables, lorsque nous avons le bonheur de disposer de pareils hommes et de si précieuses réserves de

183. J.-C. N. Forestier, *Grandes villes et systèmes de parcs*, *op. cit.*, p. 5.
184. R. de Souza, « Les espaces libres. Résumé historique », *op. cit.*, p. 181.
185. G. Risler, « Les plans d'aménagement et d'extension des villes », *op. cit.*, p. 351.
186. « SHURPS MS : réunion du 25 juin 1914 », *MDMS*, juil.-août 1921, p. 175-179. Voir p. 178.
187. G. Risler, « Les plans d'aménagement et d'extension des villes », *op. cit.*, p. 318.

science, de talent, d'ingéniosité et de goût, de ne pas les utiliser pour le bien de nos concitoyens et la grandeur et la beauté de notre patrie[188] ? »

D'un autre côté, puisque la France possède une culture urbanistique et un personnel compétent, toutes les chances pour qu'elle rattrape son « retard » sont réunies. Siegfried en est persuadé :

> « Puisque l'étranger couronne des architectes français pour ses plans d'extension, la France n'aura pas de mal à trouver chez elle des architectes prêts à exécuter des travaux du même genre, quand elle aura adopté une législation appropriée à ce but[189]. »

De fait, la reconnaissance des urbanistes français à l'étranger est réelle. Hénard, par exemple, jouit d'une réputation internationale de spécialiste de la circulation urbaine[190].

Le rappel de l'audience des architectes-urbanistes français à l'étranger ne vise pas uniquement à démontrer que la France est à même d'assurer la planification de la croissance de ses grandes cités. Les architectes cités appartiennent à la Section d'hygiène et leur présence renforce la légitimité du combat des réformateurs sociaux pour les plans de ville. Réciproquement, la section fournit aux urbanistes en mal de professionnalisation une structure d'accueil, au sein de laquelle ils jettent les bases de leur future organisation professionnelle, avec la Société française des architectes urbains[191]. Les architectes de la section participent d'ailleurs à la mission que s'est donnée celle-ci. En communiquant les résultats de leurs travaux[192], ils collaborent à l'enrichissement du fonds documentaire que le Musée social entend mettre à la disposition de tous les hommes de bonne volonté intéressés par l'« aménagement rationnel des villes ».

Pour la section, le traitement de l'enceinte n'est donc pas uniquement un enjeu local. Il doit s'intégrer dans un plan d'aménagement et d'extension de la région parisienne, dont il constitue un élément clé. D'une part, les chances de parvenir à diriger l'évolution de la capitale seraient gravement obérées par un aménagement de l'enceinte négligeant les impératifs de l'urbanisme, c'est-à-dire la nécessité de réserver des espaces libres, de prévoir l'emplacement des voies de communication et d'imposer une réglementation de la construction. D'autre part, les expériences menées sur les

188. *Ibid.*, p. 351.
189. « Travaux des sections. SHUR : séance du 13 février 1913 », *op. cit.*, p. 118-119.
190. N. Evenson, *Paris. Les héritiers d'Haussmann*, *op. cit.*, p. 34.
191. Selon Agache, « la Société française des architectes urbains qui se considère comme une filiale de la Section d'hygiène urbaine et rurale est une société de techniciens spécialistes ayant pour but de fournir aux théoriciens des moyens d'enquête et de réalisation par la mise en commun de leurs expériences ». « SHURPS MS : réunion du 25 juin 1914 », *op. cit.*, p. 178.
192. « *Communication du plan d'extension d'Anvers par son auteur M. Henri Prost [...]* » et « *Communication du plan d'aménagement de la future capitale de l'Australie, Yass-Camberra, par M. Agache [...], ainsi que du plan d'extension de Dunkerque par le même architecte [...]* », « Travaux des sections. SHUR : séance du 13 février 1913 », *op. cit.*, p. 117.

fortifications sont investies d'une dimension pédagogique. Elles apporteront, au niveau parisien mais aussi national, la preuve que la planification urbaine est possible et efficace pour lutter contre les maux dont souffrent les habitants des villes, ces maux n'étant pas constitutifs de la vie urbaine mais résultant de l'absence d'un « aménagement rationnel des villes ».

Les réformateurs sociaux réclament une législation sur les plans d'aménagement et d'extension au nom de l'hygiène et de la santé de la population des villes. Le sort de l'enceinte, enjeu local lié à une mobilisation en faveur des plans de ville, continue donc de relever de la thématique de la régénération nationale. L'inscription est d'autant plus nette que les plans sont censés combler un manque spécifiquement français. L'argumentation mobilise donc largement les exemples offerts par l'étranger, qu'il s'agisse de démontrer la nécessité de la loi ou d'en définir le contenu. On peut établir un parallèle avec les édiles parisiens des années 1880, qui réclamaient la suppression des fortifications au nom de l'hygiène en invoquant l'exemple allemand et qui écartaient les craintes suscitées par la croissance de l'agglomération parisienne en faisant référence à Londres. Cependant, avec le changement d'intervenants et l'évolution des enjeux urbains liés au sort de l'enceinte, le recours aux exemples étrangers s'est complexifié et les références se sont diversifiées.

Les membres de la section continuent à invoquer des aménagements heureux de fortifications désaffectées, en Allemagne ou ailleurs, et à voir dans Londres la preuve qu'une extension urbaine harmonieuse est possible, mais ces utilisations des références étrangères s'intègrent désormais dans un cadre plus large. D'une accumulation désordonnée d'exemples à une analyse critique des réalisations observables au-delà des frontières, les références se déclinent en fonction de l'effet recherché. Le rappel incantatoire d'une infériorité de la France, unique nation à ne pas se préoccuper d'urbanisme, vise à réveiller l'orgueil national de l'opinion ou des pouvoirs publics. En proposant des analyses détaillées de plans de villes ou de dispositifs législatifs, les membres de la section se posent en experts auxquels le législateur pourra avoir recours. De même, l'insistance sur les succès internationaux des urbanistes français, membres de la section, confirme cette dernière dans sa position d'expertise. Qu'il s'agisse de choisir les meilleures dispositions législatives ou de dresser les plans des villes une fois la loi adoptée, des membres de la section – ce ne sont d'ailleurs pas les mêmes dans les deux cas – mettent leurs compétences au service du législateur et des autorités locales. Enfin, le rappel de l'existence d'une tradition urbanistique française vise à démontrer que l'idée de plan de ville n'est pas étrangère au génie national.

C'est dans la mobilisation d'un enjeu local (le sort de l'enceinte) au service d'une cause nationale (l'adoption d'une loi sur les plans d'aménagement et d'extension) qu'il faut chercher l'explication de certaines caractéristiques de l'intervention du Musée social, et en particulier de son aspect relativement tardif. L'intérêt pour l'enceinte a en effet été réveillé dès le début des années 1900. Or le Musée social, fondé en 1894[193], ne s'empare de la question qu'en 1908. Ce décalage laisse supposer que les réformateurs sociaux ne commencent à s'intéresser à l'anneau ceignant la capitale qu'une fois décidés à faire prévaloir le principe des plans de ville.

193. G. Osti, « La section d'hygiène urbaine et rurale du Musée social », K. Burlen (dir.), *La Banlieue Oasis, op. cit.*, p. 59-66. Voir p. 59.

Conclusion

Le discours sur les fortifications de Paris présente un invariant entre 1882 et les années 1910 : la question relève de la régénération nationale par l'intermédiaire de l'hygiène. Le problème connaît cependant une reformulation : du souci d'offrir de l'espace aux Parisiens, on passe à la volonté de piloter la croissance urbaine.

Le sort de l'enceinte apparaît alors comme un des lieux privilégiés où observer la naissance de l'urbanisme. Selon L. Murard et P. Zylberman, l'urbanisme apparaît quand on cesse d'aborder les problèmes de la ville sous l'angle du seul logement[1]. La conversion, chez les réformateurs sociaux, est entamée dès le début du XXe siècle. Dans la préface d'un ouvrage de Georges Benoit-Lévy consacré aux cités-jardins, Charles Gide écrit : « [Les] sociétés philanthropiques ou coopératives de maisons ouvrières ne réussiront jamais à modifier définitivement les conditions de l'habitation humaine. C'est la ville qu'il faut bâtir avant de bâtir la maison[2]. »

Pour que cette conversion soit possible, il faut que s'efface, au moins partiellement, la « phobie du contact[3] » des pionniers de l'habitat ouvrier[4], ce qui est le cas. Déjà, chez Benoit-Lévy, l'acharnement à proscrire les contacts de voisinage a disparu :

> « Il est certain que l'homme devient meilleur en prenant contact avec l'homme, il est certain, lorsque chaque famille, au lieu de rester enfermée sous son toit à médire de la vie en général et de la vie de son voisin en particulier, se trouve constamment en rapport avec ses concitoyens, que de cordiales relations s'accomplissent[5]. »

Dans le cadre civilisé et civilisateur de la cité-jardin, même les relations entre filles et garçons, cauchemar des pionniers de l'habitat ouvrier, sont envisagées sereinement : « [Les] girls de Sunlight[6] [...] préfèrent les promenades nocturnes au bras de celui à qui plus tard elles associeront leur

1. L. Murard et P. Zylberman, *Le Petit Travailleur infatigable*, *op. cit.*, p. 74.
2. C. Gide, préface à G. Benoit-Lévy, *La Cité-Jardin*, *op. cit.*, p. VI.
3. L. Murard et P. Zylberman, *Le Petit Travailleur infatigable*, *op. cit.*, p. 67.
4. L. Murard et P. Zylberman voient dans ces pionniers des « désurbanistes ». *Ibid.*, p. 24.
5. G. Benoit-Lévy, *La Cité-Jardin*, *op. cit.*, p. 60.
6. La cité-jardin construite pour le personnel de l'usine Lever.

vie. Et c'est encore là une des plus belles associations[7]. » Sans doute cette sérénité est-elle possible quand on a affaire à une population déjà civilisée par l'habitat : rien de plus chaste que ces promenades vespérales qui conduisent directement les jeunes gens au mariage.

Avec la cité-jardin, la conversion n'est cependant que partielle : il s'agit toujours de construire une ville idéale à la campagne et non de s'accommoder du fait urbain. Au fil de leur réflexion sur l'enceinte, les hommes du Musée social, de champions de l'habitation à bon marché, achèvent leur mutation en croisés de l'« aménagement rationnel des villes ». Lors de la réunion de la Sorbonne, le député A. Ribot fait part de son scepticisme quant aux cités-jardins :

> « On nous fait voir ces Cités-Jardins qui sont le paradis terrestre restauré [...] donner à l'ouvrier non seulement la maison, mais encore ce qui en est l'accessoire nécessaire, ce qui est la santé pour les enfants, le jardin, oui, cela est possible, cela est nécessaire; mais croire que nous allons arrêter tout à coup ce mouvement, qui porte les populations vers Paris, vers Londres, vers New York; j'avoue que je suis un peu sceptique[8]! »

Il s'agit alors de prendre acte de l'existence des grandes villes et de s'en accommoder : « [Il] faut nous résigner à voir grandir les villes indéfiniment et à les rendre habitables[9]. » L'apparent paradoxe qu'est l'évacuation totale des logements à bon marché des projets du Musée social pour l'enceinte témoigne de cette conversion : il s'agit d'exercer une action sur la ville elle-même.

La nécessité d'aménager les fortifications bientôt désaffectées n'explique pas seule ce tournant. Forestier tient déjà, en 1906, des propos proches de ceux de Ribot. Il reprend bien l'affirmation suivante, qu'il attribue à Rousseau : « L'haleine de l'homme est mortelle à ses semblables. Cela n'est pas moins vrai au propre qu'au figuré. Les villes sont le gouffre de l'espèce humaine[10]... » Cependant, la référence à Rousseau n'a pour vocation que d'introduire la remarque suivante :

> « Le remède serait de fuir les grandes villes et de retourner à la campagne. Peut-être y viendra-t-on quelque jour, mais aujourd'hui l'organisation sociale exige ces groupements énormes. À leurs dangers, à leurs inconvénients il est possible d'apporter des palliatifs, sinon un remède, et les municipalités peuvent tenter d'éviter, en partie, des conséquences qui sont vraiment redoutables, encore faut-il le faire avec méthode[11]. »

Le débat sur l'enceinte, dont la disparition devrait permettre d'expérimenter en grandeur réelle l'« aménagement rationnel des villes », est l'occasion de parachever la conversion à l'urbanisme.

7. G. Benoit-Lévy, *La Cité-Jardin*, *op. cit.*, p. 74.
8. « Compte rendu de la réunion en faveur des espaces libres [...] Ribot », *op. cit.*, p. 225.
9. *Ibid.*, p. 226.
10. J.-C. N. Forestier, *Grandes villes et systèmes de parcs*, *op. cit.*, p. 6.
11. *Ibid.*, p. 7.

Le passage de l'hygiénisme à l'urbanisme ne constitue d'ailleurs pas une rupture totale : pour la section, les espaces libres permettent de poursuivre la campagne, entreprise au moins depuis un demi-siècle, contre l'entassement et l'obscurité, ces pourvoyeurs de toutes les pathologies urbaines. La filiation est d'ailleurs revendiquée, comme le montrent les éloges adressés à Juillerat. De même, la dimension nationale de l'hygiénisme se retrouve chez les apôtres de l'urbanisme : l'« aménagement rationnel des villes » relève toujours de la régénération nationale.

Le renouvellement de problématique s'accompagne d'un renouvellement des acteurs. Les réformateurs sociaux et architectes-urbanistes de la Section d'hygiène succèdent aux édiles parisiens comme porteurs du discours légitime sur les fortifications. Discours légitime et non unique : les édiles continuent à s'occuper de l'enceinte au début du XXe siècle. Cette constatation invite à se pencher sur les acteurs et sur leurs stratégies. Comment certains groupes parviennent-ils à un moment donné à s'imposer comme détenteurs du discours légitime sur l'enceinte ? Au-delà, quels intérêts ont-ils à s'emparer de la question ?

La réponse permettra de préciser le rôle du débat sur le sort des fortifications dans l'apparition de l'urbanisme. Ce débat est apparu comme une lentille à travers laquelle observer le passage de l'hygiénisme à l'urbanisme. Ne serait-il pas aussi le creuset dans lequel s'opère cette transmutation ? Une étude focalisée sur les discours incite à répondre par la négative, ne serait-ce qu'à cause de l'antériorité de certains propos sur la nécessité de s'accommoder du fait urbain. Cependant, avant de trancher, il faut s'intéresser aux conditions d'émission et de réception des discours. Le débat peut alors apparaître comme le lieu où s'opère la conversion d'un certain nombre d'acteurs aux principes de l'« aménagement rationnel des villes », ou au moins comme l'occasion d'affirmer publiquement le ralliement à ces principes.

Deuxième partie

LES OPPOSITIONS PRATIQUES : ACTEURS ET PROJETS

Introduction

Des années 1880 aux années 1910, l'enceinte est le support d'un discours hygiéniste à forte dimension nationaliste. Ce discours connaît cependant une évolution : on passe de l'hygiénisme au sens strict à la volonté d'utiliser les fortifications pour mettre en œuvre un « aménagement rationnel » de l'agglomération parisienne. Au renouvellement de problématique correspondent des renouvellements d'acteurs dont il s'agit ici de rendre compte, non en racontant une histoire, mais en s'attachant à certains « moments clés » : la position du problème de l'enceinte au conseil municipal de Paris dans les années 1880, la campagne de septembre 1905 contre le lotissement des terrains militaires inclus dans le bois de Boulogne et l'action des réformateurs sociaux, de leur intervention en 1908 à leur ralliement à un projet élaboré au sein du conseil municipal. Chacun de ces événements fait l'objet d'un chapitre. Pourquoi avoir choisi de privilégier, au sein d'une longue histoire, des événements isolés ? Pourquoi avoir retenu précisément ces trois événements ? Les réponses à ces questions sont liées et impliquent une réflexion sur le statut de l'événement, qui nécessite la mobilisation de modèles mis en œuvre par les historiens.

Ernest Labrousse conclut son *Esquisse du mouvement des prix et des revenus en France au XVIIIe siècle* en dégageant les causes économiques de la Révolution [1]. Celle-ci résulte de la convergence de plusieurs mouvements cycliques de temporalités différentes : en juillet 1789, les cycles saisonniers ainsi que les cycles de courte et de longue durée du prix du blé passent par un maximum. L'événement est le résultat de la rencontre de séries causales, ou plus simplement d'histoires, plus ou moins dépendantes. Toutes proportions gardées, il en est de même pour les événements identifiés ici comme des « moments clés ». La constitution du sort de l'enceinte en question politique pertinente au début des années 1880 résulte de la rencontre entre l'histoire, relevant de la politique, des relations entre édiles parisiens et État central et celle de la constitution d'un sens commun hygiéniste ainsi que de ses légitimités politiques et scientifiques. La mobilisation de 1905

1. E. Labrousse, *Esquisse du mouvement des prix et des revenus en France au XVIIIe siècle* [1933], t. II : *Les prix (fin). Les revenus*, Montreux, Les Archives contemporaines, 1989.

pour la sauvegarde du bois de Boulogne est placée sous le signe de la défense des espaces libres. Le mouvement en faveur des espaces libres se situe à la jonction de plusieurs histoires : les « gens du monde » (esthètes, sportifs et défenseurs des intérêts des touristes) y retrouvent les hygiénistes. Entre 1908 et 1912, réformateurs sociaux et futurs urbanistes de la Section d'hygiène combattent, au nom de l'« aménagement rationnel des villes », un traitement de l'enceinte élaboré par un édile. L'histoire de l'émergence de l'urbanisme croise celle de l'assemblée locale parisienne mais aussi l'histoire politique nationale, dans la mesure où il s'agit aussi pour J. Siegfried, qui fonde la section après le dépôt d'une proposition de loi sur l'aménagement des fortifications, de maintenir une position d'autorité au Parlement. S'intéresser à l'enceinte conduit à rencontrer différentes histoires, dotées d'une relative indépendance.

Les événements naissent de la convergence de différentes histoires ou autrement dit de la rencontre d'acteurs engagés dans différents champs. Il y aurait sans doute d'autres manières de rendre compte des événements retenus ici, en faisant apparaître d'autres d'acteurs. Plus largement, l'histoire de l'enceinte entre 1880 et 1919 ne se réduit pas à trois « moments clés ». Par exemple, les militaires, par définition concernés par le sort d'un ouvrage de défense, sont absents ici.

Au sujet de la bataille de Bouvines, Georges Duby signale qu'il est vain de tenter de replacer un événement dans une série causale univoque et exhaustive. La remarque est valable pour un événement circonscrit dans le temps[2]. Elle s'applique donc aux trois « moments clés » retenus ici. *A fortiori* elle vaut pour une histoire qui s'inscrit dans la durée, comme celle du déclassement puis de l'aménagement des fortifications. Tout récit est sélection d'un chemin : cette affirmation, qui vaut pour les acteurs qui entreprennent de raconter l'histoire dans laquelle ils sont engagés, est aussi vérifiée dans le cas d'un travail de recherche.

Il est ici question du déclassement et de l'aménagement de l'enceinte sous l'angle de la transmutation de l'hygiénisme en urbanisme, perspective qui a orienté le choix des événements mis en avant. G. Duby voit dans la bataille de Bouvines « un lieu d'observation éminemment favorable pour qui essaie d'ébaucher une sociologie de la guerre au seuil du XIIIe siècle dans le nord-ouest de l'Europe[3] ». De même, les fortifications et les mobilisations qu'elles suscitent apparaissent comme une lentille à travers laquelle observer la naissance de l'urbanisme. L'analyse des trois événements retenus ici tente de montrer que le sort de l'enceinte constitue aussi un des creusets où s'opère cette naissance.

---

2. G. Duby, *Le Dimanche de Bouvines*, Paris, Gallimard, 1973, p. 12-13.
3. *Ibid.*, p. 13.

Chapitre IV

Obtenir le déclassement des fortifications

Les conseillers municipaux de Paris commencent à réclamer la suppression de l'enceinte à la fin des années 1870. Le principe de cette disparition n'est acquis que dix-huit ans plus tard. Sur cette période, la question mobilise quatre types d'acteurs : édiles, fonctionnaires de la préfecture de la Seine, militaires et ministres successifs de la Guerre et des Finances. Le présent chapitre porte sur la façon dont le sort de l'enceinte s'inscrit dans des enjeux politiques plus larges.

Il s'agit tout d'abord de situer les fortifications parmi les questions qui occupent le conseil municipal au début des années 1880. La proposition Guyot faisant l'objet d'un vote formel, le rapprochement avec d'autres scrutins s'impose. L'analyse permet de dépasser l'argumentation hygiéniste de Guyot et de ses partisans et montre que la question de l'enceinte participe à la structuration des oppositions au sein du conseil. Lors du vote sur la proposition Guyot, les édiles se départagent dans une large mesure en fonction de leurs positions sur des enjeux occupant le devant des scènes politiques locale et nationale. Pour le conseil, la proposition Guyot n'est pas une simple revendication hygiéniste : elle participe de la revendication d'une extension des pouvoirs municipaux.

Il convient aussi de se pencher sur les relations qui se nouent, au sujet de l'enceinte, entre édiles et fonctionnaires. Un projet d'aménagement de la partie nord-ouest des fortifications est élaboré par le Service des promenades de la préfecture de la Seine dès 1884[1]. Cette rapidité semble révélatrice de bonnes dispositions de l'administration à l'égard des revendications des conseillers municipaux, fonctionnaire et édiles ayant intérêt à une disparition de l'enceinte et à un aménagement des terrains libérés.

Le projet finit dans un carton des archives de la Seine, suite à l'échec des négociations entre la Ville et l'État. Les négociations se poursuivent en effet pendant les années 1880 et 1890 sans aboutir à un accord sur le prix

1. Archives de Paris, Carton VM 17 1 « Fortifications de Paris. Projets de transformation » et VM 17 2 « Fortifications de Paris. Projets de transformation (suite). Suppression du mur d'enceinte. Notes diverses (1882-1896). Terrains militaires ». Ce dépouillement avait déjà été effectué par J.-L. Cohen et A. Lortie pour leur ouvrage *Des fortifs au périf*, *op. cit.* Voir p. 60-61 et 69-75.

des terrains de l'enceinte. Les péripéties de ces négociations ont été retracées par P. Brisset, dès le début des années 1930[2]. On peut toutefois aborder les relations entre les différents acteurs sous un autre angle. De 1878 à 1912, une question revient de manière récurrente au conseil municipal : le percement de nouvelles ouvertures ou l'élargissement de portes existantes dans les fortifications. La question mobilise à peu près les mêmes acteurs que les négociations sur le sort de l'enceinte : édiles, militaires et fonctionnaires de la Seine. Seuls les hommes de gouvernement sont absents. Dans la mesure où l'espace concerné est aussi le même, on peut s'interroger sur les liens entre ces deux enjeux. Ce rapprochement permet de situer le sort de l'enceinte parmi les préoccupations des élus locaux. Si celui-ci préoccupe les édiles pendant les deux dernières décennies du XIXe siècle, les enjeux politiques liés au déclassement évoluent : la question cesse peu à peu d'être liée à la thématique des libertés communales pour être investie par les socialistes possibilistes.

Les fortifications et le champ politique parisien au début des années 1880

Le 11 juin 1883, le conseil municipal se prononce massivement pour la proposition Guyot (46 voix pour, 10 voix contre et 11 abstentions), présentée par son auteur comme une mesure d'hygiène. Cependant l'emballage dans un argumentaire hygiéniste ne signifie pas que la volonté de supprimer l'enceinte relève exclusivement d'un parti pris sanitaire. Au début des années 1880, la question s'inscrit dans des enjeux plus larges. Au-delà du sort d'un ouvrage militaire, le fonctionnement des institutions municipales est en jeu. Le débat participe à la consolidation de certaines dimensions du « champ municipal[3] » : même si selon Michel Offerlé les « règles du jeu » régissant ce champ sont déjà fixées au début des années 1880[4], la question de l'enceinte contribue à la structuration d'un système proprement politique d'oppositions au sein du conseil, comme en témoigne la forme des débats et de la prise de décision finale. L'adoption de la proposition Guyot par un vote formel et non à main levée est révélatrice. Au conseil, les discussions ne se concluent ainsi que quand la question apparaît comme politiquement pertinente aux édiles[5] ou autrement dit quand la décision à prendre contribue à structurer le champ politique local.

2. P. Brisset, *La Zone de Paris et la loi du 10 avril 1930*, *op. cit.*, p. 20-23.
3. M. Offerlé, *Les Socialistes et Paris. 1881-1900. Des communards aux conseillers municipaux*, thèse d'État pour le doctorat en science politique, université Paris I, 1979, p. 112.
4. *Idem.*
5. Ceci alors que légalement les édiles parisiens sont censés se cantonner aux questions d'administration municipale. M. Offerlé parle d'une « tendance à la parlementarisation » du fonctionnement du conseil, observable dans la préparation des décisions (existence de commissions permanentes) et dans les rapports avec le pouvoir exécutif (interpellations, blâmes à l'encontre des préfets). *Ibid.*, p. 115 et 148.

Ce champ politique, dans les années 1880, se structure autour de deux types de questions. Les édiles se situent tout d'abord par rapport au principe républicain. Ensuite, ils se divisent sur la place des municipalités, et en premier lieu de la ville de Paris, au sein des institutions politiques en cours d'élaboration. Sont en particulier en jeu le degré d'autonomie souhaité pour les instances municipales parisiennes et les relations de ces dernières avec le pouvoir central. Adhésion à la République et accroissement des pouvoirs municipaux entretiennent d'ailleurs des rapports complexes que la mise en relation du débat sur l'enceinte avec certains scrutins du début des années 1880 contribue à éclairer.

Les thèmes structurant le champ politique local

Entre le 1er janvier et le 28 décembre 1882, les édiles recourent 39 fois au vote formel[6]. Les scrutins peuvent être répartis en différentes catégories : hygiène (6 scrutins), libertés municipales (12 scrutins), républicanisation et laïcisation des institutions et personnels municipaux ainsi que des comportements (12 scrutins) et finances municipales (9 scrutins), auxquelles s'ajoute une rubrique résiduelle (13 scrutins)[7]. Un vote pouvant porter sur plusieurs enjeux, la somme des scrutins des différentes rubriques est supérieure à 39.

L'absence de l'hygiénisme

Que l'hygiène ne donne lieu qu'à six scrutins n'implique pas un désintérêt des édiles, qui ont rarement recours au vote formel : les décisions sont mises aux voix et adoptées à main levée ou en décomptant les conseillers qui se lèvent pour manifester leur opinion. Ne font l'objet d'un scrutin que les propositions ou ordres du jour se heurtant à une opposition résolue et surtout pour lesquels les édiles considèrent que la sanction par un vote répondant aux exigences formelles du fonctionnement parlementaire s'impose.

Le rapprochement du vote sur la proposition Guyot avec les différents scrutins de 1882 permet de calculer des coefficients de contingence, d'autant plus élevés que la distribution des voix lors des votes comparés est proche[8]. Les coefficients de contingence avec les scrutins portant sur l'hygiène sont généralement faibles, comparés à ce qu'on observe pour d'autres votes. Un seul scrutin portant sur l'hygiène présente un coefficient de contingence avec la proposition Guyot supérieur au seuil, arbitraire, de 0,4,

6. *PVCM*, 1882.

7. Cette rubrique regroupe des scrutins allant de l'envoi à Lausanne d'une délégation à l'occasion de l'anniversaire de la mort de Flocon à la répartition des places au Théâtre du Châtelet pour l'audition de la symphonie couronnée au concours de la Ville.

8. Coefficients calculés à l'aide de Statview. N'ont été pris en compte que les 67 participants au scrutin sur la proposition Guyot.

ce qui est peu, comparé aux rubriques « républicanisation et laïcisation » et « libertés municipales », qui comptent respectivement 7 et 9 scrutins sur 12 dans ce cas[9]. Le vote en question, qui porte sur les crédits de fonctionnement du dispensaire surveillant l'état sanitaire des prostituées, intervient d'ailleurs lors de la discussion du budget de la préfecture de Police[10]. Or la préfecture de Police est à l'époque l'objet d'attaques très vives émanant de la gauche du conseil, qui voit dans son fonctionnement et dans son existence même une atteinte aux libertés parisiennes.

L'adoption de la proposition Guyot ne s'explique donc pas par l'existence d'une majorité d'édiles gagnée à la cause hygiéniste et partageant les mêmes conceptions en la matière. D'ailleurs, Levraud, l'un des adversaires les plus virulents de Guyot, est plus fondé que ce dernier à invoquer une compétence en matière d'hygiène : il est médecin et membre de la Société de médecine publique[11]. Pourtant Guyot réussit à imposer son point de vue. Par ailleurs, s'il n'indique pas un désintérêt, le faible nombre de scrutins portant sur l'hygiène révèle que cette dernière ne constitue pas un enjeu politique. Ce n'est pas sur cette question que les édiles éprouvent le besoin de se compter. Le vote du 11 juin 1883 fait alors d'autant plus figure d'exception.

Des enjeux politiques nationaux

24 des 39 scrutins étudiés portent sur l'autonomie communale ou sur la républicanisation et à la laïcisation. Ce poids n'a rien d'étonnant, ces enjeux occupant le devant de la scène politique nationale au début des années 1880. La démission de MacMahon en janvier 1879 consacre l'échec de la tentative de restauration dirigée par les partisans de l'ordre moral. Les républicains qui accèdent au pouvoir se lancent dans un programme de libertés démocratiques et de laïcisation de l'État et de l'école[12], le combat pour la laïcité contribuant d'ailleurs à consolider un camp républicain très hétérogène[13]. Républicanisation et laïcisation constituent alors des enjeux politiques liés. Pour les édiles, il s'agit en particulier de se prononcer sur le remplacement des religieux, qui assurent encore une large part des services publics d'assistance et d'instruction de la capitale.

La réforme des pouvoirs municipaux compte aussi au nombre des tâches que se sont assignées les républicains. La loi rétablissant l'élection des maires par les conseils municipaux est adoptée le 28 mars 1882[14], Paris relevant

9. Pour les « finances municipales », la proportion est de 4 sur 9 et pour la rubrique résiduelle, de 3 sur 13.
10. *PVCM*, 1882, 20 déc.
11. L. Murard et P. Zylberman, *L'Hygiène dans la République*, *op. cit.*, p. 45.
12. J. -M. Mayeur, *Les Débuts de la IIIe République*, *op. cit.*, p. 108-118.
13. C. Langlois, « Catholiques et laïcs », P. Nora (dir.), *Les Lieux de mémoire*, t. III : *Les France*, vol. 1 : *Conflits et partages*, Paris, Gallimard, 1992, p. 140-183. Voir p. 150.
14. J.-M. Mayeur, *Les Débuts de la IIIe République*, *op. cit.*, p. 109.

toujours d'un régime d'exception[15]. Il n'y a donc rien d'étonnant à ce que le conseil municipal délègue son bureau auprès de la commission législative chargée d'examiner la question de l'élection des maires le 17 février 1882, qu'il discute de la façon dont le bureau a rempli son mandat le 3 mars et qu'il s'émeuve de la démission du préfet de la Seine Floquet, lequel s'était montré favorable à l'extension des pouvoirs municipaux[16] (21 et 24 juillet). La question mobilise d'ailleurs le conseil depuis quelque temps : en 1880 les édiles ont adopté un programme d'« autonomie communale[17] » et le soutien à Floquet est motivé par l'adhésion à ce programme. La critique de la répression exercée par la préfecture de Police participe aussi de la revendication de pouvoirs municipaux plus étendus. Les édiles semblent donc éprouver le besoin de recourir à un vote formel quand les questions dont ils discutent font l'objet d'un débat national.

Certains scrutins de la rubrique résiduelle ont d'ailleurs une dimension politique, comme les votes sur les subventions aux courses de chevaux[18] : la condamnation des subventions municipales aux courses est un thème récurrent des réunions publiques organisées par les socialistes[19]. Il en est de même pour le scrutin du 12 juin 1882. Suite à un mouvement de grève, Joffrin a déposé une pétition d'ouvriers raffineurs souhaitant que le conseil municipal intervienne auprès de leurs patrons et Chautard a réclamé la nomination d'une commission d'enquête sur les grèves de cette catégorie d'ouvriers. Saisie de ces demandes, la deuxième commission du conseil (administration générale, police, sapeurs-pompiers, domaines) a répondu par la négative « tout en exprimant sa sympathie aux ouvriers raffineurs[20] ». Il s'agit pour les édiles d'entériner cette conclusion. Après discussion, ils adoptent un ordre du jour, déposé par Amouroux, demandant au préfet la création d'une commission d'enquête sur les conditions de travail des raffineurs. On est devant un schéma classique mis en évidence par M. Offerlé : saisis de réclamations émanant de socialistes, les édiles se rallient à une solution de compromis proposée par un radical[21], la seule variante étant l'appartenance d'Amouroux au mouvement ouvrier[22].

---

15. M. Offerlé, *Les Socialistes et Paris*, *op. cit.*, p. 113-116.
16. Ancien membre du conseil municipal (1871-1874) puis député républicain (1876-1882), Floquet devient préfet de la Seine en 1882 et affirme ses opinions autonomistes. En juillet 1882, suite à une discussion à la Chambre sur la mairie centrale, il donne sa démission, mais la retire sur l'avis du conseil. A. Pétrot, *CMPCGS, op. cit.*, p. 28-29 et J. Lermina (dir.), *Dictionnaire universel illustré biographique et bibliographique de la France contemporaine* (désormais *DUIBB*), Paris, L. Boulanger éditeur, p. 629.
17. *PVCM*, 1880, 23 oct.
18. *PVCM*, 1882, 2 nov.
19. M. Offerlé, *Les Socialistes et Paris*, *op. cit.*, p. 454.
20. *PVCM*, 1882, 12 juin.
21. M. Offerlé, *Les Socialistes et Paris*, *op. cit.*, p. 494-497.
22. J. Maitron (dir.), *Dictionnaire biographique du mouvement ouvrier français. Deuxième partie : 1864-1871* (désormais *DBMOF 2*), t. 4 à 9, Paris, Les Éditions ouvrières, 1967-1971. Voir t. 4, p. 114-115.

Le vote sur la proposition Guyot doit être examiné à la lumière de ces remarques. Or les scrutins qui présentent les plus forts coefficients de contingence avec le vote sur la proposition Guyot portent sur les pouvoirs municipaux ainsi que sur la laïcisation et la républicanisation du personnel et des services de la Ville. Les édiles tendent donc à se regrouper sur la suppression de l'enceinte comme sur ces questions.

Suppression de l'enceinte, républicanisation et laïcisation

Supprimer l'enceinte, une mesure laïque et républicaine

Le 13 mars 1882, le conseil municipal est invité à adopter un ordre du jour portant sur l'augmentation du nombre des avoués et notaires de la Ville et sur le remplacement de certains d'entre eux par des républicains avérés. Le même jour, il renouvelle sa demande de désaffectation de deux immeubles appartenant à la Ville et occupés par les Frères des écoles chrétiennes et les Sœurs de la charité. Au-delà de la récupération des deux immeubles, l'enjeu est la laïcisation de l'enseignement et des soins à Paris[23].

Au début des années 1880, principes républicains et laïcité font l'objet d'une large adhésion au conseil, comme le confirment les résultats des deux scrutins. L'ordre du jour sur le remplacement des avoués et notaires de la Ville est adopté par 51 voix, contre 8 rejets et 9 abstentions. La désaffectation des immeubles occupés par des congrégations est réclamée par 53 des présents, 8 se prononçant contre et 9 s'abstenant. Au-delà de cette quasi-unanimité, les tenants de la républicanisation et de la laïcisation se prononcent à une large majorité pour la suppression des fortifications :

		Proposition Guyot			
		Oui	Non	Abstention	Ensemble
Républicanisation	N. R	75,0 %	0,0 %	25,0 %	100 %
	Oui	78,3 %	13,0 %	8,6 %	100 %
	Non	25,0 %	0,0 %	75,0 %	100 %
	Abstention	33,3 %	33,3 %	33,3 %	100 %
	Absent	75,0 %	25,0 %	0,0 %	100 %
	Ensemble	68,7 %	14,9 %	16,4 %	100 %
Laïcisation	N. R	75,0 %	0,0 %	25,0 %	100 %
	Oui	74,5 %	12,8 %	12,8 %	100 %
	Non	25,0 %	0,0 %	75,0 %	100 %
	Abstention	50,0 %	37,5 %	12,5 %	100 %
	Absent	75,0 %	25,0 %	0,0 %	100 %
	Ensemble	68,7 %	14,9 %	16,4 %	100 %

23. *PVCM*, 1882, 13 mars.

Républicanisation et laïcisation constituent des ruptures fondamentales avec le régime précédent. D'une certaine manière il en est de même pour la suppression de l'enceinte, dont Guyot fait le symbole de tous les vices, tares et insuffisances du Second Empire. Le débat sur la proposition Guyot participe sans doute à la structuration ou du moins à la consolidation du système d'oppositions au sein du conseil, en permettant à une partie des édiles républicains de réaffirmer leur adhésion aux valeurs prônées par le nouveau régime. Par ailleurs, les adversaires de la laïcité et de la République tendent à s'abstenir sur la proposition Guyot. Tout se passe comme s'ils se refusaient à entrer en lice, laissant les républicains débattre entre eux de l'opportunité d'une disparition de l'enceinte[24].

Les adversaires de la République s'excluent du débat

Les étiquettes politiques des édiles participant au scrutin sur la proposition Guyot confirment l'hypothèse d'un retrait des adversaires de la République, laissant le champ libre aux républicains dans le débat sur les fortifications[25].

Onze élus s'abstiennent le 11 juin 1883. On compte parmi eux huit républicains, un « élu ouvrier[26] » (Jules Joffrin), un monarchiste (Denys Cochin[27]) et un bonapartiste (Marius Martin[28]). Quatre des républicains sont d'ailleurs des républicains très modérés :

> « [Frère] a toujours voté avec les républicains les plus modérés. Il s'est abstenu lors du vote sur la suppression des aumôniers de tous les hôpitaux et hospices, il a voté contre la proposition attribuant le nom de Garibaldi à la rue Bonaparte et l'ordre du jour blâmant le politique du cabinet à l'égard de Paris[29]. »

Leven, s'il se déclare « républicain progressiste », s'abstient lors de tous les votes politiques[30], Monteil « a toujours voté avec les plus modé-

24. D'après le tableau des pourcentages en colonnes, non reproduit ici, le républicanisme des adversaires de Guyot semble cependant moins affirmé que celui de ses partisans. Si ces derniers réclament à plus de 75 % la laïcisation et la républicanisation, la proportion n'atteint que 60 % chez les partisans du maintien de l'enceinte.

25. Trois sources principales sont mobilisées : A. Pétrot, *CMPCGS, op. cit.*, C. de la Barrière et L. Mocquant, *NCMP. 1884, op. cit.* et J. Lermina (dir.), *DUIBB, op. cit.* Ce choix est dicté par des raisons de chronologie et d'exhaustivité. L'ouvrage de Pétrot présente tous les édiles désignés en 1876 et celui de la Barrière et Mocquant tous les élus de 1884. Il s'agit des élections les plus proches de 1883 pour lesquelles de tels documents existent. Quant au dictionnaire de Lermina, il paraît en 1884. Sur 67 édiles votant le 11 juin 1883, 66 figurent dans l'un des ouvrages au moins. L'analyse se heurte cependant à un problème : les étiquettes politiques des candidats sont autant déterminées par les caractéristiques des quartiers qu'ils briguent que par leurs positions ou leur appartenance partisane. M. Offerlé, *Les Socialistes et Paris, op. cit.*, p. 191-192.

26. C. de la Barrière et L. Mocquant, *NCMP. 1884, op. cit.*, p. 179.

27. *Ibid.*, p. 74.

28. J. Lermina (dir.), *DUIBB, op. cit.*, p. 983.

29. *Ibid.*, p. 911.

30. *Ibid.*, p. 647.

rés[31] » et « Watel, en politique, est ce qu'on appelle un conservateur[32] ». L'abstention systématique a un sens politique : refuser de se prononcer sur les questions politiques, c'est adhérer à la conception des fonctions édilitaires des conservateurs et des républicains les plus modérés. Ce comportement est d'ailleurs aussi le fait du bonapartiste M. Martin qui « s'abstint de prendre part au vote des questions politiques soulevées illégalement au Conseil municipal[33] ». L'abstention de Frère, Leven et Martin sur la proposition Guyot confirme donc le caractère politique, au sens où l'entendent les contemporains, de cette dernière[34].

Par ailleurs, il convient de revenir sur l'abstention de Joffrin, un des chefs de file avec Brousse du courant possibiliste. En tant que tel, rien ne le pousse à s'abstenir :

> « [Il] mena de front la lutte de classe du prolétaire et le combat politique du citoyen au côté de républicains "bourgeois". Faut-il voir, dans ces débuts, l'orientation future de Joffrin se refusant à miser sur les seules conquêtes de l'action révolutionnaire et à négliger les possibilités du réformisme[35] ? »

D'ailleurs quelques années plus tard Brousse sera l'un des champions du déclassement de l'enceinte. On peut alors interpréter l'abstention de Joffrin comme un moyen terme. La proposition Guyot intervient à un moment où Joffrin fait preuve d'une intense activité au conseil, s'efforçant de mettre en œuvre la doctrine des « services publics[36] » des possibilistes. Par exemple, en février 1882, il défend le principe de la fourniture du gaz de ville par un service municipal[37]. Il hésite peut-être alors à voter une proposition, quelle qu'elle soit, déposée par Guyot, le chantre du libéralisme économique.

En définitive, six des édiles s'abstenant lors du vote sur la proposition Guyot sont des « conservateurs » ou des républicains des plus modérés. Politiquement, les adversaires et les partisans de la proposition Guyot sont assez différents des abstentionnistes.

---

31. Monteil est toutefois anticlérical. *Ibid.*, p. 1032.
32. A. Pétrot, *CMPCGS*, *op. cit.*, p. 50-51.
33. G. Vapereau, *DUC*, *op. cit.*, p. 1065.
34. La proposition Guyot ne compte toutefois pas au nombre des propositions « politiques » retenues par la mémoire immédiate. C. de la Barrière et L. Mocquant ne font jamais référence à la proposition Guyot lorsqu'ils mentionnent les positions lors des scrutins « politiques » des candidats réélus en 1884. C. de la Barrière et L. Mocquant, *NCMP. 1884*, *op. cit.*
35. J. Maitron (dir.), *Dictionnaire biographique du mouvement ouvrier français. Troisième partie : 1867-1914* (désormais *DBMOF 3*), t. 10 à 15, Paris, Les Éditions ouvrières, 1957-1977. Voir t. 13, p. 113.
36. *Ibid.*, p. 114.
37. *Idem.*

Proposition Guyot	Non républicains	Républicains (dont modérés ou s'abstenant lors des votes politiques)		Total
Oui	2	43	(6)	45[38]
Non	1	9	(2)	10
Abstention	2	9[39]	(4)	11
Ensemble	5	59	(12)	66

Les édiles se prononçant (négativement ou positivement) sur la proposition Guyot sont plus fortement ancrés dans le camp républicain que les abstentionnistes. L'ancrage est d'ailleurs encore plus net pour les partisans que pour les adversaires du déclassement de l'enceinte. Cette nuance est cohérente avec les positions respectives des partisans et des adversaires de la proposition Guyot au sujet de l'autonomie communale.

Enceinte et autonomie communale

Un autre enjeu mobilise les édiles au début des années 1880 : l'extension des pouvoirs municipaux. Or la répartition des voix lors des scrutins sur cette question ressemble à elle qu'on observe pour le vote sur la proposition Guyot.

L'élection du maire de Paris

Le 17 février 1882, les édiles adoptent la proposition suivante :

> « Le Conseil,
> [...] invite son bureau à entrer en relation avec la Commission législative chargée d'étudier la question de l'élection des maires, pour réclamer l'élection du maire de Paris[40]. »

Le vote fournit une occasion de se compter aux partisans de l'accroissement des pouvoirs municipaux. La proposition est adoptée par 49 voix, contre 5 non et 12 abstentions.

Les partisans de l'envoi en mission du bureau, et donc d'un maire pour Paris, se prononcent massivement pour la proposition Guyot, situation assez proche de celle qu'on observe pour la républicanisation et la laïcisation. En revanche, les opposants au principe d'un maire pour Paris et ceux qui s'abstiennent sur cette question se comportent de façon assez semblable lors du vote sur la proposition Guyot. On s'écarte de la situation observée précédemment :

---

38. Le colonel Martin, qui vote la proposition Guyot, n'apparaît dans aucun des trois documents retenus.
39. Y compris Joffrin.
40. *PVCM*, 1882, 17 fév.

		Proposition Guyot			
		Oui	Non	Abstention	Ensemble
Maire de Paris	N. R	60,0 %	0,0 %	40,0 %	100 %
	Oui	80,0 %	11,1 %	8,9 %	100 %
	Non	33,3 %	33,3 %	33,3 %	100 %
	Abstention	30,0 %	40,0 %	30,0 %	100 %
	Absent	75,0 %	0,0 %	25,0 %	100 %
	Ensemble	68,7 %	14,9 %	16,4 %	100 %

Un lien entre accroissement des pouvoirs municipaux et disparition des fortifications est suggéré par un article de *La Revue des travaux publics*[41], dont l'auteur voit dans la désaffectation de l'enceinte une mesure très souhaitable mais à ne pas laisser réaliser sous contrôle municipal ou départemental. Les élus locaux en retireraient une popularité qui rendrait certaine leur élection au niveau national, ce que redoute l'auteur de l'article :

> « Avec un pareil succès, tout le Conseil général de la Seine passerait à la Chambre ou au Sénat et serait remplacé, à l'Hôtel de Ville, par des citoyens plus avancés encore, grâce à l'encouragement qu'aurait, inconsciemment, accordé le Gouvernement à des théories qui sont loin de réunir l'approbation de la majorité des citoyens[42]. »

En réclamant la suppression de l'enceinte, Guyot, un des animateurs du Groupe de l'autonomie communale[43], vise peut-être à étendre le champ des compétences du conseil.

Pour confirmer cette hypothèse, on peut rapprocher le vote sur la proposition Guyot et les scrutins de 1880 sur le programme d'autonomie communale[44], démarche suggérée par la comparaison entre la carrière politique de Guyot et celle de Levraud. Ces derniers ne s'affrontent pas seulement au sujet de l'enceinte. Tandis que Guyot est un des chefs de file du Groupe de l'autonomie communale, Levraud est anti-autonomiste[45]. Cette double opposition est d'autant plus frappante que les deux élus se ressemblent par ailleurs. Nés la même année, en 1843[46], Guyot et Levraud ont tous deux un passé d'opposant au régime impérial et se situent plutôt « à gauche ». En 1884, Levraud est réélu au conseil sous l'étiquette « républicain radical anti-autonomiste[47] » ; quant à Guyot, il est élu à la Chambre l'année sui-

41. « Les fortifications de Paris », *La Revue des travaux publics*, 26 mars 1885.
42. *Idem.*
43. A. Robert, E. Bourloton et G. Cougny (dir.), *DPF*, *op. cit.*, t. 3, p. 300.
44. *PVCM*, 1880. La démarche se heurte à un obstacle : en 1881, le conseil a été renouvelé. Le nombre de votants le 11 juin 1883 ayant pris part aux scrutins sur le projet d'autonomie communale ne dépasse jamais la quarantaine.
45. C. de la Barrière et L. Mocquant, *NCMP. 1884*, *op. cit.*, p. 114.
46. A. Robert, E. Bourloton et G. Cougny (dir.), *DPF*, *op. cit.*, t. 3, p. 299 et J. Jolly (dir.), *DPF*, t. VI, p. 2269.
47. C. de la Barrière et L. Mocquant, *NCMP. 1884*, *op. cit.*, p. 114.

vante sur une liste dressée par la presse radicale[48]. Levraud deviendra aussi député quelques années plus tard, en 1898[49]. La carrière nationale de Guyot est d'ailleurs non seulement plus rapide, mais aussi plus brillante, puisque qu'il sera ministre des Travaux publics (1889-1892).

L'enceinte et le programme d'autonomie municipale

Le 4 novembre 1880, le conseil adopte un programme d'autonomie communale élaboré par une commission spéciale nommée au début de l'année. La désignation de cette commission s'inscrit dans le cadre d'intense travail législatif entamé à la fin des années 1870. Parmi les réformes à l'ordre du jour figure la réorganisation des municipalités. Des députés et sénateurs de Paris, anciens membres du conseil pour certains, demandent aux édiles un projet d'organisation municipale, d'où la nomination début 1880 de la commission spéciale, présidée par Engelhard[50].

Le rapporteur de la commission Sigismond Lacroix, fondateur avec Guyot du Groupe de l'autonomie communale[51], remet son travail en juillet 1880[52]. Les grandes lignes du projet sont les suivantes :

- Élection par le conseil municipal d'un conseil de mairie composé d'un maire et de 8 adjoints;
- Suppression des mesures permettant la suspension ou la révocation du conseil municipal par le pouvoir central;
- Élargissement des attributions du conseil municipal. Le projet prévoit, entre autres, l'autonomie en matière de fixation des impôts locaux, la direction des établissements d'instruction primaire et la possibilité pour la commune de fonder des établissements d'instruction secondaire ou supérieure;
- Publicité des séances du conseil municipal;
- Possibilité de rétribution des fonctions de conseiller municipal[53].

La discussion débute le 23 octobre 1880. Elle voit s'affronter « municipalistes », partisans du projet, et « Étatistes », qui y sont opposés. Au-delà de ce qui les sépare, les adversaires font assaut de républicanisme[54]. On défend le projet au nom des idéaux républicains ou symétriquement on le combat au nom des dangers qu'il fait courir à la République.

La question de la laïcité constitue un bon exemple de cet affrontement. Selon Lacroix :

> « [Si] notre projet est adopté, la commune n'aura à supporter aucune dépense relative aux cultes, mais elle ne pourra empêcher l'État d'entretenir

48. A. Robert, E. Bourloton et G. Cougny (dir.), *DPF, op. cit.*, t. 3, p. 300.
49. J. Jolly (dir.), *DPF, op. cit.*, t. VI, p. 2269-2270.
50. *PVCM*, 1880, 30 oct.
51. A. Robert, E. Bourloton et G. Cougny (dir.), *DPF, op. cit.*, t. 3, p. 300.
52. *PVCM*, 1880, 12 oct.
53. *Ibid.*, 4 nov.
54. M. Offerlé, *Les Socialistes et Paris, op. cit.*, p. 196-213.

des édifices et des fonctionnaires pour un service public des cultes ; il continuera à avoir le droit de propager des doctrines que nous considérons comme funestes et démoralisatrices, mais la commune n'en prendra pas sa part et n'y contribuera pas de ses deniers, et elle aura le moyen de se défendre de cette oppression morale en propageant ses doctrines à elle [...] [55]. »

Pour ses partisans, l'autonomie communale permettrait la mise en place d'institutions véritablement républicaines au niveau local malgré les réticences d'un pouvoir central placé sous la domination de la France rurale et conservatrice.

En revanche, pour les adversaires du projet, les libertés municipales sont dangereuses pour la laïcité : rien n'empêchera une commune d'établir chez elle un enseignement congréganiste. Si le danger n'existe pas à Paris, il en va différemment pour les communes rurales et conservatrices. Or les adversaires du projet refusent que Paris bénéficie d'un statut particulier : l'organisation communale doit être la même sur tout le territoire. Le projet est d'ailleurs combattu au nom de la « souveraineté nationale [56] », Levraud allant jusqu'à invoquer le risque de « guerre civile [57] » en cas d'adoption. Deux conceptions de la République s'affrontent donc, les partisans de l'autonomie étant cependant des républicains plus « avancés [58] » que leurs adversaires. D'ailleurs, le programme présente des points communs avec les revendications socialistes, en particulier l'élargissement des attributions du conseil municipal ou la publicité des séances [59].

Le 4 novembre 1880, le projet est adopté. Auparavant, la question a donné lieu à plusieurs scrutins. Le premier (12 octobre 1880), dont il est question ici, porte la date de discussion du rapport Lacroix. Il oppose les partisans d'une discussion rapide à ceux du renvoi de la discussion après le vote du budget [60], qui souhaitent enterrer le projet en en différant l'examen. 37 édiles ont participé à ce scrutin et au vote du 11 juin 1883.

Les partisans de la suppression de l'enceinte sont plus enclins que les autres à réclamer l'examen immédiat du projet :

		Report de la discussion			
		Oui	Non	Abstention	Ensemble
Proposition Guyot	Oui	15,4 %	65,4 %	19,2 %	100 %
	Non	50,0 %	50,0 %	0,0 %	100 %
	Abstention	20,0 %	40,0 %	40,0 %	100 %
	Ensemble	21,6 %	59,5 %	18,9 %	100 %

55. *PVCM*, 1880, 23 oct.
56. *Ibid.*, 28 oct. (N. Leven).
57. *Ibid.*
58. Lermina parle de l'« extrême gauche autonomiste ». J. Lermina (dir.), *DUIBB*, *op. cit.*, p. 1265.
59. M. Offerlé, *Les Socialistes et Paris*, *op. cit.*, p. 434-438.
60. *PVCM*, 1880, 12 oct.

Ce résultat est cohérent avec les observations précédentes : suppression des fortifications et autonomie communale vont souvent de pair. Par ailleurs, ce sont les abstentionnistes du 11 juin 1883 qui sont les plus souvent indifférents quant à la date d'examen du projet, ce qu'on peut interpréter comme un désintérêt pour la question de l'autonomie. L'enceinte est un enjeu sur lequel s'affrontent en priorité les républicains, leurs adversaires tendant à s'exclure. De même, la question de l'autonomie oppose les tenants de deux interprétations du républicanisme. L'hypothèse, suggérée par les personnalités de Guyot et de Levraud, d'un affrontement sur les fortifications s'inscrivant dans le débat sur l'organisation des pouvoirs municipaux reçoit ici un début de vérification.

Le 4 novembre 1880, le conseil municipal entame la discussion des articles du projet. Seul l'article 6 fait l'objet d'un vote :

> « Les dispositions légales qui interdisent la rétribution des fonctions municipales sont abrogées : le conseil municipal fixe l'indemnité à allouer aux membres du conseil, au maire et aux adjoints[61]. »

Dans les années 1880, la question est politique : est en jeu la reconnaissance de la légitimité d'un personnel politique professionnel, qui s'oppose aux hommes que la fortune autorise à se consacrer gratuitement à la chose publique[62]. Lacroix résume le débat dans les termes suivants :

> « Deux systèmes s'opposent : l'un qui consiste à admettre tous les citoyens dans les assemblées délibérantes, l'autre qui estime qu'il ne peut y entrer qu'une aristocratie restreinte que la richesse définit[63]. »

36 édiles ont participé au scrutin sur l'article 6 et au vote du 11 juin 1883 :

		Proposition Guyot			
		Oui	Non	Abstention	Ensemble
Article 6	Oui	80,8 %	11,5 %	7,7 %	100 %
	Non	0,0 %	0,0 %	100,0 %	100 %
	Refus de vote	62,5 %	25,0 %	12,5 %	100 %
	Ensemble	72,2 %	13,9 %	13,9 %	100 %

Ne serait-ce que parce qu'aucun des élus ayant rejeté l'article 6 ne vote contre la proposition Guyot, l'hypothèse d'un rejet de la proposition Guyot motivé par une opposition républicaine à l'autonomie municipale, l'abstention étant plutôt le fait d'édiles n'appartenant pas au camp républicain,

61. *Ibid.*, 4 nov.
62. M. Offerlé, « Illégitimation et légitimation du personnel politique ouvrier en France avant 1914 », *Annales*, 39e année, juil.-août 1984, p. 682-687.
63. *PVCM*, 1880, 4 nov.

semble infirmée. Cependant il ne faut pas se méprendre sur le sens des votes sur l'article 6. Le refus de vote semble émaner d'édiles hostiles au projet d'autonomie mais ne rejetant pas l'indemnisation des fonctions électives. Or ce sont les conseillers qui refusent de se prononcer sur l'article 6 qui votent le plus souvent contre la proposition Guyot, même si, en leur sein, ce vote reste minoritaire (25,0 % contre 13,9 % pour l'ensemble).

Le projet est adopté le 4 novembre 1880 par 35 voix contre une, 2 refus de vote et 14 abstentions[64]. 37 édiles prennent part à ce scrutin et au vote sur la proposition Guyot.

		Projet Lacroix			
		Oui	Abstention	Refus de vote	Ensemble
Proposition Guyot	Oui	84,0 %	4,0 %	12,0 %	100 %
	Non	60,0 %	40,0 %	0,0 %	100 %
	Abstention	28,6 %	28,6 %	42,9 %	100 %
	Ensemble	70,3 %	13,5 %	16,2 %	100 %

Le oui correspond à l'adhésion au principe de l'autonomie communale. Les abstentionnistes sont en fait des adversaires du projet Lacroix. Le refus de vote est le fait d'édiles présents à la séance mais absents lors du scrutin, comportement difficile à interpréter puisqu'il concerne aussi bien des partisans que des adversaires de l'autonomie. Les partisans de la proposition Guyot sont proportionnellement plus nombreux que leurs adversaires, mais surtout que ceux qui s'abstiennent le 11 juin 1883, à avoir voté l'adoption du projet.

En 1882, les partisans de la suppression de l'enceinte sont donc à la pointe des combats pour l'extension des pouvoirs municipaux et pour la républicanisation et la laïcisation des personnels et des institutions. Les moins disposés à soutenir ces revendications sont ceux qui s'abstiennent le 11 juin 1883 et non ceux qui émettent un vote négatif. Or autonomie communale et laïcisation sont des enjeux liés mais qui entretiennent des rapports complexes : pour les autonomistes, les libertés communales permettraient d'assurer aux petits Parisiens une instruction laïque, alors que pour leurs adversaires ces mêmes libertés, applicables à toutes les communes, font courir de grands dangers à la laïcité. Autrement dit, comme le sort de l'enceinte, le débat sur l'autonomie municipale voit s'affronter des édiles qui adhèrent au régime républicain.

L'hypothèse selon laquelle les républicains tendraient à se répartir au sujet des fortifications en fonction de leur position sur l'autonomie municipale est cependant difficilement vérifiable. En effet, abstention, refus de

64. *Ibid.*

vote ou vote négatif peuvent revêtir plusieurs significations. Par ailleurs les effectifs sont trop faibles pour tirer des conclusions statistiques fiables. L'examen des positions des édiles, telles qu'elles apparaissent dans les notices biographiques, est plus concluant :

Proposition Guyot	Autonomistes [65]	Anti-autonomistes [66]	Total (dont républicains)
Oui	28	7	46 (43)
Non	1	5	10 (9)
Abstention	1	7	11 (9)

L'adhésion à l'autonomie communale est beaucoup moins fréquente chez les adversaires de la suppression de l'enceinte que chez les partisans de Guyot. La relative similitude entre ceux qui repoussent la proposition Guyot et ceux qui s'abstiennent n'est pas étonnante : même si l'enceinte est un enjeu qui concerne en priorité les républicains, les adversaires du déclassement sont des républicains plus modérés que Guyot et ses partisans.

En définitive, au conseil municipal, le sort des fortifications n'est pas une question d'hygiène. L'hygiène donne rarement lieu à scrutin et, même quand c'est le cas, la répartition des voix a peu de rapport avec celle qu'on observe lors du vote sur la proposition Guyot. En revanche, on note une similitude entre ce scrutin et les votes sur la républicanisation, la laïcisation et l'autonomie communale. Le débat sur l'enceinte et le scrutin qui le conclut semblent opérer une consolidation des oppositions qui se sont dégagées au sein du conseil autour d'enjeux politiques nationaux, liés à la mise en place d'un nouveau régime. Ils contribuent ainsi à la structuration du champ politique local, qui s'élabore progressivement dans et par l'affrontement politique.

Le 11 juin 1883, les adversaires de la République ou les républicains les plus modérés ont tendance à s'abstenir. Chez les républicains, les partisans du déclassement de l'enceinte sont largement majoritaires. Cette mesure symbolise la rupture avec le régime précédent, ce qui s'explique en partie par la charge émotionnelle et symbolique dont est porteur l'ouvrage militaire. C'est à ce niveau que joue l'emballage hygiéniste de la proposition Guyot : l'enceinte assume toutes les fautes du Second Empire, en particulier l'impréparation à la guerre et la défaite, perçue comme une défaite sanitaire. Bien que la majorité des élus républicains réclame la suppression des fortifications, la mesure ne fait pas l'unanimité, les votants tendant à se pro-

65. Membres du Groupe de l'autonomie communale, votant avec lui ou candidats « autonomistes » en 1884.

66. Opposition aux idées autonomistes, candidature « non autonomiste » ou « anti-autonomiste », ou élection contre un « autonomiste » en 1884.

noncer en fonction de leur position sur l'autonomie communale. Si appartenance au camp autonomiste et vote pour la proposition Guyot vont souvent de pair, c'est peut-être que l'aménagement de l'enceinte sous contrôle de la Ville accroîtrait le champ d'action des édiles. Sur ce point, les intérêts des élus locaux semblent rencontrer ceux de l'administration préfectorale, très disposée à étudier la question.

La bonne volonté des fonctionnaires de la Seine : le projet Bartet

Le déclassement de l'enceinte ne fait pas seulement l'objet de discussions entre édiles, il donne aussi lieu à des travaux techniques. Le Service des promenades de la préfecture de la Seine présente dès 1884 un projet d'aménagement détaillé. L'existence de ce document soulève certaines questions sur les relations qui se nouent entre services de la préfecture de la Seine, conseil municipal et État central à l'occasion de la désaffectation éventuelle des fortifications.

Conditions d'élaboration et accueil du projet

La proposition Guyot est adoptée en juin 1883. Moins d'un an plus tard, en avril 1884, l'administration remet un projet complet d'aménagement des fortifications, comprenant plans, cartes et devis, boulevard par boulevard. Ce projet est signé de Bartet, l'ingénieur en chef du Service municipal des promenades de Paris, dépendant de la Direction des travaux et donc d'Alphand, qui a sans doute participé au travail ou du moins l'a suivi de près[67]. Il répond à une demande du ministre de la Guerre, le général Campenon, avec lequel le conseil municipal est entré en pourparlers pour obtenir la désaffectation de l'enceinte[68]. Les services de la Ville accèdent donc avec diligence à un désir émanant des édiles, sinon nominalement du moins de fait. Le délai entre le vote de la proposition Guyot et la remise du projet semble particulièrement court : Guyot mentionne la « rapidité remarquable » avec laquelle a été élaboré ce projet complet où « chaque banc, chaque arbre, chaque bec de gaz est à sa place[69] ».

Analysant l'apparition de l'urbanisme en s'appuyant sur l'exemple de Paris, Alain Cottereau remarque que, à la fin du XIXe siècle, « les rapports entre élus, fonctionnaires de la Seine et État central constituent un champ clos de relations de pouvoir[70] », chacune des parties s'efforçant de limiter

67. *La Revue des travaux publics* du 26 mars 1885 parle du « plan de MM. Alphand et Bartet » et Brousse du projet « préparé par Alphand ». *RDCM,* 1883, n° 22.
68. Y. Guyot, *Paris ouvert, op. cit.*, p. 26.
69. *Idem.*
70. A. Cottereau, « L'apparition de l'urbanisme comme action collective : l'agglomération parisienne au début du siècle », *Sociologie du travail,* n° 4, 1969, p. 342-365. Voir p. 356.

les initiatives des autres quand elles empiètent sur ses prérogatives. Les fonctionnaires du Service des travaux n'ont donc *a priori* aucune raison de faire diligence, bien que le projet leur ait été commandé par le ministre de la Guerre. Cependant, selon A. Cottereau, des convergences entre édiles et fonctionnaires de la Seine se dessinent parfois. Sans doute est-on dans cette situation. Dans une note du 2 avril 1884, Bartet justifie l'existence du projet dans les termes suivants : « [Nous] pensons qu'il était utile de jeter dans une discussion si intéressante, une étude complète des conséquences que pourrait avoir une décision que l'opinion publique acceptera avec reconnaissance[71]. » La Direction des travaux semble prête à appuyer tout projet de désaffectation de l'enceinte. L'importance des travaux auxquels donnerait lieu une telle mesure explique sans doute la brièveté du délai entre l'adoption de la proposition Guyot (et *a fortiori* la commande de Campenon) et la remise d'un projet détaillé. Une opération d'une telle envergure serait pour la Direction des travaux un moyen d'accroître son poids au sein de l'administration préfectorale.

Il n'y a alors rien d'étonnant à ce que dans l'affaire la Direction des travaux soutienne le conseil municipal, ce qui semble le cas. L'auteur anonyme d'une « note sur les bases d'une convention entre l'État et la ville de Paris pour la démolition des fortifications et l'aliénation des terrains militaires désaffectés[72] » datée du 6 janvier 1885 semble se placer du côté de la Ville. Il fait remarquer que l'État ne peut refuser d'apporter son concours à cette « grande opération de salubrité[73] », à laquelle la Ville serait obligée de renoncer si elle n'obtenait pas l'aide des pouvoirs publics. Bartet, lui, déclare nettement que la responsabilité de l'opération doit revenir à la ville de Paris : « Si jamais le Parlement se décide à voter la loi qui permettrait de réaliser ce projet, il y aurait là une opération d'ensemble dont la Ville seule devrait être chargée[74]. » Sans doute les intérêts des édiles et des fonctionnaires de la Seine convergent-ils : les premiers comme les seconds souhaitent l'aménagement des fortifications, « décision que l'opinion publique acceptera avec reconnaissance[75] » et opération d'importance. Mais le principe d'une opération sous responsabilité municipale ne fait pas l'unanimité. L'article de *La Revue des travaux publics*[76] cité plus haut s'élève contre le risque d'un accroissement de la popularité d'édiles aux opinions extrêmes si la Ville assumait la responsabilité d'une opération très appréciée comme l'aménagement de l'enceinte.

---

71. Note de Bartet, 2 av. 1884.
72. *Note sur les bases d'une convention entre l'État et la ville de Paris pour la démolition des fortifications et l'aliénation des terrains militaires désaffectés*, 6 janv. 1885. Ce document non signé présente des similitudes avec la note de Bartet.
73. *Ibid.*
74. Note de Bartet, 2 av. 1884.
75. *Ibid.*
76. « Les fortifications de Paris », *La Revue des travaux publics*, *op. cit.*

Le projet du Service des promenades

Il existe plusieurs variantes du projet. Sont envisagées en 1884 soit la désaffectation totale des fortifications, soit une désaffectation partielle, de la porte de Saint-Cloud au passage du canal Saint-Denis. Le déclassement de la portion ouest de l'enceinte est une hypothèse privilégiée dès la fin des années 1870. En 1879 déjà, des édiles réclamaient le « déclassement de la partie de l'enceinte fortifiée comprise entre la Porte de Maillot et la porte d'Auteuil[77] ». De même, en 1882, l'amendement à la proposition Guyot proposé par Engelhard invite « le préfet de la Seine à négocier avec l'État la suppression des fortifications situées entre le Point-du-Jour (à Auteuil) et Clichy[78] ». Le nord-ouest de l'enceinte est privilégié pour des raisons financières : les terrains, plus convoités, se vendront plus cher. La note du 6 janvier 1885 table sur une valeur moyenne de 51,17 F le m^2 pour l'ensemble de l'enceinte. Cette valeur se monterait à 85 F entre la porte de Saint-Cloud et le canal Saint-Denis[79].

Les projets de 1884 et de 1885 envisagent d'établir sur les fortifications un boulevard de 74 m de large, comportant « deux chaussées latérales, un vaste trottoir central garni de six rangées d'arbres et deux trottoirs extrêmes également pourvus de plantations[80] ». La question de l'octroi serait résolue par l'aménagement d'un fossé au milieu du trottoir central, bordé du côté de Paris d'« un mur et [d']une balustrade[81] » et du côté extérieur d'« un talus couronné par une grille de fer[82] ». Cette disposition permettrait le maintien en l'état des limites de l'octroi. Le reste des terrains serait vendu pour la construction, en réservant toutefois pour le lotissement des voies de 10 m de large, ainsi qu'une rue de la même largeur. Cette dernière, « utilisant les chemins existants, séparerait [les] nouveaux îlots de maisons de la zone de servitude[83] ».

Ce profil général comporte deux exceptions. La première concerne le bois de Boulogne. À ce niveau, le fossé n'a pas de raison d'être, la limite de l'octroi suivant le périmètre extérieur du Bois. De plus, la nécessité d'un large boulevard ne se fait pas sentir, cette portion de l'espace à aménager bénéficiant déjà de « l'air si pur de la promenade[84] ». Le boulevard serait donc réduit à 30 m. Le projet précise toutefois que, « dans [ce] quartier où les habitations de luxe seront toujours recherchées[85] », il sera sans doute imposé aux acheteurs des terrains une servitude *non aedificandi* et que,

77. *PVCM*, 1879, 22 nov.
78. *RDCM*, 1882, n° 78.
79. Note du 6 janv. 1885.
80. Note de Bartet, 2 av. 1884.
81. *Ibid.*
82. *Ibid.*
83. *Ibid.*
84. *Ibid.*
85. *Ibid.*

somme toute, l'espace non bâti excédera les 30 m prévus pour le boulevard. L'autre exception, symétrique, concerne la portion de l'enceinte longeant le bois de Vincennes. Là non plus un boulevard de 74 m ne s'impose pas, bien que le bois de Vincennes ne soit pas compris dans les limites de l'octroi. Aussi est adopté à ce niveau un profil intermédiaire de 62 m de large. Il s'agit là de la première variante du projet. La seconde prévoit un boulevard d'une largeur partout réduite à 62 m, sauf évidemment au niveau du bois de Boulogne. L'esprit de cette seconde variante est très semblable à celui de la première. Il en est de même pour le projet de janvier 1885. Dans ces différentes versions, deux variantes, désaffectation totale ou partielle, sont envisagées, dictées par la nécessité de parvenir à un équilibre financier.

Le projet vise essentiellement à aérer la Ville. En cela, l'opération envisagée reste très dépendante de l'héritage haussmannien d'embellissement de la capitale par la création de voies monumentales bordées d'immeubles. Pour J.-L. Cohen et A. Lortie, « Bartet et Alphand “haussmannisent” en quelque sorte le terrain du mur d'enceinte en un gigantesque lotissement hors la ville, bordé par le boulevard, côté Paris. Le système d'îlots proposé se développe de façon homogène sur l'ensemble de l'enceinte [86] ». D'une certaine manière, le projet se situe même en retrait par rapport aux conceptions de l'ancien préfet. En effet, il n'aborde pas vraiment le problème des communications entre Paris et l'extérieur : les textes ne font qu'une fois référence à l'aménagement de « portes », pour préciser que « les portes d'entrée dans Paris seront conservées à leur position actuelle [87] ». L'inscription dans la tradition haussmannienne ne concerne d'ailleurs que l'aspect morphologique du projet. Il n'en va pas de même de sa dimension institutionnelle et financière.

Le projet porte uniquement sur les fortifications. Il n'envisage aucun traitement spécifique pour la zone de servitude s'étendant sur 250 m à l'extérieur de l'ouvrage militaire. La suppression de l'enceinte est censée faire disparaître la zone en tant que telle par la levée de la servitude et les terrains zoniers ne semblent justiciables d'aucune mesure particulière. La question n'est abordée que sous l'angle financier, avec l'éventualité d'un prélèvement partiel de la plus-value que l'opération induira pour l'ex-zone militaire. Les projets d'aménagement ne lieront organiquement enceinte et zone que vers la fin des années 1900.

Comme les édiles, les fonctionnaires invoquent l'hygiène pour justifier la suppression de l'enceinte. Bartet s'inquiète de la croissance démographique et de la disparition des espaces non bâtis qui en est la conséquence. Pour lui la survie de Paris en tant que capitale est en jeu :

86. J.-L. Cohen et A. Lortie, *Des fortifs au périf, op. cit.*, p. 70.
87. Note de Bartet, 2 av. 1884.

> « La capitale d'un État puissant grandit ou disparaît pour faire place à une ville rivale qui devient désormais le siège du gouvernement, le cœur du pays. Nous pouvons donc concevoir l'époque où Paris entièrement bâti renfermera dans ses limites actuelles une population de trois millions d'habitants [88]. »

Les nouveaux habitants seront alors amenés à chercher de l'espace en banlieue, à proximité immédiate de Paris. C'est à ce niveau, entre un Paris saturé et une banlieue appelée à se densifier, qu'interviendrait l'aménagement des fortifications : « [Il] faut dès lors qu'il y ait entre cette surface entièrement bâtie et ces communes suburbaines, qui seront désormais comme la ressource du Paris agrandi, un vaste réservoir d'air aussi désirable pour l'hygiène que pour la circulation [89]. » Un large boulevard s'impose donc, conçu à la fois comme « canalisation atmosphérique [90] » et comme « réservoir d'air [91] ». Comme les édiles, les fonctionnaires invoquent l'exemple étranger : « Des mesures analogues ont été adoptées dans toutes les grandes villes, notamment à Vienne et Francfort, où le sol des anciens remparts a été transformé en magnifiques promenades [92]. » La convergence est très nette avec les arguments de Guyot et de Brousse, qui sont d'ailleurs séduits par le contenu du projet [93].

Le financement

Le projet de 1884 : une opération rentable pour la collectivité

La question du financement est abordée dès 1884. Le texte remis en avril comporte plusieurs tableaux indiquant les recettes et dépenses projetées, boulevard par boulevard, pour les différentes variantes. Les rédacteurs se préoccupent principalement de deux problèmes : l'évaluation du prix des terrains de l'enceinte et la récupération éventuelle de la plus-value que l'opération apportera aux terrains de la zone. Le produit de la vente d'une partie des fortifications déclassées constituant la part la plus importante des recettes, la question du prix des terrains est cruciale. Bartet explicite les principes présidant à l'estimation : « L'évaluation des terrains devenus ainsi disponibles devrait être calculée en consultant le prix des ventes récemment faites sur la route militaire [94]. » Il signale d'ailleurs que les services de la Ville sont « restés plutôt en dessous de ces chiffres, afin d'éviter des mécomptes [95] ». Autre source de recettes : la récupération de la plus-value

88. *Ibid.*
89. *Ibid.*
90. *Ibid.*
91. Note du 6 janv. 1885.
92. *Ibid.*
93. Y. Guyot, *Paris ouvert*, *op. cit.* et *RDCM*, 1893, n° 22.
94. Note de Bartet, 2 av. 1884.
95. *Ibid.*

que connaîtront les terrains de la zone. Ceux-ci, avec la levée de la servitude, verront leur valeur augmenter. Il sera donc possible de récupérer une partie de la plus-value induite par l'opération. Mais le principe de cette récupération pose problème. Les zoniers n'ont pas été indemnisés lors de l'établissement de la servitude et ils ne feraient que recouvrer la pleine jouissance de leurs droits de propriété en cas d'abolition[96]. Bartet est conscient du problème, mais invoque le fait que la plus-value résulterait, non du recouvrement d'un droit, mais des fruits d'un travail fourni par la collectivité :

> « Laissant de côté toute la discussion qui a pu avoir lieu à ce sujet en 1841, nous n'avons vu dans l'affaire qu'un grand travail d'utilité publique dont la conséquence serait pour ces terrains une plus-value qui tomberait sous le coup des articles 31 et 32 de la loi de 1807. Peu importe si, en 1841, les ayant droit ont été oui ou non indemnisés de la restriction que la construction des fortifications apportait à leurs droits antérieurs car les sommes que nous nous croyons en droit de réclamer, sous le titre de plus-value, aux propriétaires actuels de la zone de servitude ne sont pas une simple restitution mais bien une contribution dans un travail dont ils seront les premiers bénéficiaires[97]. »

Toutefois, « tout en maintenant la légitimité du principe de la plus-value », les services de la Ville sont d'avis « qu'il faut, dans son estimation, en modérer autant que possible l'importance[98] ». Cette modération est peut-être l'indice d'un doute quant à la possibilité d'une récupération effective, lequel inciterait à limiter la part de ces recettes dans les estimations. Au XIXe siècle, l'application des dispositions réglementant la récupération de la plus-value générée par des travaux publics est soumise à la mise en œuvre de procédures très lourdes et ces dispositions ne sont que très rarement appliquées[99]. Dans le cas de la zone, où se greffe la question de la levée de la servitude militaire, l'incertitude pesant sur la possibilité de récupérer la plus-value est très forte. Quoi qu'il en soit, il s'agit tout d'abord pour les services de la Ville d'évaluer le montant de la plus-value que connaîtront les terrains zoniers suite aux travaux d'aménagement. Le principe d'estimation, tel qu'il est exposé dans la note du 2 avril 1884, est difficilement compréhensible (le texte comporte de nombreuses ratures et corrections illisibles). L'évaluation repose sur le calcul de la différence entre le prix actuel des propriétés de la zone et celui de terrains situés ailleurs, sans

96. La question de l'indemnisation des propriétaires de terrains et d'immeubles situés dans la zone de servitude a donné lieu à des batailles juridiques au cours du second XIXe siècle. Voir J. Mizraki et E. Soulier, Ligue pour le déclassement du mur d'enceinte de Paris, *Les Servitudes militaires et les fortifications de Paris devant l'opinion publique. Les phases d'une campagne*, Paris, Nouvelle librairie parisienne, A. Savine éditeur, 1893 ; P. Brisset, *La Zone de Paris et la loi du 19 avril 1919*, *op. cit.*, p. 15-18 et J. Flourens, *Les Fortifications de Paris*, *op. cit.*

97. Note de Bartet, 2 av. 1884.

98. *Ibid.*

99. J.-P. Gaudin, *L'Avenir en plan*, *op. cit.*, p. 119-120.

que la localisation de ces derniers soit précisée. Les estimations tablent alors sur une plus-value de 86 millions de francs environ pour l'ensemble des terrains de la zone [100]. Les rédacteurs du projet hésitent sur l'importance du prélèvement à effectuer (3/4 ou 1/2 de la valeur totale de la plus-value réalisée) [101].

Le bilan de l'opération ainsi envisagée est nettement positif. D'après la note du 2 avril 1884, les dépenses se monteraient à moins de 67 millions de francs et les recettes à près de 187 millions (dont 97 pour la vente des terrains et 86 pour la plus-value récupérée auprès des propriétaires zoniers), soit un bénéfice de 120 millions [102]. Ce calcul pose d'ailleurs un problème, dans la mesure où c'est la plus-value totale qui est évaluée à 86 millions. Dans l'hypothèse d'un déclassement partiel, les dépenses totales se monteraient à 22 millions et les recettes à près de 70 millions. Dans tous les cas, l'opération serait rentable. Reste à savoir qui de la Ville ou de l'État profiterait de cette rentabilité. Bartet ne cherche pas à répondre à cette question : « Il est évident que notre étude confond, et ce qui appartient à la Ville, et ce qui appartient à l'État [103]. » Les comptes présentés en 1884 constituent en quelque sorte un bilan social de l'opération envisagée, dont ils montrent qu'elle serait profitable pour la collectivité. La question de l'affectation des gains n'est pas abordée.

Un tel point de vue s'explique sans doute par la volonté des fonctionnaires du Service des promenades, non seulement d'apporter la preuve de la faisabilité de l'opération, mais aussi de montrer qu'elle s'impose par son caractère socialement utile et rationnel. Pour Bartet, il s'agit de « jeter [...] une étude complète des conséquences que pouvait avoir une décision que l'opinion publique acceptera avec reconnaissance [104] ». L'ingénieur en chef cherche donc explicitement à établir le bilan social d'une opération qui créerait un « vaste réservoir d'air aussi désirable pour l'hygiène que pour la circulation [105] ». La question du partage des gains est d'ailleurs sans doute prématurée, aucune disposition législative ne rendant encore possible la réalisation du projet. Bartet suggère néanmoins une solution : la Ville serait chargée de l'opération, moyennant une redevance que les estimations des services de la Ville pourraient aider à fixer, l'État lui remettant et sa propriété et ses droits. Cette combinaison paraît plutôt favorable aux intérêts municipaux, dont il semblerait qu'en 1884 les fonctionnaires de la Seine se fassent les défenseurs.

---

100. Note de Bartet, 2 av. 1884.
101. Le taux de prélèvement initialement prévu est de 3/4, mais il est biffé et remplacé par la mention « 1/2 » dans la note de Bartet.
102. Note de Bartet, 2 av. 1884.
103. *Ibid.*
104. *Ibid.*
105. *Ibid.*

Le projet de convention de 1885 : défense des intérêts de la Ville ?

La note du 6 janvier 1885 se montre plus explicite sur le partage des dépenses et des recettes de l'opération envisagée. La première question concerne les terrains qui constitueront le boulevard de 74 m. La note prévoit que la Ville apportera les terrains de la route militaire de 16 m de large *(intra-muros)*, dont la jouissance lui a été concédée par une convention de 1859, ainsi qu'une zone de 24 m dont elle a entrepris depuis 1861 l'acquisition à ses frais sur les propriétés riveraines de la route militaire, soit 40 m au total. L'État apportera les 34 m restants, qu'il prélèvera sur les terrains militaires libérés par le déclassement de l'enceinte. Il s'agit là de « la part de l'État à la grande opération de salubrité projetée [106] », apport absolument indispensable :

> « Dans aucun cas, la Ville ne pourrait entreprendre l'opération à elle seule. Elle renoncerait plutôt à demander la démolition des fortifications qui serait pour elle une ruine si elle devait payer à l'État plus de 60 millions pour des terrains qu'elle ne pourrait revendre [107]. »

Quant aux travaux de réalisation du boulevard, la Ville en assurera les frais. La dépense totale (valeur des terrains plus prix des travaux) sera ensuite partagée entre les deux parties contractantes. Les terrains de l'enceinte qui ne seront pas occupés par le boulevard seront vendus à la Ville.

Sur ces bases, les services de la Ville sont à même de répartir dépenses et recettes entre la Ville et l'État et la rentabilité de l'opération pour la Ville s'avère problématique. Comme en 1884 (à quelques dizaines de milliers de francs près), les terrains effectivement libérés (hors boulevard) par le déclassement sont évalués à 97 millions. Aux termes du projet de convention, la Ville serait appelée à débourser cette somme pour se rendre propriétaire des terrains, ce qui suscite le commentaire suivant de l'auteur de la note :

> « Ce prix est très élevé et la Ville ne pourrait le dépasser sans courir des chances de pertes que sa situation financière ne lui permettrait pas de supporter. [...] La Ville ne pourrait même accepter le prix sus-indiqué qu'à la condition de payer l'État en annuités (cinq au moins) à dater de la prise de possession des terrains aliénables [108]. »

Outre l'achat de ces terrains, la Ville devrait payer 4 millions à l'État pour la valeur des produits de démolition qu'elle récupérerait. Elle devrait aussi lui reverser 7 millions au titre de la compensation de la différence entre la valeur de son apport (les travaux de construction évalués à plus de 48 millions) et celle, supérieure, de l'État (la bande de 34 m destinée à compléter le boulevard, estimée à près de 63 millions). La Ville devrait donc ver-

106. Note du 6 janv. 1885.
107. *Ibid.*
108. *Ibid.*

ser plus de 108 millions de francs[109]. Pour l'auteur de la note, cette somme ne correspond pas à une estimation définitive : « Ce chiffre très élevé ne sera pas admis sans réclamation par le conseil municipal. Il ne peut être considéré que comme un point de départ dans les négociations entre l'État et la Ville[110]. »

L'opération est d'autant moins avantageuse pour la Ville que celle-ci supportera en sus un ensemble de dépenses, dont les travaux de construction du boulevard, évalués à 60 millions, ainsi que « les chances de pertes sur la revente des terrains, qui atteindra difficilement la somme de 108 millions que l'État recevra sans aucun risque[111] ». L'opération, risquée et peu intéressante pour la Ville, serait d'autant moins tentante que l'unanimité semble régner au conseil municipal contre l'émission de nouveaux emprunts[112]. Dans ces conditions, la récupération de la plus-value dont bénéficieront les zoniers s'impose :

> « La Ville ne consentirait même pas à entreprendre une semblable opération si les propriétaires de la zone [...] ne contribuaient pas, dans une certaine mesure, à des travaux de toutes natures qui vont décupler la valeur actuelle de leurs immeubles[113]. »

Comme en 1884, la plus-value est estimée à 86 millions et le projet de convention prévoit un prélèvement de la moitié de cette dernière. La note envisage aussi la possibilité pour la Ville de bénéficier d'un prêt de la Banque de France, « à un intérêt modique, comme le fait la Banque pour l'État[114] ».

La mise en valeur des terrains

Si, d'un point de vue morphologique, le projet Bartet s'inscrit dans la logique des réalisations du Second Empire, il n'en va pas de même pour sa dimension institutionnelle. Les grands travaux haussmanniens font intervenir des sociétés immobilières qui mènent des « opérations spéculatives [d']acquisition de terrains, valorisation plus ou moins poussée par des travaux de viabilité, lotissement, voire construction de certaines parcelles, rétrocession des immeubles construits et terrains à bâtir[115] ». Or ni le pro-

109. *Ibid.*
110. *Ibid.*
111. *Ibid.*
112. Voir les *PVCM* et C. de la Barrière et L. Mocquant, *NCMP. 1884*, *op. cit.*
113. Note du 6 janv. 1885.
114. Le projet de convention comporte une seconde variante, correspondant à une désaffectation partielle. L'État recevrait 79 millions dont 70 provenant de l'achat par la Ville des terrains à aliéner et des matériaux de démolition et 9 versés par la Ville dans le cadre de la péréquation entre les sacrifices consentis par l'État (cession des terrains nécessaires à l'élargissement du boulevard) et dépenses engagées par la Ville pour les travaux. La Ville, de son côté, débourserait près de 26 millions (16,8 millions de travaux à sa charge et 9 millions reversés à l'État). Ses recettes se monteraient à 18,5 millions (récupération de la moitié de la plus-value dont bénéficierait la zone). *Ibid.*
115. M. Lescure, *Les Sociétés immobilières en France au XIXe siècle*, Paris, Publications de la Sorbonne, 1980, p. 17.

jet de 1884 ni la note de 1885 n'envisagent le recours aux banques et aux sociétés immobilières. Tout se passerait entre l'État et la Ville. Il convient toutefois de noter que le montage proposé ne relève pas exactement de l'opération spéculative classique : il ne s'agit pas de livrer aux acheteurs des terrains prêts à la construction. Le projet de 1884 et la note de 1885 précisent en effet que le coût de la viabilité des voies de lotissement sera supporté par les acheteurs des terrains : « [Notre] projet ne comporte pas la viabilité des voies de lotissement de tous ces grands îlots, car ces frais seront, comme d'habitude, à la charge des acquéreurs [...] [116]. »

L'opération envisagée semble se situer en amont d'une hypothétique intervention de sociétés immobilières. Il n'en reste pas moins qu'il n'est fait nulle part référence à une participation ultérieure de celles-ci et qu'au contraire la perspective d'une intervention municipale directe est mentionnée, au titre d'une revendication des édiles : « Le Conseil municipal a demandé plusieurs fois la démolition des fortifications et propose d'acquérir les terrains militaires désaffectés pour les aliéner, après y avoir fait les voies nécessaires à leur lotissement [117]. »

Sans doute la conjoncture immobilière est-elle à l'origine de cette différence avec les grandes opérations haussmanniennes. Le secteur immobilier, en expansion à la fin des années 1870 et au tout début des années 1880, entre en récession en 1882. La récession se traduit par une chute de l'activité spéculative des sociétés immobilières, très importante au début des années 1880, à la fin de la phase ascendante du cycle immobilier [118]. Quel est alors le statut du projet d'aménagement de l'enceinte et du montage financier censé le rendre possible ? Les fonctionnaires n'envisagent-ils une opération sous contrôle municipal direct que comme un pis-aller, le recours aux sociétés immobilières étant impossible ? Ou s'agit-il au contraire d'une volonté de rupture avec des pratiques héritées du Second Empire ? Les textes ne permettent pas de trancher.

Une troisième hypothèse est envisageable : l'absence explicite de référence à une intervention de sociétés immobilières tiendrait au fait que le moment n'est pas encore venu. L'opération décrite dans la note de 1885 serait un préalable à des opérations spéculatives de viabilisation et de lotissement, susceptibles d'être menées en aval par des sociétés immobilières. Les fonctionnaires sont conscients des obstacles qu'aura à surmonter tout projet d'aménagement de l'enceinte. Il s'agit donc pour eux d'en montrer, dans un premier temps, la faisabilité. C'est clairement l'esprit de la note de Bartet, peu explicite sur les modalités financières de l'opération. Bien que présentant un montage financier dans lequel l'aménagement se réaliserait sous la responsabilité municipale, la note du 6 janvier 1885 n'a pas la prétention d'en fixer défi-

116. Note de Bartet, 2 av. 1884.
117. Note du 6 janv. 1885.
118. M. Lescure, *Les Sociétés immobilières en France*, *op. cit.*, p. 20 et 28.

nitivement les modalités. Là encore, l'auteur cherche avant tout à démontrer la faisabilité d'un aménagement ménageant un large boulevard :

> « Quel que soit le procédé à suivre pour l'aliénation des terrains militaires à désaffecter, que l'État opère directement ou que la Ville intervienne, les pouvoirs publics ne peuvent pas se refuser à l'exécution du grand boulevard qui doit être la base de toute l'opération [119]. »

On est encore proche du bilan social présenté l'année précédente par Bartet.

Dans ces conditions, il n'y a rien d'étonnant à ce que la note ne détaille pas les modalités concrètes de l'opération. Avant de s'intéresser à la manière dont on procédera à la vente des terrains de l'enceinte, il s'agit de montrer que le projet est réalisable. La note de 1885 est censée en apporter la preuve, tout en insistant sur la nécessité de certaines concessions de la part de l'État. La crise n'est d'ailleurs pas étrangère à cette relative imprécision. Les fonctionnaires ont intérêt à rester évasifs sur les modalités concrètes de l'aliénation des fortifications désaffectées s'ils souhaitent que l'opération paraisse réalisable.

Le sort du projet

Le projet Bartet échoue dans les cartons des archives de la Seine. Au cours des vingt dernières années du XIXe siècle, les négociations entre la Ville et l'État sur le sort de l'enceinte achoppent sur des obstacles d'ordre financier auxquels le projet Bartet est totalement étranger. Les négociations connaissent un premier enlisement dès février 1885 [120], soit un mois après la rédaction du projet de convention [121]. Ce blocage résulte d'une divergence entre les estimations de la valeur de l'enceinte retenues par le ministère des Finances et par la Commission municipale des fortifications nommée suite au vote de la proposition Guyot [122]. Les travaux du Service des promenades ne sont donc pas en cause. D'ailleurs, dans *Paris ouvert*, Guyot présente l'aménagement proposé par Bartet comme la réalisation que rendrait possible un accord entre l'État et la Ville. Selon lui, ce projet pourrait aisément aboutir : « Il ne faut qu'un mouvement d'opinion publique pour forcer le ministère des Finances à dépouiller son rôle d'Harpagon à l'égard de Paris [123]. » Cette « question de gros sous [124] » réglée, la réalisation du projet permettra l'ouverture d'une ère nouvelle pour la capitale. *Paris ouvert* s'achève ainsi sur la vision d'un avenir radieux :

---

119. Note du 6 janv. 1885.
120. Y. Guyot, *Paris ouvert*, *op. cit.*, p. 26-27.
121. Note du 6 janv. 1885.
122. *Ibid.*
123. Y. Guyot, *Paris ouvert*, *op. cit.*, p. 30.
124. *Idem.*

« Bientôt des maisons surgiront sur ce désert, qui semble fait exprès pour favoriser les exploits des Touaregs des villes ; un boulevard remplacera ces murs à l'aspect sinistre ; Paris, si avide d'expansion, cessera d'étouffer dans son corset de pierre ; à la place de Paris fermé, nous aurons Paris ouvert[125] ! »

Dans *Paris ouvert*, Guyot reste muet sur la combinaison financière proposée par l'administration. Dans la mesure où il n'hésite pas à stigmatiser l'attitude du ministère des Finances, on peut supposer que le projet de convention n'attire pas son indignation. Guyot est pourtant un économiste libéral, que l'idée d'une intervention municipale sur le marché immobilier devrait choquer. Par ailleurs, le projet de convention de 1885 se fait fréquemment l'interprète des intérêts financiers de la Ville, réclamant la participation financière de l'État à l'opération (abandon, partiellement gratuit, d'une bande de 34 m pour l'établissement du boulevard), la possibilité pour la Ville d'obtenir un prêt intéressant de la Banque de France ou encore la récupération d'une partie de la plus-value dont bénéficieront les zoniers[126].

Les projets d'aménagement et de convention laissent supposer une alliance entre les services de la préfecture de la Seine et le conseil municipal sur la question des fortifications. Les premiers s'efforcent d'élaborer un projet acceptable pour le second : non seulement les fonctionnaires défendent les intérêts financiers de la ville de Paris, mais ils soulignent la nécessité d'un contrôle municipal sur l'opération projetée. On est bien dans la situation de convergence entre les intérêts des fonctionnaires préfectoraux et des édiles évoquée par A. Cottereau, les deux parties trouvant un intérêt à une opération réalisée sous l'égide de la Ville. L'ensevelissement définitif du projet Bartet tiendrait alors à l'enlisement des négociations, qui n'aboutiront qu'à la veille de la première guerre mondiale. D'autres projets auront alors vu le jour, répondant à de nouvelles préoccupations.

Les négociations Ville-État

Les négociations opposent les édiles aux ministres des Finances et de la Guerre successifs, l'administration préfectorale jouant en quelque sorte un rôle d'intermédiaire.

Des brèches dans le mur : un enjeu indépendant du déclassement

Depuis les années 1870 au moins, les édiles multiplient les demandes de percement de l'enceinte, les revendications cessant au début des années 1910, quand le démantèlement est considéré comme acquis à brefs délais.

125. *Idem.*
126. Note du 6 janv. 1885.

Le problème est donc contemporain des négociations sur le sort des fortifications. De plus, les discussions sur les portes mobilisent à peu près les mêmes acteurs que le débat sur l'enceinte : édiles, fonctionnaires locaux et militaires. Quels rapports les enjeux partiels que constituent les portes entretiennent-ils alors avec l'enjeu global qu'est le sort de l'enceinte ?

Entre 1879 et 1911, la question revient cinquante fois devant le conseil municipal [127]. Sauf en deux occurrences, les interventions visent une amélioration des conditions de franchissement de l'enceinte [128] par le percement d'une nouvelle porte, la réouverture d'une porte supprimée ou l'élargissement d'une porte existante. Ces questions peuvent rester pendantes très longtemps, certaines remontant presque à la construction de l'enceinte : les premières demandes d'une porte supplémentaire dans le 16e arrondissement remontent à 1857 [129] et l'affaire n'est toujours pas réglée en 1895 [130]. Les édiles se font aussi les interprètes de la population parisienne ou des communes limitrophes, ou encore d'élus de banlieue, en déposant des pétitions sur le bureau du conseil [131].

Au conseil, la question des portes n'est pas liée à celle des fortifications. Jusqu'au milieu des années 1890, l'éventuelle disparition de l'enceinte n'est jamais mentionnée lors de demandes de nouvelles ouvertures, alors qu'à l'inverse les pétitions pour obtenir des brèches dans l'ouvrage de défense sont invoquées pour en réclamer le déclassement [132]. Le 19 juin 1895 marque un tournant : pour la première fois, un lien est opéré entre percement d'une porte et suppression des fortifications. Ernest Gay, élu conservateur du quartier de la porte Dauphine [133], dépose conjointement les projets de délibération et de vœu suivants :

> « Le Conseil,
> [...]
> Renouvelle le vœu qu'une porte soit percée dans les fortifications en prolongement de la rue Molitor ;
> [...] [134]. »

et

127. *PVCM* : 1879, 5 août ; 1890, 17 mars et 14 av. ; 1891, 18 juin, 4 et 23 nov. ; 1892, 4, 11 et 13 av., 1er et 22 juin et 19 oct. ; 1893, 24 fév., 8 mars, 1er av., 12 juin et 24 déc. ; 1894, 12, 14 et 21 mars, 11 juin et 11 juil. ; 1895, 19 juin et 16 oct. ; 1896, 24 juin et 10 juil. ; 1897, 11 oct. ; 1898, 4 mars ; 1908, 14 fév. ; 1910, 13 fév., 9 et 16 mars, 25 juin, 25 nov. et 22 et 31 déc. ; 1911, 30 déc. Les dépôts de pétitions par les édiles ne sont pas signalés.

128. Les exceptions concernent la suppression d'une poterne dans le quartier des Grandes-Carrières. *PVCM*, 1886, 26 juil. et 5 août.

129. *PVCM*, 1892, 13 av.

130. *PVCM*, 1895, 19 juin.

131. *PVCM*, 1886, 18 déc. ; 1888, 11 juin ; 1890, 12 mars ; 1891, 16 mars et 11 mai ; 1892, 22 juin ; 1893, 24 fév. ; 1897, 11 oct. ; 1910, 19 et 29 déc.

132. *RDCM*, 1893, n° 22.

133. E. Gay, *Nos édiles*, *op. cit.*, p. 281-282.

134. *PVCM*, 1895, 19 juin.

« Le Conseil

Émet le vœu que les Chambres discutent dans le plus bref délai possible du projet de MM. le général Riu et Chassaing tendant à la suppression des fortifications de Paris[135]. »

Les deux textes sont adoptés sans difficulté. Pour Gay, ils ne sont pas contradictoires : il est légitime de réclamer une nouvelle porte tant il est certain que l'enceinte a encore de beaux jours devant elle. Grébauval, élu radical du 19e arrondissement[136], résume sous les rires la position du conseil : « Plus on y fait de portes [dans les fortifications], plus on les démolit[137]. »

Le projet de délibération du 19 juin 1895 est déposé au nom de la Commission des fortifications à laquelle appartient Gay. À partir de cette date et pour quelques années, les édiles s'adressent à la commission pour obtenir des brèches dans le mur[138]. La dernière mention du sort de l'enceinte au sujet des portes intervient en 1898. Le 4 mars, quelques jours après le vote de la loi du 19 février 1898 concernant le déclassement des fronts ouest et nord des fortifications, Le Breton demande le retrait de l'ordre du jour de sa question au préfet de la Seine sur l'état des négociations avec le ministère de la Guerre pour l'ouverture d'une porte au bout de la rue Molitor. Pour l'édile, la question est devenue sans objet, la suppression de l'enceinte entre le Point-du-Jour et Pantin étant désormais à l'étude[139].

Si les élus locaux qui réclament des brèches dans le mur n'invoquent que rarement la disparition à venir de l'enceinte, c'est qu'ils risqueraient de s'aliéner l'administration préfectorale et les militaires. Rappeler cette éventualité à la première, c'est laisser entendre qu'on réclame des travaux et des crédits pour des opérations dont l'utilité sera limitée, et ceci plus encore après le vote de la loi de 1898. Quant aux seconds, ils sont déjà très réticents quand il ne s'agit que de consentir à des ouvertures dans le mur. Il semble donc maladroit, du moins jusqu'en 1898, de leur rappeler que l'existence des fortifications est en jeu.

Ces raisons tactiques ne suffisent cependant pas à rendre compte du découplage entre les deux questions, comme le montrent les arguments employés. Pour réclamer la suppression de l'enceinte, les édiles invoquent l'hygiène. Or l'argument est absent quand ils demandent des portes. Sont alors mises en avant les nécessités de la circulation[140]. Si le problème est

135. *Ibid.*
136. E. Gay, *Nos édiles, op. cit.*, p. 333-334.
137. *PVCM*, 1895, 19 juin.
138. *Ibid.* et *PVCM*, 1896, 24 juin.
139. *PVCM*, 1898, 4 mars.
140. Argument présent dans 22 interventions. *PVCM*, 1890, 17 mars et 14 av. ; 1891, 18 juin et 4 nov. ; 1892, 4 et 11 av. ; 1893, 24 fév., 12 juin et 24 déc. ; 1894, 21 mars et 11 juil. ; 1895, 19 juin ; 1896, 24 juin ; 1908, 14 fév. ; 1910, 15 fév., 9 et 16 mars, 25 juin, 25 nov. et 22, 30 et 31 déc.

aussi évoqué quand on demande la suppression des fortifications, l'esprit est différent : faciliter le passage entre Paris *intra-muros* et la banlieue participe d'un projet plus vaste d'amélioration des conditions de vie hygiéniques des populations concernées.

Assez souvent cependant, la croissance de la population ou du volume des affaires, présentée comme la cause de l'augmentation du trafic, est invoquée pour justifier l'urgence de la création ou de l'élargissement d'une porte [141]. Cependant il n'existe pas de véritable parenté avec les arguments avancés pour réclamer la disparition de l'enceinte. Les interventions pour obtenir des brèches dans le mur ne témoignent pas d'une vision d'ensemble du devenir de l'agglomération, les édiles se bornant au rôle d'interprète des habitants du quartier qu'ils représentent. Le contraste est particulièrement net chez Brousse : ce champion de la cause du déclassement des fortifications se contente de déposer une proposition « du syndicat républicain des Épinettes, invitant le Conseil municipal à se joindre au Conseil général pour demander l'ouverture d'une nouvelle porte entre celles de Saint-Ouen et de Clichy [142] ». Assez souvent d'ailleurs, les édiles invoquent le nombre de réclamations dont ils se font l'écho pour défendre les pétitions qu'ils déposent ou les propositions qu'ils présentent [143], ce qui constitue un mode d'argumentation classique au conseil [144].

Il ne semble donc pas exister, quoiqu'en dise Grébauval, de stratégie de grignotage de l'enceinte susceptible de mener à sa disparition. Les enjeux sont indépendants. D'ailleurs, les demandes d'ouverture ou d'élargissement de portes concernent tout le pourtour de la capitale, alors que dès les années 1880 les projets de déclassement portent en priorité sur le nord-ouest de l'ouvrage. Sur les dix-huit sites concernés par les demandes d'ouvertures, seuls huit sont situés sur la portion d'enceinte concernée par la loi de 1898 (du Point-du-Jour à la porte de Pantin).

Avant de conclure définitivement à la déconnexion des enjeux partiels que sont les portes de l'enjeu global que constitue la désaffectation de l'enceinte, il convient toutefois comparer les agendas respectifs des deux questions : les demandes de portes sont-elles contemporaines des grandes étapes du processus qui mène à la suppression des fortifications ? Les interventions sur ces enjeux locaux sont particulièrement nombreuses entre 1886 et 1893 et entre 1908 et 1911. Il faut rapprocher cette périodicité du calendrier des négociations entre la Ville et l'État sur le sort de l'enceinte.

---

141. *PVCM*, 1891, 4 nov. ; 1894, 11 juil. ; 1895, 19 juin ; 1910, 16 mars, 25 juin et 22 déc.
142. *PVCM*, 1888, 11 juin.
143. *PVCM*, 1886, 13 déc. ; 1890, 12 et 17 mars ; 1891, 11 mai et 18 juin ; 1892, 22 juin ; 1893, 24 fév. ; 1910, 22 déc.
144. M. Offerlé, *Les Socialistes et Paris*, *op. cit.*, p. 186.

Négocier la suppression de l'enceinte

Dès le vote de la proposition Guyot, le conseil municipal engage des négociations avec le Gouvernement pour obtenir la suppression de l'enceinte. Ville et État ne parviendront à un accord qu'en 1912. La question, si elle reste en suspens plus de 30 ans, n'occupe pas toujours les parties prenantes avec la même intensité. Le jeu entre État et conseil municipal comporte plusieurs temps forts : l'ouverture des négociations en 1883, la reprise du problème par Brousse à la fin des années 1880, le vote de la loi de 1898 par laquelle l'État entend régler la question seul, suivi de la tentative municipale pour rentrer dans le jeu aboutissant à une convention Ville-État qui restera lettre morte, et enfin la reprise de la question à la fin des années 1900. Il ne s'agit pas ici de retracer la chronologie de ces négociations mais de replacer la question des fortifications dans les activités et préoccupations du conseil municipal à la fin du XIXe siècle. Aussi les négociations ne sont-elles abordées que du point de vue des édiles, à partir de documents émanant du conseil.

L'échec de la Commission des fortifications autonomiste

La proposition Guyot, adoptée le 11 juin 1883, prévoit la nomination d'une commission de sept membres « à l'effet d'obtenir du Gouvernement : la désaffectation du mur d'enceinte; sa cession à la Ville [...] ainsi que des terrains qui en dépendent; la suppression de la zone militaire [145] ». La commission devra entrer en pourparlers avec le ministère de la Guerre, seul habilité à décider le déclassement des fortifications. Sont élus Mathé, Maillard, le colonel Martin, Manier, Rousselle, Mesureur et Guyot lui-même [146]. À l'exception de Rousselle, excusé le 11 juin, ces édiles se sont tous prononcés pour la proposition Guyot [147]. Tous les membres de la commission, sauf Rousselle et Mesureur (élu au conseil en 1881), ont voté le projet d'autonomie communale en 1880 [148]. Mesureur a d'ailleurs rejoint le groupe autonomiste [149]. L'autonomie est donc au principe de la constitution de la commission.

Au fil des échéances électorales, la composition de la commission évolue : Guyot, Manier et Martin, qui quittent le conseil en 1884, sont remplacés par Cernesson, Cattiaux et Pichon. En 1883, Cattiaux a voté la proposition Guyot. Cernesson était absent. Quant à Pichon, il ne siégeait pas au conseil [150]. Cattiaux s'est prononcé pour l'autonomie en 1880 [151]. Si

145. *RDCM*, 1882, n° 78.
146. *PVCM*, 1883, 13 juin.
147. *Ibid.*, 11 juin.
148. *PVCM*, 1880, 4 nov.
149. J. Lermina (dir.), *DUIBB*, *op. cit.*, p. 1005.
150. *PVCM*, 1883, 11 juin.
151. *PVCM*, 1880, 4 nov.

Cernesson n'a pas pris part au vote [152], il fait partie des radicaux autonomistes [153]. Début 1886, la commission, dont les rangs ont été éclaircis par les élections législatives d'octobre 1885 [154], se complète à nouveau [155] : un seul des trois nouveaux membres siégeait déjà au conseil en 1883. Il a d'ailleurs voté la proposition Guyot [156]. Avec le temps, le lien entre suppression de l'enceinte et autonomie municipale se distend. Des raisons évidentes de démographie électorale et des facteurs politiques rendent compte de ce phénomène. Les édiles qui siégeaient déjà au conseil en 1880 sont de moins en moins nombreux. Par ailleurs, la question de l'autonomie municipale s'efface peu à peu du devant de la scène politique municipale au cours des années 1880 [157].

Les négociations s'engagent sous de bons augures : les généraux Thibaudin puis Campenon, les premiers ministres de la Guerre auxquels la commission à affaire, se déclarent favorables à la suppression de l'enceinte. C'est d'ailleurs Campenon qui commande à l'administration le projet Bartet. Cependant les négociations ne tardent pas à s'enliser. La Ville trouve trop élevée la somme de 212 millions que lui réclame le ministre des Finances Tirard en échange de l'enceinte. Du côté militaire, les tractations se grippent aussi : le Comité de défense, invité à délibérer par Lewal, le successeur de Campenon, repousse toute désaffectation.

Début 1886, les négociations reprennent avec l'arrivée du général Boulanger à la Guerre. Boulanger, qui a rencontré officieusement Mathé et Guyot, transmet aux édiles un avant-projet, inspiré des travaux de Bartet. Celui-ci prévoit la démolition d'une partie de l'enceinte, sur la rive droite entre le Point-du-Jour et la crête de Romainville, la construction d'un ouvrage de remplacement financée par la vente des terrains et le maintien de la limite de l'octroi par un saut de loup et deux larges boulevards, le reste des terrains des fortifications étant bâti. Les travaux seraient achevés pour l'Exposition universelle de 1889 [158]. Ces propositions se soldent par un échec, que Guyot attribue, comme le précédent, à une « question de gros sous [159] » : le projet Bartet prévoit un prélèvement de 34 m sur les terrains occupés par l'enceinte pour l'établissement du boulevard et le ministère des Finances refuse ce prélèvement qui constituerait l'apport de l'État.

Or c'est justement en 1886 que les demandes d'ouvertures de portes se multiplient. S'il existe un lien entre les deux enjeux, c'est un lien par défaut :

152. *Ibid.*
153. C. de la Barrière et L. Mocquant, *NCMP. 1884*, *op. cit.*, p. 154-156.
154. Y. Guyot, *Paris ouvert*, *op. cit.*, p. 27.
155. *PVCM*, 1886, 22 fév.
156. *PVCM*, 1883, 11 juin.
157. M. Offerlé, *Les Socialistes et Paris*, *op. cit.*, p. 196.
158. Y. Guyot, *Paris ouvert*, *op. cit.*, p. 28.
159. *Ibid.*, p. 29.

quand les perspectives d'une levée globale de la coupure entre Paris et sa banlieue s'éloignent, chaque édile se fait plus attentif aux réclamations de ses mandants exigeant des brèches dans le mur. L'éclatement de l'enjeu global en une multitude d'enjeux locaux est d'autant plus possible que le lien unissant suppression de l'enceinte et autonomie municipale ne tarde pas à s'éroder.

Les socialistes possibilistes et l'enceinte

Après 1886, la Commission des fortifications est mise en veilleuse jusqu'à la fin des années 1880, quand Paul Brousse se saisit de la question. L'intérêt de Brousse pour l'enceinte s'inscrit dans une carrière de chef de file du mouvement ouvrier, ce qui lui confère un sens particulier.

L'engagement de Brousse dans le mouvement ouvrier remonte au Second Empire. Exilé en Suisse après la Commune, au sein de laquelle il n'a d'ailleurs joué qu'un rôle mineur, Brousse revient en France au début des années 1880 à la faveur des lois d'amnistie, achève ses études de médecine et s'installe dans le quartier des Épinettes (17ᵉ arrondissement), un des plus pauvres de Paris. Brousse est un socialiste possibiliste, favorable à une transformation de la société sans révolution violente[160]. En 1887, il est élu au conseil municipal par le quartier des Épinettes. Il se montre un édile très actif. Ses préoccupations vont de la santé publique à la gestion de l'espace urbain, en passant par les questions fiscales : il préconise la création d'un laboratoire municipal parisien, s'occupe du régime des aliénés et de l'Assistance publique, milite pour la suppression des fortifications et de l'octroi et, logiquement, joue un rôle important dans le prolongement du Métropolitain au-delà des limites administratives de Paris. Cet engagement local d'un élu qui est aussi un homme politique de dimension nationale prend tout son sens quand on le rapproche de ses prises de position au sein du mouvement socialiste. Pour les possibilistes, il est souhaitable de jouer le jeu électoral afin de procéder à des avancées graduelles et localisées vers le socialisme, en particulier au sein des collectivités locales[161].

En 1889, Guyot devient ministre des Travaux publics. Le moment semble favorable à Brousse pour soulever la question de l'enceinte, dont le déclassement répondrait d'ailleurs aux besoins du moment :

> « [L']Exposition universelle de 1889, comme toutes les autres, aura pour résultat d'amener l'augmentation des frais de vie et l'abaissement du salaire des ouvriers.
>
> Il faut que la ville de Paris se préoccupe de cette situation.

---

160. Sur le passage de Brousse de l'anarchisme au réformisme, voir M. Offerlé, *Les Socialistes et Paris*, *op. cit.*, p. 400-411.
161. J. Jolly (dir.), *DPF*, *op. cit.*, t. II, p. 784-785.

En 1883, le Conseil a adopté [...] un projet relatif à la désaffectation du mur d'enceinte, et M. Alphand avait préparé à ce sujet un projet complet, comportant, notamment, l'ouverture d'un boulevard de soixante-quatorze mètres, entourant Paris d'air et de lumière.

[...] Et tous les ministres de la Guerre ont reconnu que l'enceinte continue était plutôt un embarras qu'un auxiliaire pour la défense.

Si notre projet aboutit, douze à treize millions de mètres de terrain pourront être livrés, sous forme de baux emphytéotiques ou autrement, au travail parisien[162]. »

L'argument hygiéniste, présent avec la remarque sur le boulevard « entourant Paris d'air et de lumière », est couplé avec la défense des intérêts des travailleurs, les grands travaux d'aménagement étant censés pallier les conséquences de la crise sur les revenus ouvriers. Il s'agit là d'une préoccupation majeure des élus socialistes dans les années 1880[163].

Le 22 février 1898, Brousse dépose donc la proposition suivante :

« Le Conseil délibère

art. 1er : la délibération prise le 11 juin 1883 pour la désaffectation du mur d'enceinte, sa cession à la Ville ainsi que celle des terrains qui en dépendent, appartenant à l'État, la suppression de la zone militaire, est maintenue.

art. 2 : la Commission de sept membres élue en 1883 pour obtenir l'exécution de cette délibération sera renouvelée [...].

art. 3 : la nouvelle Commission est invitée à faire diligence pour que la population ouvrière ait des travaux à effectuer qui lui permettent de surmonter la crise qui suivra l'Exposition universelle[164]. »

Cette proposition est signée de Brousse et de huit de ses collègues, dont Joffrin. La reprise de la question de l'enceinte à la fin des années 1880 est une initiative des possibilistes : d'après le *Dictionnaire biographique du mouvement ouvrier français* de J. Maitron, huit des neuf signataires appartiennent au courant possibiliste. Brousse et ses amis obtiennent satisfaction : la proposition adoptée et une nouvelle commission est élue[165].

À une exception près, les membres de la commission n'appartenaient pas à la commission de 1886. Brousse est le seul signataire de la proposition à siéger à la commission, dont il est nommé secrétaire[166], les autres ne s'étant pas portés candidats[167]. Politiquement, les membres de la commission sont différents des signataires : aucun ne figure dans le dictionnaire de J. Maitron. Après les élections municipales de 1890, la commission connaît un renouvellement à la faveur duquel Brousse accède à la présidence[168]. Quelques jours plus tard un vote du conseil général élargit la commission

162. *PVCM*, 1889, 22 fév.
163. M. Offerlé, *Les Socialistes et Paris*, *op. cit.*, p. 517.
164. *PVCM*, 1889, 22 fév.
165. *Ibid.*, 25 fév.
166. *Ibid.*, 11 mars.
167. *Ibid.*, 25 fév.
168. *PVCM*, 1890, 17, 19 et 21 nov.

aux élus de la banlieue avec l'adjonction de huit conseillers généraux. La commission prend alors le nom de Commission mixte des fortifications [169]. Ces changements ne se traduisent pas par une présence accrue des possibilistes. À l'exception de Vaillant, aucun des nouveaux membres n'est cité dans le dictionnaire de J. Maitron, et Vaillant est un adversaire de Brousse, même s'il ne refuse pas les responsabilités au niveau municipal [170]. Cette proximité avec les idées possibilistes n'a d'ailleurs rien d'étonnant, le programme broussiste étant progressivement « devenu la matrice des autres programmes municipaux socialistes [171] » dans les vingt dernières années du XIXe siècle. Le réveil de la question de l'enceinte résulte de l'initiative des possibilistes, mais ceux-ci en laissent la gestion à d'autres au sein d'une commission dont l'âme est cependant Brousse. Le sort des fortifications est sans doute un des domaines où celui-ci entend mettre en œuvre le socialisme municipal.

La nouvelle commission décide de continuer à réclamer le déclassement total de l'enceinte et engage des démarches auprès des ministres des Travaux publics (Guyot), des Finances (Rouvier) et de la Guerre (Freycinet) [172]. Ces démarches, accueillies favorablement par Guyot et Rouvier, se heurtent à une fin de non-recevoir de Freycinet [173]. La Commission mixte a plus de succès. Suite à ses démarches, Freycinet fait savoir que le Conseil supérieur de la guerre, opposé à l'abandon de l'enceinte continue, n'est pas hostile à un déplacement et annonce qu'il a commandé un projet aux comités techniques de l'artillerie et du génie. Si le Conseil supérieur de la guerre approuve le projet, il ne restera plus qu'à résoudre la question financière. Le projet des militaires, transmis aux édiles en juin 1891, prévoit la suppression des fortifications entre les portes d'Auteuil et de Saint-Ouen. L'enceinte de remplacement longerait la limite sud du bois de Boulogne, franchirait la Seine, engloberait Suresnes, Puteaux, Courbevoie, La Garenne, Bois-Colombes et Colombes, repasserait la Seine et enfin passerait entre Clichy et Saint-Ouen pour se raccorder à l'ouvrage existant porte de Saint-Ouen. La dépense totale (y compris l'achat des terrains de la nouvelle enceinte) est évaluée à 130 millions et la valeur des terrains libérés à 110 millions. L'excédent serait à la charge de la Ville et du Département, dans la mesure où l'extension « n'est nullement motivée par les intérêts de la défense [174] ». Les terrains ne seraient remis à la Ville qu'une fois les travaux terminés, tandis que les 130 millions devraient être versés au département de la guerre dès le début des travaux [175].

169. *RDCM*, 1905, n° 5.
170. J. Maitron (dir.), *DBMOF 3*, t. 15, p. 268-270.
171. M. Offerlé, *Les Socialistes et Paris*, *op. cit.*, p. 467.
172. *RDCM*, 1893, n° 22.
173. *PVCM*, 1890, 17 nov.
174. Dépêche du ministère de l'Intérieur (signée Boutet, pour le ministre de l'Intérieur) citée dans *RDCM*, 1893, n° 22.
175. *Ibid.*

La réaction de la Commission des fortifications est négative. La nouvelle portion d'enceinte, longue de 23 km, grèverait de la servitude des communes de banlieue jusque-là exemptes, alors que la partie à désaffecter longe le bois de Boulogne et le cimetière des Batignolles. Ne seraient donc effectivement libérés de la servitude que 3 km, ce qui est d'autant plus grave que l'ouvrage de remplacement traverserait des zones très peuplées. Sur le plan financier, le déficit pour la Ville paraît à la commission plus important qu'annoncé : le bois de Boulogne n'a été concédé à la Ville qu'à la condition qu'il reste une promenade publique et il est hors de question de lotir les terrains de l'enceinte qui le longent. La commission repousse donc le projet mais ne veut pas se contenter d'un rejet pur et simple. Selon Brousse, chargé du rapport, « en dehors de la suppression des fortifications [qui reste l'objectif de la commission], on peut, en face du projet ministériel insuffisant et inacceptable, prouver qu'il existe des projets qui seraient acceptables, avec plans, documents et devis [176] ». Le déplacement de l'enceinte et la construction des nouveaux ouvrages correspondent à une modernisation du système de défense de la capitale et il n'y a aucune raison pour que Paris paie sa défense, d'autant plus que la solution n'est pas satisfaisante au plan militaire : Brousse parle d'un « mur bâtard [177] », ne constituant ni une enceinte de sûreté mettant Paris et la banlieue à l'abri d'un coup de main ni une enceinte de combat pouvant appuyer les forts détachés. De plus l'estimation du coût des travaux (130 millions) semble très exagérée, comme si le gouvernement désirait « forcer le chiffre de la dépense à faire [178] », tout en surévaluant, pour emporter l'adhésion des édiles, les recettes de la vente des terrains désaffectés. Conformément aux recommandations de la commission, le 1er avril 1893, le conseil municipal repousse le projet, renouvelle ses vœux de désaffectation totale de l'enceinte et de levée des servitudes. Cependant, prenant acte des dispositions du Conseil supérieur de la guerre qui accepté le principe d'une désaffectation partielle, il invite sa commission à entamer de nouvelles négociations avec les ministres de la Guerre et des Finances pour l'élaboration d'un nouveau projet [179]. Le conseil général adopte les mêmes conclusions.

La loi du 19 février 1898

Fin 1895, Cavaignac, ministre de la Guerre, accepte la création d'une commission mixte chargée d'évaluer le prix des terrains de l'enceinte. Y siègent Gervais, président du conseil général, Brousse, pour le conseil muni-

176. P. Brousse, cité par lui-même dans *RDCM*, 1893, n° 22.
177. *RDCM*, 1893, n° 22.
178. *Ibid.*
179. *PVCM*, 1893, 1er av.

cipal, Boreux, ingénieur en chef de la voie publique à Paris, et des militaires du Génie[180]. Ces hommes ne parviennent pas à s'accorder sur le prix des terrains : l'estimation de l'État dépasse de 59 millions celle de la Ville (192476812 F contre 133585760 F). Fin 1897, le Gouvernement prend l'initiative d'une tentative d'entente. Il se rallie à l'évaluation municipale et propose à la Ville l'achat des terrains. Le projet diffère des montages envisagés précédemment : la municipalité n'y figure qu'en tant qu'acheteur, alors qu'auparavant il s'agissait de lui céder les terrains en échange des frais de construction de l'enceinte de remplacement. Le conseil municipal rejette l'offre, les dépenses étant trop élevées. Il est d'autant moins disposé à l'accepter que le principe d'un ouvrage de remplacement est maintenu. Selon Brousse, le Gouvernement cherche par cette tentative à se libérer de l'obligation de collaborer avec les édiles : après ce dernier essai, le Gouvernement « se décid[e] à agir seul, au mieux de ses intérêts[181] », en ayant directement recours à la voie législative. Les propositions de 1897 amorcent d'ailleurs une évolution qui se confirme avec la loi de 1898 : on se rapproche d'une simple aliénation de terrains, même si la Ville fait encore figure d'acheteur privilégié.

En décembre 1897, les ministres de la Guerre et des Finances, Billot et Cochery, déposent un projet de loi « concernant le déclassement des fronts ouest et nord de l'enceinte de Paris depuis le Point-du-Jour jusqu'à la porte de Pantin et l'aliénation des terrains provenant de cette opération, en vue de la construction d'une nouvelle enceinte et du perfectionnement du matériel d'armement[182] ». Les terrains libérés seraient mis en vente et les bénéfices affectés à l'amélioration de l'armement. Le projet comportant l'ouverture d'un crédit spécial de 70 millions au ministère de la Guerre, la participation de la Ville ne serait plus nécessaire au financement de l'opération. La loi, adoptée par la Chambre le 31 janvier et par le Sénat le 19 février 1898, concerne l'aspect financier de la suppression des fortifications : elle autorise l'ouverture, par le ministère des Finances, d'un compte intitulé « perfectionnement du matériel d'armement et réinstallation des services militaires[183] ». Les recettes proviendront de la vente des immeubles militaires désaffectés et des fortifications déclassées, en particulier de celles de Paris. Elles seront affectées au perfectionnement de l'armement, à la réinstallation des services et à la construction de la nouvelle enceinte ainsi qu'au service des obligations émises pour subvenir provisoirement aux frais engagés. L'article 6 précise toutefois que les conditions du déclassement des fronts ouest et nord de l'enceinte de Paris restent à déterminer par une loi, ce qui met la Ville à l'abri d'une décision gouvernementale imprévue.

---

180. *RDCM*, 1905, n° 4.
181. *Ibid.*
182. *Ibid.*
183. *Ibid.*

Le projet de loi est cependant inacceptable pour la Ville : tout contrôle de l'aménagement de l'enceinte lui échappe. En décembre 1898 Brousse présente un rapport suivi de trois projets de délibération : dessaisissement de la Commission des fortifications, la Ville n'étant plus confrontée qu'à une vente de terrains, renouvellement de la demande de désaffectation totale de l'enceinte et demande de mandat pour réclamer au Gouvernement communication du tracé du nouvel ouvrage et au Parlement la protection des intérêts matériels de Paris et de sa banlieue [184]. Ces projets de délibération sont adoptés début 1899. Est également nommée « une commission spéciale chargée des négociations à poursuivre avec l'État sur la question des terrains [185] ». Cette commission, qui remplace l'ancienne Commission des fortifications, est composée de délégués des différentes commissions permanentes du conseil. Les édiles n'ont pas renoncé à contrôler l'aménagement de l'enceinte. Au contraire, la perspective d'un lotissement des terrains échappant au contrôle de la Ville les incite à reprendre les négociations.

Reprendre place à la table des négociations

En mars 1899, Sauton, rapporteur de la Commission des fortifications, communique au comité du budget du conseil municipal les résultats d'une audience avec Peytral, le ministre des Finances. Celui-ci revient en arrière par rapport aux propositions de 1897 et reprend l'évaluation des terrains de l'État (192 millions), d'où l'arrêt des négociations. L'administration parisienne poursuit cependant ses travaux et est invitée par le conseil municipal à présenter un devis documenté. Sauton fait aussi part au comité du budget des discussions de la Commission des fortifications. Il en ressort que pour la Ville l'achat des terrains serait encore moins rentable qu'on pouvait le penser. Après un débat prolongé, qui montre que l'opération serait « à la fois très utile et très onéreuse [186] » pour la Ville, le comité du budget prend une série de décisions destinées à devenir les premières bases de négociation entre la Commission des fortifications et le ministre des Finances Joseph Caillaux. La commission est mandatée pour négocier avec l'État l'établissement d'une voie d'isolement autour de Paris (pour la perception de l'octroi) et un éventuel achat des terrains militaires. Les négociations entre la commission et Caillaux se poursuivent sur ces bases, Caillaux faisant preuve, selon Brousse, d'un désir de conciliation [187]. La commission demande alors au ministre un projet pouvant servir de base à une discussion.

Le projet ministériel est présenté à la mi-1900. Le prix des terrains est fixé à 162 millions, soit un compromis entre les évaluations de la Ville et

184. *RDCM*, 1898, n° 107.
185. *RDCM*, 1905, n° 4.
186. *Ibid.*
187. *Ibid.*

celles de l'État. À la fin de l'année, sur la demande de Caillaux, des membres de la Commission des fortifications, conduits par Brousse, assistent aux séances d'une commission mixte constituée par le ministre des Finances. Le projet de convention sur lequel débouchent les travaux de la commission mixte est plus favorable à la Ville que le projet ministériel : le prix de 162 millions est maintenu, mais l'État n'exige plus que la Ville acquiert la totalité des terrains et lui accorde des facilités de paiement. L'État serait prêt à livrer les terrains compris entre la Seine et la porte d'Auteuil et probablement entre les portes d'Auteuil et de Neuilly. La livraison de la section complémentaire (porte de Neuilly-porte de Pantin) est prévue dans un délai de deux ans. Dans l'immédiat, la Ville aurait à débourser près de 88 millions (ou à verser les intérêts de cette somme) pour les deux premières sections, auxquels s'ajouteraient les dépenses de viabilité, de nivellement des fossés et d'établissement de la grille d'octroi. Pour la Ville, le déficit global atteindrait près de 106 millions [188].

Le projet divise la Commission des fortifications. Brousse, qui est favorable à l'opération, « si onéreuse qu'elle semble devoir être [189] », le soumet au conseil à titre personnel. Il est soutenu par l'administration, en la personne de Bouvard, le directeur administratif des services d'architecture de la Seine [190]. Brousse a intégré l'argumentation hygiéniste, allant jusqu'à afficher des préoccupations au sujet « du bon aménagement de Paris [191] » que ne renieraient pas les membres de la Section d'hygiène du Musée social dans leur campagne en faveur des plans de villes :

> « On sait que cette fortification – c'était d'ailleurs son seul bon côté – était, est encore, un but de promenade pour un grand nombre de familles [...]. J'ajoute que dans beaucoup de grandes villes où le mur a été désaffecté, on s'est borné à le cribler de passages qui ont suffi à la circulation et la fortification conservée sert de lieu de plaisir. À Paris, l'État ne veut pas faire abandon de la valeur des terrains, mais n'avons-nous pas intérêt à réserver des emplacements pour établir des squares, des promenades, au lieu de laisser mettre la Ville dans cette situation d'avoir, dans vingt ans d'ici, à opérer de coûteuses expropriations pour donner aux populations riveraines des squares de la grandeur d'un mouchoir de poche [192]. »

En janvier 1901, au terme d'un long examen du projet, le conseil conclut au rejet en raison du coût de l'opération [193]. Quelle que soit leur position sur le projet, les édiles adhèrent d'ailleurs au principe d'un amé-

188. La dépense totale se monterait à 213 000 000 F et la valeur des terrains à revendre est estimée à 107. 864 000 F. *Ibid.*
189. *RDCM*, 1900, n° 134.
190. *PVCM*, 1901, 18 et 21 janv. Le préfet demande aux édiles de laisser l'administration continuer à négocier les conditions de la cession des terrains. Il est plus optimiste que Brousse sur la possibilité d'obtenir des conditions plus avantageuses pour la Ville. *PVCM*, 1901, 23 janv.
191. *Ibid.*, 18 janv.
192. *Ibid.*
193. *Ibid.*, 18, 21 et 23 janv.

nagement de l'enceinte conforme à des impératifs hygiéniques et esthétiques. Colly, partisan de l'acquisition, « meilleure façon de préserver l'avenir[194] », affirme :

> « [L'État] sait que Paris est une grande coquette qui veut toujours de nouveaux bijoux pour sa toilette et qui consentira à des sacrifices pour les obtenir. Aujourd'hui, je ne dirai pas que cette belle fille s'est fait mettre à mal, mais sa ceinture est trop étroite ; elle veut l'élargir, car elle prend de l'embonpoint. Pour cela, elle a besoin des terrains des fortifications[195]. »

Chassaigne-Goyon, qui ne souhaite que l'achat d'une bande de terrain de 40 m pour établir un boulevard, affiche des préoccupations hygiéniques et esthétiques encore plus explicites :

> « [Du] point de vue de la santé publique, il y a un intérêt majeur à ne pas laisser disparaître le réservoir d'air que constituent en quelque sorte nos fortifications, qui sont en même temps la promenade préférée de la population ouvrière.
>
> [...] nous avons le devoir non moins étroit d'empêcher l'édification aux abords des quartiers les plus élégants, les plus luxueux de la capitale de masures, d'usines, de fabriques, en un mot de bâtiments d'aspect lourd, disgracieux ou sordide[196]. »

Quant à Poirier de Narçay, adversaire d'un rachat « désastreux pour les contribuables[197] », il reconnaît néanmoins que « l'opération serait avantageuse du point de vue de l'hygiène ; elle permettrait de créer de nouvelles promenades, de nouveaux squares[198] ».

En définitive, les édiles se prononcent pour la poursuite des négociations, mais en posant de nouvelles conditions[199]. Les pourparlers continuent donc après le rejet du projet de convention. Il en est de même pour les travaux au sein des différentes instances municipales. Le 13 juillet 1901, les édiles adoptent une série de propositions invitant l'administration locale à négocier avec l'État sur les bases suivantes : que l'État s'engage à ne céder les terrains de l'enceinte qu'en en faisant concorder le lotissement avec le plan de viabilité adopté par le conseil, qu'il cède gratuitement à la Ville les terrains nécessaires à la réalisation de ce plan, la Ville assurant les travaux de viabilisation, et qu'il fasse l'avance à la Ville des frais de viabilité[200].

---

194. *Ibid.*, 21 janv.
195. *Ibid.*
196. *Ibid.*
197. *Ibid.*, 18 janv.
198. *Ibid.*
199. Levée de la servitude après la revente par la Ville des terrains de l'enceinte et procédure simplifiée pour le versement à la Ville d'une partie de la plus-value des terrains zoniers. Par ailleurs, le conseil invite l'administration à continuer à négocier avec l'État la suppression totale de l'enceinte et la cession gratuite des terrains libérés à la Ville, ainsi que la participation de l'État à l'érection d'une nouvelle grille d'octroi ou la suppression de l'octroi, la Ville étant autorisée à établir les taxes de remplacement déjà votées par le conseil. *Ibid.*, 23 janv.
200. *Ibid.*, 13 juil.

Le 18 janvier 1902, sur le rapport de Brousse et Chérioux[201], le conseil adopte un projet de délibération qui reprend les conditions adoptées le 13 juillet 1901[202]. Les édiles décident ensuite que pour la portion d'enceinte comprise entre les portes d'Auteuil et Maillot, dont la désaffectation est déjà décidée, les conditions doivent faire l'objet d'une convention entre la Ville et l'État. Le texte de cette convention est voté le jour même. Il met à la charge de la Ville les travaux de démolition, de nivellement et de viabilité, ainsi que l'exemption pendant 10 ans des taxes municipales pour le premier acquéreur. L'État avancerait les fonds à la Ville (jusqu'à concurrence de 8 millions) et lui ferait don de la voie militaire (boulevards Suchet et Lannes) et de toutes les voies prévues dans un plan établi par la Ville et adjoint à la convention[203]. Il s'agit d'une convention de viabilité. Sur le fond, les deux parties restent sur leur position : la Ville continue à réclamer la suppression totale de l'enceinte tandis que l'État ne consent qu'à une désaffectation partielle et maintient le principe d'un ouvrage de remplacement. Pour les édiles, la convention n'a qu'un objet, assurer le plan de lotissement qui leur convient, et ils sont décidés à poursuivre l'intégralité de leurs revendications[204]. « Si nous ne voulons rien concéder, l'État réalisera l'opération tout seul [...] ; il nous livrera des voies étroites, bordées de maisons mesquines qui déshonoreront le bois de Boulogne et ses abords[205] » déclare Brousse. De même, le préfet voit dans le plan de lotissement le moyen de « sauvegarder les intérêts artistiques et généraux de la Ville[206] ».

La destruction de toute ou partie de l'enceinte et donc la mise en œuvre de la convention de 1902 sont subordonnées au vote d'une loi (article 6 de la loi de 1898). Un projet de loi est déposé à la Chambre en février mais n'est pas discuté avant la fin de la législature. Devenu caduc, il est remplacé par un autre projet, renvoyé à la Commission des crédits qui dépose son rapport fin 1902. Ce rapport, qui n'a jamais été discuté, soulève l'opposition des conseils municipal et général ainsi que des édiles des communes suburbaines. En effet, s'il légalise la convention de 1902, il pose comme condition la construction immédiate d'une nouvelle enceinte entre Pantin et Saint-Denis ainsi que d'ouvrages militaires sur la Seine. En outre, l'article 11 annule l'article 6 de la loi de 1898, en rendant possible le déclassement de portions d'enceinte sur simples décrets pris sur proposition des ministres de la Guerre et des Finances[207].

---

201. *RDCM*, 1902, n° 1.
202. Le seul ajout concerne les frais rendus nécessaires par la perception de l'octroi, l'État étant censé en faire l'avance, la Ville les remboursant par annuités et se réservant la possibilité de récupérer ultérieurement les sommes engagées auprès des acquéreurs des terrains. *Ibid.*
203. *PVCM*, 1902, 18 janv.
204. D'après P. Brousse, *RDCM*, 1905, n° 4.
205. *PVCM*, 1902, 18 janv.
206. *Ibid.*
207. *RDCM*, 1905, n° 4.

Vingt ans après l'ouverture des négociations entre la Ville et l'État, l'enceinte est toujours en place et les conditions de sa disparition ne sont pas réunies. Le seul progrès est l'acceptation par les militaires du principe d'un déplacement. Cependant, cette avancée n'est pas suffisante pour rendre un accord possible : même l'application de la convention de viabilité de 1902 achoppe sur le problème de l'enceinte de remplacement.

Si l'on se focalise sur le sort de l'enceinte, on peut parler, au terme de vingt ans de négociations, d'un échec des édiles qui réclament la suppression des fortifications puis l'aménagement hygiénique et esthétique des terrains récupérés en se présentant comme les légitimes représentants de la population parisienne. Cependant il ne faut pas négliger la charge dont a été investie l'enceinte pendant cette période de mise en place puis de consolidation des institutions municipales parisiennes. Au début des années 1880, réclamer la disparition de l'ouvrage de défense participe de la revendication de pouvoirs plus étendus pour les élus locaux. C'est aussi l'occasion, sinon de nouer des alliances avec l'administration préfectorale, du moins de faire l'apprentissage des relations avec cette dernière : avec le projet Bartet, édiles et fonctionnaires se découvrent des intérêts communs. Au cours de la décennie suivante, l'investissement de Brousse dans le règlement de la question relève d'une volonté de mettre en œuvre le socialisme municipal. La question constitue aussi pour l'édile l'occasion de développer une réflexion sur ce qu'on n'appelle pas encore l'urbanisme et d'acquérir une compétence en la matière. Par ailleurs, en incitant, au nom des intérêts supérieurs de l'agglomération parisienne, ses collègues à traiter avec un État dont il reconnaît avec eux que les prétentions financières sont exagérées[208], Brousse contribue à construire un personnage d'édile responsable, en particulier auprès des fonctionnaires de la Seine, avec lesquels il est en phase[209]. L'enceinte est donc au cœur de la vie municipale parisienne de la fin du XIXe siècle. On peut alors rendre compte du découplage de la question des fortifications d'avec cette multitude d'enjeux locaux que sont les portes. En réclamant des brèches dans le mur, les édiles agissent en interprètes des intérêts strictement locaux de leurs électeurs. En s'investissant dans le traitement de l'enceinte, ils contribuent à construire un champ politique municipal puis à en modeler les relations avec l'extérieur, en particulier avec l'administration locale et le gouvernement.

---

208. *PVCM*, 1901, 18 janv.
209. *Ibid.*

Chapitre V

Le renouvellement des acteurs : esthètes et sportifs, Commission des fortifications

Le Musée social regroupe des membres de l'« establishment réformiste[1] » d'inspiration leplaysienne qui veulent jouer le « rôle de conscience critique du patronat[2] » en incitant celui-ci à des mesures sociales, seules susceptibles de remédier aux conséquences du développement industriel sur la classe ouvrière. Les fondateurs de la Section d'hygiène urbaine et rurale du Musée social ont pris une part active à l'adoption de la législation sur les habitations à bon marché. Ils entendent désormais élargir leur intervention du logement à la ville, l'urbanisme prenant le relais de l'hygiénisme au sens strict[3]. Ainsi s'explique leur mobilisation en 1908 sur la question des fortifications.

Cette intervention, relativement tardive, a été précédée en 1905 par une campagne de protestation contre un projet de lotissement des terrains des fortifications longeant le bois de Boulogne. Le projet, qui remonte au début des années 1900, s'attire l'opposition d'esthètes préoccupés par la préservation des sites et de sportifs, qui se retrouvent avec les hygiénistes sur la défense des espaces libres. La mobilisation de ces intervenants pour défendre le Bois participe d'un travail de disqualification de la gestion de l'espace parisien par les élus locaux. Esthètes et partisans des espaces libres sont des amateurs éclairés qui contestent l'action des édiles au nom de la légitimité que confèrent l'excellence sociale ou (et) la compétence.

Si la campagne de septembre 1905 s'inscrit dans une entreprise de contestation de la légitimité électorale, le sort de l'enceinte n'échappe pas pour autant aux édiles dans les années 1900. La Commission mixte des for-

1. A. Cottereau, « Les débuts de la planification urbaine dans l'agglomération parisienne », *Sociologie du travail*, 1970, n° 4, p. 362-392. Citation p. 131.
2. G. Osti, « La Section d'hygiène urbaine et rurale du Musée social », *op. cit.*, p. 60. Voir aussi J. Horne, « Le libéralisme à l'épreuve de l'industrialisation : la réponse du Musée social », C. Chambelland (dir.), *Le Musée social en son temps*, *op. cit.*, p. 13-25, voir p. 14-17. P. Ardaillou nuance fortement, pour Siegfried, ce caractère intéressé de l'engagement réformateur. P. Ardaillou, « Foi protestante, action sociale et convictions républicaines : Jules Siegfried », *ibid.*, p. 75-101, voir p. 86-87.
3. Voir S. Magri, *Les Laboratoires de la réforme de l'habitation populaire en France*, *op. cit.*, p. 63-104.

tifications, regroupant des membres du conseil municipal de Paris et du conseil général de la Seine, fait preuve d'une intense activité au cours de cette période. Cependant le personnel en charge du sort de l'enceinte à partir du milieu des années 1900 est assez différent de celui qui en réclamait le déclassement dans les années 1880.

Sauver le bois de Boulogne : la campagne du *Figaro* et l'intervention des « gens du monde »

Dans l'affrontement entre la Ville et l'État, les édiles qui réclament une suppression hygiénique de l'enceinte se posent en représentants légitimes des intérêts de la population parisienne. Au début du XXᵉ siècle, la disparition partielle des fortifications semble acquise et les modalités d'aménagement se précisent, près du bois de Boulogne notamment. C'est alors que se mobilisent des esthètes, des sportifs, des hygiénistes et des représentants du « Tout-Paris », qui refusent le lotissement des terrains de la zone attenants au Bois. Ces « gens du monde[4] » s'expriment au nom de la légitimité que leur confère leur compétence d'artistes et d'amateurs éclairés. Cette revendication d'une légitimité liée à l'excellence sociale et à la compétence, opposable à la légitimité électorale, annonce l'intervention du Musée social.

Le projet de lotissement du Bois et la campagne de presse

Aux termes de la loi de 1898, le produit de la vente des terrains des fronts ouest et nord des fortifications doit être affecté à la modernisation du système de défense. Les négociations qui s'engagent entre l'État et la Ville, qui envisage l'achat des terrains, sont rompues en 1901, la Ville jugeant le prix exigé trop élevé : les militaires désirent en effet financer, par la vente des terrains, une enceinte de remplacement. À défaut d'un achat, la Ville cherche alors à exercer un contrôle sur l'opération de lotissement qui s'annonce. Tel est le sens de la convention de 1902, portant sur la portion d'enceinte comprise entre la porte d'Auteuil et la porte Maillot[5]. Pour entrer en vigueur, la convention doit être ratifiée par une loi. Elle fait l'objet d'une proposition puis d'un projet de loi, qui ne sont pas discutés : pour financer la nouvelle enceinte, il faudrait proposer les terrains à un prix si élevé qu'ils ne trouveraient pas preneur. Tout change quand en 1904 les militaires renoncent à l'ouvrage de remplacement. Rien ne s'oppose plus à la ratification de la convention et à son application[6]. Au même moment,

---

4. Cette appellation générique désigne désormais les membres de l'élite, esthètes et sportifs mobilisés en 1905 contre le lotissement des terrains de la zone longeant le bois de Boulogne.
5. *RDCM*, 1905, n° 4.
6. *Ibid.*

Merlou, le ministre des Finances, décide d'ajouter une partie du bois de Boulogne aux terrains destinés à la vente par la convention[7].

Une menace imminente pèse désormais sur ce site privilégié. Elle est révélée au public le dimanche 3 septembre 1905 par un article au titre alarmant, « le Bois de Boulogne livré aux bûcherons[8] », paru en première page du *Figaro.* Ce texte, signé par Frantz Reichel, le chroniqueur sportif du journal, dénonce l'« acte de vandalisme[9] » qui se prépare. Le démantèlement de l'enceinte, en lui-même « très utile et très bienfaisant[10] », se traduira par un « effroyable massacre[11] » : le long du bois de Boulogne une bande de terrains de 4 km sur 100 m sera lotie, entraînant l'abattage de 6000 à 8000 arbres. L'article est le premier d'une série de 16 textes consacrés au sort du Bois. Ces derniers reproduisent les lettres ou citent simplement le nom de personnalités plus ou moins connues, qui se joignent à la protestation et annoncent leur adhésion à un « Comité pour la défense du bois de Boulogne » dont l'idée à été lancée par Pierre de Coubertin[12]. Ils relatent aussi les péripéties de la campagne et présentent une revue des textes consacrés par d'autres journaux au sort du Bois.

La question occupe donc une place importante dans *Le Figaro,* d'autant qu'aux articles qui lui sont consacrés s'ajoutent de nombreuses allusions aux arbres du Bois, en particulier dans les « Nouvelles à la Main », billets humoristiques fondés en général sur un jeu de mot approximatif :

> « Dialogue des vivants :
> – Alors quoi ! c'est décidé, on va déboiser la promenade si chère aux Parisiens ?
> – Que voulez-vous, la sportomanie s'est emparée de nos édiles.
> – Allons donc ?
> – Oh ! c'était tout indiqué : après la coupe des Pyrénées, la coupe du bois de Boulogne[13]. »

Ces petits textes s'inscrivent pleinement dans la campagne. Tout d'abord, plaisanter sur les arbres du Bois contribue à faire de leur sort une question d'actualité. Ensuite, pour sourire en lisant son journal, le lecteur doit en partager la ligne éditoriale. Les « nouvelles à la main » participent donc à l'imposition d'un sens commun : le projet de lotissement est stupide et criminel.

7. *RDCM,* 1907, n° 121.
8. F. Reichel, « Le Bois de Boulogne livré aux bûcherons », *Le Figaro,* 3 sept. 1905.
9. *Idem.*
10. *Idem.*
11. *Idem.*
12. F. Reichel, « Pour sauver le Bois », *Le Figaro,* 7 sept. 1905. En septembre 1905, Reichel rédige une série d'articles ainsi intitulés. Désormais, lorsqu'un de ces articles est cité, seule la date est mentionnée.
13. Le Masque de Fer, « Nouvelles à la Main », *Le Figaro,* 9 sept. 1905. « Le Masque de Fer » est un pseudonyme commun à J. Cardane et Huret. *Annuaire Didot-Bottin (Bottin Mondain),* 1905, Paris, p. 638.

La campagne est très rapidement relayée par les confrères du *Figaro*. Successivement, *La République française*, *La Libre Parole*, *Le Journal des débats*, *Le Petit Journal*, *L'Écho de Paris*, *Le Gaulois*, *Le Temps*, *Le Soleil*, *L'Éclair*, *Le Journal*, *L'Auto*, *Le Matin*, *L'Intransigeant*, *La Liberté*, *L'Aurore*, *La Presse*, *Le Soir*, *Le Petit Parisien*, *Le Petit Caporal* et *Le Peuple français* font part à leurs lecteurs de la menace pesant sur le Bois [14]. La plupart de ces journaux consacrent plusieurs articles à la question. Tous, à l'exception du *Soir*, se font en particulier l'écho de la constitution, le 14 septembre, d'un Comité de défense du bois de Boulogne sous l'égide du *Figaro*. Le comité se dote du programme suivant :

> 1° Demander à la presse parisienne de créer, en faveur du Bois, un mouvement de pétitionnement et de mettre en circulation dans les rédactions des « feuilles de pétitionnement [15] », l'action visant la population de Paris et de la banlieue.
>
> 2° Organiser des conférences auxquelles seraient invités à prendre part édiles, députés et sénateurs parisiens, ainsi que des personnalités des arts, des lettres, des sciences et du théâtre.
>
> 3° Engager des démarches auprès du président de la République, du président du Conseil, de la Chambre des députés, du Sénat et du conseil municipal pour obtenir l'abandon du projet.
>
> 4° Mettre à l'étude un projet alternatif « qui sauvegarderait l'hygiène et la beauté de Paris, dans l'intérêt de tous, riches et pauvres [16] ».

De fait, la récupération par la Ville des fortifications est la solution qui semble avoir la préférence de Reichel :

> « Il n'y a pas de sacrifice [que le Comité de défense du bois de Boulogne] hésitera à demander à l'État pour l'hygiène et la beauté de Paris [...].
>
> Si ces terrains sur lesquels s'étendent les fortifications sont à l'État – ce qui n'est absolument pas prouvé – qu'il en fasse don à la Ville de Paris sous certaines conditions financières [...].
>
> Et si ces mêmes terrains ne sont pas à l'État – ce qui est possible, mais c'est là un mystère bien difficile à éclaircir – c'est à la ville de Paris qu'il appartiendra de revendiquer son domaine et à ses Conseillers municipaux de faire pour l'hygiène de la cité les sacrifices nécessaires [17]. »

La campagne mobilise de nouveaux acteurs autour de l'enceinte, les sportifs, les esthètes et plus largement le « Tout-Paris », qui se retrouvent au sein du comité.

---

14. Ces quotidiens sont mentionnés dans les revues de presse du *Figaro* ou des journaux cités par *Le Figaro*. Ils ont été dépouillés sur le mois de septembre 1905.
15. F. Reichel, « Le Comité de défense du bois de Boulogne », *Le Figaro*, 15 sept. 1905.
16. *Idem*.
17. F. Reichel, *Le Figaro*, 20 sept. 1905.

De nouveaux intervenants : esthètes, sportifs et « Tout-Paris »

Le Figaro publie les lettres de personnalités issues d'horizons variés :

> « Savants, académiciens, médecins, gens du monde, poètes, écrivains, auteurs dramatiques, peintres, sculpteurs, caricaturistes, avocats, hommes politiques, journalistes, gens de robe, de plume ou de verbe, tout ce qui compte, qui fait à Paris la loi de l'opinion, tous se dressent, se groupent dans un beau mouvement de protestation pour s'élever avec la foule parisienne et en son nom, contre les mutilations du bois de Boulogne[18]. »

Qui sont ces individus qui s'associent à la campagne et quelles sont leurs motivations ?

D'après les déclarations de Reichel ou des intéressés eux-mêmes, on compte, parmi les correspondants du *Figaro*, 52 députés, sénateurs ou anciens ministres, 31 journalistes (dont 24 adhèrent en leur nom propre et 7 au nom de leur journal), 22 membres du conseil municipal de Paris, 14 comédiens, chansonniers ou artistes lyriques, 13 écrivains, 8 peintres ou sculpteurs, 6 avocats, 6 propriétaires, 4 membres de l'Institut, 4 médecins, dont 2 membres de l'Académie de médecine, 4 « artistes » sans précision et 3 architectes. Les femmes sont au nombre de 14[19]. Par ailleurs, on repère sans ambiguïté 172 des 242 noms cités par Reichel (soit 71,1 % de l'effectif) dans l'édition 1905 du *Bottin mondain*[20].

Une réaction de privilégiés ?

Les lettres traduisent parfois la réaction de privilégiés défendant les espaces où se déroule une partie de leur vie sociale. C'est d'ailleurs en partie à ce titre que la campagne est lancée, comme en témoigne l'article inaugural de Reichel :

> « Adieu la station du petit tramway qui conduit les sages enfants au jardin d'acclimatation ! Elle disparaîtra et les bâtisses s'édifieront pour aboutir à la hauteur du restaurant du Touring-Club, qu'elles toucheront.
>
> À la porte Dauphine (laquelle n'existera plus), et prolongeant l'avenue du Bois, l'entrée sera désormais à quelques mètres du Pavillon Chinois [...].
>
> À la Muette, de détestables maisons de rapport non seulement encadreront le carrefour, mais elles déborderont encore de 50 à 60 mètres plus

18. F. Reichel, *Le Figaro*, 12 sept. 1905. Ce type de mobilisation sur un enjeu architectural ou urbain n'est pas une première. En 1887, un « comité des trois cents » fait paraître dans *Le Temps* une lettre adressée à Alphand, dans laquelle « écrivains, peintres, sculpteurs, amateurs passionnés de la beauté, jusqu'ici intacte de Paris », protestent contre l'érection de la tour Eiffel. N. Evenson, *Paris. Les héritiers d'Haussmann*, *op. cit.*, p. 144.

19. Sur les femmes et la campagne, voir M. Charvet, « Utilisation politique des compétences et qualités féminines : les femmes au secours des "espaces libres" au début du XXe siècle », F. Lejeune (dir.), *Paroles de femmes*, Nantes, Goubault Imprimeur, 2003, p. 35-46.

20. *Annuaire Didot-Bottin*, *op. cit.* Dans dix cas, il est impossible de distinguer le correspondant d'éventuels homonymes.

avant, pour enfermer dans leurs constructions la large et magnifique pelouse qui fait face à la Muette et au-dessus de laquelle se profilent au loin, bleutés, le mont Valérien et sa citadelle.

À Passy, à Auteuil, seules les barrières du Champ de courses – dont la porte extérieure disparaîtra – arrêteront les bûcherons. Les fenêtres des immeubles donneront sur les pistes ; les domestiques secoueront sur le Tout-Paris élégant les miettes et les débris des repas[21]. »

Reichel ne prise d'ailleurs guère les usages populaires du Bois : « Bientôt, si le destructif projet est réalisé, le bois de Boulogne, où le métropolitain déverse déjà tant de foules encombrantes et désobligeantes, ne vaudra guère plus que le bois de Vincennes[22]. » Quelques rares lettres témoignent de cette même indignation devant le saccage annoncé de ces lieux privilégiés de l'« entre soi[23] » de l'élite. Le Comte de Cossé-Brissac, président de *L'Étrier*, proteste contre le lotissement en son nom et en celui de ses collègues cavaliers[24]. De même, quelques correspondants du *Figaro* se joignent à la campagne en tant que riverains du Bois[25].

L'interprétation de la campagne comme une réaction de privilégiés défendant leur cadre de vie se retrouve d'ailleurs dans certains courriers ou chez certains journalistes qui affirment défendre les intérêts populaires. Exprimant son adhésion au principe d'une défense des arbres, « au bois de Boulogne comme ailleurs[26] », le conseiller municipal Armand Grébauval en profite pour dénoncer « la location de forêts aux riches chasseurs, par le Domaine, à l'exclusion de tous les autres promeneurs[27] ». Ce coup de griffe vise les pratiques administratives permettant la perpétuation de l'« entre soi » des élites[28]. Ces réserves n'empêchent pas Grébauval de se joindre à la campagne. En revanche, le rédacteur des échos du *Soir* refuse de s'alarmer d'un projet qui ne menace que quelques privilégiés :

> « Eh bien, n'en déplaise aux beaux monsieurs et aux belles madames, qui le matin galopent dans l'avenue des Acacias et le soir roulent aux environs des lacs en faisant leur persil, il n'y aurait aucun inconvénient à ce que le Bois fût rogné de quelques mètres si le prix de l'aliénation de cette zone pouvait permettre l'établissement en certains quartiers de vastes squares, réserves d'air pour le bon populo qui n'a ni le temps ni les moyens d'aller faire un tour au Bois[29]. »

Dans son refus de défendre le Bois, le journaliste du *Soir* est rejoint, de façon assez paradoxale, par son confrère de *L'Écho de Paris*. Pour ce dernier,

21. F. Reichel, « Le Bois de Boulogne livré aux bûcherons », *Le Figaro*, 3 sept. 1905.
22. F. Reichel, « Sauvons les arbres du Bois », *Le Figaro*, 6 sept. 1905.
23. M. Pinçon et M. Pinçon-Charlot, *Dans les beaux quartiers*, Paris, PUF, 1989, p. 39.
24. F. Reichel, *Le Figaro*, 13 sept. 1905.
25. F. Reichel, *Le Figaro*, 10, 12, 13 et 18 sept. 1905.
26. F. Reichel, *Le Figaro*, 10 sept. 1905.
27. *Idem*.
28. Depuis les années 1880, la ville de Paris multiplie les concessions à des sociétés sportives dans le Bois. J.-M. Derex, *Histoire du bois de Boulogne*, Paris, L'Harmattan, 1997. Voir p. 189.
29. Trivelin, « De l'air », *Le Soir*, 13 sept. 1905.

à la différence « des squares dans les quartiers populeux[30] », le Bois procure peu d'avantages hygiéniques au Paris populaire. Les seuls usages populaires du Bois et des fortifications sont en effet condamnables : « [C'est] là que les enfants qui ont "raté la laïque" prennent leurs premières leçons de cambriolage et s'aguerrissent aux périls de l'escalade[31]... » Le journaliste se prononce alors pour un lotissement réservé à l'élite économique :

> « [On voit] tout ce qu'il y aurait de beau à réaliser, à la place de ces taillis, les petits palais que les millionnaires du sucre et les artistes du million pourraient élever, avant les krachs possibles : le goût que les architectes pourraient y montrer, la fantaisie que les décorateurs apporteraient, toute l'artiste émulation dont la ville se mettrait à vivre, de la porte Maillot à la porte d'Auteuil, pendant longtemps... Certaines conditions seraient requises, les immeubles ne devraient, sous aucun prétexte, se trouver accolés ou élevés de plus de deux étages, de grands jardins les environneraient[32]... »

Les ouvriers eux-mêmes y trouveraient leur compte puisque l'opération leur procurerait du travail. Ces propos traduisent d'ailleurs une certaine résignation : le temps des appropriations aristocratiques du Bois est révolu et seuls « les millionnaires du sucre et les artistes du million » sont susceptibles d'occuper les nouveaux hôtels.

Les animateurs de la campagne semblent conscients qu'une interprétation de leur action en termes de réflexe de caste nuit à leur cause et affirment agir au nom de l'ensemble de la population parisienne. *Le Figaro* ouvre largement ses colonnes aux lettres d'élus de la capitale, locaux ou nationaux, qui rappellent que l'espace menacé est utilisé par tous les Parisiens. « Notre Bois n'est pas seulement un lieu de promenade et de plaisir pour les gens fortunés. Il est devenu, grâce au Métropolitain, hospitalier à tous[33] » écrit par exemple Henri Turot, édile socialiste du 18e arrondissement[34]. Souvent d'ailleurs, les correspondants qui se donnent pour des représentants légitimes des intérêts populaires, et en particulier les élus locaux, se prononcent pour un aménagement d'ensemble des fortifications laissant suffisamment de place aux espaces libres[35]. Il en va de même dans certains articles[36]. L'intégrité du Bois est ainsi présentée comme un enjeu local qui ne prend son sens qu'à l'échelle de la ville tout entière.

---

30. Sparklet, « Le Trottoir roulant », *L'Écho de Paris*, 10 sept. 1905. Sparklet est le pseudonyme de Flamant. *Annuaire Didot-Bottin*, *op. cit.*, p. 638.
31. Sparklet, « Le Trottoir roulant », *op. cit.*
32. *Idem.*
33. F. Reichel, *Le Figaro*, 7 sept. 1905.
34. J. Maitron (dir.), *DBMOF 3*, *op. cit.*, t. 15, p. 258. Voir les lettres de Maurice Binder, député de Paris (8 sept. 1905), « un groupe de protestataires » (8 sept. 1905), G. Huet, ancien maire de Neuilly (10 sept. 1905), Félix Roussel, conseiller municipal (14 sept. 1905), Ferdinand Buisson (20 sept. 1905) et Maurice Spronck, député de Paris (26 sept. 1905).
35. Voir les lettres de Jules Auffray et d'Archdeacon, députés de Paris (14 sept. 1905), qui replacent le sort du Bois dans le cadre d'un aménagement d'ensemble de l'enceinte.
36. « Paris a besoin d'air », *Le Petit Journal*, 12 sept. 1905 ; P. Delay, « Le Bois de Boulogne menacé ! », *L'Écho de Paris*, 15 sept. 1905 ; « Le Bois de Boulogne », *L'Éclair*, 15 sept. 1905 ; C. Génat, « La ques-

Reichel lui-même, qui ne recule pas devant la contradiction, se défend d'animer un mouvement de privilégiés : « Si nous plaidons la cause du Bois, ce n'est pas pour quelques privilégiés, c'est pour tous[37]. » Par ailleurs il se félicite de l'écho de la campagne dans la presse populaire[38]. Quel que soit leur lectorat, les journaux se joignant au *Figaro* soulignent qu'ils agissent dans l'intérêt de tous les Parisiens : le Bois, avec le développement des transports en commun, est devenu une « promenade démocratique[39] ». Drumont, dans *La Libre Parole*, va jusqu'à affirmer que défendre le Bois, c'est avant tout défendre les intérêts populaires :

> « [Ceux] qui souffriraient le moins encore de la dévastation du bois de Boulogne seraient les riches.
>
> Grâce au développement de l'automobilisme, les privilégiés de la Fortune sont en pleine campagne en moins d'une demi-heure. Dans la saison d'été, ils quittent Paris et vont à la montagne ou à la mer.
>
> Ceux auxquels le bois de Boulogne est le plus nécessaire sont ceux qui n'ont pas les moyens d'y aller tous les jours[40]. »

Selon Le Roy, du *Journal*, la mobilisation, qui transcende les clivages de classe, dépasse aussi les divisions politiques : « Sans distinction d'opinions, les conseillers municipaux font entendre leur protestation. M. d'Andigné, aussi bien que M. Turot[41], se font les défenseurs du Bois, que l'on veut mutiler[42]. » Nombreux sont les articles qui soulignent l'unanimité politique autour de la sauvegarde du Bois[43]. De fait, l'unanimité de la presse est réelle. Les dissonances relevées dans *L'Écho de Paris* et *Le Soir* ne reflètent pas la ligne éditoriale de ces journaux, qui s'associent à la campagne. Les divergences portent sur l'identification des responsables. Pour les uns, édiles et fonctionnaires préfectoraux ont fait de leur mieux pour limiter les conséquences néfastes de la loi du 17 février 1898. Pour les autres, ils font preuve d'une incurie et d'une incompétence criminelles.

---

tion des fortifications », *Le Temps*, 20 sept. 1905 et H. Le Boulanger, « Pour le peuple de Paris », *Le Peuple français*, 28 sept. 1905.

37. F. Reichel, *Le Figaro*, 7 sept. 1905.
38. F. Reichel, *Le Figaro*, 12 et 14 sept. 1905.
39. « Paris a besoin d'air », *Le Petit Journal*, 12 sept. 1905. Voir aussi : « Les fortifications et le Bois de Boulogne », *Le Petit Journal*, 5 sept. 1905 ; E. Le Roy, « Les arbres du Bois », *Le Journal*, 8 sept. 1905 ; H. Rochefort, « Le Mutilé », *L'Intransigeant*, 10 sept. 1905 ; « Échos de Partout », *Le Petit Journal*, 14 sept. 1905 ; « Pour le bois de Boulogne », *Le Petit Caporal*, 18 sept. 1905 ; J. B. L., « La mutilation du bois du Boulogne », *La Libre Parole*, 9 sept. 1905 ; J. Frollo, « Les arbres de Paris », *Le Petit Parisien*, 14 sept. 1905. J. Frollo est le pseudonyme collectif des journalistes du *Petit Parisien*. *Annuaire Didot-Bottin*, *op. cit.*, p. 365.
40. É. Drumont, « La verdure et l'air pour Paris », *La Libre Parole*, 21 sept. 1905.
41. D'Andigné est conservateur. E. Gay, *Nos édiles. 1904-1908*, Paris, La Nouvelle Revue française, non daté, p. 227-228.
42. E. Le Roy, « Les arbres du Bois », *Le Journal*, 8 sept. 1905.
43. Voir aussi F. Roussel, « Les fortifications et le Bois », *La République française*, 25 sept. 1905 ; P. Delay, « Le Bois de Boulogne menacé ! », *L'Écho de Paris*, 9 et 15 sept. 1905 ; « Paris a besoin d'air », *Le Petit Journal*, 12 sept. 1905 ; J. Frollo, « Les arbres de Paris », *Le Petit Parisien*, 14 sept. 1905 et H. Martin, « Pour les arbres », *Le Soir*, 15 sept. 1905.

Les acteurs : esthètes et sportifs

Les correspondants du *Figaro* proviennent d'horizons très divers. Deux types d'intervenants s'engagent cependant plus nettement : des sportifs et des esthètes, partisans entre autres de la préservation des sites, qui se retrouvent autour de la question des espaces libres.

La campagne est lancée et animée par Reichel. Fils d'un libraire [44], Reichel est un « sportif complet [45] » comme on peut l'être au début du siècle. Âgé en 1905 de 34 ans, il cumule les distinctions sportives. Avec le Racing qu'il commande, il a remporté à deux reprises le championnat de France de rugby. International de rugby, il a dirigé la sélection française aux Jeux olympiques de 1896, pendant lesquels il a aussi participé à l'épreuve du 110 m haies. Par ailleurs, il a conquis plusieurs titres de champion de France, en *cross-country*, boxe et cyclisme. Rien de ce qui est sportif n'est étranger à Reichel, qui pratique aussi l'équitation, la lutte, l'escrime, la gymnastique, la pelote basque, les poids et haltères, l'automobile et l'aviation [46]...

Confier la campagne à un tel homme revient à placer la sauvegarde du Bois sous le signe du sport. D'ailleurs, l'un des premiers à répondre à l'appel du *Figaro* est P. de Coubertin, qui collabore aussi au journal [47]. Dans une lettre adressée au directeur du *Figaro* Gaston Calmette, Coubertin dresse un plan de campagne et se déclare prêt si nécessaire à prendre la tête des opérations : « J'aimerais voir quelqu'un d'autre se mettre à la tête du mouvement, mais si personne ne bouge, je n'hésiterai pas à le faire, au moins provisoirement. Un Comité de défense du bois de Boulogne est indispensable [48]. » Coubertin est d'ailleurs nommé président du Comité de défense du bois de Boulogne constitué le 14 septembre, Reichel occupant les fonctions de secrétaire général [49].

Les milieux sportifs sont donc les initiateurs de la campagne. Certaines lettres publiées par *Le Figaro* émanent de correspondants qui se présentent ou sont présentés par Reichel comme les représentants des intérêts du sport :

- Henri Desgranges, « directeur rédacteur en chef de l'Auto [...] sportif et puissant journal [50] » ;
- Le Comte de Cossé-Brissac, « président de l'Étrier [51] » ;
- Paul Rousseau « pour l'Union vélocipédique de France [52] » ;

44. Renseignement aimablement communiqué par Jacques Defrance.
45. É. Seidler et R. Parienté, *Dictionnaire illustré des sports*, Paris, Seghers, 1963, p. 232.
46. *Ibid.*, p. 322-233.
47. F. Reichel, « Sauvons les arbres du Bois », *Le Figaro*, 6 sept. 1905.
48. *Idem.*
49. F. Reichel, « Le Comité de défense du bois de Boulogne », *Le Figaro*, 15 sept. 1905.
50. F. Reichel, *Le Figaro*, 10 sept. 1905.
51. F. Reichel, *Le Figaro*, 13 sept. 1905.
52. F. Reichel, *Le Figaro*, 18 sept. 1905.

- Dumont-Pallier, « qui informe [*Le Figaro*] que le Comité directeur de l'Automobile Club de France sera prochainement saisi de la question[53] » ;
- Paul Champ « qui adhère en son nom et apporte le concours tout entier du Comité de Paris de l'Union des sociétés françaises des sports athlétiques et de ses 15 000 membres[54] ».

À ces hommes, on peut adjoindre le député nationaliste et antisémite Edmond-Sébastien Archdeacon et le conseiller municipal Félix Roussel. Archdeacon est « très répandu dans les milieux sportifs, étant propriétaire d'une écurie de course réputée[55] ». L'avocat, publiciste et conférencier F. Roussel, élu du 6e arrondissement, consacre une partie de ses activités au cyclisme. Entre 1893 et 1895, il est vice-président puis président du conseil de l'Union vélocipédique de France, avant de devenir directeur de cette instance. Roussel a aussi siégé à la commission des exercices physiques de l'Exposition universelle, chargée en 1894 d'étudier le programme général des concours internationaux. Au sein de cette commission, il a présidé la section de vélocipédie, pour laquelle il a également fait office de rapporteur[56]. Huit correspondants sur 242 appartiennent donc au monde du sport.

Si les sportifs jouent un rôle de premier plan dans l'organisation du mouvement, ils ne lui apportent pas ses bataillons les plus fournis. Ou du moins, puisque rien n'interdit de penser qu'une partie des correspondants du *Figaro* touche de près ou de loin aux sports, la simple pratique sportive ne légitime l'intervention ni aux yeux de ceux qui s'y adonnent, ni pour le journal qui publie leurs lettres. Pour s'exprimer en tant que sportif, il faut exercer des responsabilités ou posséder une notoriété en la matière.

Charles Beauquier et Frantz Jourdain sont parmi les premiers à s'associer à la protestation et à faire parvenir leur adhésion au Comité de défense du bois de Boulogne[57]. Avec ces deux hommes, on assiste à l'intervention des esthètes.

Beauquier est l'un des animateurs du mouvement de la préservation des sites et participe à ce titre à la fondation de la Société pour la protection des paysages de France en 1901[58]. Cet élu radical du Doubs, que l'on retrouvera à la Section d'hygiène, est né en 1833 à Besançon. Il a débuté comme critique musical, ce qui l'a amené *via* le journalisme à la politique. Beauquier est un personnage éclectique : critique musical, folkloriste et auteur de livrets d'opéra, il est devenu à la Chambre le champion de la protection des sites, déposant au fil des sessions une série de propositions de

53. *Idem.*
54. F. Reichel, *Le Figaro*, 20 sept. 1905.
55. J. Jolly (dir.), *DPF*, *op. cit.*, t. I, p. 390.
56. E. Gay, *Nos édiles*, *op. cit.*, p. 113-114.
57. F. Reichel, *Le Figaro*, 7 sept. 1905.
58. R. de Souza, « Les espaces libres. Résumé historique », *op. cit.*, p. 182.

loi et d'amendements portant sur son sujet favori. C'est d'ailleurs cet intérêt qui l'amène à la fin des années 1900 à se préoccuper d'urbanisme et en fait à la Chambre un des pionniers de la loi sur les plans d'aménagement et d'extension des villes[59].

Frantz Jourdain, né en 1847 à Anvers, est architecte. Il s'est imposé au début du siècle comme le chef de file du mouvement moderne en architecture. Comme Beauquier, Jourdain fait preuve d'éclectisme : il participe à l'organisation de différentes expositions universelles et internationales, s'intéresse à la décoration intérieure et à l'ameublement, collabore à de nombreux journaux dont *Le Figaro* et publie des romans. Politiquement, il témoigne de « sympathies libertaires[60] » et s'est signalé par ses positions dreyfusardes[61]. Jourdain est aussi le fondateur en 1902 de la Société du Nouveau Paris, qui entend contrer l'influence des partisans de la sauvegarde du vieux Paris, minorité dont le respect excessif pour le passé s'oppose aux changements améliorant le sort de l'ensemble de la population[62]. C'est au titre de président de la Société du Nouveau Paris que Jourdain s'engage dans la campagne[63].

Beauquier et Jourdain sont bientôt rejoints par des partisans de la préservation des sites. Chez les correspondants du *Figaro*, on relève les affiliations suivantes : secrétaire de la Société française des fouilles archéologiques (Émile Soldi-Colbert de Beaulieu[64]), président du Touring-Club de France (A. Ballif[65]), ancien président de la Société des Parisiens de Paris (Georges Berger[66]), membre et vice-président de la Société pour la protection des paysages de France (Pierre de Bouchaud[67] et Lucien Augé de Lassus[68]) et président de la Société des amis des monuments parisiens (Charles Normand[69]). Le Touring-Club participe du courant de la préservation des sites : il possède un comité pour la protection des sites, dont Beauquier est l'un des vice-présidents[70].

Les partisans de la préservation des sites poursuivent des buts différents de ceux de la Société du Nouveau Paris. La Société des amis des monu-

59. J. Jolly (dir.), *DPF*, *op. cit.*, t. II, p. 511-512.
60. J. Maitron (dir.), *DBMOF 3*, *op. cit.*, t. 13, p. 131.
61. *Les Archives biographiques contemporaines*, Paris, Direction et Administration, 1906-1917 (6 séries). Voir 2e série, p. 34-35.
62. N. Evenson, *Paris. Les héritiers d'Haussmann*, *op. cit.*, p. 124.
63. F. Reichel, *Le Figaro*, 7 sept. 1905.
64. *Idem.*
65. Dont le nom est orthographié Baillif. F. Reichel, *Le Figaro*, 8 sept. 1905.
66. F. Reichel, *Le Figaro*, 11 sept. 1905. La Société des Parisiens de Paris milite pour la préservation des sites. En avril 1905, elle adresse au conseil municipal une pétition contre la création d'une exposition des sports et d'un autodrome à Bagatelle, domaine qu'elle souhaite voir conservé en l'état. *RDCM*, 1905, n° 25.
67. F. Reichel, *Le Figaro*, 13 sept. 1905.
68. F. Reichel, *Le Figaro*, 26 sept. 1905.
69. *Idem.*
70. F. Reichel, *Le Figaro*, 7 sept. 1905.

ments parisiens a été créée en 1885 par Charles Normand, avec pour président Charles Garnier, l'architecte de l'Opéra, et Victor Hugo pour président honoraire. Elle regroupe des historiens de l'art et des archéologues et s'est particulièrement mobilisée contre la construction d'un métro aérien[71]. On assiste, sur les espaces libres, à une alliance entre esthètes aux sensibilités différentes[72].

Comme les sportifs, les esthètes, numériquement peu nombreux parmi les correspondants cités (huit avec Beauquier et Jourdain), sont parmi les premiers à répondre à l'appel du *Figaro* et exercent des responsabilités dans la campagne. L'une des deux vice-présidences du Comité pour la défense du bois de Boulogne échoit à Jourdain, la seconde revenant à G. Calmette[73].

Les espaces libres ou l'hygiénisme des esthètes et des sportifs

L'alliance des esthètes et des sportifs sur la sauvegarde du Bois est motivée par une adhésion commune au principe de la défense des espaces libres. Cependant ce consensus n'épuise pas la signification de l'engagement des esthètes au côté des sportifs dans une campagne invoquant entre autres les exigences de l'hygiène. L'hygiénisme des esthètes dépasse la question des espaces libres. La présence, chez les partisans de la préservation des sites, de défenseurs des intérêts du tourisme, qui se soucient aussi d'hygiène, témoigne de cette proximité entre esthétique et hygiène.

En 1902 a été fondé sur l'initiative de Gabriel Bonvalot, député parisien au passé d'explorateur[74], un Comité pour la conservation et la création des espaces libres, visant à obtenir une loi exigeant pour toutes les villes de France une proportion d'espaces libres déterminée. À ce « groupement des intérêts d'hygiène, de sport et d'art[75] » coopèrent, du côté hygiéniste, la Fédération des ligues contre la tuberculose, la Ligue antialcoolique et *La Presse médicale.* Du côté sportif on trouve *Le Journal de l'Auto* et pour les arts la Société du Nouveau Paris et la Société pour la protection des paysages de France. Le Comité a réagi contre la Convention Ville-État de 1902 et est intervenu à ce sujet lors de la campagne pour les municipales de 1904. Son action a aussi contribué à diffuser l'expression « espaces libres » dans l'opinion[76].

Il n'est donc pas étonnant de rencontrer parmi les correspondants du *Figaro* Marmottan et Brynaud, respectivement vice-président du Comité

71. N. Evenson, *Paris. Les héritiers d'Haussmann, op. cit.*, p. 116.
72. Le courant que représente Jourdain étant minoritaire dans la mobilisation de 1905 et les propos de Jourdain différant peu de ceux d'esthètes plus conservateurs, les termes d'esthètes et de partisans de la préservation des sites sont employés indifféremment ici.
73. F. Reichel, « Le Comité de défense du bois de Boulogne », *Le Figaro*, 15 sept. 1905.
74. J. Jolly (dir.), *DPF, op. cit.*, t. II, p. 668-669.
75. R. de Souza, « Les espaces libres. Résumé historique », *op. cit.*, p. 184.
76. *Idem.*

de défense des espaces libres de Paris[77] et secrétaire général de la société « Les Amis des arbres[78] ». La campagne s'inscrit dans le mouvement en faveur des espaces libres, né au début du siècle et qui rassemblait déjà artistes, sportifs et hygiénistes. Beauquier présente d'ailleurs l'intervention de la Société pour la protection des paysages de France comme le prolongement de l'action de Bonvalot :

> « Depuis deux ans déjà, notre Société a fait entendre ses protestations contre les projets arboricides conçus par l'État et la municipalité. D'accord avec le Comité des espaces libres, fondé par Bonvalot, nous avons fait auprès des pouvoirs publics des démarches réitérées pour qu'on renonçât à mutiler le bois de Boulogne et le Champ de Mars comme on avait déjà mutilé l'esplanade des Invalides[79]. »

L'inscription de la campagne dans la thématique des espaces libres lie hygiène et esthétique. À une exigence de beauté, pour leur propre usage mais aussi pour l'ensemble de la population, les défenseurs du Bois associent une exigence d'hygiène, à destination du tout-venant parisien.

Au début du XXe siècle, les espaces libres sont un point de rencontre entre préservation des sites et préoccupations hygiénistes. L'organisation du tourisme en constitue un autre.

L'action du Touring-Club témoigne de cette convergence. Le Touring-Club est impliqué dans la préservation des sites. Par ailleurs, hygiène et santé font partie de ses préoccupations. Les touristes, membres de l'élite ou des catégories simplement aisées, souhaitent bénéficier en voyage de conditions sanitaires et hygiéniques équivalentes à celles dont ils jouissent chez eux. Le Touring-Club tente de répondre à leurs attentes en les guidant dans le choix d'un hôtel ou d'une auberge. Il contribue ainsi à la diffusion de normes d'hygiène par un processus que le docteur Léon Petit expose dans *La Revue universelle* :

> « Le Touring-Club aide beaucoup à la propagation de l'hygiène dans les hôtels et dans les auberges. […] en recommandant les établissements les mieux tenus, en mettant à l'index ceux dont les patrons sont réfractaires aux indications hygiéniques, le Touring-Club est déjà arrivé à faire réaliser certains progrès[80]. »

L'action du Touring-Club relève d'autant plus d'une entreprise hygiéniste que la diffusion des normes à laquelle il contribue n'est pas censée s'arrêter aux portes des chambres d'hôtel. Tel est en tout cas l'espoir du docteur Petit. Celui-ci s'élève contre le principe de la table de nuit cachant le pot de chambre. La remarque l'entraîne assez loin du domaine de compé-

77. F. Reichel, *Le Figaro*, 14 sept. 1905.
78. F. Reichel, *Le Figaro*, 26 sept. 1905.
79. F. Reichel, *Le Figaro*, 7 sept. 1905.
80. Docteur L. Petit, « L'hygiène et le Touring-Club », *La Revue universelle*, 1904, p. 170.

tence du Touring-Club : « [C'est] surtout dans les chambres de malades et à l'hôpital que la table de nuit triomphe[81]. » Pour le médecin, les efforts hygiénistes entrepris par les hôteliers sous la pression du Touring-Club ont vocation à s'inscrire dans un mouvement concernant l'ensemble de la société, dans lequel ils pourraient jouer un rôle initiateur. La présentation par le Touring-Club d'une « chambre hygiénique en face d'une chambre antihygiénique[82] » à l'exposition qui accompagne le Congrès de la tuberculose d'octobre 1905 relève de la même logique, même s'il ne s'agit encore que d'améliorer les chambres d'hôtel. Que le journal sportif *L'Auto* reprenne cette information est un indice supplémentaire de l'intérêt partagé des sportifs, des esthètes et des instances d'organisation du tourisme pour l'hygiène.

L'engagement hygiéniste du Touring-Club est durable. On le retrouve en 1908, avec l'Alliance d'hygiène sociale, la Commission d'hygiène urbaine et rurale du Musée social (nom provisoire de la future Section d'hygiène[83]), l'Association des cités-jardins de France et la Société pour la protection des paysages de France, parmi les cosignataires de l'affiche élaborée par R. de Clermont et proposée aux candidats aux élections municipales parisiennes[84]. L'intérêt des représentants du tourisme pour l'hygiène se prolonge d'ailleurs par un engagement en faveur de l'« aménagement rationnel des villes ». Cet engagement conjugue, comme la défense des espaces libres à laquelle il est étroitement lié, préoccupations hygiénistes et souci de préserver un patrimoine. Le développement du tourisme expose les sites de villégiature à des accroissements périodiques de population qui menacent leur intégrité et rendent nécessaire une planification raisonnée de leur développement. Telle est la raison pour laquelle la proposition de loi sur les plans d'aménagement et d'extension élaborée en 1912 par la Section d'hygiène comporte la disposition suivante :

> « La même obligation [élaborer un plan] s'appliquera aux stations balnéaires, thermales, maritimes, d'altitude, sportives et autres, dont la population permanente dépassant 2 000 habitants se trouvera augmenter de 50 % et plus à certaines périodes de l'année[85]. »

Le nom de Raoul de Clermont revient à plusieurs reprises quand il est question de l'intrication entre préservation des sites, tourisme, défense des espaces libres et hygiène. Le personnage se situe à un point de convergence entre ces différents mouvements, en ayant aussi un pied dans le monde sportif. Né en 1863, cet ingénieur agronome et juriste de formation exerce successivement les professions de diplomate et d'avocat, se consacrant en par-

81. *Idem.*
82. Le Téléphoniste, « Allô ! Allô ! (Améliorons les hôtels) », *L'Auto*, 27 sept. 1905.
83. Ce nom désigne sur l'affiche l'instance du Musée social qui s'empare de la question de l'enceinte. R. de Clermont et F. Cros-Mayrevieille, « La campagne électorale municipale de 1908 », *op. cit.*, p. 198-199.
84. *Ibid.*
85. « Travaux des sections. SHUR : séance du 27 juin 1912 », *op. cit.*, p. 428.

ticulier aux questions agricoles et de propriété industrielle et artistique. Il est le secrétaire, à partir de 1896, de l'Association internationale pour la protection de la propriété littéraire et artistique et assure les fonctions de rapporteur, parfois combinées avec celles de secrétaire, lors de la quasi-totalité des congrès annuels de cette association entre 1896 et 1904. Par ailleurs, il est aussi membre du conseil de l'Association pour la protection de la propriété industrielle. « Amateur d'art éclairé et collectionneur réputé [86] », Clermont est secrétaire-adjoint de la Société des peintres de montagne et expose ses propres aquarelles. En 1905, il devient attaché de cabinet auprès du sous-secrétaire d'État aux Beaux-Arts Dujardin-Beaumetz. Clermont siège aussi au conseil directeur de la Société pour la protection des paysages de France, appartient au Touring-Club et au Club alpin français [87], et figure parmi les premiers membres de la Section d'hygiène, au sein de laquelle il joue un rôle actif. L'homme se situe donc bien à l'intersection entre les domaines de la préservation des sites, du tourisme et du sport, ce qui l'amène à l'hygiénisme, ce parcours présentant des analogies avec celui de Beauquier.

La rencontre des hygiénistes et des esthètes ne se limite pas à une alliance autour des espaces libres. Le tourisme est un autre point de jonction entre hygiène et protection des sites. Ces convergences sont une des pièces du cadre dans lequel peut s'opérer une mobilisation de larges fractions des élites autour du bois de Boulogne.

Un « hygiénisme mondain » ?

L'intrication entre préservation des sites, sport, tourisme et hygiénisme ainsi que l'ampleur du soutien à la campagne du *Figaro* incitent à s'interroger sur la signification de l'engagement hygiéniste des participants au mouvement de 1905.

Il n'est pas étonnant de voir *Le Figaro* se lancer dans une campagne motivée en partie par l'hygiène. Le journal, comme la plupart de ses confrères, accorde une large place à l'hygiène et à la « question sociale ». Le traitement de ces informations incite à se demander si l'intérêt pour ces problèmes ne relève pas des obligations mondaines des membres du « Tout Paris » qui s'associent à la campagne de 1905.

Hygiène et « question sociale » occupent une place relativement importante dans *Le Figaro*. Au cours des mois d'août et de septembre 1905 paraît dans *Le Figaro* une chronique intitulée « Quelques conseils pour vivre vieux [88] ». Y sont abordés des thèmes comme le « choix d'un bon logement »

86. C. E. Curinier, *DNC*, *op. cit.*, t. V, p. 382-383.
87. *Idem.*
88. M. de Fleury, « Quelques conseils pour vivre vieux », *Le Figaro*, 10, 15, 19 et 23 août, 1er, 4 et 25 sept. 1905.

ou la « solidarité[89] » avec un article sur les habitations à bon marché. La rubrique est tenue par le docteur Maurice de Fleury, spécialiste des maladies nerveuses[90]. Un problème comme l'alcoolisme retient aussi l'attention du *Figaro*[91]. Sur la « question sociale », le journal s'assure la collaboration du sénateur de la Seine Paul Strauss, qui fait autorité dans le domaine[92].

Cet intérêt n'est pas spécifique au *Figaro*. Il est manifeste dans la plupart des quotidiens qui s'associent, de près ou de loin, à la campagne. L'emploi d'un médecin chargé d'une chronique hygiénique et médicale est relativement fréquent. *L'Écho de Paris* par exemple s'assure la collaboration du docteur Raoul Blondel[93], lequel intervient aussi à propos d'une question d'actualité comme l'épidémie de choléra qui sévit alors en Asie ainsi qu'en Europe centrale et de l'Est[94] et dont la presse suit avec attention la progression. *L'Écho de Paris* dispose d'ailleurs d'un autre collaborateur attitré pour les questions d'hygiène et de santé publique, Octave Uzanne, de l'Académie de médecine[95]. *Le Matin*, de son côté, a recours aux services du docteur Henri de Rothschild[96] et du docteur Maurice Letulle, spécialiste de la tuberculose qui accorde volontiers son concours à la presse[97]. Les quotidiens ne sont pas rares qui, même s'ils ne s'attachent pas les services d'un médecin, confient le traitement des informations relevant de l'hygiène et de la « question sociale » à un ou deux journalistes spécialisés : c'est le cas de *L'Éclair*, avec Ernest Laroche[98], ou du *Journal*, avec Émile Gautier et Lucien Descaves[99].

L'attention accordée au Congrès international de la tuberculose qui se tient à Paris en octobre 1905 constitue un autre indice de l'intérêt de la presse pour l'hygiène et la « question sociale ». Fin septembre et début octobre 1905, *Le Figaro* consacre presque quotidiennement un ou plusieurs articles à cette réunion, émanant de collaborateurs faisant autorité : la

89. *Ibid.*, 1er et 4 sept. 1905.
90. A. Carol, *Histoire de l'eugénisme en France*, *op. cit.*, p. 81.
91. « Au pays de l'alcoolisme », *Le Figaro*, 29 sept. 1905.
92. P. Juillerat, *Une institution nécessaire*, *op. cit.* En septembre 1905, Strauss donne au *Figaro* un article sur la participation des établissements scolaires aux œuvres d'assistance. P. Strauss, « L'école du bien », *Le Figaro*, 20 sept. 1905. C. Topalov voit dans Strauss un exemple de représentant des « couches nouvelles » investi dans la réforme sociale. C. Topalov « Patronages », C. Topalov (dir.), *Laboratoires du nouveau siècle*, *op. cit.*, p. 357-396. Voir p. 382.
93. R. Blondel, « La vie médicale », « La vie médicale. La cure thermale », « La vie médicale. Les rayons X » et « La vie médicale. Dégénérescence », *L'Écho de Paris*, 7, 15, 21 et 27 sept. 1905.
94. R. Blondel, « Le choléra », *L'Écho de Paris*, 8 sept. 1905.
95. O. Uzanne, « La santé publique à Paris. Fiacres homicides », *L'Écho de Paris*, 14 sept. 1905.
96. H. de Rothschild, « Pour nos enfants », *Le Matin*, 20 sept. 1905.
97. Il est l'auteur d'un article sur la tuberculose dans *Le Matin* du 19 mars 1905. P. Juillerat, *Une institution nécessaire*, *op. cit.*, p. 16. Voir aussi « Les assises de la tuberculose », *Le Matin*, 22 sept. 1905. À l'occasion du Congrès de 1905, Letulle donne aussi un article au *Figaro* : « La guerre à la tuberculose », *Le Figaro*, 25 sept. 1905.
98. E. Laroche, « Pour les déments » et « Des œuvres à créer », *L'Éclair*, 14 et 20 sept. 1905.
99. É. Gautier, « La réhabilitation de l'eau de Javel » et « Pour les Cent Kilos » (sur l'obésité), *Le Journal*, 7 et 15 sept. 1905 ; L. Descaves, « La peur » (sur l'épidémie de choléra) et « C'est pour l'enfant », *Le Journal*, 10 et 15 sept. 1905.

plupart de ces textes sont signés Horace Bianchon[100] (pseudonyme de M. de Fleury[101]), l'un d'entre eux est dû à Strauss[102] et un autre à Letulle[103]. À ces articles s'ajoutent des allusions au congrès dans les différentes rubriques du journal : « Paris au jour le jour[104] », « à travers Paris[105] » ou « la vie sportive[106] ». Le congrès fait l'objet d'une large couverture par l'ensemble des grands quotidiens. Dans *Le Journal*, c'est L. Petit, ce médecin qui se faisait le chantre de l'action hygiénique du Touring-Club, qui rend compte de l'événement[107]. De même, *Le Matin* fait appel aux services de Letulle[108].

Toutefois, à la différence des autres quotidiens, *Le Figaro* et *Le Matin* ne se contentent pas d'informer : ils participent à l'événement. *Le Matin* offre une « soirée artistique[109] » aux participants au congrès. De son côté, *Le Figaro* organise un « five o'clock[110] » pour les congressistes. Pour *Le Figaro*, des liens de parenté peuvent rendre compte de cet investissement : Gaston Calmette est le frère d'Albert Calmette[111], professeur à la faculté de médecine et directeur de l'institut Pasteur de Lille, qui exerce des responsabilités dans l'organisation du congrès[112].

Ces manifestations contribuent à faire de la réunion scientifique qu'est le congrès un événement mondain : « Paris, fidèle à sa tradition d'urbanité charmante, soucieux de sa réputation universelle d'hospitalité aimable, généreux, artiste, se prépare à recevoir dignement nos trois mille congressistes[113] » écrit Letulle, qui précise qu'en plus de la réception du *Figaro*, trois fêtes seront données en l'honneur des participants au congrès. Lors de la réception du *Figaro*, des artistes se produisent devant une salle qui rassemble, outre les congressistes, des membres de la « société » parisienne. On repère en particulier des diplomates étrangers et des médecins qui apportent leur concours à la presse : H. de Rothschild, M. de Fleury et M. Letulle. Le soutien à la lutte contre la tuberculose semble participer des obligations mondaines d'une fraction des élites. Le rapprochement entre l'accueil des participants au Congrès et l'orchestration de la campagne en

100. H. Bianchon, « Le grand congrès de la tuberculose », *Le Figaro*, 24 sept. 1905, « Le congrès de la tuberculose », *Le Figaro*, 28 et 30 sept. 1905, et « Au congrès de la tuberculose », *Le Figaro*, 3 oct. 1905.
101. *Annuaire Didot-Bottin*, *op. cit.*, p. 632.
102. P. Strauss, « La grande bataille », *Le Figaro*, 2 oct. 1905.
103. M. Letulle, « La guerre à la tuberculose », *Le Figaro*, 25 sept. 1905.
104. « Paris au jour le jour », *Le Figaro*, 2 et 3 oct. 1905 et « Paris au jour le jour : informations », *Le Figaro*, 1er et 2 oct. 1905.
105. « À travers Paris », *Le Figaro*, 1er et 3 oct. 1905.
106. P. Manouvry, « La vie sportive : gymnastique », *Le Figaro*, 2 oct. 1905.
107. L. Petit, « Le Congrès international de la tuberculose », *Le Journal*, 28 sept. 1905.
108. M. Letulle, « Les assises de la tuberculose », *Le Matin*, 22 sept. 1905.
109. *Idem*.
110. Fabien, « Le Five o'clock du "Figaro" », *Le Figaro*, 3 oct. 1905.
111. *Grand Larousse encyclopédique*, t. 2, Paris, Larousse, 1979, non paginé.
112. « Le Congrès de la tuberculose », *Le Figaro*, 29 sept. 1905.
113. M. Letulle, « La guerre à la tuberculose », *Le Figaro*, 25 sept. 1905.

faveur du Bois s'impose, d'autant plus que sur les huit artistes se produisant lors du *five o'clock* du *Figaro*, deux se sont joints à la protestation contre la mutilation du Bois.

La campagne de 1905 renouvelle doublement la question de l'enceinte. Elle consacre l'intervention de nouveaux acteurs : les « gens du monde », sportifs, esthètes et représentants des intérêts du tourisme. Elle constitue aussi un moment de redéfinition de la question dont la dimension esthétique est soulignée avec force. Les nouveaux acteurs ne se contentent pas d'opérer une reformulation de la question, leur intervention remet aussi en cause la légitimité de ces spécialistes de l'enceinte qu'étaient devenus les édiles de la capitale.

Une nouvelle légitimité : compétence et excellence sociale

Avec l'intervention des esthètes et des représentants des élites au sens large, le sort de l'enceinte relève désormais autant de l'esthétique que de l'hygiène. À ce double titre, il semble ne plus pouvoir être laissé aux mains des élus locaux. Les autorités sociales que sont les esthètes et les défenseurs des espaces libres se livrent, depuis le début du siècle au moins, à une critique systématique de la gestion édilitaire des espaces parisiens, sur laquelle ils réclament un droit de regard au nom de la légitimité que confèrent l'excellence sociale et la compétence, censées primer sur la légitimité électorale.

La disqualification des édiles

Depuis le début du siècle, Société pour la protection des paysages de France, Comité pour la conservation et la création des espaces libres et Société du Nouveau Paris multiplient les protestations contre les décisions des élus et des fonctionnaires de la Seine. Le Comité pour la conservation et la création des espaces libres a déjà manifesté son opposition au projet de lotissement de l'enceinte inclus dans la convention Ville-État en 1902. L'adoption de la taxe sur les jardins, l'aliénation d'une partie du Champ de Mars, le morcellement du parc de la Muette, les engrillagements des forêts autour de Paris et la vente de Bagatelle suscitent aussi son indignation. La Société pour la protection des paysages de France réclame, elle, la transformation des forêts entourant Paris en « parcs nationaux[114] ». Les tenants de la préservation des sites s'allient parfois avec les partisans des espaces libres, comme lorsqu'il s'est agi de protester contre le projet de mutilation du Champ de Mars[115]. De son côté, la Société du Nouveau

114. R. de Souza, « Les espaces libres. Résumé historique », *op. cit.*, p. 184.
115. F. Reichel, *Le Figaro*, 7 sept. 1905.

Paris a tenté à plusieurs reprises de contrer les décisions de l'administration parisienne, en particulier lors de la vente des terrains du marché du Temple, en juillet 1905[116]. Ces protestations relèvent d'une mise en question des types de légitimité détenus par les représentants élus des Parisiens et par les membres de l'administration préfectorale. Il faut replacer la campagne du *Figaro* dans cette contestation. La campagne fournit aux esthètes, aux partisans des espaces libres et aux sportifs l'occasion de contester la légitimité des élus et fonctionnaires locaux à opérer des choix en matière d'urbanisme.

L'origine des décisions désastreuses contre lesquelles s'élèvent les « gens du monde » résiderait dans l'incompétence des élus locaux et dans le désintérêt des élus nationaux. Jourdain fustige « le vandalisme de l'administration et la veulerie du public[117] » : « Notre malheureux Paris est submergé par les laideurs [...]. L'État, qui bâcle en cinq heures, à la Chambre, le budget des Beaux-Arts, s'en désintéresse complètement et le conseil municipal n'y entend rien[118]. » Jourdain ne s'en prend d'ailleurs pas seulement à l'incompétence des élus. Le mal a des racines plus profondes. La logique élective elle-même paralyse les édiles :

> « Nous n'avons pas, en réalité, de Conseil municipal, mais des conseillers municipaux, ce qui n'est pas du tout la même chose. Aucune vue d'ensemble, aucun plan général pour l'embellissement de la cité ; chacun, dans son quartier, se préoccupe de contenter l'électeur et se moque absolument de ce qui se passe dans l'arrondissement voisin[119]. »

Pour les esthètes, l'élection est par essence incapable de désigner des responsables susceptibles de traiter efficacement les questions d'esthétique. Pour Jourdain, confier aux élus de responsabilités en matière d'urbanisme, c'est se condamner à voir les intérêts locaux passer avant ceux de l'agglomération. Beauquier exprime la même défiance envers les institutions élues : « Nous sommes bien loin en France [...] d'avoir cette conception intelligente de ce que doit être une agglomération urbaine[120]. » L'intervention des esthètes et des champions des espaces libres participe donc d'une entreprise plus large de disqualification des élus locaux. Elle inaugure ainsi une redistribution des cartes en ce qui concerne l'enceinte : les édiles ne sont plus les seuls défenseurs des intérêts des Parisiens face à l'État central.

La critique n'atteint pas les seuls édiles. Elle s'étend à cet autre responsable de l'urbanisme parisien qu'est l'administration préfectorale. Coubertin

116. *Idem.*
117. *Idem.*
118. *Idem.*
119. *Idem.*
120. *Idem.*

stigmatise l'action de l'administration et réclame pour les Parisiens un droit de regard sur les initiatives des fonctionnaires :

> « Notre administration aspire décidément à détenir le record de l'ineptie. En tous les cas, il faut que ses gestes, si souvent malencontreux, soient surveillés ; en cette affaire, c'est aux habitants des arrondissements de prendre l'initiative, et de faire ensuite appel à l'unanimité des Parisiens[121]. »

La solution proposée (un contrôle direct de la population sur l'administration, court-circuitant les instances élues) témoigne d'ailleurs aussi d'une défiance à l'égard des édiles.

De même que les conseillers municipaux, aveuglés par le souci d'assurer leur réélection, sont incapables de prendre des décisions cohérentes en matière d'urbanisme, les fonctionnaires préfectoraux sont prisonniers d'une logique financière à court terme. Telle est en tout cas l'explication avancée par certains des participants à la campagne, comme l'écrivain Henri Bataille, pour rendre compte de l'incurie administrative :

> « S'ils ont besoin d'argent, pour leurs bureaux, qu'ils vendent la Morgue, les quatre pieds de la Tour Eiffel, les bronzes de toutes les statues dont ils ont déshonoré Paris, mais bon dieu de bon sang ! qu'ils ne touchent pas à cette parure sacrée qui constitue notre *seule* suprématie hygiénique et esthétique, le charme, le miracle, la gloire et la santé de Paris[122]... »

La contestation de la légitimité électorale se double donc d'une remise en cause de la légitimité administrative. Les « vandales municipaux[123] », élus ou fonctionnaires, sont confondus dans la même réprobation.

La revendication d'un droit à l'intervention des autorités sociales

La contestation de la légitimité électorale s'accompagne de la revendication d'un droit à intervenir au nom d'une autre légitimité, fondée sur le goût ou la compétence. Les édiles étant par définition incompétents, il revient aux gens de goût de les remplacer. Jourdain appelle ainsi de ses vœux la création d'un « Comité permanent » regroupant « spécialistes de la beauté » et « gens du monde », qui exercerait un droit de regard sur les décisions des édiles :

> « Comment empêcher cette douloureuse indifférence ? Mais en formant une sorte de Comité permanent qui donnerait son avis et opposerait son veto aux décisions fantaisistes et malsaines du Conseil municipal, au point de vue esthétique. [...]

---

121. F. Reichel, « Sauvons les arbres du Bois », *Le Figaro*, 6 sept. 1905.
122. F. Reichel, *Le Figaro*, 7 sept. 1905. « Seule » est souligné dans la lettre.
123. L'expression figure dans une nouvelle à la main qui fait allusion au souci de profit à court terme des édiles et fonctionnaires parisiens. Le Masque de Fer, « Nouvelles à la Main », *Le Figaro*, 8 sept. 1905.

> Qu'à côté de ces spécialistes de la beauté, on groupe des directeurs de journaux, des industriels, des gens de théâtre, des mondains, des femmes élégantes, et nous arriverons, soyez-en certains, à délivrer Paris du cauchemar qui le déshonore : plus de monuments grotesques, plus de bâtisses ignobles, plus de statues ridicules, plus de fêtes crapuleuses et surtout plus d'attentats criminels comme celui que vous venez de signaler [...] [124]. »

L'opinion selon laquelle l'esthétique parisienne ne peut être abandonnée aux élus et fonctionnaire locaux est assez largement partagée par les correspondants du *Figaro* : le chansonnier Fursy affirme que « tant que la mise en scène de Paris ne sera pas confiée à des artistes [125] », les déprédations continueront.

Il s'agit alors de déposséder de leur pouvoir de décision les représentants élus de la population parisienne au profit d'un autre type de représentants, caractérisés par le goût et l'excellence sociale ainsi que par une certaine compétence en matière d'esthétique urbaine. Ces attributs sont d'ailleurs liés. L'excellence sociale est au principe du goût ; de même, l'appartenance à l'élite, avec les loisirs qu'elle suppose, permet de s'investir dans la préservation des sites (comme dans le sport ou l'organisation du tourisme) et donc de revendiquer une compétence en la matière. Les participants à la campagne s'expriment alors « avec la foule parisienne et en son nom [126] » et se considèrent plus à même de le faire que les « Tartempion [127] », comme dit Jourdain, désignés par le suffrage universel.

Le ton parfois très polémique et même violent du courrier adressé au *Figaro* ne doit cependant pas faire illusion. Les animateurs de la campagne cherchent avant tout à obtenir un droit de regard sur les décisions des édiles. Il ne s'agit pas tant d'entrer en conflit avec le conseil municipal et la préfecture de la Seine que de faire accepter aux responsables locaux, élus et fonctionnaires, une mise sous tutelle pour le bien de tous. « Si dans la querelle nos conseillers municipaux doivent intervenir, quelques unes des plus hautes, des plus écoutées, des plus respectées personnalités parlementaires n'hésiteront pas à se joindre carrément au mouvement [128] » écrit Reichel dès le 9 septembre.

La revendication d'un droit de regard des élites sur des décisions engageant le bien-être physique (avec l'hygiène) et moral (avec l'esthétique) de toute une collectivité s'accompagne d'une réflexion sur les modalités de l'action collective. Si « la foule parisienne » est incapable de désigner par l'élection des édiles compétents, elle retrouve un rôle dans la bataille susceptible de s'engager entre défenseurs du Bois et État : « [Il] ne se peut pas

124. F. Reichel, *Le Figaro*, 7 sept. 1905.
125. F. Reichel, *Le Figaro*, 14 sept. 1905.
126. F. Reichel, *Le Figaro*, 7 sept. 1905.
127. *Idem.*
128. F. Reichel, *Le Figaro*, 9 sept. 1905.

que le Gouvernement et ses administrations ignorent tout ce qu'ont d'électoralement menaçant les protestations dont *Le Figaro* se fait l'écho[129] » affirme Reichel. Cette menace réintroduit le recours au principe électoral, mais sous une forme nouvelle : la foule, menée par ses guides légitimes, constitue un levier puissant et efficace. Le vote n'est alors plus qu'un moyen d'action de masse parmi d'autres : l'auteur dramatique Paul Bilhaud propose par exemple « que tous les Parisiens qui protestent s'engagent à déduire de leur feuille de contribution un franc par arbre supprimé[130] » pour contraindre l'État à renoncer au lotissement. Il ne faut pas surestimer le poids de la suggestion de l'auteur dramatique, qui n'est pas un animateur de la campagne. La proposition est cependant intéressante : elle participe d'une réflexion sur l'action collective, conçue comme une mobilisation des citoyens sur un mot d'ordre et selon des modalités dictés par les détenteurs d'une autorité naturelle.

Esthètes et sportifs contestent la légitimité des élus et des fonctionnaires locaux. Mais leur intervention n'épuise pas le sens de la campagne, qui rassemble des acteurs très divers, réunis sur le seul refus de l'amputation du Bois. Tous ces acteurs ne sont pas, et de loin, engagés dans une entreprise de délégitimation des édiles, auxquels on ne peut pas attribuer l'entière responsabilité du projet.

Des responsabilités partagées : édiles ou État ?

Élus et fonctionnaires locaux ne portent pas l'entière responsabilité de la situation. Les terrains menacés appartiennent à l'État, qui a décidé leur mise en vente, et la critique n'épargne pas les hommes d'État et les fonctionnaires nationaux. Ce partage des responsabilités rend d'ailleurs possible le ralliement d'un nombre non négligeable d'édiles à la campagne. Les correspondants du *Figaro*, à commencer par Jourdain, stigmatisent avec la même vigueur les autorités nationales et locales. L'avocat André Lechopié place sur le même plan la mutilation du Bois et d'autres décisions administratives absurdes, prises au niveau national :

> « Nous sommes si admirablement administrés aujourd'hui, à tous les degrés ! Ce sont les mêmes qui nous font des pièces de 5 sous qui ressemblent à des pièces de 20 sous et des timbres-poste d'un sou que l'on confond avec ceux de 3 sous[131]. »

Cependant, si les responsabilités sont partagées entre acteurs locaux et nationaux, le partage varie selon le degré d'engagement dans la campagne et selon la proximité avec les institutions où se prennent les décisions enga-

129. F. Reichel, *Le Figaro*, 11 sept. 1905.
130. F. Reichel, *Le Figaro*, 26 sept. 1905.
131. F. Reichel, *Le Figaro*, 11 sept. 1905.

geant le sort de Paris. Par ailleurs, la position du *Figaro* sur le partage des responsabilités s'infléchit pendant la campagne.

Une première attitude consiste à confondre dans une même condamnation les échelons local et national. L'ineptie administrative serait partagée par les fonctionnaires locaux et nationaux. Quand le compositeur William Salabert invite à « oppos[er] vigoureusement à la levée de ronds-de-cuir qui se prépare, la menace de nos poings fermés[132] », on ne sait s'il vise les fonctionnaires de la préfecture ou ceux du ministère des Finances. Sans doute d'ailleurs les confond-il dans sa dénonciation. La stupidité foncière de l'administration nationale se double, comme dans le cas de l'administration locale, d'une âpreté au gain l'incitant à faire fi des intérêts hygiéniques et esthétiques de la capitale. Pour le député parisien Maurice Spronck, l'affaire du Bois n'est qu'« un exemple de la tendance administrative à faire de l'argent en vendant des terrains pour la construction[133] ». Mais au-delà de la stigmatisation indistincte de l'ensemble des acteurs engagés depuis deux décennies dans le règlement du sort de l'enceinte, tous les participants n'opèrent pas le même partage des responsabilités.

Les dénonciations de l'administration locale les plus vives émanent des participants les moins engagés dans la campagne, qui se contentent d'écrire au *Figaro* et n'occupent pas de responsabilité élective ou administrative. Il s'agit fréquemment d'artistes, dont les courriers, placés sous le signe de la légèreté, s'articulent parfois autour d'un bon mot ou sont l'occasion d'effusions poétiques. L'irresponsabilité, au sens fort, des intervenants rend possibles toutes les outrances dans une condamnation qui englobe fonctionnaires locaux et nationaux. Colette, par exemple, propose de pendre Bouvard, le directeur du Service des promenades de la préfecture de la Seine, « à un arbre[134] ». À l'autre extrémité de l'échelle dans la virulence de la dénonciation des responsables locaux, on trouve les conseillers municipaux, qui expriment leur indignation devant le projet de lotissement mais en rejettent l'entière responsabilité sur le Gouvernement, dédouanant non seulement l'assemblée dont ils sont membres mais aussi l'administration préfectorale. Comme dans les années 1880, édiles et fonctionnaires de la Seine font front commun contre l'État au sujet de l'enceinte.

La frontière entre la responsabilité du niveau municipal et celle du niveau gouvernemental est donc mouvante. Non seulement tous les intervenants ne la situent pas au même endroit mais elle se déplace au fil de la campagne. La position du *Figaro*, très critique envers les fonctionnaires locaux au départ, s'infléchit assez rapidement. Le 6 septembre, Reichel se montre très sévère pour l'administration préfectorale : « le fol, le criminel

---

132. F. Reichel, *Le Figaro*, 26 sept. 1905.
133. *Idem.*
134. F. Reichel, *Le Figaro*, 10 sept. 1905.

projet » a germé « dans l'un des bureaux de l'Hôtel de ville[135] ». Le journaliste s'indigne en particulier devant la volonté administrative de minimiser l'ampleur du projet, un de ses interlocuteurs lui ayant affirmé que seuls « quelques arbres[136] » seront abattus.

Pourtant, dès le 6 septembre, Reichel rend hommage à l'honnêteté de Bouvard, dont il cite l'interview parue dans *Le Petit Journal* : « Le distingué directeur des promenades, lui, a été franc. Il a reconnu l'exactitude de l'abominable forfait qui se tramait[137]. » Reichel devient ensuite très clair dans le partage des responsabilités. Dès le 9 septembre, la responsabilité est clairement attribuée à l'État :

> « M. Bouvard a dû lutter près de deux ans avec le ministère des Finances pour obtenir que le Domaine – implacable – acceptât d'apporter au plan primitif des modifications qui, sans rien sauver de la superficie ni des arbres du bois de Boulogne, devaient lui enlever, du moins à l'exécution, sa désespérante uniformité[138]. »

Les principaux coupables sont dès lors identifiés : « rapacité du budget de l'État[139] » et « fonctionnaires du Domaine de l'État[140] ».

L'impuissance des fonctionnaires et élus locaux atténue leur responsabilité. *Le Figaro* s'oriente rapidement vers une position assez favorable à l'échelon local, qu'il s'agisse des fonctionnaires qu'il tendrait à absoudre ou des conseillers municipaux dont il accueille les lettres avec bienveillance. L'évolution tient sans doute à la volonté de rallier un public plus large que les « gens du monde ». En refusant de rejeter l'entière responsabilité de la mutilation du Bois sur les fonctionnaires locaux, *Le Figaro* évite de s'aliéner les édiles, alliés de la préfecture de la Seine sur la question de l'enceinte. Au-delà, il s'agit de ménager la « foule » parisienne, en ne se coupant pas de la presse populaire, qui se joint très rapidement à la protestation : *Le Petit Journal* est un des premiers quotidiens à reprendre l'information parue le 3 septembre dans *Le Figaro*[141].

La campagne consacre une reformulation de la question de l'enceinte. Si la dimension hygiénique est toujours présente, il ne s'agit plus seulement de desserrer le tissu urbain en supprimant des fortifications comme dans les années 1880-1890. On réclame maintenant la création d'espaces libres sur les terrains libérés. La dimension esthétique du problème se trouve également renforcée. La mobilisation des esthètes et des sportifs marque aussi l'émergence d'un nouveau type de légitimité, liée à l'excellence sociale et à

---

135. F. Reichel, « Sauvons les arbres du Bois », *Le Figaro*, 6 sept. 1905.
136. *Idem.*
137. *Idem.*
138. F. Reichel, *Le Figaro*, 9 sept. 1905.
139. F. Reichel, *Le Figaro*, 10 sept. 1905.
140. F. Reichel, *Le Figaro*, 11 sept. 1905.
141. « Les fortifications et le Bois de Boulogne », *Le Petit Journal*, 5 sept. 1905.

la compétence, qui s'oppose à celle que confère l'élection. Les autorités sociales ne cherchent d'ailleurs pas tant à entrer en conflit avec les édiles et les fonctionnaires qu'à leur faire accepter un droit de regard sur les décisions urbanistiques engageant l'avenir de Paris. En cela la campagne annonce l'intervention du Musée social. Par ailleurs, elle intervient à un moment où le personnel municipal en charge de l'enceinte connaît un renouvellement sans précédent.

Les espaces libres au conseil municipal

L'intervention des « gens du monde » fragilise la position que les édiles occupaient depuis près d'un quart de siècle, celle de représentants légitimes des intérêts de la population parisienne sur la question de l'enceinte. De quelles ressources les élus locaux disposent-ils pour contrer cette entreprise de délégitimation ? La contestation se jouant en partie au moins sur le terrain de l'excellence sociale, il faut se pencher sur le capital social que détiennent les édiles. Au-delà, quelles stratégies ces derniers mettent-ils en œuvre pour défendre le type de légitimité dont ils sont porteurs ?

La Commission des fortifications

Le conseil municipal compte au nombre de ses commissions spéciales une Commission des fortifications, à laquelle s'adjoignent parfois quelques conseillers généraux de la Seine pour former une Commission mixte des fortifications. Suite aux élections municipales de 1904, les deux commissions sont renouvelées, ce qui se traduit par un bouleversement sans commune mesure avec les changements constatés en 1900 et en 1908, le taux de rotation ne s'expliquant pas par une non-réélection des anciens membres.

	1900	1904	1908
Nombre de membres avant renouvellement	9	13	11
Membres reconduits	5	4	11
Départs de la Commission	4	9	0
(Dont : consécutifs à un départ du conseil)	(4)	(3)	(0)
Nombre de membres après renouvellement	14	12	12

Commission municipale des fortifications[142].

Le bouleversement de 1904 est à peu près contemporain de l'éveil de l'intérêt des « gens du monde » pour l'enceinte. Il convient de s'intéresser

142. *Liste de MM. les membres du Conseil municipal par ordre alphabétique et par quartiers précédée du Bureau du Conseil municipal et suivie de la composition des bureaux et des commissions du Conseil municipal et des commissions administratives*, n° 87, 1er fév. 1900; n° 100, 8 nov. 1904; n° 101, 12 janv. 1905; n° 103, 20 juin 1905 et n° 111, 25 juil. 1908, Paris, Imprimerie municipale.

aux positions respectives de ces nouveaux acteurs et des édiles chargés du sort de l'enceinte. Sont retenus ici Paul Brousse, Fortuné d'Andigné, Adolphe Chérioux et Louis Dausset, les membres de la Commission municipale des fortifications les plus actifs, signataires entre 1905 et 1912 d'au moins un des douze rapports concernant l'enceinte [143]. À l'exception de Brousse ces hommes appartiennent depuis peu à la commission et chacun occupe une position particulière par rapport aux nouveaux intervenants dans le débat.

Brousse : un « vétéran précurseur »

Paul Brousse siège depuis 1887 au conseil, où il est un des champions du déclassement de l'enceinte. En février 1889, il obtient le renouvellement de la Commission des fortifications, en sommeil depuis le milieu des années 1880. L'année suivante, il accède à la présidence de la commission, qu'il conserve jusqu'à son départ du conseil municipal en 1906, suite à son élection à la Chambre. Vétéran du combat pour la suppression de l'enceinte, Brousse, parmi les socialistes, est aussi un précurseur. Qu'un possibiliste réclame la disparition des fortifications n'est pas étonnant : celle-ci permettrait à la Ville de récupérer des espaces suffisants pour mener une véritable politique foncière. Néanmoins l'intérêt de socialistes comme Maurice Halbwachs ou Albert Thomas pour l'enceinte est très postérieur, puisqu'il se produit après la mobilisation des « gens du monde » et même après celle des réformateurs sociaux [144].

En tant que président de la commission, Brousse participe aux négociations entre la Ville et l'État et s'en fait l'historien devant ses collègues. Pour lui, il s'agit d'obtenir la disparition de l'enceinte, présentée comme une mesure d'hygiène, et son aménagement sous contrôle municipal. En 1901 il se prononce donc pour l'achat de la partie nord-ouest des fortifications contre 162 millions, avant de se ranger à l'avis de la commission, qui trouve le prix exigé trop élevé [145]. Brousse est aussi l'un des artisans de l'accord de 1902, qui soulève en 1905 l'indignation des « gens du monde [146] ». Dans l'affaire, il se veut réaliste : on ménage les intérêts esthétiques de Paris en obtenant de l'État qu'il fasse concorder le lotissement des terrains avec le plan de la Ville [147].

---

143. *RDCM*, 1905, n° 4 et 1907, n° 24 (Brousse) ; 1906, n° 93 et 1908, n° 76 et n° 168 (d'Andigné) ; 1907, n° 121, 1908, n° 39 et 1912, n° 160 (Chérioux) ; 1908, n° 73 et n° 91, 1909, n° 110 et 1912, n° 130 (Dausset).

144. M. Halbwachs, *La Politique foncière des municipalités* [1908], dans *Classes sociales et morphologie*, présentation de V. Karady, Paris, Minuit, p. 117-198 et A. Thomas, « Espaces libres et fortifications », *Les Cahiers du socialiste*, n° 4, 1908. Je remercie Efi Markou pour la recherche documentaire sur Thomas et sur *L'Humanité*.

145. *PVCM*, 1901, 18, 21 et 23 janv. ; 1902, 18 janv.

146. *PVCM*, 1901, 13 juil. et 30 déc. ; 1902, 18 janv.

147. *PVCM*, 1902, 18 janv.

En 1905 Brousse est un homme en vue. Président du conseil municipal depuis mars, il est confronté à un dilemme lors de la visite en France du roi d'Espagne Alphonse XIII. Doit-il agir en leader politique, et refuser tout contact avec le souverain ibérique, ou en représentant officiel de la capitale, et accueillir le royal visiteur à l'Hôtel de Ville ? Brousse opte pour la seconde solution, ce qui lui vaut des ennuis avec son Parti et les honneurs de la presse. En septembre 1905, Brousse ainsi que Lefèvre, Lajarrige, Heppenheimer[148] et Turot[149], ses collègues au conseil municipal, sont blâmés par le conseil fédéral du PSU. L'affaire est largement commentée par les journaux qui se joignent à la campagne du *Figaro*. Ces derniers approuvent la décision de Brousse[150] même si, pour certains, l'incident témoigne du danger qu'il y a à confier des responsabilités à des socialistes[151] et si Rochefort, dans *L'Intransigeant*, se refuse à toute compassion pour l'édile blâmé par ses amis politiques[152].

Tel est l'homme qui a cosigné, pour la Commission des fortifications, le rapport sur le projet d'accord de 1902. L'autre auteur est Chérioux, qui s'exprime en tant que membre de la 3ᵉ Commission (voirie de Paris ; travaux affectant la voie publique)[153]. Chérioux est un des nouveaux membres de la commission désignée en 1904. Au-delà de cette commune appartenance, tout le sépare de Brousse.

Chérioux : un technicien suiviste ?

Chérioux est un entrepreneur de travaux publics du 15ᵉ arrondissement. Il entre au conseil en 1895, comme représentant du quartier Saint-Lambert, après deux tentatives infructueuses. Cette ancienneté le distingue des autres membres de la commission, tous élus, sauf Brousse, en 1900 ou plus tard. Jusqu'à son décès en 1935, il est constamment réélu. Ce notable local, « président ou membre honoraire de la plupart des sociétés de son quartier[154] », qui deviendra Commandeur de la Légion d'honneur, représente plusieurs fois la ville de Paris à l'étranger. Il s'investit aussi dans la préparation d'expositions : il est directeur général de l'Exposition des arts décoratifs de 1925 et directeur adjoint de l'Exposition coloniale de 1931[155].

---

148. « M. Brousse, Président du Conseil municipal et la fédération socialiste », *Le Petit Journal*, 22 sept. 1905.
149. Montécourt, « Échos de partout », *La République française*, 6 sept. 1905.
150. *Ibid.*, 2 sept. 1905 ; G. Davenay, « Censurés ! », *Le Figaro*, 22 sept. 1905 et « M. Brousse, Président du Conseil municipal et la fédération socialiste », *op. cit.*
151. L. Latapie, « Perinde ac cadaver », *La République française*, 21 sept. 1905 ; « Informations politiques », *L'Éclair*, 21 sept. 1905 et G. Davenay, « Censurés ! », *op. cit.*
152. « L'accusé et ses juges » (H. Rochefort) et « Cas de M. Paul Brousse », *L'Intransigeant*, 17 et 23 sept. 1905.
153. *RDCM*, 1902, n° 1.
154. M. Prévost et J.-C. Roman d'Amat (dir.), *Dictionnaire de biographie française*, Paris, Letouzey et Ané, 1933-2001 (19 tomes), t. 8, p. 1015.
155. *Idem.*

Au conseil, Chérioux se montre très actif, en particulier dans les domaines touchant à la gestion des espaces urbains. Au cours de sa longue carrière d'édile, il préside la 3e Commission, la Commission des fortifications et le jury des concours et façades de Paris. Il est l'auteur de rapports sur l'aménagement du Champ de Mars, la destruction de la Galerie des Machines, l'ouverture de la ligne métropolitaine nord-sud et la création du Parc des expositions à la porte de Versailles. Il est aussi à l'origine de la transformation du matériel d'enlèvement des ordures ménagères et du nettoiement[156].

La présence de Chérioux à la Commission des fortifications, préparée par son rôle dans la conclusion de l'accord de 1902, s'inscrit logiquement dans son activité d'élu. Il y acquiert rapidement des responsabilités : vice-président de la commission désignée en 1904, il remplace Brousse à la présidence en 1907[157]. En 1907 et 1908, il rédige les deux rapports portant sur les offres du ministre des Finances J. Caillaux, qui propose de céder les parties ouest et nord de l'enceinte à la Ville contre 90 puis 64 millions[158]. Au nom de la commission, il se prononce à deux reprises pour l'acceptation des offres ministérielles mais n'est pas suivi par le conseil.

Les deux rapports rédigés par Chérioux portent principalement sur des points techniques, comme le détail des pourparlers entre le préfet de la Seine et le ministre des Finances, et ne s'attardent pas sur l'hygiène et l'esthétique. Chérioux se sent néanmoins tenu d'adopter le vocabulaire des « gens du monde », notamment quand il s'agit de prendre acte des bonnes dispositions gouvernementales[159]. L'édile s'adapte à la reformulation de la question de l'enceinte sans y participer. En cela il diffère de Brousse que son intérêt ancien pour les fortifications incite à prendre en considération la dimension hygiénique de l'aménagement des terrains libérés, avec ce que cette dimension implique de neuf à l'aube du XXe siècle, de F. d'Andigné, investi dans la préservation des sites, et de L. Dausset, qui s'empare de l'enceinte pour tenter de se faire une place parmi les « gens du monde ».

D'Andigné : un esthète au conseil municipal

Avec Fortuné d'Andigné, préservation des sites et espaces libres font leur entrée à la Commission des fortifications. Contrairement à Brousse et à Chérioux, d'Andigné est socialement proche des milieux où se recrutent esthètes et partisans des espaces libres. Issu d'une ancienne famille de militaires et de notables, fils d'un général qui est aussi député, petit-fils de député, d'Andigné s'engage sur les traces paternelles mais la républicanisa-

156. *Idem.*
157. *Liste de MM. les membres du Conseil municipal, op. cit.*, n° 103, 20 juin 1905 et n° 111, 25 juil. 1908.
158. *RDCM*, 1907, n° 121 et 1908, n° 39.
159. *RDCM*, 1907, n° 121.

tion des institutions qui suit l'accession des radicaux au pouvoir met fin à sa carrière d'officier de cavalerie. Par solidarité avec l'un de ses supérieurs, il démissionne, sans doute lors de l'« affaire des fiches ». Il n'est alors âgé que d'une trentaine d'années mais ne semble pas s'être tourné vers une autre profession. La politique, au niveau local, l'occupe désormais. En 1904 d'Andigné se présente aux élections municipales ; son programme conservateur séduit le quartier de la Muette, qui lui reste fidèle jusqu'à la fin de ses jours. D'Andigné ne faillit pas à la tradition familiale, puisqu'il devient député en 1932, trois ans avant son décès. Au conseil, il est inscrit au Groupe républicain municipal [160].

En 1905, d'Andigné s'associe à la campagne de défense du Bois en rédigeant un article pour *L'Écho de Paris* [161] et en écrivant au *Figaro* [162]. Il défend certes le cadre de vie de ses électeurs, qui est aussi le sien, mais son intérêt pour la protection des sites est plus profond, comme le prouve son caractère durable : en 1911 on le retrouve à la Commission du Vieux Paris [163].

Cette dernière a été créée en 1897, sur une initiative de Lamouroux, soutenu par 46 de ses collègues. Lamouroux réclamait la création d'une instance chargée :

> « [...] de rechercher les vestiges du vieux Paris, d'en dresser l'inventaire, de constater leur état actuel, de veiller dans la mesure du possible à leur conservation, de recueillir les épaves de ceux qu'il serait impossible de conserver, de suivre au jour le jour les fouilles qui pourraient être entreprises et les transformations de Paris jugées nécessaires, au point de vue de l'hygiène, de la circulation et des nécessités du progrès et d'en fixer les images authentiques ; en un mot, de tenir les Parisiens, par l'intermédiaire de leurs élus, au courant de toutes les découvertes intéressant l'histoire de Paris et son aspect pittoresque [164]. »

Ces préoccupations sont celles des « gens du monde », dont l'édile sollicite la collaboration :

> « [La commission] devra comprendre des conseillers municipaux, élus par leurs collègues, des chefs de service de l'administration et des techniciens pris, autant que possible, dans ces réunions d'érudits, de chercheurs et de fervents de l'histoire parisienne, qui ont fondé les sociétés rayonnant sur tout Paris ou s'adressant à certains quartiers de la Ville [165]. »

La Commission du Vieux Paris rassemble des édiles et des personnalités extérieures. Parmi ces dernières, deux se sont jointes à la campagne de 1905 : Normand, architecte et président de la Société des amis des monu-

160. J. Jolly (dir.), *DPF, op. cit.*, t. 1, p. 371-372.
161. F. d'Andigné, « L'agrandissement du bois de Boulogne. Démolition de l'enceinte et réclamation de la Ville », *L'Écho de Paris*, 6 sept. 1905
162. F. Reichel, *Le Figaro*, 14 sept. 1905.
163. E. Gay, *Nos édiles, op. cit.*, p. 277-278.
164. *PVCM*, 1897, 15 nov.
165. *Ibid.*

ments parisiens, et Augé de Lassus, auteur dramatique [166] et vice-président de la Société pour la protection des paysages de France. La commission partage les préoccupations les animateurs de la campagne de 1905, comme le montre le vœu suivant, portant sur un projet d'implantation d'une exposition des sports et d'un autodrome à Bagatelle, adopté à l'unanimité en avril 1905 :

> « Qu'il ne soit donné suite par le Conseil municipal de Paris à toute proposition qui tendrait à changer le caractère essentiel du bois de Boulogne, notamment en y installant une exposition quelconque, et que M. le Préfet de la Seine veuille bien indiquer au Conseil municipal les inconvénients multiples qui résulteraient de l'adoption de projets élaborés en ce sens [167]. »

On peut ainsi rendre compte du rôle de F. d'Andigné au sein de la Commission des fortifications par son appartenance au monde des esthètes, qui l'amène à s'intéresser aux espaces libres. Cette double appartenance le conduira d'ailleurs à la Section d'hygiène du Musée social [168]. Chez d'Andigné, comme chez Beauquier et Clermont, l'engagement hygiéniste est né de l'intérêt pour la préservation des sites.

Bien que membre de la section, d'Andigné n'assiste à aucune des réunions. Il n'en est pas moins un allié précieux : en 1908 il se fait l'avocat du projet d'aménagement de la section [169] face au projet concurrent élaboré par Dausset. L'existence d'un tel projet ne doit pas surprendre : l'intervention des « gens du monde » puis des réformateurs sociaux ne consacre pas l'effacement des édiles.

Dausset, un prétendant

Louis Dausset est un agrégé de Lettres, né à Tarbes en 1866. Révoqué en 1900 suite à son entrée en politique lors de l'affaire Dreyfus, il est un des fondateurs du Groupement de la patrie française avec François Coppée et Jules Lemaître. Un mois après sa révocation, il se présente aux élections municipales dans le 3e arrondissement de Paris. Élu, il représente le quartier des Enfants-Rouges jusqu'en 1920. Ses tentatives pour utiliser son quartier comme tremplin pour une carrière nationale échouent : en 1902 et en 1906 il se présente sans succès à la députation dans le 3e arrondissement sous l'étiquette « nationaliste ». Il lui faut attendre l'après-guerre pour accéder à un mandat national : en 1920 il est élu au Sénat sur la liste d'Union nationale. Il y siègera jusqu'en 1927. Politiquement, il est d'ailleurs presque rentré dans le rang : membre du Parti républicain, démocratique et social, il s'inscrit au groupe de l'Union démocratique et radicale. Du polémiste d'extrême droite,

---

166. *Annuaire Didot-Bottin, op. cit.*, p. 207 et 509.
167. *RDCM*, 1905, n° 25.
168. « Travaux des sections. SHUR : séance du 20 janvier 1911 », *AMS*, fév. 1911, p. 32-36. Voir p. 32.
169. *RDCM*, 1908, n° 76 et n° 168.

Dausset ne conserve que l'antisémitisme : il se signale par une intervention au sujet de « l'invasion de certains quartiers de Paris par des réfugiés juifs d'Orient [qui] compromettent la santé physique de la population [170] ».

Au sein des assemblées locales, Dausset préside nombre de commissions importantes, dont la Commission mixte des transports en commun, la Commission de contrôle du gaz et celle des expositions. En 1908, il est rapporteur général du budget de la ville de Paris et ses rapports sont commentés dans la presse [171]. Dausset s'empare de la question de l'enceinte à un moment où, l'affaire Dreyfus retombée, il est difficile de persévérer dans la construction d'une carrière politique sur les seuls thèmes du nationalisme et de l'antisémitisme et où sa position d'édile lui vaut une certaine notoriété. Rien d'étonnant alors à ce qu'il tente d'utiliser cette position (le seul capital dont il dispose) pour intervenir dans un débat qui mobilise des acteurs beaucoup plus prestigieux. La publicité même que confèrent ces derniers à la question des fortifications incite Dausset à présenter son projet. Dausset trouve un adversaire en d'Andigné. Cet affrontement traduit une opposition plus profonde. D'Andigné, issu d'une famille de notables, élu du 16e arrondissement, est membre de droit du monde des esthètes et des partisans des espaces libres, tandis que Dausset fait figure de « prétendant [172] », au sens où l'entend P. Bourdieu, à l'accès au champ politique, mais aussi plus largement à l'élite que constituent les « gens du monde » et les réformateurs sociaux.

Le renouvellement de la Commission des fortifications amène aux affaires des édiles qui développent des thèses proches de celles des esthètes et des défenseurs des espaces libres, la parenté des discours se doublant chez d'Andigné d'une proximité sociale. Les membres de la commission participent donc pour certains à la reformulation du problème et pour les autres l'accompagnent. C'est en partie cette situation qui permet aux édiles de résister à l'entreprise de délégitimation engagée par les « gens du monde » puis par les réformateurs sociaux.

Les édiles et la campagne du Figaro

La mobilisation contre la menace pesant sur le Bois, présentée comme le résultat de l'incurie des représentants élus de la population parisienne, ne laisse pas les édiles indifférents. Nombre d'entre eux se joignent à la protestation en écrivant au *Figaro*. Par ailleurs, si la campagne s'inscrit dans une entreprise de mise en cause de la légitimité électorale, certains élus locaux semblent épargnés et se voient reconnaître une certaine compétence.

---

170. J. Jolly (dir.), *DPF*, *op. cit.*, t. IV, p. 1249.
171. *Ibid.*, p. 1248-1250.
172. P. Bourdieu, *Questions de sociologie*, Paris, Minuit, 1984, p. 113-120.

Des édiles au secours du Bois

Parmi les participants à la campagne figurent 22 conseillers municipaux parisiens [173], soit plus du quart de l'assemblée locale qui compte 80 membres. L'effectif est important, d'autant qu'on ne connaît que les correspondants mentionnés par Reichel. Or rien ne permet d'affirmer que celui-ci n'opère pas une sélection des lettres lui parvenant, en particulier en fonction de la notoriété de leur auteur.

Le contenu du courrier des édiles est assez homogène. L'interview accordée au *Figaro* par Froment-Meurice [174] en reflète assez bien le ton : condamnation du projet de lotissement mais refus d'en voir attribuer la responsabilité aux édiles et à l'administration préfectorale, l'État étant désigné comme le principal coupable [175], et affirmation que le conseil municipal, dont l'accord est nécessaire, parera à la menace pesant sur le Bois [176]. Par ailleurs certaines lettres soulignent le caractère « démocratique » de la promenade à préserver [177].

Il s'agit de dégager la logique présidant à la participation à la campagne de ces élus locaux ou au moins à leur sélection par Reichel. L'interrogation la plus immédiate porte sur la couleur politique des édiles en question. Dans *Nos édiles* [178], Ernest Gay consacre une notice biographique à chacun de ses collègues du conseil. On repère ainsi cinq membres du Groupe républicain municipal, conservateur (d'Andigné, Dausset, Deville, Escudier et Oudin), trois royalistes (Froment-Meurice, Lambelin et Rendu), un bonapartiste (Quentin-Bauchart) et un membre du Groupe radical socialiste (Tantet) dont Gay précise que, « sur beaucoup de points, il se rapprocherait du Groupe républicain municipal [179] ». Par ailleurs, Bellan est membre du groupe des Droits de Paris et Turot est socialiste. 9 des 11 édiles dont l'affiliation politique est explicite sont donc des conservateurs.

On peut aussi s'intéresser aux positions dans les grands débats politiques du début du siècle, affaire Dreyfus et statut des Églises. Les édiles favorables

173. Froment-Meurice (7 sept.), Henri Turot (7 sept.), Quentin-Bauchart (9 sept.), Armand Grébauval (10 sept.), Levée (10 sept.), Paul Escudier (11 sept.), Eug. Billard (11 sept.), L. (*sic*) Jousselin (11 sept.), Dausset (12 sept.), V. Pannelier (12 sept.), Henri Galli (13 sept.), Deville (13 sept.), Ed. Sohier (13 sept.), Félix Roussel (14 sept.), Ambroise Rendu (14 sept.), L. (*sic*) d'Andigné (14 sept.), G. Méry (18 sept.), Bellan (18 sept.), Le Menuet (18 sept.), Roger Lambelin (20 sept.), Ch. Tantet (26 sept.) et Adrien Oudin (26 sept.), auxquels on peut ajouter Squeville, conseiller général de Vincennes (14 sept.).

174. F. Reichel, *Le Figaro*, 7 sept. 1905.

175. Quentin-Bauchart, Escudier et Deville.

176. Quentin-Bauchart, Billard, Jousselin, Dausset, Deville et Bellan.

177. Turot et Roussel.

178. E. Gay, *Nos édiles*, *op. cit.* Les 22 édiles n'ont pas la même notoriété et ne sont pas promis au même avenir. Ils ne figurent donc pas tous dans les mêmes dictionnaires biographiques, contemporains ou postérieurs, d'où le choix de s'en tenir à cette unique source, malgré son caractère lacunaire et partial. (Gay appartient à la majorité nationaliste du conseil, voir sa notice, rédigée par son collègue P. Bosc, p. 282-283).

179. *Ibid.*, p. 66.

à l'Armée et contre la séparation sont majoritaires : respectivement 13 et 12 sur 22. Les correspondants de Reichel ne déparent pas dans le conseil municipal conservateur et nationaliste élu en 1904. Ils en représentent même la quintessence (sur l'ensemble du conseil Gay mentionne 26 antidreyfusards et 7 membres du Groupe républicain municipal).

En ce qui concerne les activités exercées par les participants à la campagne, on note la surreprésentation des « avocats », « publicistes » et « hommes de lettres » selon la taxinomie de Gay :

	Édiles cités par Reichel		Ensemble du Conseil	
Avocats	7	31,8 %	17	21,1 %
Hommes de lettres	4	18,2 %	6	7,5 %
Publicistes	4	18,2 %	6	7,5 %

Le poids des gens de plume est renforcé quand on tient compte, au-delà de la désignation comme « homme de lettres » ou « publiciste », des auteurs d'un ou de plusieurs ouvrages (9 sur 22) ou des collaborateurs à un ou plusieurs organes de presse (11 sur 22). La participation à la campagne, ou au moins le fait d'être cité par Reichel, semble en partie motivée par une proximité avec les milieux de la littérature et du journalisme. Un indice est fourni par la présence de Turot, l'homme qui, selon Reichel, « parle pour la foule[180] ». Ce socialiste cumule en compensation les attributs qui le rendent proche des milieux littéraires. Membre de la Société des gens de lettres[181] et du Cercle de la critique[182], l'homme a eu onze duels depuis son entrée en politique au début des années 1890. Par ailleurs son activité de reporter a fait de lui un grand voyageur. Turot est très proche, par ses façons d'être et son mode de vie, de ses collègues situés à l'autre extrême de l'échiquier politique ainsi que du « Tout-Paris » qui prend la défense du Bois. On peut en effet rapprocher la prééminence des hommes de plume parmi les 22 édiles du nombre assez élevé de journalistes et d'écrivains chez les correspondants du *Figaro*. Ces derniers sont respectivement 31 et 13 si l'on s'en tient aux indications de Reichel mais beaucoup plus (33 journalistes ou publicistes et 38 hommes ou femmes de lettres) d'après le *Bottin mondain*[183].

Au-delà des caractéristiques politiques et sociales, on distingue parfois une logique guidant la participation à la campagne.

Cette dernière ne semble pas motivée par un intérêt particulier pour l'enceinte, comme en témoigne la faible représentation de la Commission

180. F. Reichel, *Le Figaro*, 7 sept. 1905.
181. Comme Galli, Grébauval, Lambelin et Quentin-Bauchart.
182. Comme Quentin-Bauchart.
183. La rubrique « gens de lettres » regroupe les individus présentés par le *Bottin mondain* comme « homme (ou femme) de lettres », « littérateur » ou « auteur dramatique ». Les doubles appartenances à la catégorie des journalistes et à celle des gens de lettres sont fréquentes.

des fortifications, dont deux membres seulement (Dausset et d'Andigné) se joignent à la protestation, soit un sixième, alors que sur l'ensemble du conseil, le taux de participation se monte à plus d'un quart. Dausset et d'Andigné occupent d'ailleurs des positions bien particulières par rapport aux milieux orchestrant la campagne. Une appartenance passée ou future à la commission ne prédispose pas non plus à la participation : sur les 22 édiles, seuls six ont appartenu à la commission entre 1900 et 1908. En revanche, la participation s'explique parfois par une communauté d'intérêts, se doublant sans doute d'une proximité sociale, avec les milieux en pointe dans la protestation contre le lotissement du Bois ou encore avec ceux qui s'empareront de la question de l'enceinte trois ans plus tard.

Pour certains édiles, comme d'Andigné, la participation à la campagne s'explique par la proximité avec les esthètes. En tout cas c'est en ces termes qu'elle est présentée par Reichel. Froment-Meurice est « le dévoué conseiller municipal, qui, avec une inlassable activité, s'attache tant à faire respecter les splendeurs de la capitale [184] » et Quentin-Bauchart est « un des plus sûrs, un des plus fidèles défenseurs des intérêts artistiques de Paris [185] ». Ces édiles appartiennent, ou appartiendront pour d'Andigné, à la Commission du Vieux Paris. Il en est de même pour Dausset et Galli [186].

La participation à la campagne peut aussi s'expliquer par la proximité avec les réformateurs sociaux et les hygiénistes qui s'empareront des fortifications en 1908. Roussel appartient à la Section juridique du Musée social [187]. Rendu sera un élément actif de la Section d'hygiène [188] et se fera le relais des thèses qu'elle développe auprès des édiles, en particulier en matière d'aménagement de l'enceinte [189], sans d'ailleurs appartenir à la Commission des fortifications.

Rendu est avocat. Né en 1847, il est issu d'une lignée de notables : son père et son grand-père furent respectivement un jurisconsulte célèbre et l'un des organisateurs de l'Université impériale. Leur fils et petit-fils touche au journalisme (en 1899 il devient directeur politique du *Soleil*) et publie de nombreux ouvrages d'histoire et de droit. Il s'intéresse aussi aux problèmes économiques et sociaux et écrit dans *Le Messager de Paris* et *Le Moniteur industriel*. Élu pour la première fois à l'Hôtel de ville en 1896 par le quartier Saint-Thomas d'Aquin, il y siège pendant 37 ans [190]. Au conseil, ce monarchiste s'occupe en particulier d'hygiène et d'assistance : il est à l'origine de la reconnaissance par la municipalité de l'existence des

---

184. F. Reichel, *Le Figaro*, 7 sept. 1905.
185. F. Reichel, *Le Figaro*, 9 sept. 1905.
186. E. Gay, *Nos édiles*, *op. cit.*, p. 31.
187. *Ibid.*, p. 113-114.
188. A. Cormier, *Extension, limites, espaces libres*, *op. cit.*, p. 144.
189. *RDCM*, 1908, n° 46.
190. E. Gay, *Nos édiles*, *op. cit.*, p. 129-130 et J. Jolly (dir.), *DPF*, *op. cit.*, t. VIII, p. 2823 (notice du fils de Rendu, député de Haute-Garonne entre 1919 et 1924).

îlots insalubres[191]. Rendu siège aussi au conseil de surveillance de l'Assistance publique et préside le comité des Dames patronnesses des hôpitaux ainsi que la Commission des crèches. Par ailleurs, il est nommé fin 1904 au conseil d'administration de la Société philanthropique[192]. En 1908, il arrive donc à la Section d'hygiène avec un important capital de savoir-faire et de relations. Il y sera rejoint par Escudier et d'Andigné, deux autres participants à la campagne, l'appartenance de ces derniers semblant toutefois purement nominale[193].

Pour six élus (d'Andigné, Dausset, Grébauval, Levée, Deville et Pannelier), la participation à la campagne peut être rapportée à un investissement édilitaire dans la résolution du problème de l'enceinte (appartenance présente, passée ou future à la Commission des fortifications). Dans cinq cas, la mobilisation s'explique par une communauté d'intérêts avec les esthètes, évaluée par l'appartenance à la Commission du Vieux Paris (d'Andigné encore, Dausset, Froment-Meurice, Galli et Quentin-Bauchart). Enfin, quatre correspondants du *Figaro* (Roussel, qui appartient aussi aux milieux sportifs, Escudier, d'Andigné et surtout Rendu) témoignent d'une proximité avec les milieux réformateurs. Par ailleurs, la participation, ou du moins le fait d'être cité par Reichel, semble aussi déterminée par une proximité sociologique avec les correspondants du *Figaro.*

Les édiles font entendre leur voix dans le concert de protestations et *Le Figaro* prend acte de cette participation, qui contribue peut-être à infléchir le sens de la campagne (insistance sur le caractère « démocratique » du Bois, souci de ne pas accabler les fonctionnaires municipaux...) Cependant les élus locaux ne se voient pas accorder de place particulière : leur soutien est bienvenu mais non sollicité, ce qui est logique puisque leur compétence et même parfois leurs intentions sont mises en cause. Il existe cependant des exceptions : Brousse et d'Andigné, ainsi d'ailleurs que Roussel et Froment-Meurice, se voient accorder une tribune pendant la campagne, comme si la presse, sinon les milieux animant la campagne, leur reconnaissait une compétence spéciale.

Brousse et d'Andigné : des édiles compétents[194] *?*

P. Brousse et F. d'Andigné, l'élu de longue date des Épinettes et le nouveau représentant du quartier de la Muette, le leader socialiste et l'ancien

191. B. Marchand, *Paris. Histoire d'une ville, op. cit.*, p. 230.
192. E. Gay, *Nos édiles, op. cit.*, p. 129-130.
193. Ils n'apparaissent qu'une seule fois dans les comptes rendus des réunions de la section, comme excusés. « Travaux des sections. SHUR : séance du 11 novembre 1909 », *op. cit.*, p. 388 (Escudier) et « Travaux des sections. SHUR : séance du 20 janvier 1911 », *op. cit.*, p. 63 (d'Andigné).
194. Il s'agit de comparer la place reconnue par la presse à deux édiles spécialement concernés par l'enceinte. C'est pourquoi l'interview de Froment-Meurice dans *Le Figaro* et l'éditorial de Roussel dans *La République française* sont laissés de côté. F. Roussel, « Les Fortifications et le Bois », *La République française*, 25 sept. 1905.

officier. Deux hommes que tout sépare et à qui pourtant, pour des raisons d'ailleurs différentes, la presse reconnaît une certaine légitimité quand il s'agit de l'enceinte.

La qualité d'expert « ès fortifications » de Brousse est reconnue par la presse, mais avec quelques réticences. Comme Bouvard et Forestier, le président de la Commission des fortifications est sollicité par *Le Figaro.* Reichel consacre une partie de son article du 20 septembre aux « déclarations que M. Paul Brousse a faites au représentant du *Figaro*[195] ». Cependant il est loin de reconnaître à Brousse une légitimité pleine et entière, comme en témoigne la façon dont il rapporte ses propos. Reichel commence par une citation au style indirect, faisant part à ses lecteurs du *satisfecit* que Brousse s'auto-décerne sans y apporter sa caution :

> « Après avoir rappelé qu'il avait été déjà rapporteur de la question, qu'il avait proposé au Conseil le rachat des terrains du Point-du-Jour à Pantin, et que c'est aux efforts méritoires et aux sacrifices de la Ville qu'on doit les amendements notables apportés au premier projet inique de l'État, le Président Brousse a continué [...][196]. »

Si *Le Figaro* n'admet qu'avec réticence la compétence et la légitimité de Brousse, il en va différemment pour *L'Écho de Paris*, auquel l'édile accorde aussi une interview[197]. Contrairement à Frantz Reichel, Paul Delay reconnaît la compétence de Brousse et la légitimité de son intervention :

> « Au sujet du bois de Boulogne et de l'usage que l'État prétend faire des terrains occupés par les fortifications qui le longent, aucune opinion n'était peut-être plus précieuse à recueillir que celle de M. Brousse.
>
> Président du Conseil municipal et apportant dans l'exercice de ses fonctions une impartialité à laquelle tout le monde rend hommage, M. Brousse est à la fois le président et le rapporteur de la commission des fortifications au conseil municipal à peu près depuis que cette commission existe.
>
> Tous les rapports faits sur cette question à l'Hôtel de Ville, et quelques-uns sont très volumineux, ont été rédigés par M. Brousse[198]. »

Brousse tient des propos différents dans *L'Écho de Paris* et dans *Le Figaro.* Dans *Le Figaro*, il s'efforce de dégager la responsabilité des édiles :

> « [Si] l'État songeait toujours à construire plus loin hors Paris un nouveau mur d'enceinte [...], le Conseil municipal protesterait immédiatement, avec la dernière énergie.
>
> Puisque l'on désire aujourd'hui que le projet, tel qu'il a été conçu, ne soit pas exécuté, c'est sur l'État et les Chambres qu'il importe de faire pression.
>
> Si la Chambre ne votait pas le projet de convention, l'État, propriétaire des terrains des fortifications, resterait maître d'en disposer à sa guise.

---

195. F. Reichel, *Le Figaro*, 20 sept. 1905.
196. *Idem.*
197. P. Delay, « Le Bois de Boulogne menacé », *L'Écho de Paris*, 21 sept. 1905.
198. *Idem.*

Il faudrait demander à l'État de faire cette fois à la Ville des conditions acceptables.

Alors la Ville reprendrait son premier projet, qui compte non plus la construction de maisons se continuant sur une ligne continue, mais l'établissement de parcs et de promenades. Ces jardins serviront aux ouvriers habitués à se rendre sur les fortifications actuelles et permettront de ménager autour de Paris une ceinture d'air répondant aux exigences de l'hygiène. En s'arrêtant à cette dernière solution, on ne diminuerait pas le bois de Boulogne, on l'augmenterait[199]. »

Dans *L'Écho de Paris*, Brousse retrace l'histoire récente des discussions entre la Ville et l'État, un peu comme il le fait pour ses collègues du conseil, tout en condamnant la rapacité de l'État :

> « Désireux avant tout de tirer de l'argent de la démolition des fortifications, l'État établissait, en 1900, un projet concernant leur désaffectation le long du bois de Boulogne. Tous ces terrains étaient voués au lotissement [...]. Cette combinaison était aussi horrible qu'avantageuse pour les deniers publics.
>
> Le conseil municipal intervint, et comme il ne pouvait payer à l'État le prix qu'il demandait des terrains : 90 millions, nous cherchâmes à l'Hôtel de Ville un moyen de corriger ce projet suspendu au-dessus de nos têtes comme une épée de Damoclès, et de le rendre plus acceptable.
>
> Le 14 février 1902, nous acceptions une convention, reposant sur les principes suivants :
>
> [...] Les maisons à élever sur les terrains des fortifications comportaient plusieurs servitudes destinées à donner à ces nouveaux quartiers un aspect agréable et riant[200]. »

Brousse revendique la responsabilité des décisions du conseil au nom du réalisme, même si celles-ci paraissent malheureuses aux animateurs de la campagne :

> « Si l'État veut exécuter cette convention, nous ne pouvons pas la renier, puisque nous l'avons signée. Vous dire qu'elle m'enchante en tous points serait exagéré, mais devant l'imminence du danger qui nous menaçait, nous avons cru sage de faire la part du feu[201]. »

Le décalage entre les deux interventions peut être rapporté aux différences dans le degré de légitimité que Reichel et Delay reconnaissent à Brousse.

Malgré les réticences du *Figaro*, Brousse est crédité d'une certaine compétence et d'une certaine légitimité. Tout d'abord, il est un interlocuteur obligé, même pour *Le Figaro*. Ensuite, il n'est pas indifférent que *L'Écho de Paris* lui décerne un brevet d'honorabilité. Ce quotidien s'engage en effet dans la campagne avec une certaine énergie : cinq articles y traitent de la question, dont le premier est signé de F. d'Andigné[202].

199. F. Reichel, *Le Figaro*, 20 sept. 1905.
200. P. Delay, « Le Bois de Boulogne menacé », *L'Écho de Paris*, 21 sept. 1905.
201. *Idem.*
202. F. d'Andigné, « L'Agrandissement du Bois de Boulogne », *op. cit.* Les autres articles sont dus à P. Delay : « Le Bois de Boulogne menacé », *L'Écho de Paris*, 9, 15, 19 et 21 sept. 1905.

D'Andigné fait lui aussi figure d'homme « compétent » en matière de fortifications. Dans *L'Écho de Paris*, il s'exprime, comme Brousse, en qualité d'édile : il signe « F. d'Andigné, Conseiller municipal[203] » et conclut son exposé par un rappel de son activité municipale. Cependant, les interventions de Brousse et de l'élu de la Muette présentent des différences, indices d'une reconnaissance par *L'Écho de Paris* de deux types de notoriété et de compétence.

Une première nuance est repérable dans la présentation des intervenants : si tous deux s'expriment en tant qu'édiles, d'Andigné ne mentionne pas ses liens avec la Commission des fortifications, alors que pour Delay l'appartenance de Brousse à la commission est un des fondements de la légitimité de son intervention. Brousse est sollicité en tant que spécialiste de l'enceinte alors que la compétence reconnue à d'Andigné semble plus générale.

On relève aussi une différence de fonds : les deux édiles n'opèrent pas le même partage des responsabilités entre État et préfecture de la Seine. Brousse attribue à l'État l'origine du projet menaçant le Bois. En revanche, pour d'Andigné, l'administration locale est au moins aussi coupable que l'État, les deux comparses faisant preuve de la même âpreté au gain :

> « L'administration préfectorale a déjà établi un projet pour l'emploi de ces terrains [terrains de l'enceinte entre la porte de Suresnes et la porte Maillot]. Après entente avec le gouvernement, car ils appartiennent à l'État, ceux-ci seraient voués au lotissement dans leur entier. [...] Étant donné l'emplacement de tout premier ordre où cette opération se passerait, nul doute que la Ville de Paris et l'État n'y trouvent de fructueuses recettes pour leur budget extraordinaire.
>
> [...]
>
> Or, dans le projet établi par les services d'architecture de la Ville de Paris, tout le terrain de l'enceinte fortifiée qui touche le Bois de Boulogne est voué au lotissement. Le Bois serait par conséquent diminué de cent quinze mille mètres carrés[204]. »

Les lettres d'édiles révèlent un souci de d'absoudre le conseil municipal mais aussi l'administration locale, l'État étant présenté comme le seul coupable. La confusion dans une même réprobation des fonctionnaires de la Seine et de l'État émane plutôt de correspondants plus éloignés des responsabilités édilitaires : un esthète comme Jourdain englobe dans un même mépris niveaux local et national, les élus étant cependant plus visés que les fonctionnaires[205]. Est-ce à dire que d'Andigné, qui égratigne la Ville sans préciser s'il vise les élus ou les fonctionnaires, se comporte plus en « homme du monde » qu'en édile ? Sa proximité sociale avec le « Tout-Paris » ainsi que les préoccupations qu'il partage avec les esthètes peuvent le laisser croire.

203. F. d'Andigné, « L'Agrandissement du Bois de Boulogne », *op. cit.*

204. *Idem.*

205. F. Reichel, *Le Figaro*, 7 sept. 1905.

L'accueil réservé aux deux édiles par *L'Écho de Paris* diffère également, d'Andigné étant privilégié sur plusieurs points. Tout d'abord, il est sollicité dès le début de la campagne, puisqu'il rédige le premier des articles que *L'Écho de Paris* consacre à la menace pesant sur le Bois ; en revanche, l'interview de Brousse ne paraît que le 21 septembre. Les deux hommes ne disposent pas non plus du même espace : l'article de F. d'Andigné est beaucoup plus long que l'interview de P. Brousse. Enfin, avec le choix de la formule, article plutôt qu'interview, d'Andigné, à la différence de Brousse, se voit accorder un statut de collaborateur.

On peut rapprocher ces différences de l'implication des deux édiles dans la campagne : contrairement à Brousse, d'Andigné figure parmi les correspondants de Reichel, même si *Le Figaro* fait peu de cas de sa protestation (sa lettre n'est pas citée, et son nom est écorché en L. d'Andigné[206]). Les différences relevées semblent aller dans le même sens que la proximité de F. d'Andigné avec les animateurs de la campagne : proche des esthètes, celui-ci bénéficie aussi dans la presse d'une reconnaissance plus large que son collègue.

Au-delà de ce qui les sépare, Brousse et d'Andigné se voient reconnaître par les nouveaux intervenants une certaine compétence et donc une certaine légitimité. Les fondements de cette reconnaissance sont différents dans les deux cas : proximité sociale avec les membres de l'élite alliée à un intérêt pour l'esthétique des villes pour d'Andigné, reconnaissance d'une capacité à s'élever au-dessus d'intérêts immédiats chez le technicien particulièrement engagé dans le règlement du sort de l'enceinte qu'est Brousse. De même que, militant socialiste, Brousse a prouvé qu'il pouvait agir en tant que représentant officiel de la ville de Paris, en tant que président de la Commission des fortifications il révèle sa capacité à s'élever au-dessus des préoccupations strictement financières et électorales qui seraient, selon les animateurs de la campagne, le lot commun des élus locaux.

Fortifications et espaces libres

Les travaux de la Commission des fortifications de 1904, qui compte deux édiles « compétents » au sens où l'entendent les animateurs de la campagne, ainsi qu'un prétendant à l'accès à l'élite, Dausset, témoignent d'ailleurs de préoccupations esthétiques et hygiéniques proches de celles des défenseurs du Bois.

---

206. F. Reichel, *Le Figaro*, 14 sept. 1905. Il faut toutefois relativiser la portée de cette coquille. D'Andigné n'est pas le seul à voir son nom écorché, c'est aussi le cas entre autres de Ballif, le président du Touring-Club, ou de la journaliste T. Harlor dont le nom devient Harlot. F. Reichel, *Le Figaro*, 8 et 7 sept. 1905.

Le programme de 1906

En 1906, d'Andigné rédige, au nom de la Commission des fortifications, un programme d'aménagement de la partie de l'enceinte désaffectée par la loi de 1898[207]. S'il existe une communauté de préoccupations et de références entre édiles et animateurs de la campagne, elle ne peut manquer d'apparaître dans ce projet, en raison de l'espace qu'il vise, qui englobe les terrains du Bois, et de la personnalité de son rédacteur. Le programme concerne les fronts ouest et nord des fortifications, s'étirant sur un peu plus de 5 km, de la Basse-Seine à la porte de Villiers. En ce qui concerne les modalités techniques et financières de l'opération, la Commission des fortifications semble plutôt timorée. L'idée d'un achat global des terrains par la Ville est abandonnée, le contrôle municipal s'exerçant au niveau de l'affectation des terrains à des usages distincts, usages fortement déterminés par la localisation. Cette timidité s'explique sans doute par le fait que cette acquisition d'ensemble, bien que souhaitable, ne semble pas réalisable : la commission poursuit dans la ligne inaugurée par la convention Ville-État de 1902.

D'Andigné découpe la partie de l'enceinte concernée en quatre portions, redevables de traitements différents. La première comprend la boucle du Point-du-Jour, de la Seine à la porte Molitor. Sur cette bande de 330 m, la Ville abandonnerait toute prétention : « Cette portion n'ayant qu'une valeur secondaire dans notre projet, nous [...] laisserons l'État agir au mieux de ses intérêts[208]. » La deuxième portion longe le bois de Boulogne. En 1906, cet espace est investi d'une haute charge stratégique et symbolique. Indépendamment de la mobilisation de 1905, les terrains militaires longeant le Bois sont considérés au début du XXe siècle comme redevables d'un traitement spécial, censé préserver les qualités d'un site exceptionnel. Tel est le sens de l'aménagement particulier prévu en 1903 par Hénard[209]. Par ailleurs, cette partie des fortifications jouit d'un statut juridique particulier. Si les autres terrains occupés par l'enceinte ont été achetés à des particuliers, les terrains longeant le Bois ont été offerts à l'État par Louis-Philippe. La servitude, elle, s'exerce sur un espace appartenant à la Ville depuis que Napoléon III a fait don du Bois à la capitale en 1852. Sur ces terrains, la Ville a planté des arbres qui ont été coupés en 1870, la zone ayant ensuite été replantée. Depuis cette date, les 101 hectares boisés de la zone font partie intégrante du Bois[210]. Dans le projet de 1906, le caractère exceptionnel du site et son statut particulier déterminent l'aménagement proposé et les modalités financières de sa réalisation. Les terrains situés entre

207. *RDCM,* 1906, n° 93.
208. *Ibid.*
209. E. Hénard, *Études sur les transformations de Paris,* fascicule 2, *op. cit.*
210. *RDCM,* 1906, n° 93.

les portes d'Auteuil et de Passy serviraient à agrandir le Champ de courses. Le reste reviendrait gratuitement à la Ville qui l'affecterait à l'agrandissement du Bois. La prétention municipale à récupérer cet espace est justifiée par le statut de ce dernier. L'État l'a reçu pour une affectation spéciale, l'enceinte. Si celle-ci disparaît, les terrains qu'elle occupe doivent réintégrer le Bois, propriété de la Ville depuis 1852.

Commission des fortifications et animateurs de la campagne de 1905 sont sur la même longueur d'onde : le long du Bois, les fortifications sont vouées à la promenade ou aux activités « sportives ». D'Andigné semble un des relais par lesquels se diffuse ce sens commun. Dans *L'Écho de Paris*, il tirait du statut juridique des terrains longeant le Bois des conclusions assez semblables quant à leur utilisation et affirmait que le conseil municipal s'était rangé à son avis.

Au-delà du Bois, une troisième portion s'étend sur 335 m entre les portes de Neuilly et des Ternes. La commission réserve aussi cet emplacement aux sports. D'Andigné propose d'y installer le Palais des sports dont la nécessité est unanimement reconnue mais dont l'emplacement fait l'objet de discussions. Il rejette les autres emplacements proposés : Issy, le Champ de Mars et Vincennes, cette dernière localisation à l'est de Paris n'étant pas satisfaisante, dans la mesure où « une loi [...] pousse fatalement les populations vers l'Ouest[211] ». La portion d'enceinte entre les portes de Neuilly et des Ternes, « situé[e] au cœur de l'industrie sportive à Paris[212] », est d'ailleurs particulièrement intéressante : le Palais des sports pourrait être relié à l'autodrome de Sartrouville en projet. La réalisation serait confiée à une société, qui achèterait les terrains directement à l'État.

Au conseil municipal, l'idée de profiter de la démolition de l'enceinte pour doter Paris d'un Palais des sports n'est d'ailleurs pas neuve. Elle a été développée par Émile Massard, dans une « proposition tendant à la construction d'un palais des sports et de l'agriculture sur l'emplacement situé entre la porte d'Asnières et la porte de Courcelles[213] » déposée en avril 1905. Comme d'Andigné, Massard refuse les sites du Champ de Mars ou de Vincennes. Les deux projets partagent aussi le souci de préserver les abords du Bois : Massard exclut l'idée d'y implanter son palais. Invoquant un vœu de la Commission du Vieux Paris et une pétition de la Société des Parisiens de Paris, qui « répond aux désirs de tous les artistes et de tous les Parisiens de voir respecter Bagatelle et le bois de Boulogne[214] », il rejette le site de Bagatelle. Quant aux terrains de l'enceinte bordant le Bois, ils ne se prêtent pas non plus à la réalisation du projet : « L'emplacement situé à droite de la porte Maillot est trop petit; celui situé à gauche nécessiterait

---

211. *Ibid.*
212. *Ibid.*
213. *RDCM*, 1905, n° 25.
214. *Ibid.*

la destruction d'un grand nombre d'arbres du bois de Boulogne[215]. » La référence, quelques mois avant la campagne du *Figaro*, aux souhaits des artistes et l'expression d'une sensibilité au sort des arbres du Bois mérite d'être notée : la communauté de vue entre certains élus locaux et les défenseurs du Bois a commencé à s'élaborer avant la campagne. Le renouvellement de la Commission des fortifications en 1904 et la participation massive des édiles à la campagne le laissaient d'ailleurs supposer.

Enfin, la dernière portion d'enceinte visée par le programme de 1906, s'étendant sur 300 m de la porte des Ternes à la porte de Villiers, pourrait accueillir le nouvel hôpital Beaujon, dont le transfert est à l'étude depuis une dizaine d'années. L'hôpital occuperait à la fois les terrains de l'enceinte et de la zone, achetés par la Ville. D'Andigné ajoute d'ailleurs que l'État n'a pas à se montrer exigeant, les terrains militaires concernés lui ayant été cédés gratuitement par Louis-Philippe.

Le programme de 1906 montre que la commission partage les préoccupations des esthètes et des sportifs. Le bois de Boulogne apparaît comme un espace réservé à la promenade et aux sports et toute menace contre son intégrité est perçue comme un sacrilège : la réalisation du projet de lotissement des terrains de l'enceinte longeant le Bois « serait un crime contre Paris[216] ». Cette position n'est d'ailleurs pas à mettre uniquement à l'actif de la campagne de 1905 mais résulte de l'élaboration progressive, au début des années 1900, d'un sens commun autour de la notion d'espaces libres.

Le choix des références opéré par d'Andigné témoigne de cette élaboration d'un sens commun sur les espaces libres, dont la campagne de 1905 ne constitue qu'un moment. Parmi les documents cités figurent le *Bulletin de la Société pour la protection des paysages de France* et un article de Marmottan, du Comité de défense des espaces libres de Paris. D'Andigné mentionne aussi son article de septembre 1905 dans *L'Écho de Paris*. Par ailleurs, il invoque abondamment l'autorité de Benoit-Lévy, Forestier, Hénard et Souza, futurs membres de la Section d'hygiène[217].

Il n'est alors pas étonnant que le rapport s'ouvre par une longue dissertation sur les espaces libres. La parenté avec le discours des futurs membres de la section est évidente. D'Andigné mentionne la prise de conscience tardive en France de la nécessité des espaces libres, « poumons des villes[218] », ainsi que la pénurie nationale en la matière, à laquelle l'aménagement de l'enceinte permettrait de remédier :

215. *Ibid.* Si Massard et la Commission des fortifications s'accordent sur les emplacements à éviter, ils diffèrent quant au lieu d'implantation. L'emplacement proposé par Massard, situé plus au nord que celui de la commission, n'est d'ailleurs pas inclus dans l'espace visé par le programme de 1906.
216. *Ibid.*
217. *RDCM*, 1906, n° 93.
218. *Ibid.*

> « La désaffectation, partielle ou totale [...] de l'enceinte fortifiée nous offre, à point nommé, le remède qui nous permettra de résoudre le problème. [...] Il faudra donc [...] dans les parties désaffectées, conserver, autant que possible, la quantité d'espaces libres qui manquent à Paris[219]. »

D'ailleurs, ajoute l'édile, de nombreuses villes françaises et étrangères ont transformé leurs fortifications en espaces libres. L'aménagement d'une partie de l'enceinte en espaces libres s'intègre d'ailleurs chez d'Andigné, qui se réclame de Forestier, dans une réflexion plus large sur l'articulation des parcs, jardins et terrains de jeu dans la capitale.

Le programme de 1906 témoigne chez les membres de la Commission des fortifications d'une communauté de vue avec les animateurs de la campagne de 1905, mais aussi avec la future Section d'hygiène. Cependant, il n'apprend rien sur l'état d'esprit de l'ensemble des édiles, dans la mesure où il n'est pas discuté par le conseil, du moins pas en séance publique[220]. Il faut donc se pencher sur les séances au cours desquelles est abordée de près ou de loin la question de l'enceinte.

Les fortifications : un espace voué à la beauté, à l'hygiène et aux sports ?

Entre la campagne du *Figaro* et la mobilisation du Musée social, la question des fortifications revient trois fois devant le conseil[221]. Les discussions laissent apparaître un paradoxe : si les édiles semblent adhérer massivement à la thématique hygiénico-sportivo-esthétique développée par les défenseurs du Bois, cette dernière n'est pas mobilisée quand il est question d'un règlement d'ensemble du sort de l'enceinte.

Le 9 avril 1906, le conseil est amené à se prononcer sur le projet de vœu suivant : « Le Ministre de la Guerre est invité à [...] faire cesser les locations des glacis des fortifications de Paris et à les laisser, comme par le passé, libres au public parisien[222]. » La location à des cultivateurs est combattue au nom d'un usage populaire des fortifications, à la fois hygiénique et sportif, que ne renieraient pas certains participants à la campagne de 1905 :

> « [Les] arrondissements excentriques bordés par les fortifications vont voir disparaître ces promenades si nécessaires aux classes laborieuses, qui n'ont pas les ressources suffisantes pour prendre le chemin de fer pour aller à la campagne, faire le traditionnel déjeuner sur l'herbe ; ainsi disparaîtrait le seul moyen qu'elles aient à leur disposition de s'offrir cet agrément en respirant un air plus pur et en se donnant de l'exercice.
>
> [...]

219. *Ibid.*
220. Il n'y a pas trace d'une discussion de ce rapport dans les *PVCM* de 1906 et de 1907.
221. *PVCM*, 1906, 9 av. et 1907, 13 mars et 31 déc.
222. *PVCM*, 1906, 9 av.

> Des sociétés de sport qui ne peuvent s'offrir de terrains appropriés à leurs manœuvres viennent s'y livrer à tous les exercices physiques si utiles au développement du corps, et qu'on ne saurait trop encourager pour le grand bien de nos jeunes conscrits qui [...] sont hélas trop souvent ajournés pour faiblesse de constitution, et ce, au détriment de la puissance et de l'organisation de notre armée[223]. »

Ainsi s'exprime Victor Pannelier, signataire du projet de vœu avec 11 de ses collègues. La discussion qui suit, au terme de laquelle le vœu est adopté, témoigne d'une unanimité sur la nécessité de l'air pur et sur l'inconséquence de l'armée qui, pour une somme dérisoire, met en danger la santé de ses futurs soldats.

Ce vœu semble révéler, chez une fraction du conseil dépassant largement la Commission des fortifications et les correspondants du *Figaro*, une sensibilité à la nécessité de l'air pur et de l'exercice physique. Sur 12 signataires du projet de vœu, seuls deux ont fait parvenir leur protestation au *Figaro*[224], alors que cette participation était le fait de plus du quart des édiles. Politiquement, les signataires sont d'ailleurs très différents des participants à la campagne de 1905[225].

	Participants à la campagne		Signataires du vœu	
Anti-dreyfusards	13	59,1 %	2	16,7 %
Cléricaux	12	54,5 %	2	16,7 %
Pour la séparation des églises et de l'État	1	4,5 %	5	41,7 %

Socialement aussi, les signataires du vœu se démarquent des participants à la campagne. Alors que les avocats représentaient près du tiers des édiles protestant contre le lotissement du Bois, un seul des signataires exerce cette profession. De même, si plus de la moitié (13 sur 22) des correspondants du *Figaro* collaborent à un ou plusieurs organes de presse ou ont publié un ou plusieurs ouvrages, seuls trois signataires sont dans cette situation, soit un quart de l'effectif.

Pour les édiles, toutes tendances confondues, l'enceinte seraient donc un espace privilégié pour des pratiques hygiéniques et sportives ? Le traitement réservé aux travaux de la Commission des fortifications laisse songeur. La plupart du temps, les rapports ne sont pas vraiment discutés. Le programme de 1906 n'est même pas évoqué en séance publique. La proposition de Brousse « relative à la création d'espaces libres à réserver sur la Rive Droite de Paris[226] » est renvoyée sans discussion à l'administration et

223. *Ibid.*
224. Sous réserve toujours que Reichel ait publié les noms de tous ses correspondants.
225. E. Gay, *Nos édiles*, *op. cit.*
226. *RDCM*, 1907, n° 24.

à la 3e Commission du conseil[227]. Seul un rapport portant sur l'achat d'une partie de l'enceinte donne lieu à un échange, au cours duquel les références aux sports, à l'hygiène et aux espaces libres sont d'ailleurs très rares[228].

Le texte en question, dû à Chérioux, présente les propositions de Caillaux, relatives à une cession de l'enceinte à la Ville. En décembre 1907, la commission est saisie d'un mémoire du préfet de la Seine lui faisant connaître le résultat des tractations qui se sont poursuivies entre Ville et État[229]. Le préfet propose aux édiles d'adopter le principe de l'achat de l'enceinte entre la Seine et la porte de Pantin, répondant ainsi favorablement à une proposition de Caillaux. Fin 1907, Commission des fortifications, administration préfectorale et Gouvernement semblent parvenus à un accord sur le principe d'un achat de l'enceinte par la Ville. Les discussions portent alors sur le prix des terrains. Caillaux estime celui-ci à 110 millions, qui pourraient être ramenés à 90 millions en raison des délais de livraison. Pour le préfet, la Ville ne peut consacrer plus de 64 millions à l'opération[230].

Dans son rapport, Chérioux prend acte des « dispositions conciliantes[231] » de Caillaux et indique que la Commission des fortifications est disposée à apporter une réponse rapide aux propositions ministérielles. Il propose donc le projet de délibération suivant :

> « Art. 1er. L'Administration est invitée à poursuivre ses négociations et à soumettre le plus tôt possible au Conseil municipal un projet de traité définitif portant cession à la ville de Paris des terrains à provenir des fortifications désaffectées entre la Seine et la porte de Pantin.
>
> [...]
>
> Art. 3. L'Administration est également invitée à prendre les mesures nécessaires et à se mettre d'accord avec l'État en vue d'obtenir que les propriétaires des terrains compris dans la zone de servitude militaire soient astreints à payer à la Ville une indemnité correspondant à la moitié de la plus-value résultant pour leurs immeubles du dégrèvement de la servitude[232]. »

Le rapport vient devant le conseil le 31 décembre 1907. Le projet de délibération est adopté après un bref échange au cours duquel deux points seulement sont abordés. La première intervention émane de Duval-Arnould, qui demande si l'adoption du projet de délibération implique l'acceptation du principe d'une construction sur l'enceinte. L'édile se contente d'ailleurs de la réponse négative de Chérioux. La suite de l'échange porte sur les projets d'agrandissement du port de la Villette et d'élargissement et de prolongement du canal de l'Ourcq. Paris et Landrin déposent

227. *PVCM*, 1907, 13 mars.
228. *RDCM*, 1907, n° 121, discuté le 31 décembre 1907. *PVCM*, 1907, 31 déc.
230. *Mémoire du Préfet de la Seine au Conseil municipal*, 9 déc. 1907, cité dans *RDCM*, 1907, n° 121.
231. *RDCM*, 1907, n° 121.
232. *Ibid.*

la proposition suivante, renvoyée à l'administration sans plus de discussion : « M. le Préfet de la Seine est invité à s'entendre au plus tôt avec l'État pour réaliser la création des bassins projetés par l'agrandissement du port de la Villette, le prolongement et l'élargissement du canal de l'Ourcq[233]. » Paris n'intervient pas ici en tant que membre de la Commission des fortifications, au sein de laquelle il siège depuis 1904[234], mais comme élu de la Villette[235].

Au terme d'une discussion rapide, les conclusions de la commission sont adoptées sans scrutin et sans que soit abordée, sauf par Duval-Arnould, la destination des terrains de l'enceinte et en particulier leur éventuel maintien en espaces libres conforme à l'orthodoxie hygiénico-sportivo-esthétique à laquelle semble adhérer le conseil. Pour les édiles, un débat technique sur le rachat de l'enceinte n'est sans doute pas le lieu où faire des professions de foi hygiénistes.

Dans les années 1900, la question de l'enceinte subit une redéfinition. La suppression des fortifications n'est plus une simple mesure édilitaire réclamée par les élus de la capitale au nom des intérêts hygiéniques de leurs mandants. Avec l'intervention des « gens du monde » pour défendre le bois de Boulogne, le sort de l'enceinte s'intègre à la problématique des espaces libres, un des points de convergence, avec le tourisme, de préoccupations sportives, esthétiques et hygiéniques. À ce titre la question ne peut plus être abandonnée aux édiles. Telle est la position des animateurs de la campagne de 1905 qui font de la contestation du projet de lotissement partiel du Bois un moment fort d'une entreprise de délégitimation des élus locaux. Confrontés à cette mise en question de leur légitimité, ces derniers ne sont d'ailleurs pas dépourvus de ressources.

La Commission des fortifications a connu un profond renouvellement en 1904 et accueille des hommes avec lesquels doivent compter les « gens du monde ». C'est en particulier le cas du spécialiste « ès fortifications » qu'est P. Brousse et de F. d'Andigné, très proche, socialement et par ses centres d'intérêt, des individus qui prennent la défense du Bois au nom des espaces libres en 1905. Ces deux édiles se voient d'ailleurs reconnaître une certaine compétence par la presse qui orchestre la protestation, alors même que la contestation de l'action édilitaire repose sur la revendication d'une légitimité fondée sur une compétence spécifique aux « gens du monde », amateurs éclairés aux larges vues, compétence faisant par essence défaut aux édiles, obnubilés en outre par les préoccupations électorales locales. Les travaux de la Commission des fortifications témoignent d'ailleurs d'une communauté de vue avec les nouveaux intervenants.

233. *PVCM*, 1907, 31 déc.
234. *Liste de MM. les membres du Conseil municipal*, n° 99, 25 juil. 1904.
235. J. Maitron (dir.), *DBMOF 3*, *op. cit.*, t. 14, p. 208.

Les ressources dont disposent les édiles pour contrer l'entreprise de délégitimation dont ils font l'objet ne se limitent d'ailleurs pas à la présence d'un personnel « compétent » à la Commission des fortifications. Les élus locaux se joignent en nombre à la campagne. Cette participation est l'indice d'une adhésion aux principes hygiénico-esthétiques défendus par les animateurs du mouvement de septembre 1905. De fait, non seulement il existe au Conseil municipal des îlots où se retrouvent des édiles en phase avec les « gens du monde » (comme la Commission du Vieux Paris), mais le conseil adhère globalement au principe d'une vocation des fortifications à des usages hygiénico-sportifs. Pourtant, ces préoccupations s'expriment plus dans l'affirmation des grands principes que dans le traitement effectif de l'enceinte.

La participation des édiles à la campagne de 1905 contribue à en infléchir le sens : la dénonciation de l'incurie édilitaire se fait plus discrète et se double d'une stigmatisation de la rapacité gouvernementale. Impuissants plus qu'incompétents et mal disposés, les conseillers municipaux seraient plus à plaindre qu'à blâmer, à aider qu'à combattre. Alliant ainsi remise en cause de la légitimité de l'intervention édilitaire en matière d'esthétique urbaine et tentative de mise sous tutelle des élus locaux, la démarche des « gens du monde » annonce celle du Musée social. La Section d'hygiène rassemble en effet des « amateurs » et des « spécialistes » de la gestion des espaces urbains[236], la légitimité de son intervention étant fondée sur la rencontre de ces deux types de compétence. Il s'agit en effet pour les membres de la section de mettre leur compétence au service de la population parisienne, d'où la nécessité de mobiliser édiles et opinion publique.

236. J.-P. Gaudin, « Robert de Souza et "l'étude pratique d'esthétique urbaine". Spécialisation et professionnalisation au début de l'urbanisme de plan en France », séminaire *Aux origines des politiques urbaines modernes en Amérique latine, 1900-1950,* Rio de Janeiro, août 1994.

Chapitre VI

De l'hygiénisme à l'urbanisme : la Section d'hygiène

À l'échelle de l'espace occupé par les fortifications, la campagne de 1905 porte sur un enjeu restreint, mais sa portée dépasse le sort des 40 hectares menacés de lotissement. Il s'agit d'un moment décisif dans le renouvellement des acteurs qui traitent du sort de l'enceinte au nom des intérêts des Parisiens : les édiles sont désormais confrontés à la concurrence des « gens du monde ». Depuis le début des années 1900, ces derniers ont engagé une entreprise de délégitimation des élus locaux, opposant à la légitimité électorale celle que confère la compétence de l'homme de goût et de l'amateur éclairé, et la menace pesant sur le Bois leur fournit une occasion de poursuivre cette entreprise.

La création de la Section d'hygiène urbaine et rurale du Musée social, son intervention dans la campagne pour les élections municipales de 1908 et l'organisation par ses soins d'une conférence sur les espaces libres le 5 juin de la même année s'inscrivent dans la même logique. L'intervention des réformateurs sociaux est fondée sur l'affirmation d'une compétence, ou plutôt de compétences variées. Les fondateurs de la section, à commencer par son président Jules Siegfried, ont joué un rôle de premier plan dans l'adoption de la loi de 1894 sur les habitations à bon marché [1]. Ils souhaitent désormais élargir leur domaine d'intervention de l'habitation à la ville. La mobilisation sur la question de l'enceinte est alors fondée sur la revendication d'une compétence spécifique : celle de spécialistes de la « question sociale ». Mais la section n'accueille pas seulement des vétérans de la bataille pour les hbm. On y rencontre aussi des membres de l'administration municipale, des architectes et des esthètes (ces affiliations n'étant pas exclusives), porteurs de compétences variés. On retrouve d'ailleurs des participants à la campagne de 1905 parmi les organisateurs de la conférence de juin 1908 et à la Section d'hygiène [2]. Quelle est alors la parenté entre ces deux moments cruciaux dans le processus menant à l'aménage-

1. G. Osti, « La Section d'hygiène urbaine et rurale du Musée social », *op. cit.*, p. 61.

2. J. Horne souligne l'hétérogénéité sociale et professionnelle des membres du Musée social et la diversité des intérêts qu'ils poursuivent. J. Horne, « L'antichambre de la Chambre : le Musée social et ses

ment des fortifications ? Quelles sont les continuités et les ruptures entre l'action de la Section d'hygiène et la campagne orchestrée par *Le Figaro* ?

En 1908, la section se lance dans un combat pour un aménagement des fortifications laissant une large part aux espaces libres. Pour faire prévaloir ses positions, elle doit se constituer en groupe de pression (ce qu'elle fait en 1908), mais il lui faut aussi disposer de relais au sein des institutions auxquelles la décision reviendra en fin de compte. Avec Siegfried, la section dispose d'une tribune à la Chambre. Dans la mesure où elle compte parmi ses membres des fonctionnaires de la préfecture de la Seine, elle peut faire entendre sa voix auprès de l'administration. En revanche, la mobilisation des élus locaux et de l'opinion publique ne va pas de soi. Il s'agit ici de présenter cette tentative de mobilisation et les réactions qu'elle suscite chez les édiles.

L'affrontement entre les édiles et la section ainsi que sa résolution par l'adoption du projet émanant du conseil municipal sont révélateurs du type d'influence qu'entendent exercer les réformateurs sociaux. Pour ces derniers, il s'agit plus de faire reconnaître le principe de l'« aménagement rationnel des villes » que d'imposer le traitement de l'enceinte ayant leur préférence. Cette remarque invite à s'arrêter sur la dimension spécifiquement urbaine de l'objet de la présente recherche. Orchestrée par les sportifs et les esthètes, la mobilisation de 1905 s'était faite sur un dénominateur commun : les espaces libres. Le sort des terrains longeant le Bois n'était donc pas uniquement un enjeu esthétique mais relevait aussi de l'hygiène, comme la question de l'enceinte depuis les années 1880. Les espaces libres ne sont cependant qu'un des points de rencontre entre préoccupations esthétiques et hygiénistes, le tourisme en est un autre. Il s'agit maintenant de s'intéresser à la signification d'une convergence entre hygiénisme et esthétique sur un enjeu spécifiquement urbain : le sort des fortifications.

De la campagne du *Figaro* à la réunion de la Sorbonne

La Section d'hygiène du Musée social regroupe des « amateurs » éclairés, comme les esthètes et les défenseurs des espaces libres, et des « spécialistes ». Parmi ces derniers, on compte des architectes et des fonctionnaires municipaux qui depuis le début du siècle ont entamé une réflexion sur l'aménagement des villes (Forestier, Hénard, Bechmann…), ainsi que des hommes plus jeunes, les futurs professionnels de l'urbanisme. Tous participeront à l'élaboration des lois d'urbanisme après la première guerre mondiale. En 1908, Ville et État sont près de parvenir à un accord sur le prix de l'enceinte, dont la cession à la Ville, qui pourrait en user librement,

---

réseaux réformateurs, 1894-1914 », C. Topalov (dir.), *Laboratoires du nouveau siècle, op. cit.*, p. 121-140. Voir p. 123-124 et p. 129-134.

semble imminente. Sur l'avis de Siegfried, la section décide alors de se consacrer en priorité à la question des fortifications. Si la mobilisation de 1908 s'inscrit dans la continuité, revendiquée d'ailleurs, du mouvement de septembre 1905, elle marque aussi un certain nombre de ruptures.

Le passage du relais des espaces libres

Lors de la campagne électorale de mai 1908, la Section d'hygiène propose aux candidats d'apposer leur signature sur une affiche présentant un schéma d'aménagement de l'enceinte[3]. Quelques semaines plus tard, elle organise une réunion sur le thème des espaces libres à la Sorbonne[4]. Ces actions témoignent d'une continuité avec la campagne de 1905 : la section se voit confier le relais de la cause des espaces libres par ces vétérans que sont les « gens du monde », lesquels s'étaient investis deux ans et demi auparavant dans la campagne du *Figaro*.

L'inscription dans la thématique des espaces libres

La mobilisation de la section sur la question des fortifications est placée sous le signe des espaces libres. Lors de la campagne électorale, la section cherche à « attirer l'attention des candidats sur l'importante question du déclassement des fortifications de Paris, qu'elle voudrait voir remplacer non pas par des hautes et tristes maisons de rapport, mais par des parcs, des avenues spacieuses, de riantes promenades[5] ». L'affiche proposée aux candidats comporte l'exhortation suivante :

> « Sauvons nos Espaces libres
> Sauvons nos fortifications[6] [.] »

La réunion du 5 juin est elle aussi placée sous le signe des espaces libres. Alors qu'il y est surtout question de l'enceinte, l'intitulé est beaucoup plus large : il s'agit d'une « réunion en faveur des espaces libres[7] ».

La section présente d'ailleurs son action comme la continuation du mouvement lancé par les esthètes et les sportifs au début du siècle. Dès 1908, R. de Souza, dans un article au titre révélateur (« Les espaces libres. Résumé historique[8] »), situe la création récente de la section et son intervention sur la question de l'enceinte dans la suite des protestations des militants de la préservation des sites, qu'il présente comme des réactions à une série d'« attentats[9] » contre les espaces libres parisiens. Souza rappelle ainsi

3. R. de Clermont et F. Cros-Mayrevieille, « La campagne électorale de 1908 », *op. cit.*, p. 197.
4. « Compte rendu de la réunion en faveur des espaces libres [...] », *op. cit.*
5. « Compte rendu de la réunion en faveur des espaces libres [...] Siegfried », *op. cit.*, p. 203.
6. R. de Clermont et F. Cros-Mayrevieille, « La campagne électorale de 1908 », *op. cit.*, p. 198.
7. « Compte rendu de la réunion en faveur des espaces libres [...] », *op. cit.*
8. R. de Souza, « Les espaces libres. Résumé historique », *op. cit.*
9. *Ibid.*, p. 181.

la campagne menée en 1894 par la Société des amis des monuments parisiens contre la mutilation de l'esplanade des Invalides, la création de la Société pour la protection des paysages de France en 1901 et la protestation qu'élève immédiatement cette dernière contre la taxe municipale sur la propriété non bâtie. Il continue en récapitulant les activités de la société. Dès 1902, celle-ci s'est mobilisée contre le projet de loi visant à la ratification de la convention Ville-État sur le lotissement de l'enceinte et contre l'aliénation du Champ de Mars. La mobilisation se poursuit par des protestations contre le morcellement du parc de la Muette et les engrillagements des forêts autour de Paris (en 1903), contre la vente de Bagatelle (en 1904) et des remparts de Bayonne, puis contre le lotissement du marché du Temple. Souza s'intéresse aussi au Comité pour la conservation et la création des espaces libres de Bonvalot. Selon Souza, le comité a contribué à renforcer l'hostilité générale contre la convention de 1902 ainsi que les désaccords entre la Ville et l'État sur les fortifications. Précédant le Musée social, il a également esquissé une campagne contre tout lotissement des terrains militaires à l'occasion des élections municipales de 1904 [10].

Souza tente d'imposer une lecture téléologique de l'histoire de la mobilisation des élites en faveur des espaces libres et de l'esthétique urbaine. Cette histoire est en effet présentée comme une préparation à la création de la Section d'hygiène, qui en constitue le nécessaire aboutissement. L'effet de cette opération est double : en s'affirmant comme la continuatrice d'une tradition, la section se donne le moyen de récupérer une partie du capital de légitimité et de notoriété de la Société pour la protection des paysages de France et du Comité pour la conservation et la création des espaces libres, mais elle entreprend aussi de dévaloriser partiellement ce capital détenu par des précurseurs avec lesquels elle entre en concurrence. L'action des esthètes et des défenseurs des espaces libres ne vaut en effet plus que par son caractère de propédeutique à l'intervention de la section [11].

L'adoubement de la section par les champions des espaces libres

La section a d'autant moins de difficulté à se donner pour la continuatrice des esthètes et des défenseurs des espaces libres que ces derniers lui accordent l'investiture. L'affiche proposée aux candidats parisiens est le fruit d'une collaboration entre anciens et nouveaux intervenants. Elle est signée par la Commission d'hygiène urbaine et rurale du Musée social, l'Alliance d'hygiène sociale et l'Association des cités-jardins de France, mais aussi par le Touring-Club et la Société pour la protection des paysages de France [12].

10. *Ibid.*, p. 182-184.
11. Il s'agit peut-être aussi de justifier le caractère tardif de la mobilisation du Musée social, le sort de l'enceinte préoccupant les défenseurs des espaces libres depuis 1902 au moins, d'après Souza lui-même.
12. R. de Clermont et F. Cros-Mayrevieille, « La campagne électorale de 1908 », *op. cit.*, p. 198.

Avec l'intervention de Beauquier à la Sorbonne, les esthètes acceptent de remettre le sort des fortifications entre les mains des réformateurs sociaux. Par sa présence, le député du Doubs apporte caution de la Société pour la protection des paysages de France à l'action du Musée social. Quant à son discours, il est placé sous le signe de la modestie. En tant que « député provincial », Beauquier commence par expliquer qu'il se sent tenu de « justifier [sa] présence ici comme défenseur de l'hygiène et de la beauté de Paris[13] », avant d'expliquer qu'il ne s'exprime qu'au titre de président de la Société pour la protection des paysages de France, celle-ci ayant vocation à s'intéresser à l'esthétique de la capitale. Par rapport aux autres orateurs, Beauquier se signale par la brièveté de son allocution, se contentant de présenter l'action de sa société, en faveur de laquelle il demande la « protection[14] » des assistants. Par la voix de Beauquier, une fraction des esthètes à l'œuvre en 1905 accorde sa bénédiction à la section et accepte de s'enrôler sous sa bannière, quitte à accepter un effacement relatif. Beauquier, qui en juin 1908 renonce à occuper longuement la tribune, rejoindra en effet la section[15].

Se posant en continuateurs d'une histoire dont ils constituent le point culminant, les fondateurs de la section entendent récupérer une partie de la légitimité et de la notoriété que se sont acquises les esthètes et les défenseurs des espaces libres avec lesquels, qu'ils le veuillent ou non, ils entrent en concurrence. L'entreprise semble d'ailleurs couronnée de succès. Ces remarques n'épuisent cependant pas le sens de l'action de la section, dont les membres travaillent aussi à faire reconnaître une légitimité qui leur est propre. Cette reconnaissance est en effet nécessaire aux réformateurs sociaux pour imposer les normes de l'« aménagement rationnel des villes ».

Des « entrepreneurs de normes[16] » ?

Par certains côtés, l'action de la section en 1908 rappelle la mobilisation de 1905 : avec l'intervention dans la campagne électorale, il s'agit de ne pas laisser les édiles décider seuls du sort des fortifications. Avec la réunion du 5 juin, il s'agit de s'imposer comme un interlocuteur obligé dans le débat sur l'aménagement de l'enceinte. Ces deux moments présentent cependant de nettes différences avec l'entreprise de délégitimation des élus et de revendication d'un droit de regard sur leurs décisions engagée depuis le début du siècle par les « gens du monde ».

---

13. « Compte rendu de la réunion en faveur des espaces libres [...] Beauquier », *op. cit.*, p. 223.
14. *Idem.*
15. A. Cormier, *Extension, limites, espaces libres*, *op. cit.*, p. 136.
16. Expression forgée à partir de la notion d'« entrepreneur de morale » développée par H. S. Becker. H. S. Becker, *Outsiders*, *op. cit.*, p. 171-187.

La campagne électorale des réformateurs sociaux[17]

La participation à la campagne électorale de 1908 relève d'une logique assez proche de la mobilisation pour la défense du Bois, en particulier au niveau des relations que la section entend nouer avec les élus parisiens. Cependant la section innove par rapport aux « gens du monde » : les compétences et les réseaux d'échanges de services mobilisés se sont élargis et diversifiés.

En mai 1908, la section propose aux candidats d'apposer leur signature sur une affiche présentant un schéma d'aménagement de l'enceinte, qui reprend un projet conçu par Hénard : 9 grands parcs (occupant une partie des fortifications et de la zone) également répartis sur le pourtour de la capitale seraient reliés par un boulevard circulaire. La section dépêche aussi de jeunes avocats à la Cour d'appel dans les réunions électorales, avec mission d'y soulever la question des espaces libres. On repère une certaine parenté avec la campagne de 1905 en ce qui concerne les acteurs. L'affiche proposée aux candidats a été élaborée par Clermont, cet homme qui se situe au point de jonction entre les sportifs, les esthètes et les défenseurs des intérêts du tourisme. Clermont mobilise les relations que lui confèrent ses inscriptions multiples : il obtient l'adhésion du Touring-Club, de la Société pour la protection des paysages de France, de l'Alliance d'hygiène sociale et de l'Association des cités-jardins de France, les deux premiers de ces groupements ayant d'ailleurs participé à la campagne de 1905. Deux des autres membres de la section spécialement investis dans la campagne électorale s'intéressent à la protection des sites. L'avocat Cros-Mayrevieille appartient à la Société pour la protection des paysages de France et est l'auteur d'un ouvrage intitulé *De la protection des Monuments historiques ou artistiques, des sites et des paysages*[18]. Quant à Souza, qui « a reçu une formation de lettres et d'histoire de l'art [et qui] vit, semble-t-il, pour partie de sa plume en collaborant à de nombreux journaux et revues mais aussi en bénéficiant de l'aisance familiale[19] », c'est une figure typique de l'« amateur » au sens ou l'entend J.-P. Gaudin[20].

La parenté avec la mobilisation 1905 est indéniable. Le Musée social revendique une légitimité, concurrente de celle que confère l'élection, fondée sur la compétence et sur l'excellence sociale. Excellence sociale en devenir de ces 14 jeunes[21] avocats à la Cour d'appel, comme Cros-

17. La campagne est décrite par deux membres de la section. R. de Clermont et F. Cros-Mayrevieille, « La campagne électorale de 1908 », *op. cit.*
18. A. Cormier, *Extension, limites, espaces libres, op. cit.*, p. 138.
19. J.-P. Gaudin, « Robert de Souza et "l'étude pratique d'esthétique urbaine" », *op. cit.*
20. *Ibid.*
21. Le souci d'impliquer les jeunes représentants des classes dirigeantes est une constante au Musée social. S. Elwitt, « Social Reform and Social Order in Late Nineteenth-Century France : The Musée Social and its Friends », *French Historical Studies*, vol. II, printemps 1980, p. 431-451.

Mayrevieille[22], dépêchés par la section pour intervenir dans les réunions électorales. Compétence, liée à l'excellence sociale, des membres de la section investis dans la campagne électorale. Cependant, l'éventail des compétences mises en avant est plus large que lors de la campagne du *Figaro*.

Avec Risler, l'engagement hygiéniste et réformateur apparaît comme conférant une légitimité opposable à celle qu'apporte l'élection[23]. On peut rapprocher la présence de Risler de l'aval sollicité auprès de l'Alliance d'hygiène sociale et de l'Association des cités-jardins de France pour l'affiche proposée aux candidats. En 1905, les représentants de l'hygiénisme et de la réforme sociale n'apparaissaient qu'en filigrane, à travers la défense des espaces libres. Ils revendiquent maintenant une compétence spécifique les autorisant à parler de l'enceinte. Avec Rey, lauréat en 1905 du concours de la fondation Rothschild[24], les architectes et futurs professionnels de l'urbanisme revendiquent aussi une légitimité à intervenir sur cette question. Rey, comme Risler d'ailleurs, appartient à l'Association générale des hygiénistes et techniciens municipaux[25]. Il n'est pas le seul professionnel de la section à participer à la campagne électorale. Hénard et Forestier ont formé les avocats délégués dans les réunions électorales. À la différence de Rey, Hénard et Forestier sont des fonctionnaires de l'administration municipale. Hénard est architecte de la ville de Paris[26], tandis que l'architecte-paysagiste Forestier, qui a commencé sa carrière comme adjoint d'Alphand[27], occupe depuis 1889 le poste de conservateur du bois de Boulogne. Depuis le début du siècle, ces deux hommes poursuivent une réflexion sur ce qui deviendra l'urbanisme : Forestier est l'auteur en 1906 d'un ouvrage intitulé *Grandes villes et systèmes de parcs*, tandis que Hénard a commencé en 1903 à publier ses *Études sur les transformations de Paris*. Au-delà de la proximité avec les sportifs et les esthètes, l'appartenance aux milieux réformateurs et la compétence spécifique professionnelle sont avancées comme les fondements d'une légitimité à guider les choix des édiles en matière de gestion des espaces urbains.

Quelles que soient les compétences invoquées, le suffrage est simplement censé venir appuyer les propositions émises par des individus ou des groupes qui s'estiment fondés à s'exprimer au nom de l'« opinion publique » :

> « La Section d'hygiène [...] eut l'heureuse idée de saisir cette occasion [la campagne électorale] pour attirer l'attention des candidats aux charges

22. A. Cormier, *Extension, limites, espaces libres*, *op. cit.*, p. 138.
23. En 1929, Risler est promu Grand Officier de la Légion d'honneur, en récompense de « trente-cinq années de collaboration aux œuvres sociales ». « M. Georges Risler, Grand Officier de la Légion d'honneur », *RMMS*, août 1929, p. 348-340. Citation p. 348.
24. M.-J. Dumont, *Le Logement social à Paris*, *op. cit.*, p. 158.
25. *Ibid.*, p. 159.
26. A. Cormier, *Extension, limites, espaces libres*, *op. cit.*, p. 140.
27. J.-P. Gaudin, *L'Avenir en plan*, *op. cit.*, p. 58.

municipales sur la question des espaces libres et pour leur montrer, au cours des réunions électorales, que l'opinion publique s'en préoccupait activement et avec le désir réel d'aboutir[28]. »

La similitude est nette avec l'entreprise de délégitimation des édiles engagée depuis le début du siècle par les « gens du monde ».

La parenté entre l'intervention du Musée social et la campagne du *Figaro* ne s'arrête pas là : le souci de pallier l'incompétence des élus en leur proposant, ou en leur imposant, des solutions se double parfois d'une remise en cause du principe de l'élection. Le 5 juin, l'avocat Henri Robert attribue le laxisme dont bénéficient les débits de boissons à la logique électorale : « [Les] marchands de vin, grands électeurs auxquels personne n'ose toucher, pullulent dans Paris [...][29]. » Comment ne pas rapprocher ces propos de ceux de Jourdain qui, dans *Le Figaro*, stigmatisait des conseillers municipaux préoccupés uniquement par leur réélection et incapables d'appréhender ce qui dépasse le cadre de leur arrondissement[30] ?

La campagne par affiches est une réussite. Presque tous les candidats auraient accepté d'apostiller l'affiche et donc d'en passer par les conditions du Musée social. Cette action est suivie quelques semaines plus tard d'une réunion sur le thème des espaces libres. Là encore, il s'agit de s'imposer comme un interlocuteur obligé dans le débat sur l'aménagement de l'enceinte.

La réunion de la Sorbonne

En juin 1908, la Section d'hygiène, « avec le concours d'un certain nombre de sociétés dont le but est analogue au sien[31] », organise une réunion sur le thème des espaces libres dans le grand amphithéâtre de la Sorbonne. Pour les hygiénistes du Musée social, il s'agit de confirmer devant l'opinion leur intérêt pour les fortifications et de montrer que tous les responsables de la gestion et de l'aménagement de l'espace parisien devront désormais, pour reprendre les mots d'un des intervenants, « compter avec [eux][32] ». Les organisateurs agissent en « entrepreneurs de normes » comme d'autres se conduisent en « entrepreneurs de morale ». Le but est de faire de la conservation et de l'accroissement des espaces libres un impératif auquel ne peuvent se dérober ceux qui ont la charge des villes, et en particulier ceux à qui reviendra l'aménagement des fortifications de Paris. La démonstration de force est d'autant plus nécessaire que le Musée social intervient tardivement dans le débat sur le sort de l'enceinte. Dans cette

28. R. de Clermont et F. Cros-Mayrevieille, « La campagne électorale de 1908 », *op. cit.*, p. 197.
29. « Compte rendu de la réunion en faveur des espaces libres [...] Robert », *op. cit.*, p. 221.
30. F. Reichel, *Le Figaro*, 7 sept. 1905.
31. « Compte rendu de la réunion en faveur des espaces libres [...] Siegfried », *op. cit.*, p. 201.
32. « Compte rendu de la réunion en faveur des espaces libres [...] Robert », *op. cit.*, p. 216.

stratégie d'affirmation de puissance et d'imposition de nouvelles normes de gestion urbaine, différents éléments interviennent.

Le choix d'un lieu prestigieux pour la réunion est en lui-même significatif. Le grand amphithéâtre de la Sorbonne est un des cadres convoités par les organisateurs de congrès en tout genre (la séance de clôture du Grand Congrès de la tuberculose d'octobre 1905 se déroule au même endroit[33]). Ces manifestations commencent à se multiplier à partir des années 1880, en particulier dans les sciences sociales, disciplines nouvelles qui visent autant à fournir les moyens d'une intervention sur le social qu'à la connaissance[34]. Le rapprochement est d'ailleurs tentant : les organisateurs de la réunion aspireraient-ils à une légitimation par la science ? Le choix des intervenants n'est en tout cas pas innocent. Les hommes qui se succèdent à la tribune sont en effet porteurs de différents types de légitimité.

Six orateurs interviennent au cours de la réunion : Jules Siegfried, Georges Risler, le docteur Landouzy, Henri Robert, Charles Beauquier et Alexandre Ribot. À l'exception peut-être de Robert, ces hommes entretiennent des liens plus ou moins étroits avec le Musée social. Siegfried préside le Musée social depuis sa fondation et il en dirige successivement plusieurs sections, dont la Section d'hygiène entre 1908 et 1913[35]. Risler est un membre actif de la section, à la tête de laquelle il succédera à Siegfried[36] (en 1911, il siège au Grand Conseil du Musée social[37]). Landouzy, lui aussi, est membre du Grand Conseil, ainsi que de la Section d'hygiène, depuis 1911[38]. Beauquier appartient aussi à la section, sans doute depuis le début[39]. Quant à Ribot, c'est un des présidents d'honneur du Musée social en 1911[40]. Chacun des orateurs apporte à la cause des espaces libres et au projet d'aménagement de l'enceinte défendu par le Musée social un type de légitimité lié à la position qu'il occupe dans la sphère où il exerce son activité principale. Le cas est particulièrement net pour Beauquier, par la voix duquel les esthètes cautionnent l'action du Musée social, mais on peut rendre compte de la présence des autres intervenants d'une façon analogue.

Siegfried et Ribot sont des hommes publics qui ont exercé des responsabilités politiques importantes. Maire puis député du Havre, Siegfried est un des promoteurs de la loi sur les habitations à bon marché de 1894[41]. Ribot, député du Pas-de-Calais, a été ministre des Affaires étrangères et à

33. M. Letulle, « La guerre à la tuberculose », *Le Figaro*, 25 sept. 1905.
34. C. Prochasson, *Les Années électriques, 1880-1910*, Paris, La Découverte, 1991.
35. A. Cormier, *Extensions, limites, espaces libres*, *op. cit.*, p. 131.
36. « Travaux des sections. SHUR : séance du 27 novembre 1913 », *op. cit.*, p. 43-44.
37. J. Horne, *Le Musée social. Aux origines de l'État providence*, Paris, Belin, 2004, voir p. 20.
38. *Ibid.*, p. 20 et 24.
39. « Travaux des sections. SHUR : séance du 10 juillet 1909 », *op. cit.*, p. 246.
40. *Le Musée social*, Paris, Arthur Rousseau éditeur, 1911, voir p. 17.
41. R.-H. Guerrand, « Jules Siegfried, la "Société française des habitations à bon marché" et la loi du 30 novembre 1994 », C. Chambelland (dir.), *Le Musée social en son temps*, *op. cit.*, p. 157-173.

deux reprises président du Conseil dans les années 1890[42]. Deux hommes politiques donc, et presque contemporains (Siegfried est né en 1837, Ribot en 1842[43]) mais deux parcours politiques différents. Si la carrière nationale de Siegfried débute relativement tard (à 48 ans) et s'inscrit dans le prolongement de son action de grand notable local, Ribot est un véritable professionnel de la politique : député à 36 ans, il est constamment réélu, à la Chambre puis au Sénat, et occupe à de nombreuses reprises des fonctions ministérielles[44].

Comme Siegfried, Ribot est engagé dans le mouvement réformateur, mais cet engagement n'a ni la même signification ni la même intensité chez les deux hommes. Chez Siegfried il s'agit d'une option qui a orienté toute sa carrière, de maire puis de député, alors que pour Ribot la présence au sein de certaines institutions réformatrices n'est qu'une dimension parmi d'autres de sa carrière politique[45]. La forme de l'engagement des deux hommes au Musée social témoigne de cette différence : Ribot n'y occupe qu'une place honorifique tandis que Siegfried participe personnellement au travail des sections. Leur présence à la réunion n'a donc pas le même sens. Ribot, « homme d'État glorieux entre tous[46] » selon Robert, est censé conférer à la manifestation une légitimité quasi gouvernementale. Siegfried, lui, est présent comme représentant d'un courant, la réforme sociale, dont il est l'une des plus grandes figures. La présence de Risler s'explique, comme celle de Siegfried, par l'engagement réformateur. Risler intervient au titre de véritable spécialiste : Robert fait l'éloge de son « rapport intéressant par sa précision, sa documentation, sa concision[47] ».

La présence du docteur Landouzy, membre de l'Académie de médecine depuis 1894[48] et doyen de la faculté de médecine de Paris[49], apporte une caution scientifique à la réunion et à la cause des espaces libres, caution explicitement revendiquée : selon Robert, Landouzy « a fait entendre de langage de la Science[50] ». Landouzy lui-même déclare s'exprimer au nom de l'Association centrale française contre la tuberculose et ses propos portent pour l'essentiel sur la nécessité des espaces libres dans la lutte contre la maladie. Landouzy, qui s'est imposé comme l'un des spécialistes français

42. J. Jolly (dir.), *DPF, op. cit.*, t. VIII, p. 2844.
43. *Ibid.*, t. VIII, p. 2844 et 3009-3310.
44. *Ibid.*, t. VIII, p. 2844.
45. Ribot est l'auteur de deux ouvrages portant sur des thèmes relevant de la réforme sociale : *La Réforme de l'enseignement* et *L'Utilité des caisses de crédit immobilier pour favoriser l'accession de la propriété aux ouvriers*, *idem*. De même, il préside en 1906 une séance du Congrès international des jardins ouvriers. « Compte rendu de la réunion en faveur des espaces libres [...] Landouzy », *op. cit.*, p. 211. Par ailleurs, il a écrit au *Figaro* en septembre 1905. F. Reichel, *Le Figaro*, 9 sept. 1905.
46. « Compte rendu de la réunion en faveur des espaces libres [...] Robert », *op. cit.*, p. 215.
47. *Idem.*
48. C.-E. Curinier, *DNC, op. cit.*, t. V, p. 225.
49. J.-L. Cohen et A. Lortie, *Des fortifs au périf, op. cit.*, p. 94.
50. « Compte rendu de la réunion en faveur des espaces libres [...] Robert », *op. cit.*, p. 215.

de la tuberculose, est tout à fait à même d'apporter à la réunion une légitimité scientifique. Il est l'auteur de plusieurs ouvrages sur la phtisie et participe à un certain nombre d'instances destinées au traitement de ce qui, pour les hygiénistes, plus qu'une simple maladie, est un véritable fléau social : commission permanente des Congrès pour l'étude de la tuberculose ou Association internationale contre la tuberculose [51]. On rencontre naturellement Landouzy au Congrès de la tuberculose d'octobre 1905 (il y préside la première sous-section de la quatrième section [52]). Par ailleurs, il siège également aux comités d'admission des Expositions universelles de 1889 et 1900 [53], ce qui témoigne de sa proximité avec les milieux réformateurs.

La présence d'Henri Robert est plus difficile à interpréter. Il s'agit d'un avocat qui bénéficie d'une notoriété suffisante pour que la presse rende compte, de façon plus ou moins élogieuse, de ses activités [54]. Sans doute la présence de Robert est-elle censée inscrire la réunion de la Sorbonne dans ces activités relevant de l'« hygiénisme mondain », dont les manifestations entourant le Congrès de la tuberculose constituent un autre exemple. Le registre de son discours le laisse supposer. L'avocat adopte un ton plus badin, plus léger, que les autres intervenants. Il ne recule ni devant les épanchements personnels et sentimentaux, ni devant la plaisanterie :

> « Ces fortifications, je les aime beaucoup, je suis un de leurs voisins, – j'habite boulevard Pereire – je vais quelquefois me promener le long du boulevard Berthier et du boulevard Gouvion-Saint-Cyr. Leur destruction me causera quelque ennui ; elle me causerait une grande peine si on devait les remplacer par des murailles de pierre plus élevées, car les fortifications actuelles sont la campagne des malheureux, la villégiature des pauvres, ceux-ci ont grâce à elles l'illusion d'être loin de Paris, de la ville qui les surchauffe pendant l'été ; c'est la Suisse au petit pied, mais elle a cet avantage de ne pas être déshonorée par le funiculaire ; quand il pleut, cela fait un lac ; et les sommets neigeux ne sont représentés que par les petits papiers blancs que les promeneurs abandonnent le dimanche, après le déjeuner [55]. »

Et Robert de réclamer, en cas de disparition de l'enceinte, son remplacement par des espaces libres.

Les propos de Robert présentent une parenté avec certaines lettres adressées au *Figaro*, qui invoquaient une expérience personnelle (l'auteur dramatique [56] Max Dearly, par exemple, s'élevait contre le lotissement du Bois « au nom des souvenirs d'enfance [57] »). La position de l'avocat par rapport aux intervenants sérieux (hommes d'État et spécialistes de la « question sociale », esthète, savant) est homologue à celle des membres du « Tout-Paris » par

51. C.-E. Curinier, *DNC, op. cit.*, t. V, p. 225.
52. « Le Congrès de la tuberculose », *Le Figaro*, 29 sept. 1905.
53. C.-E. Curinier, *DNC, op. cit.*, t. V, p. 225.
54. « Tribunaux », *La République française*, 13 sept. 1905 et « À travers Paris », *Le Figaro*, 30 sept. 1905.
55. « Compte rendu de la réunion en faveur des espaces libres [...] Robert », *op. cit.*, p. 218.
56. *Annuaire Didot-Bottin, op. cit.*, p. 309.
57. F. Reichel, *Le Figaro*, 12 sept. 1905.

rapport à Jourdain, Beauquier ou Coubertin pendant la campagne du *Figaro*. À l'homologie des positions répond une parenté dans la distribution des rôles. Les membres du « Tout-Paris » stigmatisaient en termes violents l'action des édiles et des fonctionnaires. De même, Robert se charge de brocarder l'absence à la réunion des conseillers municipaux nouvellement élus et même de contester la légitimité électorale. Dans les deux cas, le ton badin contribue à rendre acceptable la violence de la dénonciation.

Robert n'est d'ailleurs pas le seul des intervenants à jouer sur le registre mondain. Beauquier conclut son discours par un compliment galant :

> « C'est cette société [la Société pour la protection des paysages de France] que, protecteur, je recommande à votre protection, car nous avons encore besoin d'être protégés, surtout par vous, Mesdames, et si je m'adresse spécialement à vous, c'est que lorsqu'il s'agit de beauté, c'est pour ainsi dire une question qui vous est personnelle[58]. »

Les femmes sont donc présentes à la réunion. La manifestation, qui rassemble plus de 2 000 personnes[59], relève sans doute pour une part de l'« hygiénisme mondain » qu'on a vu à l'œuvre en septembre 1905 et lors du Grand Congrès de la tuberculose. Même Risler s'adresse au « Tout-Paris », « [lui] demandant d'[...] apporter [à la section] une force et une autorité nouvelles qui [lui] permettent d'obtenir pour la population parisienne : plus de bien-être, plus de moralité, moins de mortalité[60] ».

S'emparant tardivement de la question de l'enceinte, le Musée social doit se faire une place sur un terrain encombré. Pour atteindre cet objectif, sa stratégie est double. D'une part, la Section d'hygiène travaille à se faire reconnaître comme l'héritière légitime des esthètes et des défenseurs des espaces libres. Sa plus grande réussite consiste alors à obtenir des ancêtres dont elle se réclame l'acceptation de cette revendication. La section fait ainsi d'une pierre deux coups : non seulement elle récupère un capital de légitimité, mais elle accroît sa visibilité puisque les esthètes acceptent de s'effacer à son profit[61]. D'autre part, elle s'affirme comme la détentrice d'une légitimité qui lui est propre, en tant qu'organe des réformateurs sociaux. Dans cette double stratégie, la réunion de la Sorbonne, avec les différents orateurs qu'elle mobilise, joue un rôle central. Concluant son allocution, Siegfried exprime l'espoir que la manifestation « provoquera dans l'opinion publique un courant en faveur des idées que [le Musée social]

58. « Compte rendu de la réunion en faveur des espaces libres [...] Beauquier », *op. cit.*, p. 224.
59. « Les espaces libres dans les grandes villes [...] Risler », *op. cit.*, p. 368.
60. « Compte rendu de la réunion en faveur des espaces libres [...] Risler », *op. cit.*, p. 210.
61. Pour les esthètes, cet adoubement suivi d'un retrait est symbolisé par la brièveté de l'allocution de Beauquier le 5 juin 1908. En ce qui concerne les défenseurs des espaces libres, le Comité pour la création et pour la préservation des espaces libres ne peut pas donner toute sa mesure sur la question de l'enceinte en raison de la dégradation de l'état de santé de Bonvalot. R. de Souza, « Les espaces libres. Résumé historique », *op. cit.*, p. 184.

défend » et que la « propagande [de la section pourra] amener le Conseil municipal et les autres autorités compétentes à résoudre largement et sainement cette question des espaces libres, qui se pose tout naturellement à propos de la suppression des fortifications[62] ».

À côté de ces visées externes explicitement revendiquées, il ne faut pas négliger les objectifs de rentabilité interne aux milieux s'estimant fondés à s'exprimer au sujet de l'enceinte et même au Musée social. L'affirmation de l'existence des effets externes de l'action de 1908 constitue d'ailleurs une des dimensions de la rentabilité interne. Il n'est que de constater le nombre de références à la campagne électorale et à la réunion de la Sorbonne dans les publications ultérieures du Musée social et l'insistance sur les effets de ces actions. Début 1909, Risler fait part à ses collègues d'une discussion à la Chambre :

> « Tous les orateurs qui ont pris la parole ont préconisé, sans aucune exception, la création d'espaces libres, parcs et terrains de jeux.
>
> Personne, aujourd'hui, n'oserait plus demander que l'emplacement des fortifications soit couvert de maisons, et l'on peut maintenant considérer comme certain que ce magnifique espace libre sera réservé[63]. »

Risler, qui voit là l'indice d'« un profond changement [...] dans l'esprit public[64] », s'interroge : « N'avons-nous pas le droit de penser que l'action de la Section d'hygiène urbaine et rurale a été pour beaucoup dans ce revirement[65] ? » L'évolution concerne d'ailleurs toutes les couches de la société. Selon Risler encore, l'intervention dans la campagne électorale de 1908 a eu un retentissement particulier sur les milieux populaires :

> « [L]'effet fut particulièrement frappant. Il ne s'est pas démenti depuis, car je lisais, il y a quelques jours, dans un petit journal socialiste, un article défendant fort bien nos idées ; il était signé d'un des ouvriers qui avaient collé nos affiches[66]. »

Les membres de la section se perçoivent donc bien comme des « entrepreneurs de normes ».

C'est d'ailleurs ce qu'ils sont. L'intérêt que les socialistes développent pour les espaces libres et les fortifications dans les années 1900 peut être imputé au Musée social et, moins directement, aux « gens du monde ». En 1908 Robert Hertz fait parvenir à Albert Thomas, l'un des chefs de file du socialisme municipal à tendance réformiste[67], un article de la *Revue du Touring-Club*, pour lui « faire honte[68] » :

---

62. « Compte rendu de la réunion en faveur des espaces libres [...] Siegfried », *op. cit.*, p. 203.
63. « Travaux des sections. SHUR : séance du 14 janvier 1909 », *op. cit.*, p. 55.
64. *Idem.*
65. *Idem.*
66. « Les espaces libres dans les grandes villes. [...] Risler », *op. cit.*, p. 368.
67. M. Rebérioux, « Un milieu socialiste à la veille de la grande guerre : Henri Sellier et le réformisme d'Albert Thomas », K. Burlen (dir.), *La Banlieue Oasis*, *op. cit.*, p. 27-36. Voir p. 28.
68. Lettre de R. Hertz à A. Thomas, entre le 21 et le 24 fév. 1908.

> « Il est absolument scandaleux (je parle sérieusement) que *L'Humanité* n'ait (à ma connaissance) pas encore dit un mot de cette vitale question des fortifs [...].
>
> Allez-vous laisser cela aux sportifs, ou aux Benoit-Lévy du Musée social [...][69] ? »

Ce rappel à l'ordre a peut-être incité en 1908 Thomas à consacrer au sort de l'enceinte un des *Cahiers du socialiste* :

> « Mais il n'en est pas moins navrant de voir l'œuvre, si importante pour l'avenir de la classe ouvrière, des maisons salubres et à bon marché abandonnée aux initiatives timides des philanthropes et des conservateurs à la Picot, ou la revendication d'espaces libres et de terrains de jeu formulée seulement par les esthètes et les artistes de la Société de protection des paysages de France ou les sportsmen du Touring-Club[70]. »

L'émergence d'un intérêt pour le sort de l'enceinte chez les socialistes est d'autant plus remarquable que *L'Humanité* ne s'était pas jointe à la campagne de 1905[71]. L'action du Musée social incite donc effectivement certains milieux politiques à constituer les espaces libres et les fortifications en enjeu politique[72]. L'incitation fonctionne d'ailleurs sur le mode de l'émulation et non de la révérence.

Continuatrice des « gens du monde » pour le vocabulaire et la thématique, la section l'est aussi dans sa tentative de mise sous tutelle des édiles, même si les compétences opposées à la légitimité électorale se sont diversifiées. L'intervention dans la campagne électorale est un succès : d'après Clermont et Cros-Mayrevieille, la plupart des candidats ont signé l'affiche qui leur était proposée, reconnaissant implicitement que se plier aux amicales injonctions des réformateurs sociaux présentait une utilité électorale. Et pourtant, la section ne parvient pas à imposer aux édiles l'aménagement de l'enceinte qu'elle estime conforme aux impératifs de l'« aménagement rationnel des villes ». Il s'agit de rendre compte de cet insuccès, en montrant que, dans le conflit entre détenteurs de la légitimité que confère la compétence, « amateurs » ou « spécialistes », et détenteurs de la légitimité électorale, les seconds sont capables de stratégies autonomes.

Des édiles capables de stratégies autonomes

L'intervention du Musée social constitue une tentative de mise sous tutelle des édiles, conviés à approuver un projet d'aménagement de l'enceinte à l'élaboration duquel ils n'ont pas pris part. Si, lors de la campagne

69. *Ibid.* Sur les relations entre les socialistes et le Musée social, voir J. Horne, « L'antichambre de la Chambre : le Musée social et ses réseaux réformateurs », *op. cit.*, p. 122-123.
70. A. Thomas, *Espaces libres et fortifications*, *op. cit.*, p. 4.
71. Le dépouillement porte sur le mois de septembre 1905.
72. *L'Humanité* ne rend toutefois pas compte de la réunion de la Sorbonne.

électorale, les candidats acceptent les conditions des réformateurs sociaux, cette docilité ne préjuge en rien de l'avenir. Les modalités de la participation des édiles, nouvellement élus ou réélus, à la réunion de la Sorbonne sont révélatrices de ce qui dans l'acceptation massive de l'affiche du Musée social ne relève que du contexte électoral. Les travaux de la Commission des fortifications et les débats au conseil municipal témoignent, eux, du degré auquel la Section d'hygiène pèse sur le traitement édilitaire de l'enceinte.

Les édiles et la réunion de la Sorbonne : le refus de la mise sous tutelle

Les édiles sont très peu nombreux à se rendre à la réunion de la Sorbonne. Cette absence contraste avec l'accueil favorable réservé à la section lors de la campagne électorale (parmi les signataires de l'affiche, on relevait le nom de Dausset[73]). À l'occasion de la réunion, les élus locaux, et au premier chef les membres de la Commission des fortifications, manifestent leur intention de conserver leur autonomie par rapport aux réformateurs sociaux. Les rares édiles présents ne le sont pas par hasard.

Selon Robert, trois conseillers municipaux seulement assistent à la réunion, Paul Escudier, Ambroise Rendu et François Froment-Meurice. Par ailleurs, seuls Fortuné d'Andigné et Gabriel Bertrou auraient jugé utile d'excuser leur absence par une lettre[74]. Ces édiles se situent à droite de l'échiquier politique municipal. Comme F. d'Andigné, l'avocat P. Escudier siège au Groupe républicain municipal[75]. Rendu et Froment-Meurice sont royalistes. Quant à l'avocat d'affaires Gabriel Bertrou, c'est un ami de Paul Déroulède et de Marcel Habert, entré en politique en défendant ses amis devant les Assises de la Seine puis devant la Haute Cour. Il a été élu au conseil en 1900 sur une candidature anti-dreyfusarde[76].

À l'exception de Bertrou, élu du 2e arrondissement[77], ces hommes sont les représentants de quartiers « bourgeois » dont les habitants ne sont pas menacés de façon aussi vitale que ceux des quartiers populaires par le manque d'espaces libres. Escudier représente le quartier Saint-Georges, Froment-Meurice le quartier de la Madeleine[78], Rendu le quartier Saint-Thomas d'Aquin et d'Andigné le quartier de la Muette. La présence d'élus des quartiers aisés n'a rien d'étonnant. La peur de la contamination par la maladie qui se développe au cœur des espaces où vivent et travaillent les classes laborieuses peut constituer un mobile chez ceux qui s'engagent dans

73. R. de Clermont et F. Cros-Mayrevieille, « La campagne électorale de 1908 », *op. cit.*, p. 197.
74. « Compte rendu de la réunion en faveur des espaces libres [...] Robert », *op. cit.*, p. 216.
75. E. Gay, *Nos édiles*, *op. cit.*, p. 161-162.
76. *Ibid.*, p. 49-50.
77. *Ibid.*, p. 49.
78. *Ibid.*, p. 89 et p. 161.

l'action réformatrice ou l'encouragent. Une autre considération peut intervenir dans cet engagement. L'insalubrité n'engendre pas seulement la maladie, elle est aussi porteuse d'un autre danger : le danger révolutionnaire ou socialiste. Les classes laborieuses sont à double titre des classes dangereuses. Cette préoccupation est d'ailleurs présente chez Ribot, à qui les dispositions législatives censées aider les ouvriers à accéder à la propriété inspirent les commentaires suivants :

> « Ah ! je sais bien qu'on nous a accusé de faire du socialisme, et j'entendais avec inquiétude Me Henri Robert dire tout à l'heure qu'il n'y a pas de bon socialisme. Je lui en demande pardon ! celui que nous faisons là est du bon socialisme, parce que, au lieu de pousser à la division des classes et à la guerre civile, il fait des propriétaires, c'est-à-dire de bons Français qui tiendront une place plus grande et plus digne dans la famille française, qui ne seront ni des parias ni des déshérités[79]. »

D'Andigné, Escudier et Rendu sont membres de la section. Si les premiers n'assistent à aucune des séances, Rendu est très assidu. La proximité institutionnelle avec les réformateurs sociaux se double d'une proximité dans les préoccupations. D'Andigné et Escudier se déclarent favorables au principe de la mutualité[80]. Quant à Rendu, sa présence à la section rejoint un engagement en faveur des œuvres charitables et de l'hygiène.

Par ailleurs, d'Andigné et Froment-Meurice ont participé assez activement à la campagne de 1905, Rendu et Escudier se contentant d'une lettre de protestation. En revanche, seul d'Andigné est impliqué de près, comme membre de la Commission des fortifications, dans le traitement édilitaire de l'enceinte et cette appartenance n'est pas le seul élément qui le rattache à cet enjeu, puisqu'il s'intéresse aussi à la préservation des sites. Les caractéristiques des édiles présents à la réunion incitent à voir dans l'action du Musée social la continuation, pour une part du moins, de l'entreprise de contestation de la légitimité électorale des « gens du monde ».

À l'exception de F. d'Andigné, les membres de la Commission des fortifications ne se manifestent pas, bien que comme tous les édiles ils aient été « convoqués[81] » à la réunion. Il s'agit en effet d'une véritable convocation et c'est sans doute là que le bât blesse. Les édiles ne sont pas invités à prendre la parole mais à approuver les discours des orateurs. Ces hommes qui lors des élections ont accepté de faire leur le projet de Hénard ne jugent alors pas nécessaire de se rendre à la réunion. Cette absence s'explique aussi en partie par le calendrier électoral. Une fois élus, les ex-candidats ne sont plus obligés d'en passer par les conditions de ceux qui pourraient détenir les clefs de leur élection. Telle est en tout cas l'interprétation de Robert : « Ils ont été convoqués tous les 80, seulement ils sont encore dans tout

79. « Compte rendu de la réunion en faveur des espaces libres [...] Ribot », *op. cit.*, p. 228.
80. E. Gay, *Nos édiles*, *op. cit.*, p. 162.
81. « Compte rendu de la réunion en faveur des espaces libres [...] Robert », *op. cit.*, p. 216.

l'enivrement et dans toute la joie du succès, ils viennent d'être réélus, ils oublient un peu qu'il faut compter avec nous[82]. » Ces propos contiennent sans doute une part de vérité, mais l'absentéisme des édiles constitue aussi un rejet de la tutelle proposée par les réformateurs sociaux.

Cependant le refus de passer sous les fourches caudines du Musée social ne signifie pas que les édiles qui se soucient du sort de l'enceinte ne prennent pas en considération les espaces libres et l'esthétique. Le conseil municipal est sensible à ces questions, comme l'indique la nomination dès 1904 d'un personnel nouveau à la Commission des fortifications. La désignation de F. d'Andigné, bien avant l'intervention du Musée social, est révélatrice. De même, le maintien de Brousse à la tête de la commission est l'indice d'un ancrage de la question du côté de l'hygiène. Comme le remarque Brousse en 1907, la volonté municipale de parvenir à un aménagement hygiénique de l'enceinte ne relève pas de l'effet de mode : « Et toujours le Conseil et ses représentants manifestèrent l'intention d'en [les fortifications] transformer la plus grande partie en parcs de verdure, en "espaces libres" suivant le mot à la mode[83]. » Il ne s'agit pas d'une reconstruction *a posteriori* : Brousse réclame depuis les années 1890 la suppression de l'enceinte afin d'offrir de l'espace à la population parisienne. En 1901 déjà, il défendait un projet d'achat partiel en invoquant la possibilité de réserver ce qu'il n'appelait pas encore des « espaces libres » sur les terrains acquis par la Ville, usant d'arguments très proches de ceux qu'emploient les membres de la section pour défendre le projet Hénard ou même l'« aménagement rationnel des villes[84] ». Brousse est donc bien un « vétéran précurseur ».

Dans ces conditions, en conférant une importance accrue au sort de l'enceinte, l'action du Musée social contribue à relancer le débat au sein du conseil. Dans le conflit entre réformateurs sociaux et élus locaux, ces derniers disposent d'une marge de manœuvre supérieure à celle que leurs adversaires-partenaires leur reconnaissent. En effet, chez certains édiles la légitimité électorale se double de celle que confère la compétence. De plus, la visibilité que confère aux fortifications l'intervention de la Section d'hygiène accroît les gratifications auxquelles peuvent s'attendre ceux qui s'y intéressent. Ce n'est que dans la mesure où la question occupe le devant de la scène et où les bénéfices espérés par ceux qui la régleront sont élevés qu'un « prétendant » comme Dausset peut surgir. Loin de consacrer l'effacement des édiles, l'intervention des réformateurs sociaux contribue à l'émergence de stratégies autonomes au sein de l'assemblée locale.

---

82. *Idem.*
83. *RDCM,* 1907, n° 24.
84. *PVCM,* 1901, 18 janv.

La surenchère en matière d'espaces libres : le projet Dausset

La Section d'hygiène intervient dans une atmosphère d'urgence : depuis 1907 les négociations entre la Ville et l'État se sont accélérées. Même si le 6 juillet 1908 [85] le conseil municipal rejette la proposition de Caillaux (cession à la Ville des fortifications entre la Seine et le canal Saint-Denis contre 64 millions [86]), le sort de l'enceinte semble en passe d'être rapidement résolu. Qu'il s'agisse du dépôt par Siegfried, le 14 janvier 1908, d'une proposition de loi reprenant pour la partie ouest et nord des fortifications le projet de Hénard [87] ou de l'organisation de la réunion de la Sorbonne, il s'agit de faire vite. Cette mobilisation marquée par l'urgence a des répercussions au conseil municipal, ne serait-ce que parce que les réformateurs sociaux disposent de relais parmi les édiles. Il n'est donc pas étonnant que naisse au sein du conseil un projet d'aménagement concurrent.

La réunion de la Sorbonne et le conseil municipal

Absents lors de la réunion de la Sorbonne, les édiles n'ignorent pas pour autant les thèmes qui y ont été développés. Dès le 29 juin 1908, Rendu présente à ses collègues un rapport qui se fait l'écho de la manifestation et leur soumet un projet de vœu directement inspiré des travaux de la section :

> « Le Conseil
> Émet le vœu :
> Que l'État cède gratuitement à la ville de Paris le sol de ses fortifications désaffectées aux charges et conditions suivantes :
> 1°. La ville de Paris remboursera à l'État, sur le prix des terrains qu'elle sera autorisée à aliéner, une somme de 14 millions ;
> 2°. La superficie à aliéner devra représenter une valeur suffisante pour indemniser l'État, pour faire les frais de viabilité d'une vaste promenade circulaire desservant la périphérie, pour aménager cinq parcs d'une contenance de 15 à 20 hectares et divers terrains destinés aux jeux des enfants, pour construire un hôpital, établir un cimetière et édifier des écoles de plein air sur des points et pour une somme totale à déterminer ;
> 3°. Dans les parties aliénées, des servitudes se rapportant à l'hygiène générale pourront être constituées sur les propriétés ;
> [...] [88]. »

Rendu s'inspire de la proposition de loi Siegfried de janvier 1908, dont les deux premiers articles comportent les dispositions suivantes :

> « Article premier. – Les terrains des fortifications désaffectées de Paris [...] seront remis par l'État à la ville de Paris, à charge pour elle de procéder [...] à la création d'un boulevard circulaire de 70 mètres de largeur et

85. *PVCM*, 1908, 6 juil.
86. *RDCM*, 1908, n° 39.
87. « Travaux des sections. SHUR : séance du 11 novembre 1909 », *op. cit.*, p. 389.
88. *RDCM*, 1908, n° 46.

à l'aménagement d'au moins quatre parcs de 15 à 20 hectares chacun et d'autant de squares et jardins de un à deux hectares de superficie pour les jeux populaires. La zone boisée en bordure du bois de Boulogne sera également réservée.

Art. 2. – Le surplus des terrains, composé des îlots susceptibles d'aliénation et qui ne pourra dépasser le tiers de la surface totale, sera vendu. La ville de Paris remettra à l'État la moitié du produit de ces aliénations[89]. »

Sur la demande de Rendu, sa proposition est renvoyée à la Commission des fortifications[90]. Lors de la discussion du 6 juillet 1908, qui se clôt par le rejet des offres de Caillaux, Rendu renouvelle son vœu du 29 juin. Il revient à la charge le 10 juillet, de façon encore plus explicite puisqu'il mentionne le nom de Siegfried, avec un nouveau projet de vœu, pour lequel il demande l'urgence :

« Le Conseil
Émet le vœu :
Que le Parlement adopte la proposition de M. Siegfried et d'un grand nombre de ses collègues, aux termes de laquelle l'État cède à la ville de Paris le terrain des fortifications à la charge pour celle-ci de créer un boulevard circulaire de 70 mètres de largeur et d'aménager un certain nombre de parcs et de squares pour les jeux populaires.

Le surplus des terrains, à concurrence du tiers, devant être vendu au profit de la Ville et de l'État pour moitié[91]. »

En 1908, Rendu, jouant de sa double appartenance, se conduit bien en relais de la section auprès du conseil.

Les démarches de Rendu sont bien accueillies. Les deux projets de vœu sont adoptés sans scrutin ni discussion. Rendu souligne d'ailleurs que son premier vœu, « sanctionné par l'opinion publique[92] », a été contresigné par la plupart des édiles. S'il ne précise pas les noms de ses soutiens, on connaît les 14 cosignataires du vœu du 10 juillet. La personnalité de ces signataires est révélatrice des appuis dont les réformateurs sociaux disposent au sein du conseil.

La présence, aux côtés de Rendu, de Bertrou et d'Escudier est logique. Il convient plutôt de s'étonner de l'absence de F. Froment-Meurice et surtout de F. d'Andigné, qui sera l'adversaire le plus acharné de la solution concurrente à celle du Musée social, présentée par L. Dausset. Par ailleurs, plus d'un tiers des signataires (5 sur 14) se recrutent encore parmi les participants à la campagne de 1905, chiffre d'autant plus remarquable que le conseil a connu un renouvellement entre temps. On peut donc supposer que les édiles voient dans l'action du Musée social la poursuite de celle des esthètes et des sportifs.

---

89. J. Siegfried, « Les espaces libres à Paris », *op. cit.*, p. 76-77.
90. *PVCM*, 1908, 29 juin.
91. *Ibid.*, 10 juil.
92. *RDCM*, 1908, n° 46.

L'appartenance à la Commission des fortifications ne semble pas, en revanche, inciter à soutenir le Musée social, ce qui est cohérent avec l'absentéisme lors de la réunion de la Sorbonne. La stature des membres de la commission qui cosignent le vœu incite toutefois à nuancer cette affirmation. Adolphe Chérioux en est un des membres les plus actifs. Quant à Frédéric Brunet, s'il ne siège à la commission que depuis son arrivée au conseil en 1907, son statut est particulier. Il doit son élection à la démission de Brousse, élu à la Chambre[93]. Remplaçant Brousse, dont il est le disciple politique, dans son mandat, Brunet prend aussi sa place à la Commission des fortifications. Désigné directement par la commission (alors que les autres membres sont nommés par les différentes commissions permanentes du conseil), il accède rapidement à la vice-présidence[94]. Le nouvel élu des Épinettes semble destiné à remplacer en tout son prédécesseur.

C'est dans cette assemblée où le Musée social est loin d'être dépourvu de partisans que, fin 1908, émerge, au nom des espaces libres, un projet d'aménagement de l'enceinte totalement différent.

Un projet municipal

Le 4 novembre 1908, Dausset présente au conseil un projet d'aménagement pour les fortifications[95]. La Ville achèterait l'enceinte proprement dite, qui serait lotie, et la zone serait transformée en espaces libres. La servitude, qui s'exerce sur des terrains appartenant à des particuliers, serait maintenue jusqu'à l'expropriation de ces derniers. L'espace occupé par la zone serait annexé à la capitale[96]. Avec cette proposition, il s'agit de contrer à la fois la proposition de Caillaux (vente partielle des fortifications à la Ville) et le projet de la Section d'hygiène.

Dausset présente sa proposition comme une solution alternative au projet d'achat des fronts ouest et nord de l'enceinte, ajourné en juillet 1908. Pour dégager le sens de la proposition de Dausset, il convient de mettre en évidence le sens de cet ajournement. En mars 1908, Caillaux fait savoir au préfet de la Seine que l'État est disposé à céder à la Ville la partie de l'enceinte désaffectée par la loi de 1898 contre 64 millions[97]. Un projet de convention Ville-État, dont Chérioux, qui préside la Commission des fortifications, fait part à ses collègues du conseil[98], est rédigé en ce sens.

La Ville aurait-elle obtenu entièrement satisfaction ? La commission est divisée, ses membres n'accordant pas tous la même importance aux points

93. J. Jolly (dir.), *DPF*, *op. cit.*, t. II, p. 795-796.
94. *Liste de MM. les membres du Conseil municipal*, n° 110, 14 oct. 1907 et n° 111, 25 juil. 1908.
95. *PVCM*, 1908, 4 nov.
96. *RDCM*, 1908, n° 73.
97. Lettre du ministre des Finances au préfet de la Seine du 13 mars 1908. *RDCM*, 1908, n° 39, annexe n° 6.
98. *RDCM*, 1908, n° 39.

sur lesquels le ministre ne s'est pas rallié aux exigences de la Ville. Le désaccord le plus important concerne la levée de la servitude : selon Caillaux, il serait illégal de fixer entre la Ville et l'État les conditions de la disparition de la servitude, celle-ci étant liée à l'existence de l'enceinte, ainsi que de réclamer une indemnité aux zoniers. Administration municipale et État se sont cependant accordés pour appliquer la loi de 1807 qui permet de récupérer la plus-value auprès des riverains bénéficiaires de travaux d'utilité publique.

Malgré ses divisions, la commission se prononce pour l'adoption de la convention. Pour Chérioux, la nécessité de ménager l'hygiène et la beauté de la capitale et le prix exigé militent en faveur de cette décision :

> « Si [le conseil] accepte la convention, la Ville devient propriétaire des terrains, et peut en disposer aux mieux des intérêts de la population [...].
> Sinon, l'État pourra vendre les emplacements à des particuliers, à des sociétés qui pourraient y élever les constructions les plus gênantes, les plus nuisibles au développement sanitaire de Paris, les plus antiesthétiques.
> Devant ce danger et le prix modéré, la Commission des fortifications a approuvé la Convention [...][99]. »

La commission essaie en fait de faire la part du feu, comme en témoigne l'avertissement que Chérioux adresse au conseil :

> « La responsabilité que vous allez prendre sera lourde. Prenez garde, car l'État peut vendre demain, parcelle par parcelle et à sa fantaisie, ses terrains à des particuliers qui les utiliseront à leur convenance, et vous le regretterez, mais il sera trop tard, le vote qu'on sollicite de vous en ce moment[100]. »

Le rapport de Chérioux vient à l'ordre du jour le 6 juillet 1908. Il est d'abord discuté en comité secret, la discussion se concluant par l'ajournement. Les adversaires de l'ajournement demandant un réexamen du rapport en séance publique, le projet de convention fait l'objet d'un scrutin en bonne et due forme et est de nouveau rejeté, par 42 voix contre 26[101]. En votant l'ajournement, contre l'avis de la Commission des fortifications et du préfet[102], le conseil refuse un règlement isolé du sort d'une partie de l'enceinte. Tel est le sens de la remarque du socialiste André Lefèvre, élu du quartier de la Sorbonne[103] :

> « Ce vote ne signifie pas que le Conseil municipal repousse indéfiniment et absolument l'achat des fortifications mais qu'il ajourne la question [...] et que le Conseil municipal est prêt à poursuivre la discussion de cette question si elle n'est pas envisagée isolément, car elle n'est pas la seule qui intéresse à la fois l'État et la ville de Paris[104]. »

99. *Ibid.*
100. *PVCM*, 1908, 6 juil.
101. *Ibid.*
102. *Ibid.*
103. C.-E. Curinier, *DNC*, *op. cit.*, t. II, p. 302-303 et E. Gay, *Nos édiles*, *op. cit.*, p. 109-110.
104. *PVCM*, 1908, 6 juil.

Tel est aussi le sens de la proposition déposée le 6 juillet par Chassaigne-Goyon, Quentin-Bauchart, Henri Galli et César Caire, adversaires politiques de Lefèvre[105] :

> « Le Conseil,
> Résolu en principe à acquérir les fortifications mais estimant que la question des voies et moyens propres à réaliser l'opération ne saurait être tranchée au pied levé en fin de session et décidé en tout cas à solutionner dans son ensemble l'affectation des disponibilités de l'emprunt de 1869,
> Délibère :
> L'administration est invitée à saisir le Conseil, dès la rentrée, d'un mémoire d'ensemble visant à la fois l'acquisition des fortifications et les grands travaux de voirie dont l'exécution s'impose sur Paris, avec indication des combinaisons financières propres à réaliser diverses opérations dans un délai aussi réduit que possible[106]. »

En fait, il semble que les édiles refusent l'échange immédiat d'une portion des fortifications contre 64 millions. Pour la majorité du conseil, on peut encore obtenir de l'État qu'il baisse ses prix, en incluant la cession de l'enceinte dans des négociations plus globales.

L'ajournement du projet est cependant susceptible d'une autre interprétation, suggérée par un article d'A. Thomas dans *L'Humanité* :

> « [La majorité du conseil] a estimé que les travailleurs parisiens du XVIIe et du XVIIIe n'avaient pas encore fourni assez de victimes à la tuberculose.
> [...]
> Elle a pensé enfin que si l'État, revenant sur sa décision, et fatigué des atermoiements de la Ville, vendait les terrains aux marchands de biens, il n'y aurait pas grand mal.
> [...]
> Que les spéculateurs intriguent, que les marchands de terrains se remuent. La poire mûrit. Encore quelques mois, ils pourront la cueillir. Ils pourront enserrer la ville de nouvelles et hideuses casernes ; ils pourront étouffer Paris.
> Et Paris ne protestera pas ! Son budget sera équilibré[107]. »

Dausset est le seul membre de la Commission des fortifications à s'abstenir[108]. En juillet 1908, il envisage déjà de présenter son propre projet (c'est chose faite début novembre et il lui faut le temps de rédiger sa proposition). Il a donc intérêt à l'ajournement et de toute façon ne peut se prononcer pour l'acceptation de l'offre de Caillaux sauf à paraître totalement incohérent. Mais Dausset appartient aussi à la Commission des for-

105. Chassaigne-Goyon et Quentin-Bauchart sont bonapartistes, Galli et Caire anti-dreyfusards. E. Gay, *Nos édiles*, *op. cit.*, p. 89-90, p. 145-146, p. 149-150 et p. 157-158.

106. *PVCM*, 1908, 6 juil.

107. A. Thomas, « Contre les espaces libres, le Conseil municipal débute », *L'Humanité*, 7 juil. 1908.

108. Trois membres de la commission votent l'ajournement (Ranvier, Lajarrige et Navarre). Chez Lajarrige, élu de la Villette, le vote est motivé par une question d'intérêt local : l'exclusion du projet de convention de la portion d'enceinte entre le canal Saint-Denis et la porte de Pantin s'oppose à la réalisation rapide des projets de création du nouveau port de la Villette et d'élargissement du canal de l'Ourcq. *RDCM*, 1908, n° 39 et E. Gay, *Nos édiles*, *op. cit.*, p. 325.

tifications et il lui faut se ménager le soutien de ses collègues, qui en majorité souhaitent conclure avec Caillaux. L'abstention est alors la meilleure solution.

Dausset présente en effet sa proposition comme une solution alternative au rachat partiel de l'enceinte. Dans les deux textes qu'il présente fin 1908, l'édile détaille les défauts du projet de convention. La première objection concerne le coût de l'opération pour la Ville, 64 millions, auxquels s'ajoutent le service d'un intérêt de 3 % (l'État accordant un crédit sur 20 ans à la Ville) [109] et un certain nombre de dépenses (nivellement des terrains désaffectés, viabilisation des voies de lotissement dont seule une partie serait à la charge des riverains, aménagement des emplacements non construits et reconstruction de la barrière d'octroi). Dausset évalue les dépenses globales à 120 millions. En regard, les recettes prévues sont très aléatoires :

> « En effet, les immeubles édifiés sur les terrains de la zone militaire, redevenue libre, jouiraient d'une situation singulièrement favorable, puisqu'ils échapperaient à la perception des taxes d'octroi sur les matériaux de construction et aux diverses charges qui grèvent si lourdement les immeubles parisiens. De la sorte, leurs propriétaires pourraient offrir, moyennant des loyers très avantageux, des locaux spacieux et confortables qui ne manqueraient pas de séduire, au détriment de Paris, nombre d'amateurs, alléchés en outre par la perspective d'éviter une partie des impositions que subit la population métropolitaine [110]. »

Le projet Dausset écarte ce danger, puisque la zone est expropriée, transformée en espaces libres et annexée à Paris. Par ailleurs, pour Dausset, il est illusoire de compter récupérer la plus-value auprès des zoniers dont les biens bénéficieront de la transformation de leur environnement : le Conseil d'État s'est toujours montré réticent à l'égard des demandes municipales en la matière et les zoniers peuvent objecter que leurs terrains ont subi depuis la construction de l'enceinte une telle dépréciation qu'ils ne font que récupérer leur dû. Même si le principe d'une récupération était accepté, l'État empocherait les deux tiers de gains de toute façon « décevants [111] ».

La faible rentabilité de l'opération motive en partie la seconde critique de Dausset. Pour rentrer dans ses frais, la Ville serait contrainte de réduire les espaces libres à la portion congrue :

> « Avec le projet primitif, Paris risque de s'enfermer à jamais dans une nouvelle ceinture, bien pire que l'enceinte fortifiée actuelle. [...] Il ne resterait plus que trois ou quatre parcs, en dehors du bois de Boulogne et du bois de Vincennes ; mais des maisons innombrables seraient là, derrière la grille d'octroi, et ne disparaîtraient plus jamais [112]. »

109. *RDCM*, 1908, n° 39.
110. *RDCM*, 1908, n° 91.
111. *Ibid.*
112. *Ibid.*

Enfin, Dausset reproche au projet gouvernemental de ne concerner qu'une fraction de l'enceinte :

> « [Ce] projet ne résout qu'une partie de la question, contrairement aux vœux unanimes de la population parisienne et aux intérêts légitimes des quartiers périphériques : il est essentiel, pour l'embellissement et l'assainissement de Paris, d'en finir avec le mur d'enceinte [113]. »

D'ailleurs, « l'accord sera plus facile entre la Ville et l'État si les pourparlers s'engagent pour la vente de la totalité des fortifications [114] ». Dans son plaidoyer pour une opération d'ensemble, Dausset invoque aussi les impératifs de la justice : « Il serait injuste que le conseil municipal réserve pendant des années tous ses efforts à l'aménagement du morceau des fortifications voisinant les 16e, 17e et 18e arrondissements [115]. » Pour Dausset, rien n'empêche d'ailleurs de procéder par étapes, si l'administration préfectorale hésite à mettre sur le marché l'ensemble des terrains.

Se donnant comme une solution alternative à l'achat partiel de l'enceinte, le projet Dausset constitue aussi une réaction aux idées du Musée social. Il entre en effet en concurrence avec la proposition de loi Siegfried de janvier 1908 qui reprend, pour la partie nord-ouest de l'enceinte, les dispositions du projet Hénard. L'enceinte serait remise gratuitement à la Ville, à charge pour celle-ci d'y établir un boulevard circulaire, des squares et quatre parcs s'étendant aussi sur la zone. Pour financer l'aménagement, la Ville pourrait aliéner un tiers des terrains reçus. La servitude serait levée et la zone rattachée à la capitale [116].

Pour Dausset, la proposition Siegfried présente un vice rédhibitoire : elle prévoit la remise gratuite de l'enceinte à la Ville par l'État. Or, selon Dausset qui cite le député Chastenet, le Parlement n'acceptera pas cette solution. Par conséquent, « la proposition de loi Siegfried ne ferait [...] que retarder les négociations [117] ». Au contraire, avec le projet de Dausset, il s'agit d'aboutir à une convention Ville-État comportant « l'acquisition, en un seul et unique lot, de la totalité de l'enceinte fortifiée, sous réserve de procéder par étapes successives au paiement du prix d'achat et aux opérations d'aménagement [118] ». Le projet Dausset présente une autre différence avec la proposition Siegfried : il concerne l'ensemble de l'enceinte et non la seule portion désaffectée par la loi de 1898. Le choix de Siegfried est cohérent avec sa position de député : les débats à la Chambre portent sur l'espace concerné par la loi de 1898. Dausset, lui, agit en édile souhaitant

113. *Ibid.*
114. *Ibid.*
115. *RDCM*, 1908, n° 73.
116. « Procès-verbaux des séances. SHUR : séance du 11 novembre 1909 », *op. cit.*, p. 389. Proposition de loi reproduite dans J. Siegfried, « Les espaces libres à Paris », *op. cit.*, p. 76-77.
117. *RDCM*, 1908, n° 73.
118. *Ibid.*

répondre « au vœu de la population parisienne qui réclame des espaces libres, non seulement sur une partie privilégiée, mais sur l'ensemble du périmètre de la ville[119] ».

La proposition Dausset constitue donc bien une solution concurrente à celle de la Section d'hygiène. Au conseil municipal, Dausset trouve d'ailleurs un adversaire en d'Andigné. Quelles sont alors les stratégies mises en œuvre par l'édile pour s'imposer face à des adversaires alliant compétence et excellence sociale ?

Espaces libres et « aménagement rationnel des villes » : des thématiques partagées

En 1908, Dausset présente une proposition et une note consacrées à l'enceinte. Au titre de rapporteur du comité du budget du conseil municipal, il est aussi l'auteur d'un document qui lui valu une certaine notoriété[120] et dont une partie est consacrée aux « grands travaux[121] ». Le vocabulaire, les thématiques et les références mobilisées par Dausset permettent de saisir sa position par rapport aux « gens du monde » et aux réformateurs sociaux au moment où il engage la lutte avec la section.

Comme les « gens du monde », Dausset voit dans le sort de l'enceinte une « importante affaire qui intéresse à un [...] haut point l'hygiène et la beauté de Paris[122] ». Parmi les « gens du monde » mobilisés en 1905, les sportifs occupaient les premiers rangs. Pour eux, les fortifications, au-delà de la bordure même du Bois, ont une vocation sportive, comme en témoigne un article de Paul Champ :

> « Du Point-du-Jour à la porte Maillot le mur des fortifications va tomber [...] D'immenses terrains vont de ce fait être libres, qu'il s'agit de préserver de l'édification projetée de vastes maisons de rapport. Les sociétés athlétiques, toutes, ou presque toutes, à la recherche de terrains de sport, ont un intérêt supérieur à protester au moins autant que les habitants de Paris contre la diminution de l'air respirable et contre le massacre des arbres du bois de Boulogne. Une occasion se présente, unique, pour elles, d'adresser pétitions sur pétitions au Conseil municipal de Paris, à cette fin de se faire réserver tout au moins des emplacements suffisants pour leurs exercices et jeux en plein air[123]. »

Dausset adhère au principe d'une vocation sportive de l'enceinte. Il envisage d'y implanter le Palais des sports « depuis si longtemps réclamé par les grandes associations d'épreuves physiques[124] ». Cet équipement est en effet

119. *Ibid.*
120. J. Jolly (dir.), *DPF*, *op. cit.*, t. IV, p. 1248-1250.
121. *RDCM*, 1908, n° 68.
122. *RDCM*, 1908, n° 91.
123. P. Champ, *Les Sports*, 20 sept. 1905. Cité dans « Journaux de ce matin », *Le Journal*, 20 sept. 1905.
124. *RDCM*, 1908, n° 91.

nécessaire « pour encourager notre jeunesse à développer sa vigueur, et aussi pour favoriser certaines industries très spéciales[125] ». L'édile prévoit aussi la création de « surfaces d'atterrissage et de hangars sur le périmètre de la zone aux quatre coins de Paris[126] », répondant à un vœu du comité de la Ligue nationale aérienne. Cette dernière disposition est très sérieuse : selon Bernard Marchand, dans les années 1900, l'opinion « commençait à rêver de transports aériens dans la capitale[127] ». On retrouve d'ailleurs une réflexion sur les infrastructures nécessaires à ce nouveau moyen de transport au sein de la section[128].

Dès le milieu des années 1900, la thématique des espaces libres, développée par les « gens du monde », a pénétré le conseil municipal. Dausset ne fait pas exception. Son projet vise « la création d'espaces libres, de parcs et de boulevards[129] ». C'est d'ailleurs en partie au nom des espaces libres que l'édile s'élève contre le projet de convention de 1908. La parenté avec les réformateurs sociaux ne s'arrête pas au vocabulaire. On retrouve chez Dausset un argumentaire présent chez les orateurs de la réunion la Sorbonne. L'édile voit dans l'enceinte un de rares espaces libres encore à la disposition du peuple de Paris :

> « [Si] peu esthétiques, si incommodes, si inutiles que soient ces talus et ces fossés, ils n'en constituent pas moins une sorte de promenade, où faute de mieux, deux cent mille Parisiens viennent les soirs d'été et les dimanches, quand le ciel est clément, se reposer de leur labeur sur le maigre gazon, respirer plus à l'aise que dans leurs logements étroits et dans leurs ateliers si souvent malsains[130]. »

Pour Dausset, « si les fortifications n'étaient désaffectées qu'en vue d'un lotissement, mieux vaudrait le maintien de la situation actuelle pour la santé publique[131] ». De même, Robert, après avoir décrit sur un mode ému l'usage populaire des fortifications, cette « Suisse au petit pied », ajoutait : « Je voudrais, si on les démolit, qu'elles fussent au moins remplacées par des grands espaces libres[132]. »

Dausset voit dans les espaces libres un moyen privilégié de combattre la tuberculose : « [Rien] ne vaut les espaces libres contre les épidémies, la tuberculose, l'alcoolisme[133]. » Comme les réformateurs sociaux, il invoque les statistiques et rapproche densité de population et mortalité tubercu-

125. *Ibid.*
126. *Ibid.*
127. B. Marchand, *Paris. Histoire d'une ville*, *op. cit.*, p. 185.
128. « Travaux des sections. SHUR : séance du 18 février 1914. Rapport de M. Schlœsing sur le mémoire du Préfet de la Seine relatif au plan d'extension de Paris – 1re partie : problème de la circulation », *op. cit.*, p. 206.
129. *RDCM*, 1908, n° 73.
130. *Ibid.*
131. *Ibid.*
132. « Compte rendu de la réunion en faveur des espaces libres [...] Robert », *op. cit.*, p. 218.
133. *RDCM*, 1908, n° 73.

leuse : dans les quartiers de la périphérie peu dotés en espaces libres (Plaisance, Grenelle et Javel) la mortalité tuberculeuse se monte à 50 pour 10 000, contre 11 pour 10 000 seulement pour les Champs-Élysées [134]. Landouzy lui-même, dont la présence à la réunion de la Sorbonne place l'aménagement de l'enceinte sous le signe de la lutte contre la maladie, cite des chiffres proches de ceux qu'invoque l'édile [135].

Dausset souligne la détérioration de la situation parisienne : en 1787 les « espaces plantés [136] » occupaient à Paris 391 hectares pour une surface totale de 3 390 hectares, contre 137 pour la même surface au début du XXe siècle. En un siècle, Paris aurait donc perdu « les deux tiers de ses jardins [137] ». Là encore, le rapprochement avec l'argumentation développée au Musée social s'impose. En 1908, avant la proposition Dausset, Hénard écrivait :

> « La surface de Paris en 1789 [...] était de 3 390 hectares. Les espaces plantés en occupaient 391 hectares, soit un peu plus d'un dixième. Aujourd'hui, la surface correspondante n'en possède plus que 137.
> Paris, depuis cent ans, a donc perdu les deux tiers de ses jardins [138]. »

Les chiffres avancés par l'édile répondent à ceux de l'architecte. Il en est de même pour le vocabulaire. Si Dausset ne s'est pas inspiré de Hénard, les deux hommes ont puisé à la même source.

On retrouve aussi chez Dausset l'idée que cette évolution défavorable est spécifiquement française (l'édile se livre en particulier à un rapprochement entre la croissance de la population et celle des espaces libres pour Paris et Londres pendant les vingt dernières années [139]) et que l'aménagement de l'enceinte permettra d'y remédier. Et Dausset de passer en revue les réalisations étrangères dont la France devrait s'inspirer. Il rend en particulier hommage à la politique des grandes villes américaines : « [Les] États-Unis ont merveilleusement compris l'importance que pouvaient avoir pour la vie et la prospérité tant morale que matérielle de la cité, des réservoirs d'air pur qui retiennent les habitants, et attirent les populations suburbaines [140]. » D'où l'exhortation à ne pas se laisser distancer par l'étranger et

134. *RDCM*, 1908, n° 91.
135. Ce qui chez Landouzy correspond au taux général de mortalité tuberculeuse constitue pour Dausset le chiffre maximal, atteint dans les quartiers les moins favorisés. À ceci près, Dausset procède de la même façon que Landouzy pour prouver le rôle sanitaire des espaces libres. « Compte rendu de la réunion en faveur des espaces libres [...] Landouzy », *op. cit.*, p. 212.
136. *RDCM*, 1908, n° 91.
137. *Ibid.*
138. « Les espaces libres dans les grandes villes. [...] Hénard », *op. cit.*, p. 191. Ces chiffres sont mobilisés à plusieurs reprises à la section et au conseil. On les retrouve par exemple chez Rendu, qui combine les deux appartenances. « Travaux des sections. SHUR : séance du 20 janvier 1911. Emprunt de la ville de Paris – Insuffisance des crédits pour les espaces libres. Exposé d'A. Rendu, conseiller municipal de Paris », *op. cit.*, p. 68.
139. *RDCM*, 1908, n° 91.
140. *Ibid.*

même par les autres villes françaises qu'on retrouve chez le rapporteur du budget municipal qu'est aussi Dausset :

> « Est-ce que Vienne n'a pas démoli ses fortifications, pour les transformer en ce merveilleux ring bordé de parcs, de palais, de monuments qui en font une promenade unique. [...] Bruges-la-Morte, elle-même, s'éveille [...] grâce à l'achèvement du canal qui la relie à la mer et remplacera son ancien port, grâce à la démolition de ses remparts[141]. »

Ou encore, pour la France :

> « [Toutes] les villes qui prospèrent, Lille, Nancy, Marseille, Toulouse, Bordeaux, Le Havre, Lyon, Saint-Étienne, Roubaix, Tourcoing, exécutent des travaux sans nombre, abattent de vieux quartiers, élargissent d'anciennes rues, en percent de nouvelles, établissent des réseaux de tramways infiniment supérieurs aux nôtres, créent des jardins, des hôpitaux, des monuments publics, démolissent les remparts qui gênent l'expansion de la cité[142]. »

L'éclectisme des références présente une nette parenté avec l'argumentation développée à la Section d'hygiène. Comme ses adversaires, Dausset entend démontrer que Paris ne peut demeurer à la traîne d'un « mouvement universel[143] ». Dès 1908 Dausset partage donc avec la section un sens commun au sujet des espaces libres, qu'il s'agisse de l'utilité de ces derniers contre la tuberculose et l'alcoolisme, du retard accumulé par la capitale ou du recours aux statistiques.

Dausset ne se contente pas de partager avec les membres de la section et les « gens du monde » un sens commun en matière d'espaces libres. Dès 1908 la thématique de l'« aménagement rationnel des villes » est présente en filigrane dans son discours, même s'il n'emploie pas l'expression. Comme Risler, pour qui l'enceinte constitue « [la] dernière réserve d'air salubre[144] » de Paris, Dausset voit dans les fortifications la « dernière réserve d'air naturelle qui s'offre à nous[145] » et s'oppose au lotissement des terrains libérés par leur disparition. En effet, celui-ci contraindrait à brève échéance à exproprier des terrains bâtis pour créer des espaces libres. La nécessité de prévoir l'avenir, de faire des « réserves » – à la base de l'idée de plan d'aménagement et d'extension – est donc présente chez Dausset[146]. Il ne s'agit pas d'une affirmation de circonstance. Ce souci se retrouve dans le rapport que l'édile rédige en 1908 au nom du Comité du budget :

> « Il importe même que nous ne nous en tenions pas pour ces travaux aux stricts besoins de la génération actuelle. Des administrateurs prévoyants et vraiment économes des deniers publics sont obligés de penser à l'avenir

141. *RDCM*, 1908, n° 68.
142. *Ibid.*
143. *RDCM*, 1908, n° 73.
144. « Compte rendu de la réunion en faveur des espaces libres [...] Risler », *op. cit.*, p. 204.
145. *RDCM*, 1908, n° 73.
146. *Ibid.*

normal de la cité et doivent s'efforcer de rendre plus aisée la tâche de leurs successeurs, en adaptant dès à présent aux nécessités futures tous les organes de la vie publique[147]. »

Comme les membres de la section, Dausset raisonne en termes d'agglomération et non à l'échelle municipale : l'aménagement de l'enceinte constitue « une opération de salubrité publique, pour le bien des trois millions sept cent mille habitants qui, avec les communes de banlieue, forment l'agglomération parisienne[148] ». Il convient de réserver des espaces libres en quantité suffisante pour cette population et de veiller à leur répartition :

> « Sans doute Paris possède-t-il de magnifiques parcs à ses portes : mais ces deux morceaux de forêts, s'ils constituent une ressource de promenade quotidienne des plus précieuses pour la population riche et oisive et pour celle des arrondissements contigus, ne profitent guère, en dehors du dimanche, aux trois-quarts de l'agglomération parisienne, en raison de la distance à parcourir pour y accéder. Ce n'est donc pas deux ou trois squares que nous devons tracer sur l'emplacement des fortifications, mais une ceinture continue de parcs, de jardins, de terrains de jeux et de promenades[149]. »

Ces préoccupations se rencontrent aussi à la section. En 1908, Hénard présente un projet pour Paris comprenant la création de neuf grands parcs *intra-muros*, système complété par une série de jardins plus petits et par des parcs sur l'emplacement de l'enceinte et de la zone. Cette disposition présenterait l'avantage suivant : « [Chaque] habitant [...] ne serait éloigné au maximum que d'un kilomètre des grands parcs et de 500 mètres des jardins ou squares[150]. »

Dès 1908, Dausset partage donc un certain nombre de sens communs, non seulement avec les « gens du monde » (nécessité des espaces libres, vocation sportive des fortifications et dimension esthétique de leur aménagement), mais aussi avec les réformateurs sociaux qui se sont emparés de l'enceinte pour faire prévaloir l'« aménagement rationnel des villes ». Ce partage repose sur une communauté de références avec les membres de la section, comme le montrent entre autres les chiffres invoqués par Dausset.

Dausset se pose alors en rival de la Section d'hygiène, tout en reprenant à son compte la thématique et le vocabulaire que celle-ci a recueillis auprès des « gens du monde » ou qu'elle développe en son sein. Il s'agit pour l'élu local de battre les élites sur leur propre terrain, en surenchérissant en matière d'espaces libres mais aussi d'« aménagement rationnel des villes ». À cette fin, Dausset se montre très sélectif dans le choix de ses références.

---

147. *RDCM*, 1908, n° 68.
148. *RDCM*, 1908, n° 73.
149. *RDCM*, 1908, n° 91.
150. « Les espaces libres dans les grandes villes. [...] Hénard », *op. cit.*, p. 193.

En 1908, l'édile se réclame de la seule autorité des hygiénistes, auxquels il attribue la prise de conscience de la nécessité des espaces libres et de l'« aménagement rationnel des villes » :

> « Entre temps, une évolution singulière s'était faite dans les esprits. [...] Les hygiénistes avaient démontré la nécessité absolue pour les cités importantes de développer leurs espaces libres en rapport avec l'accroissement de leur population, et aussi de prévoir l'avenir en aménageant des réserves d'air, où des arbres épureraient l'atmosphère viciée et où le peuple pourrait venir se délasser et charger ses poumons d'oxygène[151]. »

En 1908, l'unique référence aux réformateurs sociaux chez Dausset est des plus obliques. Parmi les documents joints à son second texte[152], Dausset présente trois photographies « communiquées » par l'Association des cités-jardins de France, fondée en 1907 par deux membres du Musée social, Georges Benoit-Lévy et Charles Gide[153].

L'omission des travaux de la section ne peut être que volontaire. D'une part, Dausset a signé l'affiche élaborée par le Musée social pour les élections de 1908. D'autre part, les édiles, et en particulier les membres de la Commission des fortifications, ne peuvent ignorer les travaux de Hénard sur les transformations de Paris, mentionnés par d'Andigné dans son rapport de 1906. La référence aux seuls « hygiénistes » relève donc d'un choix. Dausset semble refuser de se reconnaître tributaire des esthètes, des sportifs ou des réformateurs sociaux. On peut rapprocher cette attitude de celle de Brousse, qui affirmait que les édiles n'avaient pas attendu un effet de mode pour penser à créer des espaces libres[154] mais qui invoquait l'autorité des hygiénistes depuis les années 1880[155].

Se posant en adversaire du traitement des fortifications élaboré par la Section d'hygiène, Dausset n'en partage pas moins avec les membres de la section une communauté de références et un sens commun en matière d'espaces libres et d'« aménagement rationnel des villes ». L'affrontement entre les deux projets concurrents ne peut alors se dérouler que sur ces deux terrains. Il s'agit maintenant de rendre compte de cet affrontement et de sa conclusion.

L'« aménagement rationnel des villes » aux dépens de l'« aménagement rationnel » des fortifications ?

Dans la partie engagée fin 1908, le Musée social semble disposer des meilleures cartes. La Section d'hygiène a été reconnue par les « gens du

151. *RDCM*, 1908, n° 73.
152. *RDCM*, 1908, n° 91.
153. A. Cormier, *Extension, limites, espaces libres*, *op. cit.*, p. 136 et 140.
154. *RDCM*, 1907, n° 24.
155. *RDCM*, 1893, n° 22.

monde » comme une héritière légitime et ses membres, dans leur diversité, peuvent invoquer la légitimité que confèrent l'excellence sociale et la compétence. Dausset aura pourtant gain de cause : en 1912, l'État et la Ville signent une convention inspirée de son projet. Cette convention, adoptée par le conseil municipal l'année suivante, est ratifiée par une loi en 1919[156].

L'opposition municipale au projet : d'Andigné contre Dausset

Au conseil, le principal adversaire de Dausset est d'Andigné, esthète et membre de la Commission des fortifications. C'est à ce dernier titre que d'Andigné s'exprime, comme en témoignent ses attaques ciblées sur l'aspect financier du projet Dausset. Cependant d'Andigné mobilise aussi son statut d'« homme du monde » contre le projet de son collègue.

Un coût excessif?

Dans son rapport au nom du Comité du budget de 1908, Dausset présente son projet comme une aubaine, à terme, pour les finances municipales :

> « Sur toute la surface des terrains désaffectés, des voies seront tracées, des immeubles de rapport seront construits qui, après avoir payé à la Ville un tribut considérable sous forme de droits d'octroi sur les matériaux pendant la période de construction intense qui suivra la désaffectation et la vente des terrains, continueront ensuite à acquitter des droits de voirie importants et à accroître notablement les produits de l'exploitation des eaux, du gaz et de l'électricité; la zone même, entièrement réservée aux espaces libres, sera louée à des concessionnaires comme le sont actuellement le bois de Boulogne et le bois de Vincennes et deviendra ainsi la source de produits importants[157]. »

Dans l'immédiat, l'opération se soldera peut-être par un déficit de quelques millions, mais la proposition de Caillaux est encore moins avantageuse. Elle impliquerait une dépense de 120 millions pour des recettes aléatoires. Les pertes seraient alors inacceptables, « puisque l'opération se réduirait à peu de choses près à une spéculation de terrains, sans profit sérieux pour la ville de Paris[158] ». Cependant, dans les textes présentant son projet, Dausset adopte une position défensive : c'est sur ce point que d'Andigné l'attaque.

Pour d'Andigné, le rachat de la zone serait très onéreux. La valeur des terrains zoniers est comprise entre 30 et 200 F le m^2. La zone couvrant 8 291 250 m^2, son achat reviendrait à 1 659 750 000 F selon l'estimation la

156. P. Brisset, *La Zone de Paris et la loi du 19 avril 1919*, *op. cit.*, p. 35.
157. *RDCM*, 1908, n° 68.
158. *RDCM*, 1908, n° 91.

plus haute[159], dépense que la vente des terrains militaires ne couvrira pas. En effet la Ville sera obligée de mettre ces terrains sur le marché en une seule fois et ceux-ci ne trouveront pas acquéreur, du moins au prix qu'elle espère en tirer[160]. Dausset conteste ces conclusions, le désaccord principal portant sur le prix de la zone. Pour Dausset, le raisonnement de F. d'Andigné est vicié : celui-ci s'intéresse aux terrains compris entre Auteuil et la porte de Neuilly, dont il estime le prix à 200 F le m^2, et généralise son évaluation à toute la zone. Pour Dausset, cette estimation est trop élevée, même pour l'ouest parisien. L'hypothèse basse que son adversaire ne mentionne qu'en passant, soit 30 F le m^2 en moyenne pour l'ensemble de la zone, est beaucoup plus réaliste[161].

Pour démontrer la faisabilité de son projet, Dausset dresse le bilan de l'opération sur l'espace concerné par les propositions de Caillaux, entre le Point-du-Jour et le canal Saint-Denis. L'enceinte reviendrait à la Ville moins cher que les 64 millions exigés par Caillaux. En effet, Ville et État s'accorderaient sur un prix global pour l'enceinte, chaque portion coûtant à la Ville un prix proportionnel à sa surface, indépendamment de sa localisation. Or la somme exigée par l'État correspond à une section de l'enceinte jouxtant des terrains d'une valeur très élevée. Au sujet du prix de la zone, Dausset est beaucoup plus modéré que d'Andigné. La surface de la zone concernée est de 2 850 000 m^2, dont 1 420 000 m^2 à exproprier seulement. En effet, la Ville possède déjà les 864 000 m^2 inclus dans le bois de Boulogne. Par ailleurs Dausset renonce à l'expropriation de la zone entre les avenues de Neuilly et du Roule : les terrains étant bâtis, l'opération serait trop onéreuse. Enfin, le cimetière des Batignolles et l'emprise des chemins de fer du Nord et de l'Ouest resteront en dehors de l'opération. Dausset évalue le prix des terrains restants à 60 F le m^2 en moyenne. La dépense ne dépasserait alors pas 85 millions[162]. D'Andigné, qui conteste cette somme en se fondant sur les exemples de transactions fournis par Dausset lui-même, parvient à 126 et non à 85 millions[163].

Le *Livre foncier*[164] de 1901 donne le prix moyen au m^2 du terrain dans les 80 quartiers de Paris. On peut considérer que le prix du terrain dans les quartiers périphériques fournit une approximation de celui des terrains de la zone. Or la moyenne des prix moyens pour les 25 quartiers périphériques est de 100,7 F le m^2. D'Andigné semble donc plus près de la réalité que Dausset.

---

159. *RDCM*, 1908, n° 76. D'Andigné ne cite que les chiffres correspondant à l'évaluation la plus haute.
160. *Ibid.*
161. *RDCM*, 1908, n° 91.
162. *Ibid.*
163. *RDCM*, 1908, n° 168.
164. *Le Livre foncier de Paris (deuxième partie). Notice sur le cadastre municipal. Valeur en capital des propriétés bâties et non bâties en 1901. Tableaux statistiques et graphiques. Renseignements généraux*, Paris, Imprimerie Chaix, 1901.

Pour d'Andigné, le projet Dausset, « parfait, *mais en théorie*[165] », pêche par son irréalisme financier. D'Andigné défend donc les propositions de Caillaux. En conclusion de sa première note de 1908, il propose au conseil d'inviter le préfet de la Seine :

> « 1°. À reprendre la discussion au sujet de la désaffectation de l'enceinte entre la Seine et la Villette ;
> 2°. À engager des pourparlers pour acquérir les terrains de la zone permettant d'entourer Paris de parcs de 9 à 12 hectares ;
> 3°. La perception des droits provenant de la plus-value accordée aux zoniers suite de la suppression de la servitude serait employée à l'achat, l'entretien et l'agrandissement de ces parcs[166]. »

Si d'Andigné est favorable à une opération partielle, c'est par souci de réalisme :

> « Il faut sérier la question et commencer par le commencement, à savoir le bois de Boulogne. Ensuite, la partie située entre la porte de Neuilly et le canal Saint-Denis. Le reste se fera tout seul. [...] Agir autrement revient à éterniser la question. Or, le temps c'est de l'argent, et plus on attendra, plus ça coûtera cher[167]. »

Comme Rendu et la Section d'hygiène, d'Andigné envisage la création de parcs occupant à la fois les fortifications et la zone. Il est toutefois moins exigeant pour leur superficie. Siegfried dans sa proposition de loi et Rendu en juin 1908 réclament des parcs de 15 à 20 hectares[168]. D'Andigné s'en tient aux superficies proposées par Hénard en 1908[169].

D'Andigné mentionne enfin l'utilisation de « droits provenant de la plus-value accordée aux zoniers par suite de la suppression de la servitude militaire ». La récupération d'une partie de la plus-value enregistrée par les zoniers constituerait en effet une part non négligeable des recettes de la Ville en cas d'adoption des offres de Caillaux. Le projet de convention présenté par Chérioux en juillet 1908 prévoit le partage « [des] indemnités de plus-value, que les lois et règlements en vigueur pourront permettre d'exiger des propriétaires des immeubles voisins de l'enceinte à déclasser[170] », sur la base de 70 % pour l'État et de 30 % pour la Ville. Les « lois et règlements en vigueur » renvoient à la loi de 1807 qui permet la récupération de la plus-value auprès des riverains de travaux d'utilité publique. Il s'agirait ici de récupérer auprès des zoniers une partie de la plus-value que l'aménagement de l'enceinte conférerait à leur bien. Les zoniers bénéficieraient doublement de l'opération : leurs terrains profiteraient des aménagements

165. *RDCM*, 1908, n° 168. Souligné par l'auteur.
166. *RDCM*, 1908, n° 76.
167. *RDCM*, 1908, n° 168.
168. J. Siegfried, « Les espaces libres à Paris », *op. cit.*, p. 76 et *RDCM*, 1908, n° 46.
169. « Les espaces libres à Paris. [...] Hénard », *op. cit.*
170. *RDCM*, 1908, n° 39.

sur leurs abords et surtout, libérés de la servitude *non aedificandi*, ils deviendraient des terrains à bâtir.

Dausset ne croit pas que la loi de 1807 soit applicable, ce qui constitue un argument supplémentaire en faveur de l'expropriation de la zone et de son aménagement en espaces libres, ces derniers étant d'ailleurs indissociables. Il s'agit en effet d'obtenir une expropriation pour cause d'utilité publique et seule la création d'espaces libres répond à cette exigence :

> « Toute autre conception serait contraire aux principes de notre droit public en matière de propriété individuelle, et l'autorité supérieure, qui refuse aux communes en matière d'opération de voirie le droit d'exproprier les parcelles situées en dehors des alignements, dès qu'elles apparaissent susceptibles de recevoir une construction, s'opposerait sans aucun doute à laisser déclarer d'utilité publique l'acquisition de terrains dont une partie quelconque devrait être revendue à des particuliers [171]. »

L'expropriation ne léserait pas les zoniers. Parmi ceux-ci, Dausset distingue deux catégories. Les plus nombreux sont ceux qui ont hérité de leur terrain : « Ceux-ci sont vraiment intéressants puisque, sans la servitude *non aedificandi* qui les grève, ils eussent pu tirer un meilleur parti de leur bien [172]. » Ces propriétaires ont intérêt à l'expropriation qui leur garantira un « prix normal [173] », alors que si toute la zone était mise sur le marché en même temps leur bien subirait une dépréciation. Les autres ont acheté des terrains en spéculant sur la levée prochaine de la servitude :

> « [Il] serait tout à fait inadmissible que, pour répondre aux ambitions de certains zoniers, il fallût renoncer à réaliser une œuvre d'intérêt général aussi indiscutable que le déclassement total des fortifications et l'annexion de la zone militaire [174]. »

D'Andigné, lui, ne croit pas en la possibilité d'exproprier la zone. L'utilité publique n'existe pas dans l'affaire et il faudrait une loi pour régler la question. Or pour d'Andigné « une telle loi serait arbitraire, et soulèverait un tollé général, chez les intéressés et chez les hommes de bon sens [...]. Les 2 000 zoniers protesteront et une telle mesure, dont le but est de déprécier des propriétés qui le sont déjà depuis 67 ans, ne sera pas votée par le Parlement [175] ». D'Andigné se pose en défenseur des zoniers, face à un adversaire qui réclame le maintien de la servitude jusqu'à l'expropriation de la zone, ce qui serait une « confiscation des droits essentiels inhérents à la propriété [176] ». L'expropriation ne protège en rien les intérêts des zoniers, qui ne la réclament d'ailleurs pas :

171. *RDCM*, 1908, n° 91.
172. *Ibid.*
173. *Ibid.*
174. *Ibid.*
175. *RDCM*, 1908, n° 168.
176. *Ibid.*

« La sollicitude de M. Louis Dausset pour les zoniers est inutile : ceux-ci ne demandent que le dégrèvement de leur servitude. Le reste les regarde. Une fois libérés, ils s'arrangeront librement, sans avoir à témoigner de reconnaissance : ils ont subi pendant 67 ans une loi qui leur a été à charge. Nul ne peut les y retenir une heure au-delà du moment où la servitude militaire a été reconnue inutile. La Ville n'a pas à s'occuper des zoniers, ni à faire les frais de leurs spéculations [177]. »

D'Andigné rejoint ici Hénard, qui se fait l'écho des protestations des zoniers réunis en une Ligue de la banlieue contre le projet d'expropriation de la zone [178].

Au nom des intérêts des zoniers, Dausset et d'Andigné prônent des solutions différentes. Plus largement, d'Andigné défend l'orthodoxie financière contre le champion des espaces libres. En ce qui concerne ces derniers, Dausset est mieux placé : son projet apporte à Paris plus d'espaces libres que les offres de Caillaux ou même que la proposition Siegfried.

La logique financière contre les espaces libres

Selon Dausset, son projet « doterait Paris d'une ceinture d'emplacements libres de plus de 500 hectares, très bon marché [179] », alors qu'avec l'opération proposée par Caillaux, on se contenterait de revendre les terrains « après y avoir aménagé parcimonieusement quelques squares [ce qui aboutirait] à étouffer définitivement Paris en le privant du réservoir d'air qui l'entoure [180] ». Le projet du Musée social s'expose à des critiques similaires : il ne dote Paris que de 168 ha d'espaces libres [181]. Et Dausset s'étonne de voir « Hénard, auteur de vastes conceptions, souvent bien intéressantes pour la beauté de Paris, envisager la question des espaces libres à créer sur l'emplacement de l'enceinte sous un angle aussi restreint [182] ». D'Andigné est donc dans une situation paradoxale. Ce partisan de la préservation des sites, proche des réformateurs sociaux, s'élève contre un projet se donnant pour l'application des principes prônés par ces deux groupes d'acteurs, en particulier au sujet du rôle des espaces libres contre la tuberculose et de la nécessité de s'inspirer de l'étranger. Le souci de réalisme financier explique cette attitude. D'Andigné semble d'ailleurs plus réaliste que Dausset dans ses estimations. Sa position est cependant difficilement tenable. Quels sont alors ses points d'ancrage ?

---

177. *Ibid.*
178. « Travaux des sections. SHUR : séance du 10 juillet 1909 », *op. cit.*, p. 251 et « Travaux des sections. SHUR : séance du 11 novembre 1909 », *op. cit.*, p. 388.
179. *RDCM*, 1908, n° 91.
180. *RDCM*, 1909, n° 110.
181. Hénard et Dausset sont d'accord sur ce chiffre. E. Hénard, « Les espaces libres à Paris. Les fortifications remplacées par une ceinture de parcs. II Rapport technique », *MDMS*, 1909, p. 79 et *RDCM*, 1909, n° 110.
182. *RDCM*, 1909, n° 110.

L'inconfort de la position de F. d'Andigné tient en partie au consensus sur l'utilité des espaces libres contre la tuberculose. L'édile ne conteste pas les chiffres de la mortalité tuberculeuse fournis par Dausset, mais rejette l'explication qu'avance ce dernier :

> « Ces quartiers excentriques [Grenelle, Javel, Plaisance, les Grandes-Carrières], ceux du 15e arrondissement notamment, ont une proportion d'espaces libres plus grande, en réalité, que celui des Champs-Élysées, tout étonnant que cela paraisse, en raison des chantiers, des jardins, des marais, etc. Ce qui amène la tuberculose dans ces quartiers, c'est l'encombrement des lieux habités, ce qui n'est pas la même chose. L'habitant des Champs-Élysées dispose de vastes appartements, alors que la population du 15e arrondissement vit à l'étroit dans des logements insuffisants comme superficie[183]. »

D'Andigné prend le contre-pied du sens commun développé notamment au Musée social, se rangeant plutôt à l'avis de Juillerat, le responsable du Casier sanitaire des maisons, qui attribue la tuberculose aux « maisons funèbres, [aux] îlots meurtriers[184] » et non au manque d'espaces libres. Il se contente cependant d'une simple affirmation, sans référence à une autorité scientifique. D'ailleurs il semble bien qu'on ait affaire à un argument *ad hoc*, au service du réalisme financier. D'Andigné conclut en effet ses propos relativisant l'utilité des espaces libres par la remarque suivante : « Si on suivait M. Dausset, il faudrait commencer par ces quartiers défavorisés. C'est évidemment impossible[185]. »

Les arguments de l'« homme du monde » et de l'esthète

La contestation du rôle des espaces libres ne constitue ni l'essentiel ni même un point fort de l'argumentation de F. d'Andigné. Pour dévaloriser le projet Dausset, l'édile mobilise un capital extra-municipal : son statut d'esthète et d'« homme du monde ».

Un des axes de résistance de F. d'Andigné réside dans son intransigeance d'« homme du monde » sur l'intégrité du bois de Boulogne. Dausset n'exclut pas le lotissement des fortifications longeant le Bois : « Les exigences financières de l'État n'ont pas permis de prévoir dans le projet l'incorporation au bois de Boulogne de la totalité des terrains de l'enceinte qui y touchaient[186]. » Cependant cet espace est redevable d'un traitement particulier. Le projet dégagera un îlot de 50 000 m^2 entre les portes d'Auteuil et de Passy, qui pourra servir à agrandir le Bois ou le champ de courses d'Auteuil. Dausset insiste surtout sur la servitude qui s'appliquera aux terrains lotis :

183. *RDCM,* 1908, n° 168.
184. P. Juillerat, *Une institution nécessaire, op. cit.*, p. 63.
185. *RDCM,* 1908, n° 168.
186. *RDCM,* 1908, n° 91. Dausset ajoute qu'il « expose ici une conception toute personnelle ».

« On ne pourra édifier le long du Bois que des petits hôtels ou des cottages entourés de jardins et d'une hauteur maxima à déterminer ; cette clause de nature à rassurer les habitants des immeubles en bordure du bois de Boulogne pourrait contenter les plus exigeants. Les riverains actuels des boulevards dits militaires, au lieu du glacis et du fossé dénudé des fortifications, apercevraient des jardins plantés d'arbres et des constructions élégantes [...] [187]. »

D'Andigné en revanche refuse tout lotissement, en se réclamant des espaces libres et de la campagne de 1905 :

« Pour ce qui est des constructions élégantes et des jardins plantés d'arbres offerts aux riverains de la zone militaire, tous les riverains leur préféreront le vrai Bois.

[...] Il est scandaleux, au moment où tout le monde réclame des espaces libres nécessaires, de penser à en supprimer. La campagne pour les espaces libres ne servirait donc à rien [188] ? »

La seule dérogation envisagée par d'Andigné concerne un usage sportif, d'ailleurs conforme aux intérêts financiers de la capitale : « Nous n'acceptons que l'exception faite des 55 000 mètres affectés à l'agrandissement du Champ de courses d'Auteuil [...] [189]. »

D'Andigné mobilise aussi son statut d'esthète pour s'opposer plus largement au projet Dausset. C'est en tant qu'homme de goût qu'il brocarde la vision idyllique que Dausset tente de faire partager à ses collègues. Dausset mentionne les équipements que pourraient accueillir la zone et l'enceinte, en particulier au-delà du canal Saint-Denis, là où les terrains sont moins chers :

« [On] pourrait plus facilement construire des maisons ouvrières, aménager des jardins ouvriers, disposer des piscines, créer, comme à Vienne et dans certaines villes allemandes, d'immenses parcs avec des terrains de jeux, des salles de danse et de réunion, des restaurants à bon marché, des cafés populaires où le prix des consommations serait réglementé et leur qualité rigoureusement contrôlée, des endroits, en un mot, où les travailleurs viendraient, à peu de frais, se reposer et se recréer toute la journée du dimanche avec leur famille [190]. »

Rien de tout cela ne séduit l'homme de goût qu'est d'Andigné :

« Nous ne ferons pas miroiter devant vous les immenses parcs, les terrains de jeu, les salles de danse ! – on danse encore sur l'herbe ? – les cafés populaires avec liqueurs de marque contrôlées, les comptoirs en zinc nickelés, surmontés de zanzibars de choix et aseptiques, les bistrots innocents, bref, un Éden en perspective [...].

C'est un vrai paradis terrestre où il ne manque que des serpents ou, si nous en croyons le goût du jour, des satyres.

À une époque positive comme la nôtre, cet âge d'or n'est pas tentant [191]. »

187. *Ibid.*
188. *RDCM*, 1908, n° 168.
189. *Ibid.*
190. *RDCM*, 1908, n° 91.
191. *Ibid.*, n° 168.

En 1908 d'Andigné se fait l'avocat non pas tant du projet du Musée social que des propositions ministérielles auxquelles s'est ralliée la Commission des fortifications. Il reviendra ensuite à la Ville, devenue propriétaire d'une partie de l'enceinte, d'aménager celle-ci en s'inspirant des réflexions de la Section d'hygiène. Au conseil, d'Andigné joue de son capital de légitimité « extra-municipal » : au-delà du réalisme financier, il invoque ses qualités d'« homme du monde », d'esthète et de défenseur des espaces libres pour s'opposer au prétendant qu'est Dausset.

Les réformateurs sociaux : l'« aménagement rationnel des villes » contre les espaces libres ?

En 1909, Dausset s'étonne des critiques auxquelles son projet est en butte. Ses adversaires les plus virulents se recruteraient curieusement chez les édiles « les plus atteints d'"agoramanie" [192] » :

> « Ces théoriciens des espaces libres qui croient en toute sincérité qu'ils auront vaincu la tuberculose le jour où seraient agrandis le square du Temple et celui des Innocents, me reprochent de vouloir faire "trop grand" et de créer un désert autour de Paris [193]. »

La pique vise Lefèvre qui, en tant qu'édile, s'est en particulier intéressé à la prévention de la tuberculose [194] et qui rejette le principe d'un programme de grands travaux financé par un emprunt, défendu par Dausset [195].

Le « désert autour de Paris » renvoie aussi à une critique émanant de la Section d'hygiène, dont les membres invoquent l'« aménagement rationnel des villes » contre la surenchère en matière d'espaces libres engagée par Dausset. Il ne suffit pas d'accroître les espaces libres, encore faut-il que ceux-ci soient rationnellement distribués. Sous ce rapport Dausset s'expose à la critique. Selon Risler, son projet remplace les fortifications par un « mur formé de casernes de sept étages plus désastreux au point de vue hygiénique et esthétique que les remparts actuels relativement bas et recouverts de gazon [196] ». Quant à l'anneau continu d'espaces libres, pour Bechmann, il « constituera un vrai désert [197] ». Dausset, qui entretient des contacts avec la section [198], a connaissance des objections adressées à son projet, qui « mettrait autour de Paris une bande d'isolement d'entretien coûteux, d'une surveillance difficile, refuge des malfaiteurs et où on ne pourrait dessiner des parcs coquets et utiles, ce ruban s'opposant au développement normal de

192. *RDCM*, 1909, n° 110.
193. *Ibid.*
194. P. Juillerat, *Une institution nécessaire*, *op. cit.*, p. 15 et 81.
195. *RDCM*, 1908, n° 68.
196. « Travaux des sections. SHUR : séance du 16 janvier 1913 », *AMS*, av. 1913, p. 110-115. Citation p. 110.
197. « Travaux des sections. SHUR : séance du 10 juillet 1909 », *op. cit.*, p. 251.
198. *RDCM*, 1909, n° 110.

la cité, empêchant tout contact entre le Paris ancien et le Paris futur[199] ». Il entreprend donc de les réfuter.

Dausset repousse l'accusation de monotonie adressée à l'anneau de parcs créés par son projet : il est possible de conférer un aspect varié à la zone, tout en l'adaptant « aux nécessités diverses de l'hygiène et du sport[200] ». D'ailleurs, la monotonie n'existe que dans l'esprit de ses détracteurs : les promeneurs ne verront pas l'ensemble de la zone. Les parcs, plus nombreux que ceux que prévoit Hénard, assureront la variété des sites et des aspects. Par ailleurs, la zone est suffisante pour « dessiner des parcs intéressants[201] » : les Tuileries et le parc Monceau font moins de 200 m dans leur plus grande largeur. Dausset réfute aussi l'affirmation selon laquelle l'anneau d'espaces libres isolerait Paris de la banlieue. Son projet ne s'oppose pas au développement naturel de Paris, le développement urbain n'étant pas radial par essence : « On omet d'ajouter que les agglomérations constituées le long de ces rayons s'étendent peu à peu, finissent par se rejoindre, si bien que l'extension des villes continue à se réaliser concentriquement[202]. » D'ailleurs les espaces libres n'ont jamais formé de barrières infranchissables entre les différentes parties d'une agglomération. La Seine n'a pas empêché la capitale de se développer sur ses deux rives. Paris et sa banlieue se sont rejoints malgré l'enceinte et la zone, et les Champs-Élysées ou le parc Monceau ne séparent pas les habitants des immeubles se faisant face. Quant aux dangers pour la sécurité publique que présenteraient les espaces libres entourant Paris, ils sont exagérés. Les parcs, qui pourront être clos de grilles, seront loués à des sociétés concessionnaires qui en assureront la surveillance.

Les forces mobilisées par Dausset : la Ligue pour les espaces libres

Dausset semble avoir rallié sans difficulté les édiles à son projet. Dans son allocution d'ouverture de la première session ordinaire de 1909, Pierre Lampué, le doyen d'âge du conseil, se lance dans une description idyllique de la capitale transfigurée par la réalisation du projet Dausset :

> « À la place des vilaines murailles des fortifications qui entourent Paris, on voyait un beau parc ininterrompu où les arbres, les arbustes et les fleurs faisaient à notre ville une ceinture de santé et de beauté aussi ; songez à ces 35 kilomètres de pelouses, avec ponts rustiques, cascatelles et ruisselets, toute une série de paysages au pastel[203]. »

199. *Ibid.*
200. *Ibid.*
201. *Ibid.*
202. *Ibid.*
203. *PVCM*, 1909, 29 mars.

Ces propos témoignent d'un consensus. S'exprimant au titre de doyen d'âge, Lampué ne peut prendre position sur des sujets controversés. Inscrit au Groupe radical-socialiste [204], il est d'ailleurs un adversaire politique de Dausset. Dès 1909 le conseil semble donc avoir accepté le projet Dausset. Cette acceptation tient sans doute au succès extra-municipal de l'édile, qui tente de se rallier les autorités sociales mobilisées en faveur des espaces libres depuis le début du siècle. En 1909 Dausset affirme que l'idée de créer des espaces libres sur la zone « a été accueillie avec une faveur générale dans tous les milieux où l'on a quelque souci d'améliorer les conditions de vie de la population parisienne [205] ». Quelles sont ces instances rassemblées autour du projet Dausset et comment le ralliement s'opère-t-il ?

La conversion de Doumer

Dans l'adoption du projet Dausset, le député Paul Doumer, ancien président de la Chambre, ancien ministre et ancien gouverneur de l'Indochine, joue un rôle de premier plan [206]. Dausset use de sa position de rapporteur général du comité du budget du conseil municipal pour proposer un projet d'aménagement de l'enceinte. La même logique incite Doumer à intervenir sur cette question. En 1909 Doumer est le rapporteur général du budget de la Chambre et à ce titre il propose de confier l'examen de la proposition de loi Siegfried à une commission extra-parlementaire regroupant des délégués de la Chambre, du Sénat, du conseil municipal et de l'administration des Finances [207]. Nommé président de cette instance, Doumer lui assigne pour mission de parvenir à un compromis entre les deux projets en concurrence [208].

L'intérêt de Doumer pour l'enceinte est ancien. En 1902, alors qu'il présidait la Commission des crédits, il a rencontré Brousse pour discuter du projet de loi légalisant la convention Ville-État de 1902. D'après Brousse, Doumer s'est fait entre 1902 et 1904 l'interprète des objections municipales [209]. Défenseur des intérêts municipaux peut-être, champion de l'esthétique urbaine et des espaces libres sûrement pas. Fin 1902, la Société pour la protection des paysages de France proteste auprès de Doumer contre le lotissement de l'enceinte prévu par le projet de loi :

> « [Si] la convention entre l'État et la Ville de Paris est approuvée, les conséquences irréparables en seront désastreuses pour la beauté de

---

204. E. Gay, *Nos édiles*, *op. cit.*, p. 105-106.
205. *RDCM*, 1909, n° 110.
206. La Ligue pour les Espaces libres, l'Assainissement et les Sports (désormais LELAS), *Déclassement des fortifications et conversion de la zone en espaces libres*, Paris, Pierre Roger et Cie, non daté, p. 16.
207. « Travaux des sections. SHUR : séance du 14 janvier 1909 », *op. cit.*, p. 59.
208. « Travaux des sections. SHUR : séance du 10 juillet 1909 », *op. cit.*, p. 247 et « Travaux des sections. SHUR : séance du 11 novembre 1909 », *op. cit.*, p. 391.
209. *RDCM*, 1905, n° 4.

Paris, pour le renom de sa splendeur, pour la prospérité matérielle de son développement.

Nous croyons devoir tout d'abord exprimer le vif regret que l'idée même de la convention présentée ait pu être conçue, alors que toutes les grandes villes d'Europe n'ont démoli leurs fortifications que pour les remplacer par des promenades publiques ou des avenues monumentales[210]. »

Au début des années 1900, Doumer est encore pour les esthètes un interlocuteur qu'il s'agit de convertir. Quelques années plus tard, il s'engage en faveur d'un aménagement de l'enceinte laissant une part maximale aux espaces libres.

La Ligue pour les espaces libres

En février 1909 est créée une Ligue pour les espaces libres, l'assainissement et les sports sous l'impulsion de la Chambre de propriétaires. Paul Doumer en est le président et Léopold Mourgues, le directeur de la Chambre syndicale des propriétés immobilières de la ville de Paris, le secrétaire général[211]. Selon Dausset, la ligue, constituée « en dehors de toute préoccupation d'ordre politique ou financier[212] », rassemble rapidement « toutes les grandes sociétés de sports ou de tourisme, aussi bien que les groupements les plus importants de commerçants, d'artistes, d'architectes, ou même de simples contribuables [ainsi que d'] éminentes personnalités du monde scientifique et littéraire[213] ». À la Section d'hygiène, la perception de la ligue et de ses intentions est tout autre. Pour Hénard, la ligue n'a été fondée que pour défendre des intérêts des propriétaires fonciers parisiens. Sous couvert d'un combat pour les espaces libres, elle veut éviter que la mise sur le marché des terrains de la zone entraîne une baisse du prix des terrains à Paris[214].

Qu'en est-il alors de la ligue et de ses objectifs ? La Ligue pour les espaces libres, l'assainissement et les sports, dont le nom entretient la confusion avec le Comité pour la conservation et la création des espaces libres de Bonvalot, qu'elle compte d'ailleurs parmi ses membres[215], se donne pour l'héritière des animateurs de la campagne de 1905 et des hygiénistes :

« Sous son drapeau se sont groupés : toutes les sociétés sportives [...] ; toutes les chambres syndicales se rapportant à l'industrie du bâtiment : propriétaires, architectes, entrepreneurs ; les sociétés constituées pour la défense

210. *Bulletin de la Société française pour la protection des paysages de France*, oct.-déc. 1902. Cité dans R. de Souza, « Les espaces libres. Résumé historique », *op. cit.*, p. 83-184.
211. « Travaux des sections. SHUR : séance du 11 novembre 1909 », *op. cit.*, p. 390.
212. *RDCM*, 1909, n° 110.
213. *Ibid.*
214. « Travaux des sections. SHUR : séance du 10 juillet 1909 », *op. cit.*, p. 251.
215. LELAS, *Déclassement des fortifications*, *op. cit.*, p. 4.

de l'hygiène et de la santé publique ; des groupements formidables de commerçants et d'industriels[216]. »

Les termes sont très proches de ceux que Dausset emploie pour décrire les soutiens dont il dispose.

La liste des 101 membres du comité directeur de la Ligue est reproduite dans un opuscule intitulé *Déclassement des fortifications et conversion de la zone en espaces libres*[217]. Pour chacun des membres, le texte mentionne l'affiliation à une ou plusieurs instances ou (et) les titres légitimant la présence dans le comité, où on retrouve certains des participants à la campagne de 1905, avec les précisions suivantes :

- Ballif, président du Touring-Club de France ;
- Charles Beauquier, député, président de la Société pour la protection des paysages de France ;
- Georges Benoit-Lévy, secrétaire général de la Société des cités-jardins ;
- Frantz-Jourdain, président du Nouveau Paris, président du Syndicat de la presse artistique ;
- Docteur Letulle, secrétaire général du Congrès international de la tuberculose ;
- Charles Normand, président de la Société des amis des monuments parisiens ;
- Allouard, président des « Parisiens de Paris » ;
- Bléteau, président du Groupement indépendant des intérêts généraux du 5e arrondissement ;
- Paul Champ, vice-président de l'Union des sociétés françaises de sports athlétiques[218].

La ligue recruterait-elle dans les mêmes cercles que la campagne du *Figaro*? Avant toute analyse, une remarque s'impose. Les différences entre la liste des participants au mouvement de 1905 et celle des membres du comité directeur de la ligue s'expliquent partiellement par leurs principes de constitution. Envoie qui le souhaite sa lettre au *Figaro* (en supposant toujours que Reichel n'ait pas opéré une sélection des correspondants qu'il cite) tandis que la composition du comité directeur de la ligue résulte de choix beaucoup plus réfléchis. Un autre élément rend la comparaison difficile : si, pour le comité, chaque nom est accompagné d'une notice, il n'en va pas de même pour tous les noms cités par Reichel. Ne sont donc pris en compte ici que les correspondants pour lesquels le journaliste a fourni quelques indications, soit 192 individus. Le rapprochement entre les deux listes révèle alors des différences significatives entre les deux populations ou du moins entre les principes de légitimité invoqués.

Les activités professionnelles des individus figurant dans ces deux listes sont très différentes :

---

216. *Ibid.*, p. 16.
217. *Ibid.*
218. *Ibid.*, p. 2-11.

	Comité directeur de la ligue		Correspondants du *Figaro*	
Parlementaires[219]	10	9,9 %	53	27,6 %
Médecins	6	5,9 %	5	2,6 %
Professeurs et scientifiques[220]	5	5,0 %	3	1,6 %
Commis de l'État[221]	5	5,0 %	2	1,0 %
Avocats	4	4,0 %	6	3,1 %
Architectes	4	4,0 %	3	1,6 %
Ingénieurs	2	2,0 %	0	
Hommes de presse	1	1,0 %	32	12,0 %
Élus ou anciens élus de Paris	1	1,0 %	22	11,5 %

Les édiles, y compris Dausset, sont absents du comité directeur de la ligue, alors qu'ils ont participé à la campagne de 1905[222]. De même, les parlementaires, qui constituent plus du quart des correspondants du *Figaro*, ne représentent qu'un dixième des membres du comité directeur. Par ailleurs, les hommes de presse, très présents en septembre 1905, sont très peu nombreux à la ligue. La forme du mouvement de 1905 explique sans doute la forte participation des journalistes.

Médecins, enseignants et savants, avocats et serviteurs de l'État sont proportionnellement et même en valeur absolue plus nombreux au comité directeur de la ligue que chez les défenseurs du Bois. On peut rendre compte de cette différence en s'intéressant, non plus aux professions des individus, mais aux principes de légitimité invoqués pour rendre compte de leur présence, c'est-à-dire à l'appartenance à tel ou tel groupement, systématiquement mentionnée pour le comité. Par ordre décroissant, les affiliations les plus fréquentes des membres du comité sont les suivantes :

219. Députés et anciens députés, sénateurs et anciens sénateurs, ministres et anciens ministres.
220. Hors professeurs de médecine, regroupés avec les médecins.
221. Ou fonctionnaires municipaux et hors enseignants et scientifiques.
222. Max-Vincent figure au comité directeur comme ancien membre du conseil municipal et comme vice-président et délégué du Touring-Club. LELAS, *Déclassement des fortifications*, *op. cit.*, p. 9.

	Comité directeur de la ligue		Correspondants du *Figaro*	
Instances de défense des intérêts commerciaux et industriels	32	31,7 %	1 [223]	0,5 %
Sociétés sportives	16	15,8 %	5 [224]	2,6 %
Académie de médecine et sociétés hygiénistes	11	10,9 %	5	2,6 %
Instances de défense des intérêts locaux	10	9,9 %	2	1,0 %
Groupements d'esthètes, d'artistes et de défense des espaces libres	10	9,9 %	11	5,7 %
Chambre syndicale des propriétés immobilières de la ville de Paris	5	5,0 %	0	
Groupements professionnels d'architectes	4	4,0 %	0	
Touring-Club et Comité du tourisme de l'Automobile Club	3	3,0 %	1	0,5 %

La défense des intérêts commerciaux ou industriels, presque jamais mentionnée en septembre 1905 [225], est très souvent invoquée pour rendre compte de la présence au comité directeur de la ligue. Les groupements cités sont très divers, de la Chambre syndicale des charcutiers de Paris à l'Union des syndicats patronaux des industries textiles de France.

La défense de la propriété parisienne n'était que très rarement revendiquée chez les correspondants du *Figaro*, dont cinq seulement sont désignés comme « propriétaires ». En revanche, le comité directeur de la ligue compte cinq dirigeants de la Chambre syndicale des propriétés immobilières de la ville de Paris, auxquels on peut ajouter Joseph Guérin, le directeur de *La France immobilière*. Enfin, le comité se signale par une présence forte des instances de défense des intérêts locaux, affiliation presque inconnue en septembre 1905.

La comparaison semble donner raison à Hénard pour qui la ligue ne vise qu'à défendre les intérêts des propriétaires parisiens. Il faut cependant rester prudent, ne serait-ce qu'en raison des procédures très différentes présidant à la sélection des populations comparées. D'autres éléments incitent d'ailleurs à penser que les affirmations de Hénard n'épuisent pas toute la

223. Langlois, qui écrit au *Figaro* « au nom du président du Cercle agricole ». F. Reichel, *Le Figaro*, 26 sept. 1905.

224. Y compris Desgranges, « Directeur rédacteur en chef de *L'Auto* ». F. Reichel, *Le Figaro*, 10 sept. 1905.

225. L'appartenance au monde des affaires, de l'industrie ou de l'agriculture est cependant mentionnée pour quatre correspondants de Reichel. F. Reichel, *Le Figaro*, 18 et 26 sept. 1905.

signification de la mobilisation au sein de la ligue. Les affiliations des membres du comité directeur répondent aux principes de légitimité mis en avant en septembre 1905. L'appartenance à une instance de défense des intérêts sportifs, esthétiques et touristiques ou à une organisation hygiéniste est même plus fréquente que chez les correspondants du *Figaro*. La composition du comité semble répondre à des impératifs de sérieux absents en septembre 1905, comme en témoigne la présence plus forte des médecins, des professeurs et savants, des commis de l'État, des architectes, ainsi que l'apparition des ingénieurs et la disparition des hommes de presse et des femmes.

Le but de la ligue est de promouvoir un aménagement de l'enceinte et de la zone conforme au projet Dausset :

> « Le projet de M. Louis Dausset [...] servait les intérêts les plus sacrés de l'agglomération de quatre millions d'âmes que forment Paris et sa banlieue immédiate.
>
> Aussi, presque spontanément, se constitua-t-il une Ligue pour les espaces libres, l'assainissement et les sports dont le but, hautement avoué, était de faire triompher les principes contenus dans ce projet[226]. »

Selon Dausset, outre la Ligue pour les espaces libres, le Syndicat général de la banlieue parisienne et l'Association des cités-jardins de France adhèrent à son projet. Le Congrès national de l'assainissement et de la salubrité de l'habitation a émis le vœu que « le terrain des fortifications soit aménagé pour sa plus grande partie en parcs, et que la zone soit transformée en espaces libres[227] ». Quant à la Société de médecine publique et de génie sanitaire, elle se serait prononcée pour le projet Dausset dès mars 1909.

Sollicitant l'adhésion des autorités sociales mobilisées en faveur des espaces libres, Dausset envisage aussi de recourir à leur compétence, en particulier pour tracer les futurs parcs de la zone. En 1909, il déclare « s'en rapporte[r] au Service technique des promenades, guidée au besoin par une commission de gens compétents, pour éviter la monotonie des futurs espaces libres[228] ». Dausset ne refuse donc pas l'intervention des « spécialistes de la beauté[229] » pour lesquels Jourdain réclamait un droit de regard. La constitution d'une ligue ne comportant que des personnalités extérieures au conseil municipal relève peut-être de la même logique. Il faut cependant nuancer les affirmations triomphantes de l'édile au sujet des « hautes et précieuses adhésions[230] » que recueille son projet. D'après Parenty, de la

226. LELAS, *Déclassement des fortifications*, *op. cit.*, p. 15.
227. *RDCM*, 1909, n° 110.
228. *Ibid.*
229. F. Reichel, *Le Figaro*, 7 sept. 1905.
230. *RDCM*, 1909, n° 110.

Section d'hygiène, la Société de médecine publique a refusé d'approuver le projet Dausset[231]. Il s'agit maintenant d'analyser la façon dont la section en est venue à accepter l'aménagement de l'enceinte proposé par Dausset et soutenu par la Ligue pour les espaces libres.

La Section d'hygiène, la Ligue pour les espaces libres et le projet Dausset

Le ralliement discret de la Section d'hygiène au projet Dausset

À la section, la ligue est perçue comme une machine de guerre au service des propriétaires fonciers parisiens. Telle est en tout cas l'opinion de Risler[232] et surtout de Hénard[233], dont l'attitude très critique s'explique aisément : Hénard est l'un des membres de la section les plus impliqués dans la question de l'enceinte, puisqu'il est l'auteur du projet initial, matrice de toutes les variantes ultérieures défendues par la section. Les initiateurs de la ligue semblent avoir fait preuve d'une certaine maladresse à l'égard de la section. Le 14 janvier 1909, Risler annonce à ses collègues la création de la ligue au cours d'une réunion provoquée par la Chambre des propriétaires. Il ajoute que parmi les membres de la section seuls Forestier et Souza ont été convoqués à cette réunion et qu'ils n'ont d'ailleurs pas été atteints par la convocation. Et Risler de s'« étonn[er] que ni les autres membres de la Section d'hygiène, ni les orateurs de la Sorbonne n'aient été invités[234] ». Les relations ne s'engagent donc pas sous les meilleurs auspices. Pourtant, des contacts s'établissent. On retrouve d'ailleurs des membres de la section au comité directeur de la ligue[235].

Pour rendre compte du ralliement d'une partie au moins de la section au projet défendu par la ligue, il faut revenir sur la tentative de conciliation entre les deux projets concurrents entreprise sous l'égide de Doumer.

Le 1er juillet 1908, la Chambre a été saisie de la proposition de loi Siegfried, concernant la partie nord-ouest des fortifications[236], dont Doumer a proposé de confier l'examen à une commission extra-parlementaire. Sur la demande de Siegfried, quelques membres de la section s'ajoutent à cette commission[237]. La commission extra-parlementaire, que Siegfried appelle « Commission officieuse des espaces libres[238] », se réunit à trois reprises au printemps 1909, sous la présidence de Doumer. D'après Siegfried, elle a

231. « Travaux des sections. SHUR : séance du 16 janvier 1913 », *op. cit.*, p. 111.
232. « Travaux des sections. SHUR : séance du 14 janvier 1909 », *op. cit.*, p. 60.
233. « Travaux des sections. SHUR : séance du 10 juillet 1909 », *op. cit.*, p. 251 et « Travaux des sections. SHUR : séance du 11 novembre 1909 », *op. cit.*, p. 391.
234. « Travaux des sections. SHUR : séance du 14 janvier 1909 », *op. cit.*, p. 60.
235. LELAS, *Déclassement des fortifications*, *op. cit.*, p. 5-11.
236. *RDCM*, 1909, n° 110.
237. « Travaux des sections. SHUR : séance du 14 janvier 1909 », *op. cit.*, p. 59.
238. « Travaux des sections. SHUR : séance du 10 juillet 1909 », *op. cit.*, p. 247.

pour objet de tenter une transaction entre le projet de la Section et celui de Dausset[239]. À cet effet Bechmann rédige un projet concernant l'ensemble de l'enceinte et un résumé des principes inspirant Doumer. D'après Bechmann, Doumer est favorable à un aménagement largement inspiré des idées de Dausset mais faisant une part plus large encore aux espaces libres. Conformément au projet Dausset, la zone serait transformée en une « bande ininterrompue de jardins avec terrains de jeux qui remplaceraient avantageusement les talus de l'enceinte bastionnée pour servir de promenade aux populations des quartiers de la périphérie[240] ». En revanche, les fortifications ne seraient pas entièrement loties :

> « La Ville serait [...] autorisée à se couvrir d'une part des dépenses ainsi engagées par la revente d'une certaine proportion des anciens terrains militaires, avec faculté d'y bâtir sous certaines conditions restrictives de la surface occupée par les bâtiments, de la hauteur des constructions, de manière à sauvegarder à la fois l'esthétique et l'hygiène.
>
> Le surplus des anciens terrains militaires devrait servir à élargir par places la bande de verdure créée sur la zone de servitude de manière à former des parcs de plus grande étendue. On réserverait notamment les terrains en bordure du Bois de Boulogne[241]. »

Le « projet Doumer » constitue donc une synthèse, maximisant la quantité d'espaces libres, entre le projet du Musée social et celui de Dausset.

C'est à cette solution que se rallie la Ligue pour les espaces libres quelques mois plus tard, en octobre 1909, sous l'impulsion de Doumer[242] :

> « M. Louis Dausset [...] a réclamé l'aménagement intégral en espaces libres de la zone militaire [...].
>
> M. Paul Doumer et notre Ligue, allant plus loin, proposent l'aménagement en espaces libres non seulement de la zone militaire, mais aussi d'une partie très importante des fortifications [...]. Onze parcs disposés autour de Paris occuperaient à la fois les terrains de la zone militaire et les terrains correspondants des fortifications[243]. »

Cette décision ne semble d'ailleurs pas faire l'unanimité au sein de la ligue : d'après Hénard, Mourgues s'est prononcé contre tout lotissement de l'enceinte dans un article paru dans le *Journal de la Chambre des propriétaires* le 16 septembre 1909, quelques semaines avant le ralliement de la ligue à la combinaison proposée par Doumer[244].

Fin 1909, quatre projets sont donc en concurrence : le projet du Musée social, le projet Dausset, celui de Doumer et de la ligue et enfin la solution proposée par Mourgues. La section est partie prenante dans deux de ces

---

239. *Idem.*
240. *Ibid.*, p. 250.
241. *Idem.*
242. *RDCM*, 1909, n° 110.
243. LELAS, *Déclassement des fortifications, op. cit.*, p. 18.
244. « Travaux des sections. SHUR : séance du 11 novembre 1909 », *op. cit.*, p. 392.

projets : celui du Musée social évidemment mais aussi celui de Doumer, qui reprend une partie des propositions du Musée social et dont Bechmann a rédigé pour la section une présentation, suite aux réunions de la « Commission officieuse des fortifications ».

En 1909, l'enceinte revient deux fois à l'ordre du jour des séances de la Section d'hygiène, révélant des divergences de vue[245]. Certains membres de la section sont bien disposés à l'égard de la ligue et du projet Doumer. Rey, dès l'annonce de la constitution de la ligue, souhaite que la section reçoive Mourgues. Par la suite, il se déclare favorable à l'examen du projet de la Chambre des propriétaires. Forestier, Clermont et Risler, eux, semblent séduits par la quantité d'espaces libres prévus par le projet Doumer. Les adversaires du projet de la « Commission officieuse » émettent différentes objections. Parenty se fait l'écho des protestations des communes de banlieues contre le projet Dausset. Hénard conteste le projet Doumer au nom du réalisme financier. Quant à Bechmann, il s'élève contre le maintien de la zone en espaces libres en invoquant l'« aménagement rationnel des villes ». Toutefois, quelques mois plus tard, il ne mentionne plus qu'un seul inconvénient du projet Doumer, son coût.

La question des fortifications *stricto sensu* ne revient plus à l'ordre du jour de la section avant la rédaction de la convention de 1912, qui reprend les termes du projet Dausset. Le 16 janvier 1913, Risler rappelle à ses collègues que la section s'est ralliée au projet Dausset car celui-ci augmente les espaces libres de la capitale, d'où « un surcroît de bien être et de beauté très appréciable[246] ». Les publications périodiques du Musée social n'expliquent pas comment s'est opéré ce ralliement. Il faut donc interroger d'autres sources : brochure de la Ligue pour les espaces libres et documents émanant du conseil municipal.

Onze membres de la Section d'hygiène siègent au comité directeur de la ligue. Certains ont pris la défense de la synthèse proposée par Doumer (Forestier, Clermont, Rey). Cependant même Hénard, très critique envers les motivations de la ligue, siège au comité. Aucun des membres de la section ne figure toutefois ès qualités sur la liste reproduite dans *Déclassement des fortifications et transformation de la zone en espaces libres*. Beauquier, Clermont et Souza sont cités en tant que président et membres du comité directeur de la Société pour la protection des paysages de France. Benoit-Lévy figure au comité comme secrétaire général de la Société des cités-jardins (*sic*) et Marié-Davy comme secrétaire général de la commission permanente des Congrès internationaux d'assainissement et de salubrité de l'habitation. Bonnier est mentionné comme président de la Société des

245. « Travaux des sections. SHUR : séance du 10 juillet 1909 », *op. cit.* et « Travaux des sections. SHUR : séance du 11 novembre 1909 », *op. cit.*
246. « Travaux des sections. SHUR : séance du 16 janvier 1913 », *op. cit.*, p. 111.

architectes diplômés par le gouvernement et Rey comme architecte DG, lauréat de l'Institut et membre de la Société centrale des architectes. Forestier est cité au titre de conservateur des promenades de Paris, Guérin comme directeur de *La France immobilière* et Muzet comme président du Syndicat général du commerce et de l'industrie. Quant à Hénard, il préside un certain « Comité des fortifications ». L'appartenance au Musée social est délaissée au profit d'autres principes de légitimité : légitimité de l'esthète, de l'hygiéniste, de l'architecte et du défenseur des intérêts de la propriété, du commerce et de l'industrie. On peut donc parler d'un ralliement « discret » des réformateurs sociaux à un projet initié par un édile.

Les « édiles apprivoisés »

Tout se passe comme si les réformateurs sociaux acceptaient de ne pas avoir « fortifications gagnées[247] » comme disait Landouzy. Il faut dire qu'entre temps l'idée d'un « aménagement rationnel des villes » s'est imposée au conseil municipal.

L'adversaire du Musée social qu'est Dausset au sujet des fortifications se mue en allié sur la question de l'« aménagement rationnel des villes ». Dans cette évolution, achevée avant 1912, l'Association des cités-jardins de France joue un rôle particulier, ce qui n'a rien d'étonnant, des liens durables semblant exister entre Dausset et l'association dont Benoit-Lévy est le secrétaire général. Dans la première proposition Dausset, les documents émanant de l'Association des cités-jardins constituent la seule référence aux travaux des réformateurs sociaux. L'exemplaire de *Déclassement des fortifications et conversion de la zone en espaces libres* conservé à la bibliothèque administrative de l'Hôtel de ville de Paris porte la dédicace manuscrite suivante : « À Monsieur Louis Dausset, en souvenir de sa belle campagne des Fortifications[248]. » La signature, difficilement déchiffrable, semble être celle de Benoit-Lévy, l'un des membres de la section qu'on retrouve au comité directeur de la Ligue pour les espaces libres. De fait, de bonnes relations existent entre l'Association des cités-jardins et le conseil municipal, Dausset participant à leur entretien. Depuis 1909, le conseil subventionne l'association. En 1909, la subvention est accordée sur la demande de Brunet[249]. Les années suivantes c'est Dausset qui en obtient le renouvellement[250].

La situation n'a rien d'exceptionnel. Comme les réformateurs sociaux, hygiénistes, sportifs et esthètes ne dédaignent pas de s'adresser aux édiles pour obtenir un soutien financier. En 1910, Landouzy dépose une péti-

247. « Compte rendu de la réunion en faveur des espaces libres [...] Landouzy », *op. cit.*, p. 214.
248. LELAS, *Déclassement des fortifications*, *op. cit.*
249. *PVCM*, 1909, 31 déc.
250. *PVCM*, 1910, 5 et 31 déc., 1911, 8 déc.

tion « sollicitant une subvention à l'occasion du Congrès de médecine de langue française[251] ». L'année suivante, la Société pour la protection des paysages de France, par l'intermédiaire de Froment-Meurice, « sollicit[e] une subvention au compte rendu du Congrès international pour la protection des paysages[252] » tandis que l'Automobile Club de Seine-et-Oise se voit accorder 500 F pour organiser un concours de pare-boue[253]. En ces occasions, réformateurs sociaux, hygiénistes et « gens du monde » sont les obligés des édiles. La relation de patronage que souhaite établir le Musée social est inversée.

Il n'en va pas toujours de même. Afin d'organiser un concours pour établir le « plan d'extension » de Paris, Dausset réclame en 1910 la création d'« une commission composée d'artistes, d'architectes, d'ingénieurs, de membres du Conseil municipal et de fonctionnaires[254] », disposition d'ailleurs approuvée par ses collègues. Une telle commission ressemblerait, tout en laissant plus de place aux édiles et aux fonctionnaires, à celle que Risler appelait de ses vœux l'année précédente :

> « Il faut [...] que Paris ait son plan d'extension, et que ce plan soit dressé en dehors des visées électorales étroites et des dissensions administratives, par un petit nombre d'hommes, spécialistes passionnés pour ces questions d'hygiène et d'esthétique urbaines, décidés à ne pas épargner leur peine et à aboutir rapidement[255]. »

La commission que réclame Dausset aurait d'ailleurs vocation à accueillir entre autres des membres de la section. L'idée même du concours répond aux vœux de cette dernière. Les édiles semblent donc disposés à partager avec les réformateurs sociaux, mais aussi avec les « gens du monde » (« artistes »), la responsabilité de l'urbanisme parisien, comme ils étaient déjà soucieux d'associer ces derniers aux recherches sur l'histoire de la capitale à la fin du XIXe siècle.

Plus largement, les élus locaux reconnaissent un rôle d'initiateurs aux réformateurs sociaux, comme en témoigne leur mobilisation en 1910 autour de la proposition de loi sur l'expropriation pour cause d'insalubrité déposée par Siegfried. Au tournant des années 1900-1910, la question des grands travaux est à l'ordre du jour au conseil municipal. En mars 1908, le conseil a été saisi d'un mémoire du préfet de la Seine, comportant selon Dausset « des projets qui intéressent au plus haut point l'hygiène et la santé de Paris, tels que la lutte contre la tuberculose, la création de réservoirs d'air, l'assainissement d'îlots insalubres[256] ». C'est dans ce contexte que le

251. *PVCM*, 1910, 9 déc.
252. *PVCM*, 1911, 10 nov.
253. *PVCM*, 1911, 22 déc.
254. *PVCM*, 1910, 31 janv.
255. « Les espaces libres dans les grandes villes. [...] Risler », *op. cit.*, p. 371.
256. *RDCM*, 1908, n° 68.

conseil est amené à s'intéresser à une initiative des milieux réformateurs. En 1904, Siegfried a déposé une proposition dont Juillerat résume ainsi l'esprit :

> « Partant du principe que "nul ne doit s'enrichir de sa faute", le projet Siegfried déclare qu'en cas d'expropriation pour cause d'insalubrité l'indemnité à allouer au propriétaire ne peut être supérieure à la valeur vénale courante de l'immeuble et ne comprendra jamais d'indemnité pour le fait de dépossession[257]. »

D'après Lemarchand, du conseil municipal, l'idée a été bien accueillie par l'opinion même si elle est restée lettre morte. Siegfried revient à la charge en 1908, ave une nouvelle proposition. Entre temps, la Commission permanente de la tuberculose du ministère de l'Intérieur s'est saisie de la question. Sur un rapport de Juillerat, elle adopte un nouveau projet, permettant l'expropriation pour insalubrité dans des conditions moins onéreuses pour les villes, que Siegfried substitue à sa proposition primitive[258]. Le 21 novembre 1910, les édiles adoptent « un vœu tendant au vote par le Parlement d'une loi portant expropriation pour œuvre de salubrité publique[259] ». Quelques jours plus tard, Lemarchand, « à la veille d'une période de grands travaux très coûteux pour la ville de Paris », invite ses collègues à émettre le vœu « que le Parlement vote, sans retard, la proposition de loi déposée par M. Jules Siegfried en 1904 et relative à l'expropriation d'utilité publique pour cause d'insalubrité[260] ». L'épisode témoigne d'une reconnaissance par les édiles de l'action des réformateurs sociaux. Au sujet de l'« aménagement rationnel des villes », on assiste à une évolution du même ordre, dans laquelle Dausset joue un rôle de premier plan.

Dès 1908, Dausset a intégré la problématique de l'« aménagement rationnel des villes » à son projet pour l'enceinte. Il ne s'agit pas d'une démarche de circonstance, comme en témoigne l'intérêt qu'il accorde à la question dans son *Rapport général présenté au nom du Comité du budget*[261]. Cet intérêt persiste au-delà de 1908, Dausset mettant à profit ses fonctions de rapporteur général du budget pour faire prévaloir les principes d'un « aménagement rationnel » de l'agglomération parisienne.

En janvier 1910, Dausset demande à ses collègues d'adopter plusieurs dispositions annexées au rapport général sur le projet de budget de 1911, parmi lesquelles figure le projet de délibération suivant :

---

257. P. Juillerat, *Une institution nécessaire*, *op. cit.*, p. 84.
258. *PVCM*, 1910, 28 nov.
259. *Ibid.*, 21 nov.
260. *Ibid.*, 28 nov.
261. *RDCM*, 1908, n° 68.

> « Le Conseil,
> [...]
> Considérant qu'il importe d'établir un plan d'extension pour le développement de Paris et des communes suburbaines limitrophes, tant au point de vue de la circulation que de l'esthétique et de l'hygiène,
> Délibère :
> M. le Sénateur, Préfet de la Seine, est invité à constituer une commission [...] chargée d'élaborer les conditions du concours à établir pour dresser le plan d'extension de Paris et des communes limitrophes[262]. »

Dès 1910 la notion de « plan d'extension » est donc présente chez Dausset. En 1912 ce dernier, qui est toujours rapporteur général du Comité du budget, consacre un chapitre de son rapport au « développement de Paris[263] ». Il y expose des idées très proches de celles de la Section d'hygiène. L'adhésion de Dausset à l'idée d'un « plan d'extension » de la capitale est donc précoce et durable[264]. Elle n'attend pas la conclusion de la bataille pour l'aménagement de l'enceinte. C'est sans doute ce qui rend possible le ralliement du Musée social au projet Dausset.

L'avocat de l'« aménagement rationnel des villes » au conseil n'est pas isolé. Parmi les activités du Service des travaux historiques de la ville de Paris, on recense un « enseignement de l'histoire de Paris, professé par l'Inspecteur des travaux historiques[265] ». En 1910-1911, les cours ont porté sur les thèmes suivants : « les espaces libres à Paris au XVIIe siècle » et « l'évolution urbaine à Paris[266] ». Par ailleurs, le budget municipal comprend des dépenses pour le renouvellement de l'indemnité à Marcel Poëte pour son cours sur l'histoire de Paris, pour les honoraires des auteurs de l'histoire générale de Paris, pour les travaux de dépouillements documentaires et bibliographiques relatifs à l'histoire de Paris et pour l'histoire de Paris pendant la Révolution et l'époque contemporaine. Ces dépenses sont à la fois l'indice et le vecteur de la diffusion d'une « culture générale urbanistique » chez les édiles, dont les racines sont d'ailleurs assez anciennes : en 1911, l'enseignement sur l'histoire de Paris est entré dans sa neuvième année[267]. L'intérêt pour l'histoire de l'urbanisme de la capitale est donc antérieur à l'intervention du Musée social dans le débat sur l'enceinte, comme en témoigne d'ailleurs la création dès 1897 de la Commission du Vieux Paris.

262. *PVCM,* 1910, 31 janv.
263. *RDCM,* 1912, n° 95.
264. Dausset présidera le Comité supérieur de l'aménagement et de l'organisation générale de la région parisienne après la première guerre mondiale. R. Payre, *À la recherche de la « science communale ». Les « mondes » de la réforme municipale dans la France de la première moitié du vingtième siècle,* thèse de doctorat de science politique, université Grenoble II Pierre Mendès France, Institut d'études politiques, déc. 2002, p. 223-224.
265. *PVCM,* 1911, 28 déc.
266. *Ibid.*
267. *Ibid.*

On ne peut donc pas créditer le Musée social de l'émergence des préoccupations urbanistiques au conseil. Son action n'est cependant pas sans effet. Elle consolide l'intérêt édilitaire pour les espaces libres et l'esthétique urbaine en accroissant les gratifications, présentes depuis la mobilisation des « gens du monde », accordées aux élus s'emparant de ces questions. Elle oriente aussi les préoccupations des édiles vers l'enjeu mieux défini qu'est l'« aménagement rationnel des villes ». L'échec du Musée social est relatif : il perd la manche que constitue l'aménagement de l'enceinte mais, dans la mesure où la thématique de l'« aménagement rationnel des villes » pénètre le conseil municipal, il a gagné la partie, ou du moins a contribué à la gagner.

Ces réflexions incitent à nuancer l'idée que les réformateurs sociaux se font de l'efficacité de leur action d'« entrepreneurs de normes » hygiéniques et urbanistiques. S'ils ont, avec les « gens du monde », incité les socialistes à faire des espaces libres en général et des fortifications en particulier un enjeu, ils ne semblent pas avoir fait véritablement œuvre d'« entrepreneurs de normes » à l'égard des édiles parisiens. La mobilisation, tardive, du Musée social a au mieux contribué marginalement à diffuser la thématique des « espaces libres » auprès des élus locaux. Le travail était déjà fait.

Une fraction au moins des édiles semble d'ailleurs n'avoir même pas attendu les « gens du monde » et le « Tout-Paris » pour prendre en compte les impératifs de l'hygiène et de l'esthétique tels que les conçoivent les autorités sociales mobilisées pour défendre le bois de Boulogne en 1905. Sans doute les élus parisiens du début du siècle touchent-ils par trop de points au « Tout-Paris » pour que la campagne du *Figaro* soit nécessaire pour les sensibiliser aux espaces libres.

Quels sont alors les effets de la mobilisation des réformateurs sur l'enceinte ? La rentabilité de cette mobilisation est avant tout interne au milieu de la réforme sociale en général et au Musée social en particulier. L'aménagement des fortifications semble jouer un rôle clé dans la conversion des hygiénistes et des réformateurs sociaux au principe de l'« aménagement rationnel des villes » ou autrement dit à l'urbanisme. Présenté depuis les années 1880 comme une question d'hygiène, le sort de l'enceinte possède aussi une dimension esthétique, confirmée par la campagne de 1905. La rencontre de ces deux types de préoccupations au sujet d'un espace à aménager fait des fortifications un des lieux où s'élabore la transmutation de l'hygiénisme en urbanisme[268].

268. L'urbanisme se reconnaît d'ailleurs comme l'héritier de l'ensemble de ces courants. Le géographe F. Schrader, proche des urbanistes de la section, écrit en 1917 : « De cet ensemble de conditions défectueuses, constatées soit par les hygiénistes, soit par les urbanistes, soit par les historiens régionaux, est née, sans concert préalable, la science urbaniste. » F. Schrader, « L'évolution des cités. À propos d'ouvrages récents (P. Geddes, Agache, Auburtin, Redont, E. Cacheux) », *Annales de*

Ce n'est qu'en tenant compte de cet effet interne aux milieux réformateurs de la mobilisation sur l'enceinte qu'on peut en dégager les éventuels effets sur les élus locaux. La conversion de Dausset à l'« aménagement rationnel des villes » ne peut être entièrement attribuée au Musée social. Dès 1908 la thématique est présente chez l'édile. Cependant, en réclamant un aménagement de l'enceinte conforme aux impératifs de l'« aménagement rationnel des villes », les réformateurs sociaux, qui ont recueilli l'héritage des « gens du monde », ont accru les gratifications auxquelles pouvaient s'attendre les édiles qui s'intéressaient à l'enceinte dans cette perspective. Le Musée social a ainsi sans doute accéléré le ralliement d'ensemble des élus locaux, au-delà de Dausset, à l'idée d'un « aménagement rationnel » de la capitale.

géographie, vol. 26, 1917, p. 1-14. Voir p. 5. Schrader constitue d'ailleurs un exemple de ce passage à l'urbanisme : assez éloigné de l'institution universitaire, il se passionne pour la préservation des sites et appartient au Club alpin français. V. Berdoulay, *L'École française de géographie*, *op. cit.*, p. 171-173.

Conclusion

Des partisans de l'autonomie municipale aux urbanistes de la Section d'hygiène, les fortifications sont constituées en enjeu par des acteurs très divers. Depuis les années 1880, leur sort a fait couler beaucoup d'encre, mais les modalités de leur aménagement ne sont arrêtées qu'en 1919. Des nombreux projets en présence, l'immense majorité finit dans des cartons, à tel point que J.-L. Cohen et A. Lortie voient dans l'enceinte un « cimetière de projets[1] ». Faut-il pour autant parler d'échec pour les acteurs qui se sont mobilisés sur la question des fortifications ?

La question vaut pour Guyot et les partisans de l'autonomie communale, qui n'obtiennent aucune satisfaction concrète. Elle peut aussi être posée au sujet de la Section d'hygiène qui finit par se rallier à l'aménagement proposé par un édile. Dans ce dernier cas, on peut répondre par la négative : à la fin des années 1900, les élus locaux parisiens, Dausset en tête, ont intégré la problématique de l'« aménagement rationnel des villes ». Cependant une nuance s'impose. Ce ralliement ne peut pas être mis entièrement à l'actif du Musée social, même si celui-ci a contribué à l'accélérer. Parmi les édiles, les socialistes possibilistes n'ont pas attendu l'engouement pour les « espaces libres » pour réclamer un aménagement de l'enceinte répondant aux exigences de ce qu'on n'appelait pas encore l'« aménagement rationnel des villes ». On rencontre également au conseil municipal des « gens du monde » ou des membres du « Tout-Paris » qui se sont joints à la campagne du *Figaro*, comme d'Andigné et certains de ses collègues.

Il faut cependant aussi tenir compte des rentabilités internes de la mobilisation en faveur du déclassement puis de l'aménagement des fortifications. En réclamant une suppression hygiénique de l'enceinte, Guyot et le Groupe de l'autonomie communale contribuent à la structuration du champ politique municipal, sans sortir en apparence de leurs attributions d'édiles interdits de « politique » : la question est présentée comme relevant de l'hygiène et non de la « politique ». De même, pour la Section d'hygiène, la rentabilité d'un engagement en faveur de l'aménagement de l'en-

1. J.-L. Cohen et A. Lortie, *Des fortifs au périf*, *op. cit.*, p. 13.

ceinte ne se mesure pas à la seule aune de ses rapports de conflit et de coopération avec les édiles. En se saisissant en 1908 des fortifications, le Musée social recueille l'héritage des « gens du monde » : les espaces libres sont maintenant l'affaire de gens sérieux comme les hygiénistes, les réformateurs sociaux et les futurs urbanistes. Dans la légitimité mixte revendiquée par les partisans des « espaces libres », faite de compétence et d'excellence sociale, le premier terme tend désormais à prendre le dessus.

Au tournant des années 1900-1910, les fortifications occupent une place considérable dans les travaux et les discussions de la section. Or il s'agit d'une période cruciale pour l'urbanisme, en passe de se constituer comme ensemble de savoirs et de techniques et comme corps de professionnels. Le sort de l'enceinte apparaît ainsi comme un des creusets dans lesquels s'élabore l'urbanisme, à partir d'apports émanant d'acteurs variés : hygiénistes et réformateurs sociaux mais aussi « gens du monde » qui, pour certains, ont rejoint la section.

Conclusion générale

Paris n'est pas la seule ville française à envisager la disparition de ses fortifications à la fin du XIXe siècle. C'est – entre autres – aussi le cas de Lille : le démantèlement total de l'enceinte de la métropole du Nord est réclamé pour la première fois en 1890, par le Conseil d'arrondissement de Lille, et comme à Paris la question n'est réglée qu'en 1919 [1]. Le déclassement des enceintes fortifiées occupe d'ailleurs une place centrale dans l'émergence de l'urbanisme français [2], comme le note J.-P. Gaudin qui s'intéresse à la « mémoire perdue [3] » de l'urbanisme d'après-guerre. La récupération de vastes espaces libérés par la disparition des ouvrages militaires offre aux futurs urbanistes l'occasion de réfléchir à un « aménagement rationnel des villes » et éventuellement de le mettre en œuvre. L'utilisation des débats sur les fortifications de Paris comme une lentille à travers laquelle observer ce qui se situe en amont de la réflexion urbaniste avait donc *a priori* des chances de se révéler féconde.

Le projet impliquait de suivre l'objet « fortifications de Paris » sur la durée, des premières demandes de suppression dans les années 1880 aux réflexions des réformateurs sociaux et des futurs urbanistes au tournant des années 1900-1910. Ce faisant, il est apparu que le sort de l'enceinte en particulier, et des espaces urbains en général, constituait un enjeu pour d'autres groupes que les futurs urbanistes en cours de professionnalisation. Sont ainsi apparus les « gens du monde », au détour d'une mobilisation pour défendre l'intégrité du bois de Boulogne. Esthètes, sportifs et représentants des intérêts du tourisme (il s'agit parfois des mêmes individus) se retrouvent sur le thème des espaces libres au début du siècle. Ce type de mobilisation n'est d'ailleurs pas d'une singularité parisienne : en 1899, le projet de déclassement de la place de Lille déposé par le ministre de la Guerre s'at-

1. B. Ménager, « Les affrontements politiques et sociaux (1851-1914) », L. Trenard et Y.-M. Hilaire (dir.), *Histoire de Lille*, Paris, Perrin, 1999, p. 53-85. Voir p. 83-85.
2. Cette remarque vaut peut-être aussi pour l'étranger, comme le laissent supposer les nombreuses références des membres de la Section d'hygiène à l'aménagement des anciennes enceintes en Belgique et en Allemagne.
3. J.-P. Gaudin, *L'Avenir en plan*, *op. cit.*, p. 11 et 31-36.

tire l'opposition des esthètes et des partisans des espaces libres. Les défenseurs du patrimoine archéologique s'élèvent – avec succès – contre le projet de destruction de la citadelle de Vauban et la disparition de la promenade que constituent les fortifications suscite des protestations[4].

Avec le mouvement en faveur des espaces libres, il est bien question d'« aménagement rationnel des villes ». En la matière les « gens du monde » ont précédé les réformateurs sociaux, comme en témoigne le caractère relativement tardif de la mobilisation du Musée social sur la question des fortifications de Paris. Avec la création de la Section d'hygiène en 1908, celui-ci recueille un héritage, dont il se proclame le détenteur légitime : tel est le sens du « Résumé historique » de R. de Souza, qui rejoint la section alors qu'il fait lui-même partie de ces « gens du monde » soucieux d'« aménagement rationnel des villes ». Une des conditions de possibilité du coup de force des réformateurs sociaux est peut-être l'existence au début du siècle de ce qu'on peut appeler un « hygiénisme mondain ».

Les « gens du monde » sont évacués de la mémoire professionnelle des urbanistes, alors que les recherches sur la naissance de l'urbanisme font apparaître le rôle des hygiénistes et des réformateurs sociaux[5]. En tant qu'individus, des « hommes du monde » peuvent apparaître dans l'histoire de la profession (comme Souza chez J.-P. Gaudin). Cependant leur présence est analysée dans une autre optique : il s'agit par exemple de mettre en évidence les logiques de professionnalisation des urbanistes. L'appartenance de Souza à cet ensemble aux limites floues que forment les « gens du monde » est alors interprétée comme une absence d'inscription dans un réseau professionnel : l'esthète est un « amateur » par opposition aux « spécialistes » et la légitimité qu'il invoque est celle du sens commun et de l'autorité des notables[6].

Suivre sur la durée un objet comme les fortifications de Paris apporte donc des enseignements sur l'environnement dont sont issus les urbanistes. Celui-ci est beaucoup plus large que les recherches sur l'histoire de la réforme sociale ne le laissent supposer. La démarche permet aussi d'enrichir les découvertes d'une recherche conçue en termes d'histoire d'une profession. En particulier, l'analyse de la campagne de 1905 en faveur du bois de Boulogne permet d'approcher ces « amateurs » que sont les « gens du monde », plus difficilement repérables que les « spécialistes », et de mettre en évidence les logiques sociales qui sous-tendent leur intérêt pour l'« aménagement rationnel des villes ».

4. Pour B. Ménager, *La Dépêche*, qui relaie ces protestations, défend en fait les intérêts des propriétaires inquiets des conséquences sur les loyers d'un lotissement de l'enceinte et des commerçants qui craignent une perte de dynamisme du centre-ville. B. Ménager, « Les affrontements politiques et sociaux », *op. cit.*, p. 83. Le rapprochement avec l'interprétation que donnait Hénard des motivations de la Ligue pour les espaces libres s'impose.
5. J.-P. Gaudin, *L'Avenir en plan*, *op. cit.*, p. 25-103.
6. J.-P. Gaudin, « Robert de Souza et l'étude pratique d'esthétique urbaine », *op. cit.*

Le choix de suivre les débats sur le déclassement puis sur l'aménagement des fortifications de Paris sur la durée, même en procédant par coupes, a des conséquences méthodologiques, à l'origine d'autres découvertes.

En 1889 le socialiste possibiliste P. Brousse relance la question du déclassement des fortifications au conseil municipal. En septembre 1905, le même individu accorde deux interviews, au *Figaro* et à *L'Écho de Paris*. Une douzaine d'années séparent ces événements, où Brousse apparaît dans deux champs différents : au milieu de ses collègues de l'assemblée locale en 1889 et dans le cadre d'une campagne de presse en 1905 (Brousse s'exprime bien en tant qu'édile dans *Le Figaro* et dans *L'Écho de Paris*, mais le public auquel il s'adresse est le lectorat des quotidiens mobilisés pour préserver l'intégrité du bois de Boulogne).

En septembre 1905, le conseiller municipal Louis Dausset fait parvenir une lettre de protestation contre le projet de mutilation du Bois, comme 21 de ses collègues. Deux ans et demi plus tard, il compte au nombre des candidats aux élections municipales parisiennes acceptant de contresigner l'affiche proposée par la Section d'hygiène. Le même individu, une fois réélu, s'investit dans le règlement du sort de l'enceinte en proposant un projet d'aménagement qui entre en concurrence avec celui que défend la section.

Comment rendre compte de ces présences multiples, plus ou moins espacées dans le temps ?

Raisonner en termes d'itinéraires peut s'avérer fécond. La visibilité de Brousse dans la campagne de 1905, axée sur la défense des espaces libres, s'explique en partie par son engagement de longue date en faveur d'un règlement hygiéniste du sort de l'enceinte, qui fait de lui un « vétéran précurseur ». Brousse s'autoproclame expert « ès fortifications » et se voit, en partie au moins, reconnaître ce statut par la presse. Cette prétention s'appuie entre autres sur un travail de réflexion et d'écriture analysé dans la première partie du présent ouvrage.

De même, l'intervention, en 1908, de Dausset peut s'expliquer par sa trajectoire politique. Entré en politique à l'occasion de l'affaire Dreyfus, Dausset a rapidement vu s'éloigner les perspectives d'une carrière nationale. Sa proposition de 1908 sur l'aménagement de l'enceinte participe de la même logique que le soin qu'il accorde à sa tâche de rapporteur du budget municipal. Dans les deux cas, il s'agit de se constituer un capital de notoriété qui donnerait un second souffle à une carrière politique en panne. En revanche, en septembre 1905 Dausset ne fait que satisfaire aux obligations incombant à un certain type d'élu (nationaliste, homme de presse). De même, la signature qu'il appose sur l'affiche du Musée social participe des multiples obligations d'un candidat en campagne.

Ces exemples illustrent l'intérêt d'un raisonnement en termes de trajectoires. Ils en soulignent aussi les limites. La prise en compte des itinéraires individuels permet de rendre compte de la présence, plus ou moins marquée, de Brousse ou de Dausset sur différentes scènes mais laisse de côté ce qui se joue entre les acteurs présents sur une même scène. L'étude des différents champs dans lesquels évoluent les individus est à même d'éclairer ce point aveugle. En revanche, elle laisse de côté la pluralité des positions simultanées ou, comme dans les exemples développés ici, successives.

La définition de l'objet amenait à combiner les deux approches. Étudier la façon dont sur la durée un objet urbain était constitué en enjeu pertinent par différents groupes impliquait de naviguer entre différents champs, dans lesquels rien n'empêchait que se retrouvent les mêmes individus. La combinaison des deux démarches permet d'éclairer le paradoxe apparent que constitue la victoire remportée à la fois par les édiles, le projet d'aménagement élaboré au sein du conseil finissant par l'emporter, et par les réformateurs sociaux, les élus locaux parisiens faisant leur la problématique de l'« aménagement rationnel des villes ». Seule la prise en compte des appartenances multiples (que met en évidence l'analyse des trajectoires), alliée à un travail sur le fonctionnement de champs en interdépendance, permet de rendre compte de ce paradoxe. Dausset ne peut songer à utiliser les fortifications pour se constituer un capital dans le champ politique local et national que dans la mesure où, dans les années 1900, les prises de positions sur cet enjeu engagent deux types de légitimité : excellence sociale et compétence. Pour expliquer l'intérêt de l'édile à défendre un aménagement de l'enceinte maximisant la part d'espaces libres, il est donc nécessaire d'invoquer et la mobilisation des « gens du monde » en 1905 et celle des réformateurs sociaux trois ans plus tard.

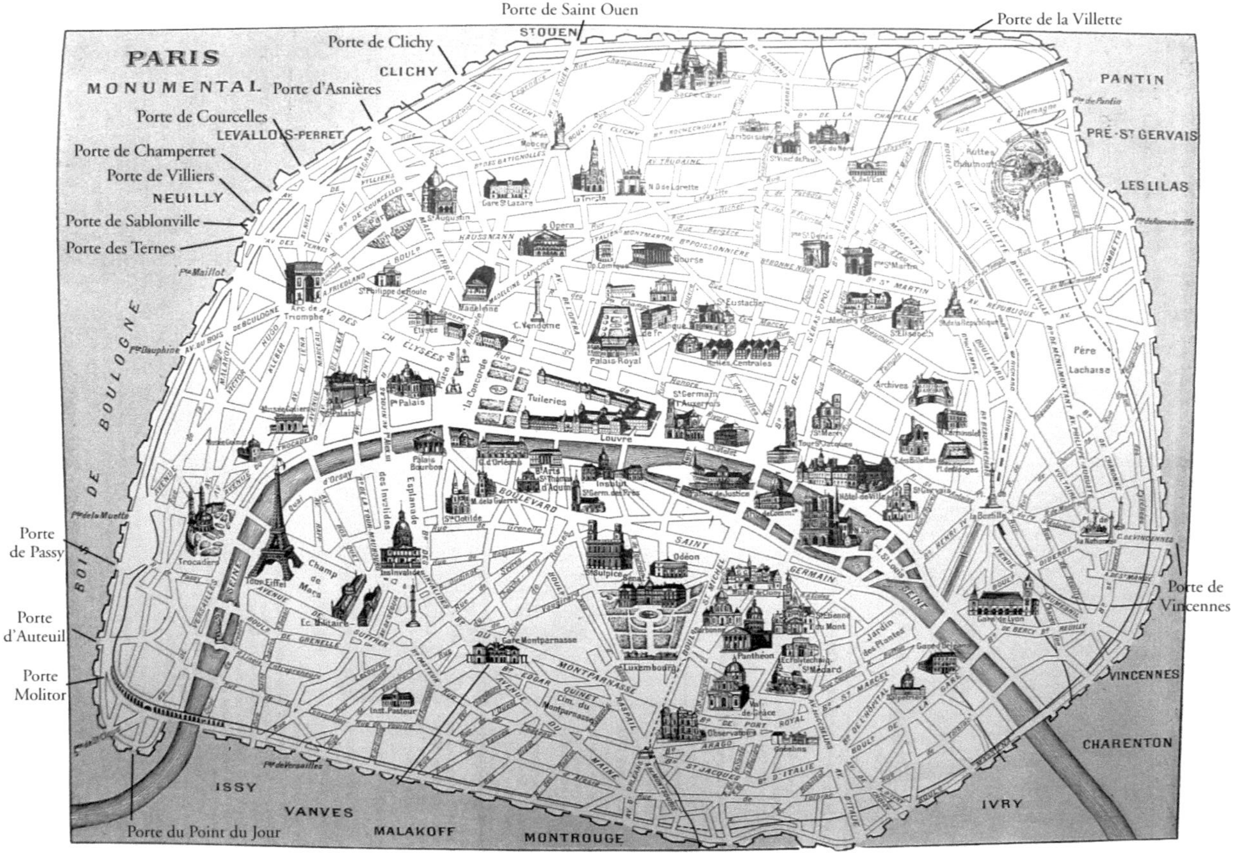

Plan de Paris d'après Fernand Bournon, *Paris Atlas* [1900], Paris, Librairie Larousse, 1989, p. XV et XVIII-XIX.

Sources et bibliographie

SOURCES

Sources manuscrites

Archives de la Seine (carton VM 17 2 : fortifications de Paris. Projets de transformations [suite]. Suppression du mur d'enceinte. Notes diverses [1882-1886]. Terrains militaires)

BARTET, *Note de l'ingénieur en chef*, 2 avril 1884.

Note sur les bases d'une convention entre l'État et la ville de Paris pour la démolition des fortifications et l'aliénation des terrains militaires désaffectés, 6 janvier 1885.

Archives du Musée social (carton « Urbanisme. Plan et lotissements »)

CROS-MAYREVIEILLE F., « La démolition des fortifications et les espaces libres à Paris ».

Conseil municipal de Paris et conseil général de la Seine (documents imprimés)

Liste de MM. les membres du Conseil général de la Seine par ordre alphabétique et par quartiers ou cantons précédée du Bureau du Conseil général et suivie de la composition des bureaux des commissions et de la liste des Conseils d'arrondissement de Sceaux et de Saint-Denis, Paris, Imprimerie municipale : n° 67, 10 fév. 1904 ; n° 69, 23 nov. 1904 ; n° 73, 2 juil. 1907 et n° 74, 23 janv. 1908.

Liste de MM. les membres du Conseil municipal par ordre alphabétique et par quartiers précédée du Bureau du Conseil municipal et suivie de la composition des bureaux des commissions du Conseil municipal et des commissions administratives, Paris, Imprimerie municipale : n° 87, 1er fév. 1900 ; n° 99, 25 juil. 1904 ; n° 100, 8 nov. 1904 ; n° 101, 12 janv. 1905 ; n° 103, 20 juin 1905 ; n° 110, 14 oct. 1907 et n° 111, 25 juil. 1908.

Rapports et documents du conseil général

1893

« Rapport de M. Paul Brousse, sur la suppression du mur d'enceinte de Paris (extraits) », imprimé du 28 mars 1893.

1902

N° 15 : Paul Brousse, « Déclassement et aliénation des fronts Ouest et Nord de l'enceinte de Paris. Deux plans ».

Rapports et documents du conseil municipal

1882

N° 78 : « Proposition relative à la suppression du mur d'enceinte de Paris (annexe au procès-verbal de la séance du 20 novembre 1882). Proposition de M. Yves Guyot tendant à la nomination d'une commission, à l'effet d'obtenir du gouvernement la désaffectation du mur d'enceinte, la cession à la ville de Paris des terrains qui en dépendent et la suppression de la zone militaire » incluant BOUSSARD, *De l'inutilité de l'enceinte fortifiée de Paris au point de vue stratégique*.

1893

N° 22 : « Rapport présenté par M. Paul Brousse au nom de la commission spéciale, sur la suppression du mur d'enceinte de Paris ».

1898

N° 107 : BROUSSE P., « Projet de désaffectation partielle du mur d'enceinte de Paris – Un plan ».

1900

N° 134 : BROUSSE P., « Communication de la Commission chargée de négocier avec l'État pour l'aliénation des terrains rendus libres par la suppression des fortifications – Convention, mémoire préfectoral et lettre du ministre des Finances ».

1902

N° 1 : « Rapport au nom de la Commission des fortifications et de la 3e Commission, sur un projet d'entente entre la Ville et l'État à propos du lotissement des terrains occupés par une partie du mur d'enceinte, présenté par MM. Paul Brousse et Adolphe Chérioux ».

1905

N° 4 : « Note. Analyse sommaire des propositions, rapports, projets de loi, débats, concernant la désaffectation du mur d'enceinte, présentée par M. Paul Brousse, Président de la Commission municipale des fortifications ».

N° 25 : « Proposition tendant à la construction d'un Palais des sports et de l'agriculture sur l'emplacement situé entre la porte d'Asnières et la porte de Courcelles, présentée par M. Émile Massard, conseiller municipal ».

1906

N° 93 : D'ANDIGNÉ F., « Rapport au nom de la Commission des fortifications sur la désaffectation des fortifications de la ville de Paris ».

1907

N° 24 : « Proposition relative à la création d'espaces libres à réserver sur la rive droite de Paris, présentée par M. Paul Brousse, conseiller municipal ».

N° 121 : « Rapport au nom de la Commission des fortifications sur l'acquisition de terrains à provenir de la désaffectation des fortifications entre la Seine et la porte de Pantin, présenté par M. Adolphe Chérioux, conseiller municipal ».

1908

N° 39 : « Rapport au nom de la Commission des fortifications sur le projet de convention à intervenir entre l'État et la ville de Paris, au sujet de la cession des fronts Ouest et Nord de l'enceinte de Paris, entre la Seine (Point-du-Jour) et le Canal Saint-Denis, présenté par M. Adolphe Chérioux, conseiller municipal ».

N° 46 : « Proposition relative aux fortifications de Paris déposée par M. Ambroise Rendu, conseiller municipal ».

N° 68 : « Rapport général présenté au nom du Comité du budget et du contrôle sur le projet de budget supplémentaire de 1908 et le projet de budget de la ville de Paris pour 1909 par M. Louis Dausset, conseiller municipal ».

N° 73 : « Proposition au sujet du déclassement total des fortifications et de la zone militaire, présentée par M. Louis Dausset, conseiller municipal ».

N° 76 : « Note, en réponse à la proposition de M. Louis Dausset, conseiller municipal, au sujet du déclassement total des fortifications et de l'annexion de la zone militaire, présentée par M. Fortuné d'Andigné, conseiller municipal ».

N° 91 : « Note complémentaire et additionnelle à la proposition au sujet du déclassement total des fortifications et de l'annexion de la zone militaire, présentée par M. Louis Dausset, conseiller municipal ».

N° 168 : « Note en réponse à la note complémentaire et additionnelle (déclassement total des fortifications et annexion de la zone militaire) présentée par M. Louis Dausset, par M. Fortuné d'Andigné, conseiller municipal ».

1909

N° 110 : « Deuxième proposition relative au déclassement total des fortifications, à l'annexion de la zone militaire et à sa conversion en espaces libres, présentée par M. Louis Dausset ».

1912

N° 95 : DAUSSET L., « Le développement de Paris », dans « Rapport général sur projet de budget de la ville de Paris pour 1912 ».

N° 130 : « Rapport au nom de la 1re Commission et de la Commission mixte des fortifications, sur le déclassement total de l'enceinte fortifiée, l'annexion de la zone militaire, et le projet de convention entre la ville de Paris et l'État, présenté par M. Louis Dausset, conseiller municipal ».

N° 160 : « Rapport au nom de la Commission mixte des fortifications sur l'aménagement des fortifications et de la zone militaire, et sur le desserrement du casernement de Paris, présenté par M. Adolphe Chérioux, conseiller municipal ».

Procès-verbaux des séances du conseil municipal

1879 : 5 août et 22 nov.
1880 : 12, 23, 28 et 30 oct., 4 nov.
1882 : 23 janv., 2 et 17 fév., 3, 13 et 22 mars, 5 mai, 2 et 12 juin, 21 et 24 juil., 20 oct., 20 nov., 13, 23 et 26 déc.
1883 : 11, 13, 15 et 30 juin.
1884 : 9 et 13 juin.
1885 : 28 et 30 janv., 12 juin.
1886 : 22 fév., 7, 26 et 28 juil., 5 août, 22 oct., 15 nov., 13, 18 et 23 déc.
1888 : 11 juin.
1889 : 22 et 25 fév., 11 mars.
1890 : 12 et 17 mars, 14 av., 17, 19 et 21 nov.
1891 : 23 fév., 16 mars, 11 mai, 18 juin, 4 et 23 nov.
1892 : 4, 11 et 13 av., 1er, 6 et 22 juin, 10 et 19 oct.
1893 : 24 fév., 8 mars, 1er av., 12 juin et 24 déc.
1894 : 12, 16 et 21 mars, 12 et 21 av., 11 juin, 1er et 11 juil.
1895 : 10 et 19 juin.
1896 : 15 juin, 6 juil. et 16 oct.
1897 : 11 oct., 15 nov. et 17 déc.
1898 : 4 mars.
1901 : 18, 21 et 23 janv., 13 juil. et 30 déc.
1902 : 18 janv.
1906 : 9 av.
1907 : 13 et 31 mars, 31 déc.
1908 : 2, 4 et 14 fév., 29 juin, 6 et 10 juil., 4 nov.
1909 : 29 mars et 31 déc.
1910 : 31 janv., 13 et 15 fév., 9 et 16 mars, 6 et 25 juin, 21, 25 et 28 nov., 5, 9, 19, 22, 29, 30 et 31 déc.
1911 : 10 nov., 8, 22, 28 et 30 déc.

Les socialistes et l'enceinte

Lettre de Robert Hertz à Albert Thomas, entre le 21 et le 24 fév. 1908.

Sources imprimées

Musée social (documents consultables à la bibliothèque du CEDIAS)

Publications du Musée social

• *Annales du Musée social* :

Fév. 1904
« Travaux des sections. Section des missions : séance du 19 janvier 1904 », p. 67.

Juil. 1908
« Travaux des sections. Section d'hygiène urbaine et rurale : séance du 11 juin 1908 », p. 227-230.

Fév. 1909
« Travaux des sections. SHUR : séance du 14 janvier 1909 », p. 54-60.

Août 1909
« Travaux des sections. SHUR : séance du 10 juillet 1909 », p. 246-252.

Déc. 1909
« Travaux des sections. SHUR : séance du 11 novembre 1909 », p. 388-397.

Fév. 1911
« Travaux des sections. SHUR : séance du 20 janvier 1911 », p. 63-72.

Janv. 1912
« Travaux des sections. SHUR : séance du 16 novembre 1911 », p. 32-36.

Juil. 1912
« Travaux des sections. SHUR : séance du 12 juin 1912 », p. 262-268.

Déc. 1912
« Travaux des sections. SHUR : séance du 27 juin 1912 », p. 420-433.

Av. 1913
« Travaux des sections. SHUR : séance du 16 janvier 1913 », p. 110-115.
« Travaux des sections. SHUR : séance du 13 février 1913 », p. 115-119.

Janv. 1914
« Travaux des sections. SHUR : séance du 27 novembre 1913 », p. 43-50.

Av. 1914
« Travaux des sections. SHUR : séance du 2 février 1914 », p. 146-154.

Juin 1914
« Travaux des sections. SHUR : séance du 18 janvier 1914 », p. 205-209.
« Travaux des sections. SHUR : séance du 2 avril 1914 », p. 209-213.

Juil. 1914
« Travaux des sections. SHUR : séance du 22 décembre 1913 », p. 251-257.

• *Mémoires et documents du Musée social* :

1908
« Les espaces libres à Paris. Par M. Eugène Hénard », p. 186-196.
DE SOUZA R., « Les espaces libres. Résumé historique », p. 177-185.
DE CLERMONT R. et CROS-MAYREVIEILLE F., « La campagne électorale municipale de 1908 », p. 197-200.
« Compte rendu de la réunion en faveur des espaces libres tenue dans le Grand Amphithéâtre de la Sorbonne le 5 juillet 1908. Allocution de M. Jules Siegfried », p. 201-203.
« Compte rendu de la réunion en faveur des espaces libres [...]. Rapport au nom de la Section d'hygiène urbaine et rurale présenté par M. Georges Risler », p. 203-210.
« Compte rendu de la réunion en faveur des espaces libres [...]. Discours de M. le Docteur Landouzy », p. 210-215.
« Compte rendu de la réunion en faveur des espaces libres [...]. Conférence de Maître Henri Robert », p. 215-223.
« Compte rendu de la réunion en faveur des espaces libres [...]. Discours de M. Beauquier », p. 223-224.
« Compte rendu de la réunion en faveur des espaces libres [...]. Discours de M. Ribot », p. 224-231.

1909
SIEGFRIED J., « Les espaces libres à Paris. Les fortifications remplacées par une ceinture de parcs. I Exposé », p. 73-77.
HÉNARD E., « Les espaces libres à Paris. Les fortifications remplacées par une ceinture de parcs. II Rapport technique », p. 78-90.

1910
« Les espaces libres dans les grandes villes. Conférence faite au Musée social en février 1909 par M. Georges Risler », p. 353-372.

1912
RISLER G., « Les plans d'aménagement et d'extension des villes », p. 301-351.

Juil.-août 1921
« Section d'hygiène urbaine et rurale et de prévoyance sociale du Musée social : réunion du 25 juin 1914 », p. 175-179.
« SHURPS MS : réunion du 10 décembre 1914 », p. 179-191.
« SHURPS MS : réunion du 29 janvier 1915 », p. 191-194.
« SHURPS MS : réunion du 23 mars 1915 », p. 196-200.
« SHURPS MS : réunion du 29 avril 1915 », p. 200-214.
« SHURPS MS : réunion du 16 décembre 1915. Ordre du jour : décès de M. Robert Schlœsing, membre de la section », p. 214-234.

Sept. 1921
« SHURPS MS : réunion du 20 décembre 1918 », p. 264-266.
« SHURPS MS : réunion du 7 février 1919 », p. 267-270.

• *Revue mensuelle du Musée social* :

Fév. 1922
« Travaux des sections. SHURPS : séance du 18 février 1921 », p. 65-67.

Av. 1922
« Travaux des sections. SHURPS : séance du 22 avril 1921 », p. 153-155.

Sept. 1927
« Travaux des sections. SHUR : séance du 28 novembre 1926 », p. 269-276.

Août 1929
« M. Georges-Risler, Grand Officier de la Légion d'honneur », p. 348-349.

Publications des membres du Musée social

BENOIT-LÉVY G., *La Cité-Jardin*, Paris, Henri Jouve éditeur, 1904.
FORESTIER J.-C. N., *Grandes villes et systèmes de parcs*, Paris, Hachette et Cie, 1906.
GIDE C., préface à BENOIT-LÉVY G., *La Cité-Jardin*, Paris, Henri Jouve éd., 1904, p. I-VI.

HÉNARD E., *Études sur les transformations de Paris*, fasc. 2 : « Les alignements brisés. La question des fortifications et le boulevard de Grande-Ceinture », Paris, Librairies-Imprimeries réunies Dr Motteroz, 1903.

HÉNARD E., *Études sur les transformations de Paris*, fasc. 3 : « Les grands espaces libres – Les parcs et jardins de Paris et de Londres », Paris, Librairies-Imprimeries réunies Dr Motteroz, 1903.

JUILLERAT P., *L'Hygiène du logement*, Paris, Librairie Ch. Delagrave, 1905.

JUILLERAT P., *Une institution nécessaire. Le Casier Sanitaire des Maisons*, Paris, Librairie médicale et scientifique Jules Rousset, 1906.

Les socialistes et l'enceinte

HALBWACHS M., *La Politique foncière des municipalités* [1908], *Classes sociales et morphologie*, présentation de V. KARADY, Paris, Minuit, 1972, p. 117-198.

THOMAS A., « Espaces libres et fortifications », *Les Cahiers du socialiste*, n° 4, 1908.

THOMAS A., « Contre les espaces libres, le Conseil municipal débute », *L'Humanité*, 7 juil. 1908.

Les géographes

« Villes », DEMANGEON A. (dir.), *Dictionnaire manuel illustré de géographie*, Paris, A. Colin, p. 833.

DUPUY P., « Le sol et la croissance de Paris », *Annales de géographie*, vol. 9, 1900, p. 340-358.

PASQUET D., « Le développement de Londres. (Premier article) », *Annales de géographie*, vol. 7, 1898, p. 329-350.

PASQUET D., « Le développement de Londres. (Second article) », *Annales de géographie*, vol. 8, 1899, p. 22-48.

SCHRADER F., « L'évolution des cités. À propos d'ouvrages récents (P. Geddes, Agache, Auburtin, Redont, E. Cacheux) », *Annales de géographie*, vol. 26, 1917, p. 1-14.

VIDAL DE LA BLACHE P., « Londres et les ouvriers de Londres d'après M. D. Pasquet », *Annales de géographie*, vol. 23-24, 1914-1915, p. 430-433.

La presse

La presse et la proposition Guyot

« Informations », *L'Intransigeant*, 22 fév. 1885.

« Les fortifications de Paris », *La Lanterne*, 21 av. 1884.

Le Matin, 24 fév. 1885, p. 3, sans titre.

P. D., « Les fortifications de Paris et la question du Champ de Mars », *La Justice*, 21 fév. 1885.

« Paris 12 novembre », *La République française*, 13 nov. 1883.

« Les fortifications de Paris », *La Revue des travaux publics*, 26 mars 1885.

La presse de 1905

• La campagne pour la sauvegarde du bois de Boulogne :

L'Aurore

Maurice Longuet, « Le Bois de Boulogne », 12 sept. 1905.

L'Auto

Le Téléphoniste, « Âllo ! Âllo ! », 9 sept. 1905.

L'Écho de Paris

F. d'Andigné, « L'Agrandissement du Bois de Boulogne. Démolition de l'enceinte et réclamations de la Ville », 6 sept. 1905.

Paul Delay, « Le Bois de Boulogne menacé ! », 9, 15, 19 et 21 sept. 1905.

Sparklet, « Le Trottoir roulant », 10 sept. 1905.

L'Éclair

« Le Bois de Boulogne », 8 et 15 sept. 1905.

Le Figaro

Edmond Deschaumes, « La vie à Paris. Les arbres de la porte Maillot », 18 sept. 1905.

Le Masque de Fer, « Nouvelles à la Main », 8 et 9 sept. 1905.

Le Passant, « La chute des arbres », 14 sept. 1905.

Frantz Reichel, « Le Bois de Boulogne livré aux bûcherons », 3 sept. 1905.

Frantz Reichel, « Sauvons les arbres du Bois », 6 sept. 1905.

Frantz Reichel, « Pour sauver le Bois », 7, 8, 9, 10, 11, 12, 13, 14, 18, 20 et 26 sept. 1905.

Frantz Reichel, « Le Comité de défense du bois de Boulogne », 14 et 15 sept. 1905.

Le Gaulois

Guy Dorval, « Un acte de vandalisme. La mutilation projetée du Bois de Boulogne », 7 sept. 1905,

L'Intransigeant

Henri Rochefort, « Le Mutilé », 10 sept. 1905.

Le Journal

« Journaux de ce matin », 20 sept. 1905.

Edmond Le Roy, « Les arbres du Bois », 8 sept. 1905.

Le Journal des débats

« Nouvelles du jour. Les arbres du Bois de Boulogne », 4 sept. 1905.

La Liberté

V., « Notes parisiennes », 10 sept. 1905.

La Libre Parole

Édouard Drumont, « La verdure et l'air pour Paris », 21 sept. 1905.

J. B. L., « La mutilation du bois de Boulogne », 9 sept. 1905.

Passavant, « Échos », 4 sept. 1905.

Le Matin

« Journaux de ce matin. Échos et nouvelles », 9 sept. 1905.

Le Petit Caporal

« Le Comité de défense du bois de Boulogne », 16 sept. 1905.

« Pour le bois de Boulogne », 18 sept. 1905.

Le Petit Journal

« Les fortifications et le bois de Boulogne », 5 sept. 1905.

« Paris a besoin d'air », 12 sept. 1905.

« Échos de partout », 14 sept. 1905.

Le Petit Parisien

Jean Frollo, « Les arbres de Paris », 14 sept. 1905.

Le Peuple français

H. Le Boulanger, « Pour le peuple de Paris », 28 sept. 1905.

« Échos et nouvelles », 17 sept. 1905, p. 2.

La Presse

Léon Bailby, « On peut sauver le Bois si on le veut », 12 sept. 1905.

La République française

Félix Roussel, « Les fortifications et le Bois », 25 sept. 1905.

Le Soir

Henri Martin, « Pour les arbres », 15 sept. 1905.

Trivelin, « De l'air », 13 sept. 1905.

Le Soleil

Furetières, « Au jour le jour. Vive la Ligue! », 8 sept. 1905.

Le Temps

Jules Claretie, « La vie à Paris », 8 sept. 1905.

Camille Génat, « La question des fortifications », 20 sept. 1905.

• Hygiène et réforme sociale :

L'Aurore

Docteur René Martial, « Causeries d'hygiène », 20 sept. 1905.

L'Auto

Le Téléphoniste, « Âllo! Âllo! (Améliorons les hôtels) », 24 sept. 1905.

L'Écho de Paris

Docteur Raoul Blondel, « La vie médicale », 7 sept. 1905.

Docteur Raoul Blondel, « Le choléra », 8 septembre 1905.

Docteur Raoul Blondel, « La vie médicale. La cure thermale », 15 sept. 1905.

Docteur Raoul Blondel, « La vie médicale. Les rayons X », 21 sept. 1905.

Docteur Raoul Blondel, « La vie médicale. Dégénérescence », 27 sept. 1905.

Octave Uzanne, « Propos de vacances. L'industrie hôtelière », 1er sept. 1905.

Octave Uzanne, « La santé publique à Paris. Fiacres homicides », 14 sept. 1905.

L'Éclair

Ernest Laroche, « Pour les déments », 14 sept. 1905.

Ernest Laroche, « Des œuvres à créer », 20 sept. 1905.

Le Figaro

Horace Bianchon, « Le grand congrès de la tuberculose », 24 sept. 1905.

Horace Bianchon, « Le congrès de la tuberculose », 28 et 30 sept. 1905.

Horace Bianchon, « Au congrès de la tuberculose », 3 oct. 1905.
Fabien, « Le Five o'clock du "Figaro" », 3 oct. 1905.
« Au pays de l'alcoolisme », 29 sept. 1905.
« Le Congrès de la tuberculose », 29 sept. 1905.
« À travers Paris », 1er oct. 1905.
« Paris au jour le jour : informations », 1er oct. 1905.
« Paris au jour le jour », 2 oct. 1905.
« Paris au jour le jour : informations », 2 oct. 1905.
« À travers Paris », 3 oct. 1905.
« Paris au jour le jour », 3 oct. 1905.
Docteur Maurice de Fleury, « Quelques conseils pour vivre vieux », 10, 15, 19 et 23 août et 1er et 4 sept. 1905.
Docteur Maurice Letulle, « La guerre à la tuberculose », 25 sept. 1905.
Paul Manoury, « La vie sportive : gymnastique », 2 oct. 1905.
Paul Strauss, « L'école du bien », 20 sept. 1905.
Paul Strauss, « La grande bataille », 2 oct. 1905.

L'Intransigeant

Docteur Numa, « Causerie médicale. L'urgence et les hôpitaux », 9 sept. 1905.

Le Journal

Lucien Descaves, « La peur », 10 sept. 1905.
Lucien Descaves, « C'est pour l'enfant », 15 sept. 1905.
Émile Gautier, « La réhabilitation de l'eau de Javel », 7 sept. 1905.
Émile Gautier, « Pour les Cent Kilos », 15 sept. 1905.
Docteur Léon Petit, « Le Congrès international de la tuberculose », 28 sept. 1905.

Le Matin

Docteur Maurice Letulle, « Les assises de la tuberculose », 22 sept. 1905.
Docteur H. de Rothschild, « Pour nos enfants », 20 sept. 1905.

• Divers :

L'Éclair

« Informations politiques », 21 sept. 1905.

Le Figaro

Marcel Ballot, « La vie littéraire », 2 oct. 1905.
G. Davenay, « Censurés ! », 22 sept. 1905.
« À travers Paris », 30 sept. 1905.

L'Intransigeant

« Cas de M. Paul Brousse », 23 sept. 1905.
Henri Rochefort, « L'accusé et ses juges », 17 sept. 1905.

Le Petit Journal

« M. Brousse, Président du Conseil municipal et de la fédération socialiste », 22 sept. 1905.

La République française

Louis Latapie, « Perinde ac cadaver », 21 sept. 1905.
Montecourt, « Échos de partout », 2, 4 et 6 sept. 1905.
« Tribunaux », 13 déc. 1905.

Divers

ALLAIS A., *Pour cause de fin de bail* [1899], ALLAIS A., *Œuvres anthumes*, Paris, Robert Laffont, 1989, p. 933-934.
BENJAMIN W., *Paris, capitale du XIXe siècle*, Paris, Cerf, 1989.
BOURNON F., *Paris Atlas* [1900], Paris, Larousse, 1989.
BRICET A., *L'Enceinte et la zone de Paris*, thèse de l'Institut d'urbanisme de l'université de Paris, 1938.
BRISSET P., *La Zone de Paris et la loi du 10 avril 1930*, thèse de doctorat de sciences politiques et économiques (soutenue en 1933), faculté de droit de l'université de Paris, Melun, Imprimerie administrative, 1932.
DU CAMP M., *Paris, ses organes, ses fonctions et sa vie jusqu'en 1870* [1869-1876], Monaco, Rondeau, 1993.
DU MONT H., *Transformation de la zone militaire de Paris au point de vue : 1 de la défense militaire de Paris ; 2 des voies de communication suburbaines ; 3 de la création de logements et habitations salubres et à bon marché*, Société de la zone militaire de Paris, H. Du Mont directeur, 1890.
FLOURENS J., *Les Fortifications de Paris. Leur histoire. Leur désaffectation future et ses*

conséquences, thèse de droit, faculté de droit de l'université de Paris, Librairie de la Société du recueil J.-B. Sirey et du Journal du Palais, 1908.

GUYOT Y., *La Suppression des octrois et la politique expérimentale : conférence avec graphiques faite à la Mairie de la rue Drouot, le 9 décembre 1885*, Ligue permanente pour la défense des intérêts des contribuables et des consommateurs, Paris, Plon, Nourrit et Guillaumin, Marpon et Flammarion, 1885.

GUYOT Y., *Paris ouvert*, Ligue permanente pour la défense des intérêts des contribuables et des consommateurs, C. Marpon et E. Flammarion, Guillaumin et Cie, non daté.

LEROUX G., *Rouletabille chez Krupp* [1917], *Les Aventures extraordinaires de Rouletabille*, Paris, Robert Laffont, 1988, p. 2-120.

La Ligue pour les espaces libres, l'Assainissement et les Sports, *Déclassement des fortifications et conversion de la zone en espaces libres*, Paris, Pierre Roger et Cie, non daté.

Le Livre foncier de Paris (deuxième partie). Notice sur le cadastre municipal. Valeur en capital des propriétés bâties et non bâties en 1901. Tableaux statistiques et graphiques. Renseignements généraux, Paris, Imprimerie Chaix, 1901.

MIZRAKI J. et SOULIER E., Ligue pour le déclassement du mur d'enceinte de Paris, *Les Servitudes militaires et les fortifications de Paris devant l'opinion publique. Les phases d'une campagne*, Paris, Nouvelle Librairie parisienne, Albert Savine éditeur, 1893.

PETIT Dr L., « L'hygiène et le Touring-Club », *La Revue universelle*, 1904.

PICOT G., « Les fortifications de Paris. Essai d'histoire contemporaine », *Revue des deux Mondes*, 15 oct. 1870.

VERNE J., *Les Cinq cents millions de la Bégum* [1879], Paris, Flammarion, 1994.

BIOGRAPHIES

Annuaire Didot-Bottin (Bottin mondain), Paris, 1905.

Les Archives biographiques contemporaines, 2e série (années 1906-1917).

AUGÉ C. (dir.), *Larousse mensuel illustré. Revue encyclopédique universelle*, Paris, Librairie Larousse, n° 32, oct. 1909.

CURINIER C.-E., *Dictionnaire national des contemporains*, Paris, Office général d'édition, 1898-1905 (5 tomes).

DE LA BARRIÈRE C. et MOCQUANT L., *Le Nouveau Conseil municipal de Paris. Biographies et programmes des candidats élus en 1884*, Paris, E. Dentu libraire-éd., 1884.

DE LA BARRIÈRE C. et MOCQUANT L., *Le Nouveau Conseil municipal de Paris. Biographies et programmes. Élections partielles de 1886*, Paris, E. Dentu libraire-éd., 1886.

Dictionnaire de biographie française, Paris, Letouzey et Ané :
BALTEAU J., BARROUX M. et PRÉVOST M. (dir.), t. 1 à 3, 1933-1939;
PRÉVOST M. et ROMAN D'AMAT J.-C. (dir.), t. 4 à 8, 1951-1959;
ROMAN D'AMAT J.-C. (dir.), t. 9, 1961;
ROMAN D'AMAT J.-C. et LIMOUZIN-LAMOTHE R. (dir.), t. 10 et 11, 1965 et 1967;
ROMAN D'AMAT J.-C. (dir.), t. 12 et 13, 1970 et 1975;
PRÉVOST M., ROMAN D'AMAT J.-C. et TRIBOUT DE MOREMBERT H. (dir.), t. 14 à 17, 1980-1989;
PRÉVOST M., ROMAN D'AMAT J.-C., TRIBOUT DE MOREMBERT H. et LOBIES J.-P. (dir.), t. 18, 1994;
LOBIES J.-P. (dir.), t. 19, 2001.

GAY E., *Nos édiles, 1904-1908*, Paris, La Nouvelle Revue française, non daté.

Grand Larousse encyclopédique, t. 2, Paris, Larousse, 1979.

JOLLY J. (dir.), *Dictionnaire des parlementaires français*, Paris, PUF, 1960-1977 (8 tomes).

LAMI E.-O., *Dictionnaire encyclopédique et biographique de l'industrie et des arts industriels*, Paris, Librairie des dictionnaires, 1881-1891.

LERMINA J. (dir.), *Dictionnaire universel illustré biographique et bibliographique de la France contemporaine*, Paris, L. Boulanger et Tresse et Stock éditeurs, 1884.

MAITRON J. (dir.), *Dictionnaire biographique du mouvement ouvrier français. Deuxième partie : 1867-1871*, t. 4 à 9, Paris, Éditions ouvrières, 1967-1971.

MAITRON J. (dir.), *Dictionnaire biographique du mouvement ouvrier français. Troisième partie : 1871-1914*, t. 10 à 15, Paris, Éditions ouvrières, 1975-1977.

PÉTROT. A., *Les Conseillers municipaux de Paris et les conseillers généraux de la Seine. Biographies*, Paris, Librairie Frédéric Henri, 1876.

Revue universelle, chronologie universelle, 1903.

ROBERT A., BOURLOTON E. et COUGNY G. (dir.), *Dictionnaire des parlementaires français*, Paris, Bourloton éditeur, 1891.

SEIDLER E. et PARIENTÉ R., *Dictionnaire illustré des sports*, Paris, Seghers, 1963.

Sous-commission de recherche d'histoire municipale contemporaine, *Notes biographiques sur les membres des Assemblées municipales parisiennes et des Conseils généraux de la Seine de 1800 à nos jours. 2e partie : conseils municipaux et généraux 1871-1955*, Paris, Imprimerie municipale, 1957-1958.

VAPEREAU G., *Dictionnaire universel des contemporains* (6e éd.), Paris, Librairie Hachette et Cie, 1893 (supplément à la 6e édition, 1895).

BIBLIOGRAPHIE

Bibliographie générale

ARNAUD P., *Le Militaire, l'écolier, le gymnaste. Naissance de l'éducation physique en France (1869-1989)*, Lyon, Presses universitaires de Lyon, 1992.

BECKER H. S., *Outsiders*, Paris, A.-M. Métailié, 1985.

BECKER J.-J. et AUDOIN-ROUZEAU S., *La France, la nation, la guerre*, Paris, SEDES, 1995.

BÉJIN A., « Le sang, le sens et le travail : Georges Vacher de Lapouge darwiniste social fondateur de l'anthropologie », *Cahiers internationaux de sociologie*, vol. LXXIII, 1982, p. 324-343.

BERDOULAY V., *La Formation de l'école française de géographie (1870-1914)*, Paris, Bibliothèque nationale, 1981.

BOURDIEU P., *Méditations pascaliennes*, Paris, Seuil, 1997.

BOURDIEU P., *Questions de sociologie*, Paris, Minuit, 1984.

BRETON Y. et LUTFALLA M. (dir.), *L'Économie politique en France au XIXe siècle*, Paris, Economica, 1991.

CAROL A., *Histoire de l'eugénisme en France*, Paris, Seuil, 1995.

CHARLE C., *Histoire sociale de la France au XIXe siècle*, Paris, Seuil, 1991.

CHARVET M., « Utilisation politique des compétences et qualités féminines : les femmes au secours des "espaces libres" au début du XXe siècle », LEJEUNE F. (dir.), *Paroles de femmes*, Nantes, Goubault Imprimeur, 2003, p. 35-46

DESROSIÈRES A., *La Politique des grands nombres*, Paris, La Découverte, 1993.

DIGEON C., *La Crise allemande de la pensée française (1870-1914)*, Paris, PUF, 1959.

DUBY G., *Le Dimanche de Bouvines*, Paris, Gallimard, 1973.

FOURCAUT A., « Banlieue Rouge, au-delà du mythe politique », FOURCAUT A. (dir.), *Banlieue rouge*, Paris, Autrement (série Mémoires, n° 18), 1992, p. 12-37.

JOANA J., « La Commune contre le municipalisme. Débat public et politiques municipales à Avignon sous la IIIe République (1884-1903) », *Genèses*, n° 43, juin 2001, p. 89-111.

KALIFA D., *L'Encre et le sang*, Paris, Fayard, 1995.

LABROUSSE E., *Esquisse du mouvement des prix et des revenus en France au XVIIIe siècle*, t. II : *Les prix (fin). Les revenus*, Montreux, Les Archives contemporaines, 1989.

LANGLOIS C., « Catholiques et laïques », NORA P. (dir.), *Les Lieux de mémoire*, t. III : *Les France*, vol. 1 : « Conflits et partages », Paris, Gallimard, 1992, p. 140-183.

LÉONARD J., « Eugénisme et darwinisme. Espoirs et perplexité chez les médecins français du XIXe siècle et du début du XXe siècle », CONRY Y. (dir.), *De Darwin au darwinisme, science et idéologie*, Paris, Vrin, 1983, p. 187-207.

LESCURE M., *Les Sociétés immobilières en France au XIXe siècle*, Paris, Publications de la Sorbonne, 1980.

LEWIS A., *An Early Encounter with Tomorrow*, Urbana and Chicago, University of Illinois Press, 1997.

MAYEUR J.-M., *Les Débuts de la IIIe République, 1871-1898*, Paris, Seuil, 1873.

MÉNAGER B., « Les affrontements politiques et sociaux (1851-1914) », TRENARD L. et HILAIRE Y.-M. (dir.), *Histoire de Lille*, Paris, Perrin, 1999.

MERRIMAN J., « Banlieues comparées », FOURCAUT A. (dir.), *Banlieue rouge, 1920-1960*, Paris, Autrement (série Mémoires, n° 18), 1992, p. 266-274.

MERRIMAN J., *Aux marges de la ville. Faubourgs et banlieues en France, 1815-1870*, Paris, Seuil, 1994.

ORY P., « Le *Grand Dictionnaire* de Pierre Larousse », NORA P. (dir.), *Les Lieux de mémoire*, t. I : *République*, Paris, Gallimard, 1984, p. 229-246.

OZOUF J., « Les statistiques de l'enseignement primaire au XIXe siècle », *Pour une histoire de la statistique*, t. 1 : *Contributions*, Paris, INSEE et Economica, 1987 p. 139-154.

PINÇON M. et PINÇON-CHARLOT M., *Dans les beaux quartiers*, Paris, PUF, 1989.

PROCHASSON C., *Les Années électriques, 1880-1910*, Paris, La Découverte, 1991.

WEBER E., préface à ARNAUD P., *Les Athlètes de la République*, Toulouse, Privat, 1987, p. 9-17.

Paris. Fortifications

C. CHARLE, *Paris fin de siècle. Culture et politique*, Paris, Seuil, 1998.

CHIFFARD J. -F. et ROUJON Y., « Après les fortifs et la zone, la ceinture », *Architecture, mouvement, continuité*, n° 43, nov. 1977, p. 9-25.

COHEN J.-L. et LORTIE A., *Des fortifs au périf*, Paris, Picard éditeur, 1991.

DEREX J.-M., *Le Bois de Boulogne*, Paris, L'Harmattan, 1997.

EVENSON N., *Paris. Les héritiers d'Haussmann*, Paris et Grenoble, École nationale des beaux-arts et Presses universitaires de Grenoble, 1983.

GAILLARD J., BOURILLON F. et PINOL J.-L., *Paris, la ville (1852-1870)*, Paris, L'Harmattan, 1997.

LAISNEY F., « Les dernières murailles de la ville », *Architecture, mouvement, continuité*, n° 43, nov. 1977, p. 5-8.

LE HALLÉ G., *Les Fortifications de Paris*, Le Coteau, Horvath, 1986.

LEVEAU-FERNANDEZ M., « La zone et les fortifs », FOURCAUT A. (dir.), *Banlieue rouge*, Paris, Autrement (série Mémoires, n° 18), 1992, p. 56-65.

LORTIE A., « Paris équipée : de l'enceinte militaire à l'enceinte automobile », *Annales de la recherche urbaine*, 1991, n° 50, non paginé.

MARCHAND B., *Paris, histoire d'une ville*, Paris, Seuil, 1993.

MARSEILLE J. et BERTHIER G. (dir.), *Mémoire de Paris*, Paris, Larousse, 2003.

NOBISHUTO N., *Les Conseillers municipaux de Paris sous la IIIe République (1871-1914)*, Paris, Publications de la Sorbonne, 2002.

OFFERLÉ M., *Les Socialistes et Paris. 1881-1900. Des communards aux conseillers municipaux*, thèse pour le doctorat d'État en science politique, université Paris I, 1979.

OFFERLÉ M., « Illégitimité et légitimation du personnel politique ouvrier en France avant 1914 », *Annales*, 39e année, juil.-août 1984, p. 681-716.

PINON P., *Paris, biographie d'une capitale*, Paris, Hazan, 1999.

ROBERT H., « Paris et la guerre au XIXe siècle », Cycle de conférences *La Guerre et la ville à travers les âges*, Paris, Centre d'études d'histoire de la Défense, 1998.

SAGAVE P.-P., *1871. Berlin-Paris*, Paris, Albin Michel, 1995.

Hygiénisme

AISENBERG A. R., *Disease, Government, and the « Social Question » in Nineteenth-Century France*, Stanford Ca., Stanford University Press, 1999.

BARLES S., *La Ville délétère : médecins et ingénieurs dans l'espace public (XVIIIe-XXe siècles)*, Seyssel, Champ Vallon, 1999.

COMITI V.-P., *Histoire du droit sanitaire en France*, Paris, PUF, 1994.

CORBIN A., « Le péril vénérien », MURARD L. et ZYLBERMAN P. (dir.), *L'Haleine des faubourgs, Recherche*, n° 29, Fontenay-sous-Bois, 1978, p. 245-283.

FIJALKOW Y., *La Construction des îlots insalubres. Paris 1850-1945*, Paris, L'Harmattan, 1998.

FIJALKOW Y., « Statistique sanitaire et volontés politiques : le cas parisien au début du siècle », BOURDELAIS P. (dir.), *Les Hygiénistes, enjeux, modèles et pratiques (XVIIIe-XXe siècles)*, Paris, Belin, 2001, p. 97-117.

JACQUEMET G., « Médecine et "maladies populaires" dans le Paris de la fin du XIXe siècle », MURARD L. et ZYLBERMAN P. (dir.), *L'Haleine des faubourgs, Recherche*, n° 29, Fontenay-sous-Bois, 1978, p. 349-364.

JONES G. S., « Le Londres des réprouvés : de la "démoralisation" à la "dégénérescence" », MURARD L. et ZYLBERMAN P. (dir.), *L'Haleine des faubourgs, Recherche*, n° 29, Fontenay-sous-Bois, 1978, p. 37-77.

KALFF E., « Logements insalubres et sensibilisation à l'hygiène. Paris 1850-1880 », *Annales de la recherche urbaine*, n° 33, 1987, p. 97-104.

KALFF E., « Les plaintes pour l'insalubrité du logement à Paris (1850-1955), miroir de l'hygiénisation de la vie quotidienne », BOURDELAIS P. (dir.), *Les Hygiénistes, enjeux, modèles et pratiques (XVIIIe-XXe siècles)*, Paris, Belin, 2001, p. 118-144.

LALOUETTE J., « Le discours bourgeois sur les débits de boissons aux alentours de 1900 », MURARD L. et ZYLBERMAN P. (dir.), *L'Haleine des faubourgs, Recherche*, n° 29, Fontenay-sous-Bois, 1978, p. 315-347.

LUCAN J., « Les points noirs des îlots insalubres », LUCAN J. (dir.), *Paris. 100 ans de logement*, Paris, Picard éditeur, 1992, p. 76-92.

MARRUS. H., « L'alcoolisme social à la Belle Époque », MURARD L. et ZYLBERMAN P. (dir.), *L'Haleine des faubourgs, Recherche*, n° 29, Fontenay-sous-Bois, 1978, p. 285-314.

MORY P., « Architecture et hygiénisme à Paris au début du XXe siècle. L'architecture entre savoir médical et pouvoir politique », P. Bourdelais (dir.), *Les Hygiénistes, enjeux, modèles et pratiques (XVIIIe-XXe siècles)*, Paris, Belin, 2001, p. 145-162.

MURARD L. et ZYLBERMAN P, « La cité eugénique », MURARD L. et ZYLBERMAN P. (dir.), *L'Haleine des faubourgs, Recherche*, n° 29, Fontenay-sous-Bois, 1978, p. 423-453.

MURARD L. et ZYLBERMAN P., *Le Petit Travailleur infatigable*, Paris, La Découverte, 1980.

MURARD L. et ZYLBERMAN P., « Experts et notables. Les bureaux municipaux d'hygiène en France (1879-1914) », *Genèses*, n° 10, janv. 1993, p. 53-73.

MURARD L. et ZYLBERMAN P., « Science, administration centrale et liberté locale. La France hygiéniste entre l'Allemagne et l'Angleterre (1877-1902) », *Annuaire d'histoire administrative européenne*, n° 5, 1993, p. 25-154.

MURARD L. et ZYLBERMAN P., « Le Parlement contre l'hygiène (1877-1902) », BAUDOUÏ R. et COHEN Y. (dir.), *Les Chantiers de la paix sociale (1900-1940)*, Fontenay/Saint-Cloud, ENS Éditions, 1995, p. 33-54.

MURARD L. et ZYLBERMAN P., *L'Hygiène dans la République*, Paris, Fayard, 1996.

NONNIS VIGILANTE S., « Idéologie sanitaire et projet politique. Les congrès internationaux d'hygiène de Bruxelles, Paris et Turin », BOURDELAIS P. (dir.), *Les Hygiénistes, enjeux, modèles et pratiques (XVIIIe-XXe siècles)*, Paris, Belin, 2001, p. 241-266.

RASSMUSSEN A., « L'hygiène en congrès (1852-1912) : circulation et configurations internationales », BOURDELAIS P. (dir.), *Les Hygiénistes, enjeux, modèles et pratiques (XVIIIe-XXe siècles)*, Paris, Belin, 2001, p. 213-240.

RENNEVILLE M., « Politiques de l'hygiène à l'AFAS (1872-1914) », BOURDELAIS P. (dir.), *Les Hygiénistes, enjeux, modèles et pratiques (XVIIIe-XXe siècles)*, Paris, Belin, 2001, p. 77-96.

ZYLBERMAN P., *L'Hygiène dans la République 1877-1916*, thèse pour le doctorat ès lettres et sciences humaines, université Paris VII.

Réforme sociale

Mouvement réformateur

BAUDOUÏ R. et COHEN Y., « Introduction générale. Gouverner le social », BAUDOUÏ R. et COHEN Y. (dir.), *Les Chantiers de la paix sociale (1900-1940)*, Fontenay/Saint-Cloud, ENS Éditions, 1995.

BURLEN K., « Introduction », BURLEN K. (dir.), *La Banlieue Oasis. Henri Sellier et les cités-jardins, 1900-1940*, Saint-Denis, Presses universitaires de Vincennes, 1987.

ELWITT S., *The Third Republic Defended. Bourgeois Reform in France, 1880-1914*, Baton Rouge, Louisiana State University Press, 1985.

PAYRE R., *À la recherche de la « science communale ». Les « mondes » de la réforme municipale dans la France de la première moitié du vingtième siècle*, thèse de doctorat de science politique, université Grenoble II Pierre Mendès France, Institut d'études politiques, déc. 2002.

RASMUSSEN A., « Les Congrès internationaux liés aux Expositions universelles de Paris (1867-1900) », *Mil neuf cent*, n° 7, 1989, p. 23-44.

RASMUSSEN A., « Le travail en congrès, élaboration d'un milieu international », LUCIANI J. (dir.), *Histoire de l'Office du travail (1890-1914)*, Paris, Syros, 1992, p. 119-134.

REBÉRIOUX M., « Un milieu socialiste à la veille de la grande guerre : Henri Sellier et le réformisme d'Albert Thomas », BURLEN K. (dir.), *La Banlieue Oasis. Henri Sellier et les cités-jardins, 1900-1940*, Saint-Denis, Presses universitaires de Vincennes, 1987, p. 27-36.

SAVOYE A., « Les continuateurs de Le Play au tournant du siècle », *Revue française de sociologie*, vol. 22, n° 3, 1981.

SAVOYE A., « Les réformateurs sociaux en France et en Italie », *Études sociales*, n. s., n° 118, 1989, p. 45-76.

STONE J., *The Search of Social Peace : Reform Legislation in France, 1890-1914*, New York State, University of New York State Press, 1985.

TOPALOV C., « Patronages », TOPALOV C. (dir.), *Laboratoires du nouveau siècle*, Paris, EHESS, 1999, p. 357-396.

TOPALOV C., « Nouvelles spécialités », TOPALOV C. (dir.), *Laboratoires du nouveau siècle*, Paris, EHESS, 1999, p. 419-459.

Musée social

ARDAILLOU P., « Foi protestante, action sociale et convictions républicaines : Jules Siegfried », CHAMBELLAND C. (dir.), *Le Musée social en son temps*, Paris, Presses de l'ENS, 1998, p. 75-101.

ELWITT S., « Social Reform and Social Order in Late Nineteenth-Century France : The Musée Social and its Friends », *French Historical Studies*, vol. II, printemps 1980, p. 431-751.

HORNE J., *Republican social reform in France : the case of the Musée social 1894-1914*, Ph. D dissertation, New York University, 1991.

HORNE J., « Le Musée social à l'origine, les métamorphoses d'une idée », *Mouvement social*, n° 171, août-sept. 1995, p. 49-72.

HORNE J., « Le libéralisme à l'épreuve de l'industrialisation : la réponse du Musée social », CHAMBELLAND C. (dir.), *Le Musée social en son temps*, Paris, Presses de l'ENS, 1998, p. 13-25.

HORNE J., « L'antichambre de la Chambre : le Musée social et ses réseaux réformateurs, 1894-1914 », TOPALOV C. (dir.), *Laboratoires du nouveau siècle*, Paris, EHESS, 1999, p. 121-140.

HORNE J., *A Social laboratory for modern France : the Musée social and the rise of the Welfare State*, Durham-Londres, Duke University Press, 2002.

HORNE J., *Le Musée social. Aux origines de l'État providence*, Paris, Belin, 2004.

OSTI G., « La section d'hygiène urbaine et rurale du Musée social », BURLEN K. (dir.), *La Banlieue Oasis. Henri Sellier et les cités-jardins*, Saint-Denis, Presses universitaires de Vincennes, 1987, p. 59-66.

Habitations à bon marché

BULLOCK N. et READ J., *The Movement for Housing Reform in Germany and France (1840-1914)*, Cambridge, Cambridge University Press, 1985.

DUMONT M.-J., *Le Logement social à Paris. 1850-1930*, Liège, Mardaga, 1991.

DUMONT M.-J., « L'invention d'un programme : le logement populaire », LUCAN J. (dir.), *Paris. 100 ans de logement*, Paris, Picard éditeur, 1992, p. 48-75.

GUERRAND R.-H., *Les Origines du logement social en France*, Paris, Éditions ouvrières, 1967.

GUERRAND R.-H., « La construction du cadre législatif », QUILLIOT R. et GUERRAND R.-H. (dir.), *Cent ans d'habitat social*, Paris, Albin Michel, 1989, p. 62-71.

GUERRAND R.-H., « Aux origines du confort moderne », LUCAN J. (dir.), *Paris. 100 ans de logement*, Paris, Picard éditeur, 1992, p. 16-29.

GUERRAND R.-H., « Jules Siegfried, la "Société française des habitations à bon marché" et la loi du 30 novembre 1894 », CHAMBELLAND C. (dir.), *Le Musée social en son temps*, Paris, Presses de l'ENS, 1998, p. 157-174.

MAGRI S., « Le logement et l'habitat populaire de la fin du XIXe siècle à la seconde guerre mondiale », FOURCAUT A. (dir.), *Un*

siècle de banlieue parisienne (1859-1946), Paris, L'Harmattan, 1988, p. 106-129.
MAGRI S., *Les Laboratoires de la réforme de l'habitation populaire en France. De la Société française des habitations à bon marché à la Section d'hygiène urbaine et rurale du Musée social 1889-1909*, Paris, ministère de l'Équipement, du Logement, des Transports et du Tourisme, 1995.
MAGRI S., « Du logement familial à la cité-jardin. Les agents de la transformation du projet réformateur sur l'habitat populaire en France, 1900-1909 », CHAMBELLAND C. (dir.), *Le Musée social en son temps*, Paris, Presses de l'ENS, 1998, p. 175-220.

Naissance de l'urbanisme

BAUDOUÏ R., *La Naissance de l'École des hautes études urbaines et le premier enseignement de l'urbanisme en France des années 1910 aux années 1920*, École d'architecture Paris-Villemin-Association pour le développement de l'urbanisme, Paris VIII, 1988.
BAUDOUÏ R., « L'Institut d'urbanisme de Paris et le problème parisien (1919-1939) », *Cahiers de l'IHTP*, n° 12, 1989, p. 119-127.
BERDOULAY V. et CLAVAL P. (dir.), *Aux débuts de l'urbanisme français. Regards croisés de scientifiques et de professionnels (fin* XIX*e*-*début* XX*e*), Paris, Budapest, Turin, L'Harmattan, 2001.
BRUANT C., « Donnat-Alfred Agache (1875-1959). L'architecte et le sociologue », *Études sociales*, n° 122, 1994, p. 23-65.
BRUANT C., « Louis Bonnier (1859-1946), Donnat-Alfred Agache (1875-1959), Marcel Auburtin (1872-1926) », DETHIER G. et GUIHEUX A. (dir.), *La Ville, art et architecture en Europe, 1870-1993*, Paris, Centre Georges Pompidou, 1994, p. 158-160.
CALABI D., *Marcel Poëte et le Paris des années 1920. Aux origines de l'histoire des villes*, Paris, L'Harmattan, 1997.
CHARVET M., « La question des fortifications dans les années 1900. Esthètes, sportifs, réformateurs sociaux, élus locaux », *Genèses*, n° 16, juin 1994, p. 23-44.
CHEVALIER G., « L'entrée de l'urbanisme à l'université : la création de l'Institut d'urbanisme (1921-1924) », *Genèses*, n° 39, juin 2000, p. 98-120.
CHOAY F., *L'Urbanisme, utopie et réalité. Une anthologie*, Paris, Seuil, 1965.
CLAUDE V., *L'Association générale des techniciens et hygiénistes municipaux, école et/ou lobby (1905-1930)*, Association pour le développement de l'urbanisme-Paris VIII, 1987.
CLAUDE V., *Les Projets d'aménagement, d'embellissement et d'extension (PAEEE) de la loi du 14 mars 1919*, Délégation à la recherche et à l'innovation (ministère de l'Équipement et du Logement), 1990.
CLAUDE V., « Sanitary Engineering as a Path to Town Planning. The Singular Role of The AGHTM in France and in the French-Speaking Countries (1900-1920) », *Planning Perspectives*, n° 4, 1999, p. 153-166.
CLAUDE V., « Technique sanitaire et réforme urbaine : l'Association générale des hygiénistes et techniciens municipaux, 1905-1920 », TOPALOV C. (dir.), *Laboratoires du nouveau siècle*, Paris, EHESS, 1999, p. 271-298.
CLAUDE V. et SAUNIER P.-Y., « L'urbanisme au début du siècle. De la compétence urbaine à la compétence technique », *Vingtième siècle*, n° 64, oct.-déc. 1999, p. 25-39.
COHEN J.-L., « Les visions métropolitaines d'Eugène Hénard », HÉNARD E., *Études sur les transformations de Paris et autres écrits sur l'urbanisme*, Paris, L'Équerre, 1987, p. VII-XX.
COHEN J.-L., « Les architectes français et l'art urbain (1900-1914) », *In extenso*, n° 11, 1987, p. 71-88.
CORMIER A., *Extension, limites, espaces libres : les travaux de la Section d'hygiène urbaine et rurale du Musée social*, Mémoire de l'École d'architecture Paris-Villemin, 1987.
COTTEREAU A., « L'apparition de l'urbanisme comme action collective : l'agglomération parisienne au début du siècle », *Sociologie du travail*, n° 4, oct.-déc. 1969, p. 342-365.

COTTEREAU A., « Les débuts de la planification urbaine dans l'agglomération parisienne », *Sociologie du travail*, n° 4, oct.-déc. 1970, p. 362-392.

GAUDIN J.-P., *L'Avenir en plan. Technique et politique de la planification urbaine, 1900-1930*, Seyssel, Champ Vallon, 1985.

GAUDIN J.-P., « La cité reconstituée. Techniques de planification urbaine et légitimités politiques au début du XXe siècle », *Revue française de science politique*, vol. 35, n° 1, 1985, p. 91-110.

GAUDIN J.-P., « "À l'avance, avec méthode". Savoirs, savoir-faire et mouvements de professionnalisation dans l'urbanisme au début du siècle », *Sociologie du travail*, vol. 29, n° 2, av.-juin 1987, p. 177-197.

GAUDIN J.-P. (dir.), « Les premiers urbanistes français et l'art urbain, 1900-1930 », *In extenso*, n° 11, 1987.

GAUDIN J.-P., « La genèse de l'urbanisme de plan et la question de la modernisation politique », *Revue française de science politique*, n° 39 (3), juin 1989, p. 296-312.

GAUDIN J.-P., « Robert de Souza et "l'étude pratique d'esthétique urbaine". Spécialisation et professionnalisation au début de l'urbanisme de plan en France », communication au séminaire *Aux origines des politiques urbaines modernes en Amérique latine 1900-1950*, Rio de Janeiro, août 1994.

GUIHEUX A., « Eugène Hénard et Tony Garnier, le règne de la circulation », DETHIER G. et GUIHEUX A. (dir.), *La Ville, art et architecture en Europe, 1870-1993*, Paris, Centre Georges Pompidou, 1994, p. 153-157.

MAGRI S. et TOPALOV C., « De la cité-jardin à la ville rationalisée. Un tournant du projet réformateur, 1905-1925 », *Revue française de sociologie*, 1987, n° XXVIII, Paris, p. 417-451.

MAGRI S. et TOPALOV C., « L'habitat du salarié moderne en France, Grande-Bretagne, Italie et aux États-Unis, 1910-1925 », BAUDOUÏ R. et COHEN Y. (dir.), *Les Chantiers de la paix sociale (1900-1940)*, Fontenay/Saint-Cloud, ENS Éditions, 1995, p. 223-253.

MARREY B., *Louis Bonnier 1856-1935*, Liège et Paris, Margada et Institut français d'urbanisme, 1988.

MONTEIRO DE ANDRADE C. R., « Le pittoresque et le sanitaire. Sitte, Martin, Brito, traductions et métamorphoses des savoirs professionnels », *Genèses*, n° 22, mars 1996, p. 64-86.

PAQUOT T. et RONCAYOLO M., *Villes et civilisations (XVIIIe-XXe siècle)*, Paris, Larousse, 1992.

RIBEILL G., « Les ingénieurs dans la ville à l'âge du préurbanisme officiel (seconde moitié du XIXe siècle) », *Villes réfléchies. Histoire et actualité des cultures professionnelles dans l'urbanisme*, Paris, Secrétariat permanent du Plan urbain, coll. Dossiers des séminaires Techniques, territoires et sociétés, n° 11-12, 1990, p. 97-114.

SAUNIER P.-Y., « Où l'auteur propose un plan de travail pour une histoire dite sociale de l'aménagement urbain », *Recherches contemporaines*, n° 3, 1995-1996, p. 33-46.

SAUNIER P.-Y., « La ville et la Ville. Les hommes et les organismes municipaux de l'aménagement urbain au XIXe et au XXe siècle », *Recherches contemporaines*, n° 3, 1995-1996, p. 121-137.

SUTCLIFFE A., *Toward the Planned City : Germany, Britain, the United States and France (1780-1914)*, Londres, Basil Blackwell, 1985.

SUTCLIFFE A., « Le contexte urbanistique de l'œuvre d'Henri Sellier, la transcription du modèle anglais de la cité-jardin », BURLEN K. (dir.), *La Banlieue Oasis. Henri Sellier et les cités-jardins*, Saint-Denis, Presses universitaires de Vincennes, 1987, p. 67-79.

TOPALOV C., « From the "Social Question" to "Urban Problems", Reformers and the Working Class At The Turn of the Twentieth Century », *International Social Science Journal*, n° 125, août 1990, p. 319-336.

VOLDMAN D., « Sur les «crises» urbaines », *Vingtième siècle*, n° 64, oct.-déc. 1999, p. 3-10.

Index

P

Q

R

S

T

Table des matières